建筑装饰行业继续教育系列教材

建筑装饰施工员必读

北京市建筑装饰协会

陈晋楚 编著

中国建筑工业出版社

图书在版编目（CIP）数据

建筑装饰施工员必读／陈晋楚编著．—北京：中国建筑工业出版社，2009
建筑装饰行业继续教育系列教材
ISBN 978-7-112-10548-9

Ⅰ. 建… Ⅱ. 陈… Ⅲ. 建筑装饰－工程施工－基本知识
Ⅳ. TU767

中国版本图书馆 CIP 数据核字（2008）第 194834 号

本书内容分为四篇。第一篇建筑装饰装修施工员的岗位职责，主要介绍施工准备工作、施工资源调配、加强计划管理、现场管理和施工员的实操工作。第二篇建筑装饰装修施工员必须具备的专业知识，介绍识图知识、建筑结构知识、建筑装饰装修材料知识、新编装饰装修施工工艺歌诀、装饰装修施工技术新编、装饰装修施工机具、绿色环保知识、相关法律法规有关条文及与各相关单位沟通与协作。第三篇建筑装饰装修施工员应了解的相关知识，阐述了室内设计常识、不同使用功能的项目专业知识。第四篇建筑装饰装修工程施工常用速查资料，主要包括法定计量单位和文字表量符号、有关材料缩写代号和符号、常用单位换算、常用建筑装饰材料主要数据、玻璃的允许使用面积。最后的附录中列入了北京市的有关标准和规定等。

本书内容大多是作者几十年实践经验的总结，具有可读性和可操作性，可作为建筑装饰行业施工员岗位培训教材，也可供相关技术人员参考。

* * *

责任编辑：唐　旭　唐炳文
责任设计：董建平
责任校对：王金珠　孟　楠

建筑装饰行业继续教育系列教材
建筑装饰施工员必读
北京市建筑装饰协会
陈晋楚　编著

*

中国建筑工业出版社出版、发行（北京西郊百万庄）
各地新华书店、建筑书店经销
北京华艺制版公司制版
北京云浩印刷有限责任公司印刷

*

开本：787×1092 毫米　1/16　印张：29¾　插页：1　字数：740 千字
2009 年 5 月第一版　2009 年 5 月第一次印刷
定价：**78.00** 元
ISBN 978-7-112-10548-9
（17473）

版权所有　翻印必究
如有印装质量问题，可寄本社退换
（邮政编码 100037）

本书参编人员

策　划：贾中池

编　著：陈晋楚

参　编：张世亮　安　静　鲁心源　梁家珽　胡永林

　　　　华隆慎　董龙元　甘　霖　陈维星　齐建勇

　　　　陈维妮　董书增　张德甫　田万良　黄　白

　　　　高世彦　王本明　郎志春　乐　砢

陈晋楚 高级建筑经济师,曾任北京市建筑装饰设计工程公司总经济师。1984年在北京饭店西楼改建工程中首先运用现代化管理——网络技术指导施工获得成功,其论文"运用网络计划 加强施工管理"获优秀论文奖。1986年参与中国轻工业部室内装饰国产化样板工程——北京友谊宾馆装饰改建工程项目管理工作。1989年参与北京亮马河大厦新建10万m^2安装、5万m^2装饰工程项目总指挥工作。1992年任中信国安第一城前期总策划。

现受聘于中国建筑装饰协会专家工作委员会、信息咨询委员会,北京市建筑装饰协会专家,北京市评标专家。

主要著作:《现代建筑装饰施工管理》、《家庭装修与美化》、《正己祠大戏楼》、《建筑装饰装修工程项目管理》、《建筑装饰装修经理安全手册》。

前言

建筑装饰装修施工员是在装饰装修工程管理机构中一个重要工作岗位，对于工程项目的完成起着决定性作用。他应是项目经理身边最具实力的管理助手。施工员的管理能力大小，知识水平的高低，对管理的提升起着潜在的能量作用。

近年来，建筑行业中对项目经理、建造师的培训可以说是接连不断，因为它是决定企业资质等级水平的重要条件，所以项目经理培训一般以考证为主要目的，对实际操作方面的考核略显不足。实际上，在施工管理中需要的是真才实学，施工员要具有实操水平。恰恰这几年来对施工员的关注似有被遗忘之嫌。此次北京市建委、北京市建筑装饰协会倡导强化装饰装修施工员岗位培训，实是行业发展的一大幸事，这将对行业的发展起到强有力的推动作用。

培训装饰装修施工员应当有专门教材，本书将作为一种补充资料，为施工员提供一个辅助手段。

根据北京市建筑装饰协会会长贾中池先生所倡导的原则：以进一步解放思想，突破守旧观念，立足开拓创新为宗旨，力求做到内容具有针对性、科学性、创新性、可操作性和时代性。这也是本书的指导思想。

本书内容分四大部分：

一、建筑装饰装修施工员的岗位职责；

二、建筑装饰装修施工员必备的专业知识；

三、建筑装饰装修施工员应了解的相关知识；

四、建筑装饰装修工程施工常用速查资料；

其中在施工员必备的专业知识和应了解的相关知识部分，大量充实近年来在装饰装修施工中出现的新技术、新材料、新设备，为施工员提供更加符合时代特点的新知识。其内容有：建立建筑装饰装修施工技术体系；新编建筑装饰装修施工工艺歌诀；增设新材料、新设备、新工艺，如自流平胶粘剂、保温胶粉、保温膜、石材翻新机具及施工工艺。节能新举：地源热泵，一种新的冷暖空调系统。

扩展施工员房屋、建筑学知识和室内设计知识，倡导室内设计师与装饰施工员的同一性理念（不排除差异性），设计为了施工，施工体现设计。因此强调施工员应该提高室内设计修养。它包括人体工学、色彩学、空间学、装饰风格、流派学等。

结构为装饰打好基础，装饰以结构为依附条件。为方便施工员对建筑结构工程的了解，特别编写了新中国成立以来各个历史时期建筑结构发展编年记。

我国的装饰装修业虽将而立之年，许多规律尚在探索之中。本书的出版，也是抛砖之举，希望不久能有更完善的新作面世。内容有不当之处，敬请批评指正。

目录

第一篇 建筑装饰装修施工员的岗位职责

第一章 施工准备工作
- 第一节 审图 ... 2
- 第二节 建筑结构查验 ... 6
- 第三节 编制施工方案 ... 8
- 第四节 绘制施工平面图 ... 10
- 第五节 技术及施工方案交底 ... 12

第二章 施工资源调配
- 第一节 落实劳动力资源 ... 14
- 第二节 落实材料资源 ... 15
- 第三节 落实施工机具 ... 16
- 第四节 人、材、机的统筹安排 ... 17

第三章 加强计划管理
- 第一节 计划的编制 ... 18
- 第二节 计划交底 ... 22
- 第三节 材料供应 ... 23
- 第四节 施工工艺交底 ... 23
- 第五节 作业计划的动态管理 ... 24

第四章 现场管理制度的落实
- 第一节 安全生产管理 ... 25
- 第二节 消防保安及文明施工工作 ... 27
- 第三节 应遵守的北京地区规定目录 ... 29

第五章 施工员的实操工作
- 第一节 定位放线 ... 44
- 第二节 特殊部位特殊工艺的编制及交底 ... 45
- 第三节 新工艺编制及示范 ... 45
- 第四节 日查、旬检、月报验 ... 46
- 第五节 编写施工日志 ... 47

第二篇 建筑装饰装修施工员必须具备的专业知识

第一章 识图知识
- 第一节 方案设计图 ... 50
- 第二节 效果图 ... 51
- 第三节 装饰施工图 ... 52
- 第四节 幕墙施工图 ... 59
- 第五节 建筑装饰施工大样图及有关资料 ... 68
- 第六节 建筑构造通用图集 ... 70

第二章 建筑结构知识
- 第一节 建筑结构的分类与功能 ... 71
- 第二节 结构对装饰装修工程的制约 ... 81
- 第三节 不同历史时期的建筑结构 ... 84

第三章 建筑装饰装修材料知识
- 第一节 木材类装饰材料 ... 89
- 第二节 石材类装饰材料 ... 106
- 第三节 陶瓷类装饰材料 ... 116
- 第四节 金属类装饰材料 ... 120
- 第五节 塑料类装饰材料 ... 141
- 第六节 装饰涂料 ... 148
- 第七节 织物类装饰材料 ... 164
- 第八节 建筑装饰玻璃 ... 168
- 第九节 建筑装饰石膏板 ... 180
- 第十节 几种新型建筑装饰材料和新技术 ... 182

第四章 新编装饰装修施工工艺歌诀
- 第一节 总说记图 ... 185
- 第二节 木工工艺歌诀 ... 186
- 第三节 镶贴面砖 ... 196
- 第四节 涂饰施工工艺口诀 ... 198

第五章 装饰装修施工技术新编
- 第一节 新技术知识 ... 217
- 第二节 金属件连接施工技术 ... 222
- 第三节 胶粘结合技术 ... 238

第六章 装饰装修施工机具
- 第一节 气动类机具 ... 248
- 第二节 电动类机具 ... 263
- 第三节 手动类机具 ... 322

第七章 绿色环保知识
- 第一节 建筑装饰装修材料与绿色环保的关系 ... 329
- 第二节 绿色建材知识 ... 332
- 第三节 绿色建筑知识 ... 333
- 第四节 室内主要污染及其对人体健康的影响 ... 335

第八章 相关法律法规有关条文
- 第一节 中华人民共和国刑法 ... 353
- 第二节 中华人民共和国建筑法 ... 354
- 第三节 中华人民共和国安全生产法 ... 355
- 第四节 中华人民共和国消防法 ... 356
- 第五节 建设工程质量管理条例 ... 357
- 第六节 建设工程安全生产管理条例 ... 358
- 第七节 安全生产许可证条例 ... 360
- 第八节 中华人民共和国合同法 ... 361
- 第九节 建筑内部装修设计防火规范 ... 362

第九章 与各相关单位沟通与协作

第三篇 建筑装饰装修施工员应了解的相关知识

第一章 室内设计常识
- 第一节 人体工学（也叫人体工程学）... 378
- 第二节 色彩知识 ... 379
- 第三节 室内设计风格与流派 ... 381
- 第四节 室内空间设计知识 ... 382

第二章 不同使用功能的工程项目专业知识
- 第一节 宾馆、饭店装饰装修 ... 385
- 第二节 机场航站楼装饰装修 ... 390
- 第三节 医院装饰装修 ... 391
- 第四节 剧场装饰装修 ... 396
- 第五节 银行装饰装修 ... 398

第四篇 建筑装饰装修工程施工常用速查资料

第一章 法定计量单位和文字表量符号
- 第一节 法定计量单位 ... 400
- 第二节 文字表量符号和化学元素符号 ... 404

第二章 有关材料缩写代号和符号

第三章 常用单位换算

第四章 常用建筑装饰材料主要数据

第五章 玻璃的允许使用面积

附录
- 附录1 《北京市建筑长城杯工程质量评审标准》（DBJ/T 01—70—2003）... 433
- 附录2 建筑工程安全防护、文明施工措施费用及使用管理规定 ... 448
- 附录3 关于发布北京市第五批禁止和限制使用的建筑材料及施工工艺目录的通知 ... 453

主要参考文献 ... 468

第一篇
建筑装饰装修施工员的岗位职责

建筑装饰装修施工员是项目经理的重要助手。他从一个工程项目中标开始，便进入到整个施工过程的施工组织和管理工作中，直到该项目目标（工期、质量、安全、成本）的全部实现，达到交工验收为止。

建筑装饰装修施工员需要直接从事的工作有：

施工准备：包括审图、结构验收、编制施工方案、绘制现场平面图、进行施工技术及安全交底。

施工资源调配：包括劳动力落实与考核培训、材料计划落实、施工机具与设备落实。

施工计划编制与落实。

现场管理制度落实。

实际操作等工作。

为了有效地完成上述各项任务，还必须深入掌握各项相应知识，包括：

识图知识、建筑结构知识、装饰材料知识、装饰施工技术知识、装饰施工工艺知识、装饰常用工具设备常识、绿色环保知识，最后还应了解法律法规常识。

第一章 施工准备工作

第一节 审图

施工图纸是建造房屋的依据，它明确规定了要建造一幢什么样的建筑，并且具体规定了形状、尺寸、做法和技术要求。装饰装修除了专题审查装饰项目的图纸外，有时还要结合整个工程图纸看图，才能交圈配合，不出差错。为此必须学会识图方法，才能收到事半功倍的效果。本书仅就识图方法，提出以下十点，供装饰施工员参考。

一、循序渐进

拿到一份图纸后，先看什么图，后看什么图，应该有主有次。其一般是：

（1）首先仔细阅读设计说明，了解建筑物装饰概况、位置、标高、材料要求、质量标准、施工注意事项以及一些特殊的技术要求，在思想上形成一个初步印象；

（2）接着要看平面图，了解房屋的平面形状、开间、进深、柱网尺寸、各种房间的安排和交通布置，以及门窗位置，对建筑装饰物形成一个平面概念，为看立面图、剖面图打好基础；

（3）看立面图，以了解建筑物的朝向、层数和层高的变化，以及门窗外装饰的要求等；

（4）看剖面图，以大体了解剖面部分的各部位标高变化和室内情况；

（5）最后看结构图，以了解平、立、剖面图等建筑图与结构图之间的关系，加深对整个工程的理解。

另外，还必须根据平面图、立面图、剖面图中的索引符号，详细阅读所指的大样图或节点图，做到粗细结合，大小交圈。只有循序渐进，才能理解设计意图，看懂设计图纸，也就是说一般应做到："先看说明后看图；顺序最好平、立、剖；查对节点和大样；建筑结构对照读"。这样才能收到事半功倍的效果。

二、记住尺寸

建筑工程虽然各式各样,但都是通过各部尺寸的改变而出现各种不同的造型和效果。图上如果没有长、宽、高、直径等具体尺寸,施工人员就没法按图施工。

但是图纸上的尺寸很多,作为具体的施工和操作人员来说,不需要,也不可能将图上所有尺寸都记住。但是,对建筑物的一些主要尺寸,主要构配件的规格、型号、位置、数量等,则是必须牢牢记住的。这样可以加深对设计图纸的理解,有利于施工操作,减少或避免施工错误。

一般说,要牢记以下一些尺寸:

开间进深要记牢,长宽尺寸莫忘掉;
纵横轴线心中记,层高总高很重要;
结构尺寸要记住,构件型号别错了;
基础尺寸是关键,结构强度不能少;
梁、柱断面记牢靠,门窗洞口要留好。

三、弄清关系

看图时必须弄清每张图纸之间的相互关系。因为一张图纸无法详细表达一项工程各部位具体尺寸、做法和要求。必须用很多张图纸,从不同的方面表达某一个部位的做法和要求,这些不同部位的做法和要求,就是一个完整的建筑物的全貌。所以在一份施工图纸的各张图纸之间,都有着密切的联系。

在看图时,必须以平面图中的轴线编号、位置为基准,做到:"手中有图纸,心中有轴线,千头又万绪,处处不离线"。

图纸之间的主要关系,一般来说主要是:

轴线是基准,编号要相吻;
标高要交圈,高低要相等;
剖面看位置,详图见索引;
如用标准图,引出线标明;
要求和做法,快把说明拿;
土建和安装,对清洞、沟、槽;
材料和标准,有关图中查;
建筑和结构,前后要对照。

所以,弄清各张图纸之间的关系,是看图的重要环节,是发现问题,减少或避免差错的基本措施。

四、抓住关键

在看施工图时,必须抓住每张图纸中的关键。只有掌握住关键,才能抓住要害,少出差错。一般应抓住以下几个关键:

(1) 平面图中的关键:在施工中常出现的一些差错有一定的共性。如"门是里开外开,轴线是正中偏中,朝向是东南西北,墙厚是一砖几砖"。门在平面图中有开启方向,而窗则没有开启方向,必须查大样图才能确定。轴线在墙上是正中还是偏中,哪一层是正中,哪一层是偏中,必须弄清,才不会造成轴线错误,以免错把所有的轴线都当成中线。房屋的朝向,必须搞清楚,图上有指北针的以指北针为准。一般建筑物的平面图中,应符合上北下南,左西右东的规律。在对每一轴线、每一部位的墙厚时也要仔细查对清楚,如哪道墙是一砖厚,哪道是半砖墙,绝对不能弄错;

(2) 在立面图中,必须掌握门窗洞口的标高尺寸,以便在立皮数杆和预留窗台时不致发生错误;

(3) 在剖面图中,主要应掌握楼层标高、屋顶标高。有的还要通过剖面图掌握室内洞口、内门标高、楼地面做法、屋面保温和防水做法等;

(4) 在结构图中,主要应掌握基础、墙、梁、柱、板、屋盖系统的设计要求,具体尺寸,位置,相互间的衔接关系以及所用的材料等。

五、了解特点

民用建筑由于使用功能不同,也有不同的特点,如影剧院,由于对声学有特殊要求,故在顶棚、墙面有不同的处理方法和技术要求。因此在熟悉每一份施工图纸时,必须了解该装饰工程的特点和要求,包括以下几方面:

(1) 对材料的质量标准或对特殊材料的技术要求;

(2) 施工注意之点或容易出问题的部位;

(3) 新工艺、新结构、新材料等的特殊施工工艺;

(4) 设计中提出的一些技术指标和特殊要求;

(5) 在结构上的关键部位;

(6) 室内外装修的要求和材料。

只有了解一个工程项目的特点,才能更好地、全面地理解设计图纸,保证工程的特殊需要。

六、图表对照

一份完整的施工图纸,除了包括各种图纸外,还包括各种表格,这些表格具体归纳了各分项工程的做法、尺寸、规格、型号,是施工图纸的组成部分。在施工图纸中常见的表有以下一些:

(1) 室内、外做法表:主要说明室内外各部分的具体做法,如室外勒脚怎样做,某房间的地面怎样做等;

(2) 门、窗表:表明一幢建筑全部所需的门、窗型号、高宽尺寸(或洞口尺寸),以及各种型号门、窗的需用数量;

(3) 构部件表:根据工程所需的石材、板材、玻璃的编号、名称,列出各类实物的规格、尺寸、型号、需要数量。

在看施工图时,最好先将自己看图时理解到的各种数据,与有关表中的数据进行核对,如完全一致,证明图纸及理解均无错误,如发现型号不对、规格不符、数量不等时,应再次认真核对,进一步加深理解,提高对设计图纸的认识,同时也能及时发现图、表中的错误。

七、一丝不苟

看施工图纸必须认真、仔细、一丝不苟。对施工图中的每个数据、尺寸，每一个图例、符号，每一条文字说明，都不能随意放过。对图纸中表述不清或尺寸短缺的部分，绝不能凭自己的想象、估计、猜测来施工，否则就会差之毫厘，失之千里。

另外，一份比较复杂的设计图纸，常常是由若干专业设计人员共同完成的，由于种种原因，在尺寸上可能出现某些矛盾。如总尺寸与细部尺寸不符；大样、小样尺寸两样；建筑图上的墙、梁位置与结构图错位；总标高或楼层标高与细部或结构图中的标注不符等。还可能由于设计人员的疏忽，出现某些漏标、漏注部位。因此施工人员在看图时必须一丝不苟，才能发现此类问题，然后与设计人员共同解决，避免错误的发生。

八、三个结合

在学习装饰施工图时，必须注意结合学习其他专业图纸，才能全面地、正确地了解工程的全貌。尤其是对大型工程，有总平面布置图，有装修装饰图，有水、暖、电、卫生设备安装图，有设备基础施工图，有室内外的管道、管沟、电缆图等。这些各个专业的图纸，组成了一个装饰工程项目完整的总体。所以，这些专业图纸之间必须互相呼应，相辅相成，因此在看装饰图时要注意做到三个结合，即：

（1）装饰与结构结合：即在看装饰图时，必须与结构图互相对照着看；

（2）室内与室外结合：在看单位工程施工图时，必须相应地看总平面图，了解本工程在建筑区域内的具体位置、方向、环境以及绝对高程；同时要了解室外各种管线布置情况，以及对本工程在施工中的影响，了解现场的防洪、排水问题应如何处理等；

（3）装饰与安装结合：在看装饰图时，必须结合看本工程的安装图，一定要做到：

预留洞、预留槽，弄清位置和大小，施工当中要留好；

预埋件、预埋管，规格数量核对好，及时安上别忘掉。

就是要求在看装饰图时，一定注意各种进口的位置、大小、标高与安装图是否交圈；设备预留洞口要多大，留在什么部位，哪些地方要预埋铁件或预埋管等。

九、掌握技巧

看图纸和从事其他操作一样，除了熟练以外，还有个技巧问题。看图的技艺因人而异，各不相同，现介绍几点如下：

（1）随看随记：看图时，应随手记下主要部位的做法和尺寸，记下需要解决的问题，并逐张看，逐张记，逐个解决疑难问题，以加深印象；

（2）先粗后细：先将全部图纸粗看一遍，大体形成一个主体概念，然后再逐张细看二至三遍。细看时，主要是了解详细的做法，逐个解决粗看中提出的一些疑问，从而加深理解，加深记忆；

（3）反复对照，找出规律：对图纸大体看到一遍后，再将有关图纸摆在一起，反复对照，找出内在的规律和联系，从而巩固对图纸的理解；

(4)图上标注,加强记忆:为了看图方便,加深记忆,可把某些图纸上的尺寸、说明、型号等标注到常用图纸上,如标注到平面图上等。这样可以加深记忆,有利于发现问题。

十、形成整体概念

通过以上几个步骤的学习,对拟建工程就可以形成一个整体概念,对建筑物的特点、形状、尺寸、布置和要求已十分清楚。有了这个整体概念,在施工中就胸有成竹,可减少或避免错误。

因此,在学习图纸时,绝不能只看单张,不看整体,就忙于开工。只有对建筑物形成了一个整体概念,才可以加深对工程的记忆和理解。

第二节 建筑结构查验

一、结构查验的必要性

装饰工程的特点是附着性施工,是先有建筑物,然后才谈得上装饰。国家对室内装饰的定义便是"对所有同形空间进行艺术再创造"。没有建筑物作装饰载体,将无从谈装饰。如此说来,审查完图纸就要检查原建筑物,看设计是否符合原建筑物条件。

建筑物作为装饰对象,实际施工中还有不同的情况,有的新建工程,在主体结构完成以后,便进入装饰阶段;另一种新建工程是不等主体结构交工验收便同时进行装饰;再一种是旧工程改建装饰,这也有几种情况:一种是装饰更新、一切如原;一种是局部改建性装饰;另一种是彻底否定原使用功能,进行全面改造,如办公室改客房。现有流行工业厂房改文化广场。这些,对从事装饰业的施工管理人员,提出了更新更高的要求,因此,在施工准备阶段必须要对原建筑物进行检查。

二、验收内容

检查的内容应该包括:

结构状况;

电源状况;

供暖状况;

设备状况;

基底状况;

给排水状况;

煤气状况。

三、验收记录

通过检查,要进行登记造表,监理、业务、项目部、检查人都要签字,见表1-1-1。

结构工程（原房屋）查验表　　　　　　　表 1-1-1

年　月　日

工程项目	检查部位	发现问题	处理办法	备　注
墙体				
梁				
柱				
地面				
屋顶				

业主代表：　　　　　　　　　监理工程师　　　　　　　　　　　施工员

水卫工程检验表　　　　　　　　　　年　月　日

工程项目	检查部位	发现问题	处理办法	备　注
卫生设备系统				
消防设备系统				

业主代表：　　　　　　　　　监理工程师　　　　　　　　　　　施工员

注：空调和电气工程检验表格式与上表同，从略。

四、对建筑物改造拆除的检验

在旧工程改造中，对原装饰物的拆除也是一项技术性很强的工作，它不仅有量的表现，还有质的要求。什么该拆，什么不该拆，拆到什么部位等都要有明确的规定。比如，墙面设计是原墙贴面砖还是加复合板材装饰，前者要拆除原装饰面砖，后者就不必拆除。因此，对于旧建筑物改造的拆除也应作检查立项，并列表存查（表 1-1-2）。

原装饰拆除项目　　　　　　　　　表 1-1-2

项目名称	拆除部位	拆除数量	拆除物处理办法
顶棚部分			
墙面部分			
地面部分			
细部装饰部分			

业主代表：　　　　　　　　　监理工程师　　　　　　　　　　　施工员

由于建筑工程对装饰施工的制约性，施工员对需装饰的建筑物应特别关注。如原来的水管、电线、墙体的新旧程度，保温墙的材质，无不直接关系到装饰的连接技术选择。因此，施工员在施工准备阶段应该特别强调对原建筑物的查验，如是新建工程，要求提供结构图或竣工图更为理想。

第三节　编制施工方案

一、确立施工方案的目标

经过审图、查验原建筑物，便可根据公司总的施工组织设计和施工方案编制装饰装修施工方案。首先要确定项目目标，即工期目标、质量目标、安全目标和成本目标，一切方案和措施都要围绕这四个目标进行。

二、选定施工方案

1．确定总的施工程序

施工顺序是指在建筑装饰工程施工中，不同施工阶段的不同工作内容按照其固有的、在一般情况下不可违背的先后次序。

建筑装饰工程的施工程序一般有先室外后室内、先室内后室外及室内外同时进行三种情况。应根据工期要求、劳动力配备情况、气候条件、脚手架类型等因素综合考虑。

室内装饰的工序较多，一般是先做墙面及顶面，后做地面、踢脚，室内外的墙面抹灰应在装完门窗及预埋管线后进行；吊顶工程应在通风、水电管线完成安装后进行；客房卫生间装饰应在做完地面防水层、安装澡盆之后进行。首层地面一般都留在最后施工。

2．确定施工流向

单层建筑要定出分段施工在平面上的施工流向，多层及高层建筑除了要定出每一层楼在平面上的流向外还要定出分层施工的施工流向。确定施工流向时，要考虑下面几个因素：

（1）施工工艺流向过程，往往是确定施工流向的关键因素。建筑装饰工程施工工艺的总规律是先预埋、后封闭、再装饰。在预埋阶段，再通风、后水暖管道、再电气线路。封闭阶段，先墙面、后顶面、再地面；装饰阶段，先油漆、后裱糊、再面板；调试阶段，先电气、后水暖、再空调。建筑装饰工程的施工流向必须按各工种之间的先后顺序组织平行流水，颠倒工序就会影响工程质量及工期。

（2）对技术复杂、工期较长的部位应先施工。有水、暖、电、卫工程的建筑装饰工程，必须先进行设备管线的安装，再进行建筑装饰工程施工。

（3）建筑装饰工程必须考虑满足用户对生产和使用的需要。对要求急的应先施工，对于高级宾馆、饭店的建筑装饰改造，往往采取施工一层（或一段）交用一层（或一段）的做法，使之满足企业运营的要求。

（4）上下水、暖、电、卫、风的布置系统

应根据水、暖、卫、风、电的系统布置，考虑流水分段。如上下水系统，要根据干管的布置方法来考虑流水分段，以便于分层安装支管及试水。

根据装饰工程的工期、质量、安全和使用要求，以及施工条件，其施工起点流向有自上而下、自下而上及自中而下再自上而中三种。

自上而下的施工起点流向通常是指主体结构工程封顶，做好屋面防水层后，从顶层开始，逐层往下进行。

此种起点流向的优点是：新建工程的主体结构完成后，有一定的沉降时间，能保证装饰工程的质量；做好屋面防水层后，可防止在雨期施工时因雨水渗漏而影响装饰工程质量；自上而下的流水施工，各工序之间交叉少，便于组织施工；从上往下清理建筑垃圾也较方便。其缺点是不能与主体施工搭接，因而施工周期长。

对高层或多层客房改造工程来说，采取自上而下进行施工也有较多的优点，如在顶层施工，仅下一层作为间隔层，停业面积小，不影响大堂的使用和其他层的营业；卫生间改造涉及上下水管的改造，从上到下逐层进行，影响面小，对营业影响较小；装饰施工对原有电气线路改造时，从上而下施工只对施工层造成影响。

自下而上的起点流向，是指当结构工程施工到一定层后，装饰工程从最下一层开始，逐层向上进行。

此种起点流向的优点是工期短。特别是高层和超高层建筑工程其优点更为明显，在结构施工还在进行时，下部已装饰完毕，达到运营条件，可先行开业，业主可提前获得经济效益。其缺点是，工序之间交叉多，需很好地组织施工，并采取可靠的安全措施和成品保护措施。

自中而下再自上而中的起点流向，综合了上述两者的优缺点，适用于新建工程的中高层建筑装饰工程。

室外装饰工程一般采取自上而下的起点流向，但湿作业石材外饰面施工、干挂石材外饰面施工一般采取自下而上的起点流向。

3．确定施工顺序

施工顺序是指分部分项工程施工的先后次序。合理确定施工顺序是编制施工进度计划，组织分部、分项工程施工的需要，同时，也是为了解决各工种之间的搭接，减少工种间交叉干扰，以期达到预定质量目标，充分利用工作面，实现缩短工期的目的。

(1) 确定施工顺序时应考虑的因素

1) 遵循施工总程序。施工总程序规定了各阶段之间的先后次序，在考虑施工顺序时应与之相符。

2) 符合施工工艺要求。如纸面石膏板吊顶工程的施工顺序为：顶内各管线施工完毕→埋吊杆→吊主龙骨→电管穿线、水管打压、风管保温→次龙骨安装→安罩面板→涂涂料。

3) 按照施工组织要求。

4) 符合施工安全和质量要求。如外装饰应在无屋面作业的情况下施工；地面施工应在无吊顶作业的情况下进行；大面积刷油漆应在作业面附近无电焊的条件下进行。

5) 充分考虑气候条件的影响。如雨期天气太潮湿不宜安排油漆施工；冬期室内装饰施工时，应先安门窗扇和玻璃，后做其他装饰项目；高温不宜安排室外金属饰面板类的施工。

(2) 装饰工程的施工顺序

装饰工程分为室外装饰工程和室内装饰工程。室外和室内装饰工程的施工顺序通常有先内后外、先外后内和内外同时进行三种顺序。具体选择那种顺序可根据现场施工条件和气候条件以及合同工期要求来选定。通常，外装饰湿作业、涂料等项施工应尽可能避开冬雨期进行，干挂石材、玻璃幕墙、金属板幕墙等干作业施工一般受气候影响不大。外墙湿作业施工一般是自上而下（石材墙面除外），干作业施工一般采取自下而上进行。

室内装饰施工的主要内容有：顶棚、地面、墙面装饰，门窗安装和油漆，固定家具安装和油漆，以及相应配套的水、电、风口（板）、灯饰、洁具安装等，施工顺序根据具体条件不同而不同。其基本原则是："先湿作业、后干作业"："先墙顶、后地面"；"先管线、后饰面"。房间使用功能不同，做法不同，其施工顺序也不同。

三、施工顺序举例

1. 大厅施工顺序

搭架子→墙内管线→石材墙柱面→顶棚内管线→吊顶→线角安装→顶棚涂料→灯饰、风口、烟感、喷淋、广播、监控安装→拆架子→地面石材施工（配合安玻璃门地弹簧）→安门扇→墙、柱面电气插座、开关安装→地面清理打蜡→交验。

2. 客房卫生间改造施工顺序

原旧物拆除→改上下水管道→改电管线→地面找坡→安门框→防水→保护层→安浴缸→台板架安装→贴墙砖→安大理石台面板→顶内排风机、管线、镜前灯安装→吊顶板→安镜子→安门扇及压线→木面油漆→地面面层→安坐便器、洗面器→地漏箅子、浴帘杆、毛巾架、拉手、手纸盒等安装→安电盒→清洗、修补→交验。

3. 客房改造施工顺序

拆除旧物→改电器管线及通风→壁柜制作、窗帘盒安装→顶内管线→吊顶→安角线→窗台板、暖气罩→安门框→墙、地面修补→顶棚涂料→安踢脚板→墙面腻子→安门扇→木面油漆→贴墙纸→电气面板、风口安装→铺地毯→床头灯及过道灯安装→清理、修补→交验。

第四节 绘制施工平面图

一、施工平面图内容

施工平面图表明单位工程施工所需机械、加工场地，材料、成品、半成品堆场，临时道路，临时供水、供电、供热管网和其他临时设施的合理布置场地位置。绘制施工平面图一般用 1:200～1:500 的比例。

对于工程量大、工期较长或场地狭小的工程，往往按基础、结构、装修分不同施工阶段绘制施工平面图。建筑装饰施工，要根据施工的具体情况灵活运用，可以单独绘制，也可与结构施工阶段的施工平面图结合一起，利用结构施工阶段的已有设施。

建筑装饰施工阶段一般属于工程施工的最后阶段。有些在基础、结构阶段需要考虑的内容已经在这两个阶段中予以考虑。因此，建筑装饰施工平面图中规定的内容要因时、因需要，结合实际情况来决定。施工平面图内容包括：

（1）地上、地下的一切建筑物、构筑物和管线位置；

（2）测量放线标桩、杂土及垃圾堆放场地；

（3）垂直运输设备的平面位置，脚手架、防护棚位置；

（4）材料、加工成品、半成品、施工机具设备的堆放场地；

（5）生产、生活用临时设施（包括搅拌站、木工棚、仓库、办公室、临时供水、供电、供暖线路和现场道路等）并附一览表。一览表中应分别列出名称、规格、数量及面积大小；

（6）安全、防火设施。

上述内容可根据建筑总平面图、现场地形地貌、现有水源、电源、热源、道路、四周可以利用的房屋和空地、施工组织总设计及各临时设施的计算资料来绘制。

二、平面图设计要点

（1）垂直运输设备（如外用电梯、井架）的位置、高度，须结合建筑物的平面形状、高度和材料、设备的重量、尺寸大小，考虑机械的负荷能力和服务范围，做到便于运输，便于组织分层分段流水施工；

（2）混凝土、砂浆搅拌机、木工棚、仓库和材料、设备堆场的布置。

1）木工棚、水电管道及铁活的加工棚宜布置在建筑物四周的较远处，并有相应的木材、钢材、水电材料及其成品的堆场。单纯建筑装饰施工的工程，最好利用已建的工程结构作为仓库及堆放场地；

2）混凝土、砂浆搅拌站应靠近使用地点，附近要有相应的砂石堆场和水泥库；砂石堆场和水泥库必须考虑运输车辆的道路；

3）仓库、堆场的布置，要考虑材料、设备使用的先后，能满足供应多种材料堆放的要求。易燃易爆物品及怕潮怕冻物品的仓库须遵守防火、防爆安全距离及防潮、防冻的要求；

4）沥青熬制地点必须离开易燃品库并布置在下风向；

5）临时供水、供电线路一般由已有的水电源接到使用地点，力求线路最短。消防用水一般利用城市或建设单位的永久性消防设施，如水压不够，可设置加压泵、高位水箱或蓄水池；建筑装饰材料中易燃品较多，除按规定设置消火栓外，在室内应根据防火需要设置灭火器；

6）井架、外用电梯、脚手架等高度较大的施工设施，在雨期应有避雷设施。高井架顶部应装有夜间红灯，现场的井、坑、孔洞应加堵盖或设围栏。地下室、电梯间等阴暗部分应设临时照明；

7）石材堆放场应考虑室外运输及使用时便于查找，同时应考虑防止雨淋措施；

8）木制品堆放场应考虑防雨淋、防潮和防火；

9）贵重物品应放置在室内，防丢失。

三、某饭店客房改造工程平面布置（图1-1-1）

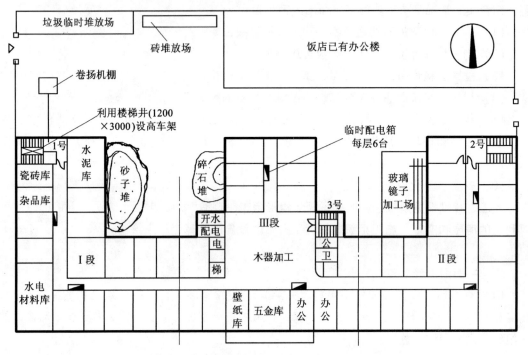

图1-1-1　某饭店客房改造工程平面布置图

说明：1. 水泥按每层用量直接到楼层分段进场（利用高车架）。
2. 纸面石膏板、木材（板）按层分段直接到楼层（利用高车架）。
3. 玻璃镜子利用3号楼梯人工向上搬运。
4. 卫生洁具利用原有电梯，分层分段夜间运送到楼层。
5. 施工层的下一层作为间隔层（停止营业），其余层正常营业。
6. 油漆按施工部位分段进场，放在开水间，专人发放。
7. 施工顺序：先Ⅱ段再Ⅲ段后Ⅰ段；地毯待油漆壁纸等施工完后铺设。

第五节　技术及施工方案交底

一、技术及施工方案交底的组织工作

技术及施工方案交底工作一般由技术负责人来主持，由项目经理亲自组织。根据工程项目规模不同，多数工程项目均由施工员越俎代庖。所以施工员必须掌握技术及施工方案的交底工作。

二、技术及施工方案交底内容

技术及施工方案交底总的内容应该包括施工组织设计、施工工艺、质量要求、安全措施、本项目涉及的施工规范、文明施工要求、图纸会审中提出的问题及解决方案。

交底具体内容，要结合施工方案来进行。
第一，要交清工程概况、规模、专业特点、总工程量及各专业工程量；
第二，要交清开工时间、实际作业时间、总作业时间、交工时间；
第三，要交清其他专业分包对装饰施工的影响；
第四，要核定各工种作业人数；
第五，要作出材料消耗计划；
第六，要发布强制性条文及最新国家颁布的法规；
第七，安装工程与装饰的协调；
第八，现场场容管理制度；
第九，样板间制作要求；
第十，本项目中出现的非常规施工技术要单独编制施工方案，进行交底，必要时施工员要作示范。

三、技术及施工方案交底应注意的方面

（1）技术及施工方案交底工作要建立和健全正常的交底制度。首先要编写交底文件。凡需交底的内容，都应有文字依据。成文以后，要向监理工程师备案，得到支持。

交底可以是一揽子交底，也可分专业交底。

（2）每次交底必须有交底会记录，与会者签字。

交底的目的之一是要落实责任制。如果其中的责任人不能参加交底会，要进行补课，直到责任人签字，才算完成交底任务。

（3）交底文件内容要有针对性、科学性、可操作性、可行性，同时还应具有便于检验的特点。

（4）技术及施工方案交底是整个施工准备工作的总结及汇编，交底工作是否完善，是对准备工作的检验，因此要认真做好这项工作。

第二章 施工资源调配

施工资源指劳动力资源、材料资源、施工机具资源、技术资源和资金资源。

第一节 落实劳动力资源

一、正确认识劳动力市场特点

建筑业自改革开放以来便实行管理层和劳务层的分离。施工企业自身不再储备劳动力，而是由社会单独成立劳务公司。施工企业需用劳动力直接向劳务公司聘用。这对于施工员来说，是一项全新的管理体系。就是说，你所用的劳动力，他的领导权在劳务公司，你与劳务公司只有专业分包合同，对劳务的管理由劳务公司承担，他们是劳务管理的责任人。这对施工员指挥工人班组方面有一定的限制。

二、认真考察劳务企业水平

施工企业在确定选用劳务队伍的时候，一定要遵照有关规定办理。建设部于 2001 年 7 月作出决定，设立劳务分包企业，实行劳务分包专业资质等级管理，纳入市场准入管理范畴。

《建筑业企业资质管理规定》（中华人民共和国建设部令第 87 号）第二章资质分类和分段中指出：获得劳务分包资质的企业，可以承接施工总承包企业或者专业承包企业分包劳务作业。劳务分包资质序列按照工程性质和技术特点，分别划分若干资质类别，分为：

木工作业分包企业资质等级标准分一、二级。

抹灰作业分包企业资质等级标准，不分等级。

石制作业分包企业资质等级标准，不分等级。

油漆作业分包作业资质等级标准，不分等级。

水暖电安装作业分包企业资质等级标准，不分等级。

我们装饰施工企业属于建筑业中装饰装修专业承包企业，使用劳动力也必须从上述专业作业公司聘用。不得从社会上乱招工人。而且要办理一系列的聘用手续。

三、认真编制劳动力使用计划

劳动力资源管理除聘用劳动力要符合国家政策外，施工员必须对劳动力的需求量作出计算。也可以将专业工程数量提供给劳务单位，由劳务公司作出供应计划，但要报项目部核准。

四、建立劳动力培训考核机制

劳动力计划一旦成立，施工员要对工人的技术水平进行考察，进场后要进行专业培训，工艺交底特别要强调电动工具的使用知识、安全知识，未经考核或考核不及格者绝不能上岗。

第二节 落实材料资源

一、加强材料资源管理

装饰施工的过程，就是装饰材料的消耗过程。对材料资源管理一定要作到消料有项目，领料有计划，增料有洽商，余料有回收。特别强调加强计划管理。

二、明确材料采购责任制

材料的采购方式很多。总体有两大类：一类是业主采购；一类是施工单位采购，还有一类业主确认材质，由施工单位采购。不管哪一类采购方式，必须事先由施工单位做好采购计划。采购计划首要满足工期需要，对业主供料的材料，一定要加强督促要求其按计划供货，以免贻误施工。

三、材料的验收

装饰材料的验收工作十分复杂。作为施工员，可以借助项目部的相关人员协助进行。

装饰材料具有多门类、多品种、多学科特点，任何一个现场管理人员不可能什么材料都精通，因此，在材料验收过程中必须持慎重态度，高度重视，认真负责，不可马虎从事。验收材料重点在严把质量关，其次是数量。目前市场上材料供应往往有以次充好，以假乱真，以劣充优，冒名顶替，伪装商标等现象，使你防不胜防。

验收中，按程序至少要求政府部门批准的生产许可证，国家质检部门的质检，主管部门批准的出厂证书。有些材料，除了有证件外，如果需要还要进行二次检验。

验收方式，一般供货单位将货送到指定地点或施工现场。项目部材料负责人接到送货单，可以组织相关人员对材料进行清点验收。

验收方式可以根据订货合同规定的方式进行，有的材料可以抽样检查，有的材料、物件必须按件验收，如门窗，有的可以只验收原包装无损坏即可。

验收时要有质检员参加，还要邀请监理工程师作见证。

材料验收工作既决定工程质量，还决定工程成本，是施工管理工作的重中之重，应慎之又慎。

第三节 落实施工机具

一、施工机具在装饰施工中的重要性

电动（气动）施工工具是施工的三大要素之一。

二欲善其事，必先利其器。建筑装饰装修施工离不开先进的施工电动工具（也有气动机具），根据不同功能应该广泛使用电动（气动）工具。电动机具有切割类机具、钻孔类机具、打磨类机具等。电动机具使用科学合理，有利于提高工程质量，加快施工速度。

有些电动工具是由装饰材料决定的，不能用手工替代。如石材切割、打孔、打磨，必须要采用电动机具。采用电动工具可以避免野蛮施工，有利于保护建筑体。

电动机具装备合理，可以体现一个施工队的技术水平。施工员应该熟悉了解装饰装修施工机具，对所负责的工程项目应该采用哪些机电机具应该了如指掌，作到心中有数，不能到使用时才准备。

二、对施工机具的装备要求

由于装饰施工企业实行管理与劳务分离，作为施工三大要素之一的施工机具装备，目前市场上存在管理缺陷。最初阶段，施工机具由施工管理企业负责装备，之后产生了使用不当、丢失等现象，尤其是消耗材料，施工企业无法控制，也就是施工员无法控制，以后逐步过渡到由劳务队自己装备施工机具，甚至分工将大型机具由企业提供，手提式机具由劳务队自备，在确定劳务承包费时将部分机具费加到劳务承包合同中。这样做的结果，虽然趋于合理，但对提高机械化施工水平仍有一定制约，许多劳务队不愿投入必要的资金买机具。

施工员对这种现象应该引起重视。该用机具而不用，必然导致野蛮施工，特别是在建筑体上打洞。所以施工员要在施工资源调配时，把施工机具装备作为一项重要工作来抓。

三、重视外加机具装备

装饰装修施工提倡减少现场作业，合理安排工厂加工。对工厂加工的机具装备，施工员也要加以注意。比如干挂石材，多数是在石材车间加工的，其加工水平如何，施工员必须实地考察。设备水平低下，加工的成品质量就粗糙，尤其打磨设备，必须要求精细，还有不锈钢加工品，必须达到安装合格，如果切割机、截板机、折边机等设备落后，成品就可能不合格。塑料门窗加工，一些小加工点甚至用土办法加工，质量更不能容忍。施工员不能只坐等接货，不过问加工条件及加工过程，一旦木已成舟，将无法收拾，既耽误工期，又增加费用。

四、施工机具的选用

施工机具的选用应遵守实用性、有效性、完好性、先进性和科学性，以及合理配套，不盲目追求数量。

在施工现场，施工员在施工方案中要充分考虑为机动机具提供科学的电源。

第四节　人、材、机的统筹安排

　　人、材、机是装饰施工的三要素。三者处于同等重要的位置，不能有任何一方偏颇。作为施工企业的项目经理部重要管理人员的施工员，对这三方面能否统筹配合，对施工进展有着举足轻重的作用。目前这三个要素，应该说不完全控制在项目部。项目部有这个形式，却未必有实权，即控制权与协调权。

　　"人权"，是由劳务公司用合同形式固定下来的。他们的人事管理权在劳务公司，能否满足现场需要，项目部对此并不直接控制。

　　"材权"即材料采购权。多数材料都控制在甲方自己手中，他们并不理会工程进度需要，只考虑自己方便，施工员也只能望材兴叹。机具设备控制在劳务队手中，也可能掌握一部分大型设备，如空气压缩机等。

　　在没有完全实权的情况下要进行全面协调、资源调配，这是摆在施工员面前的一个难题。

第三章 加强计划管理

第一节 计划的编制

施工计划是整个施工管理的龙头,是一切管理工作的总纲。没有计划,施工会失去方向,会造成混乱。因此施工员的工作要从抓计划开始。

这里讲计划,指的是施工计划。

一、施工计划表现形式

施工计划可以用横道图来表示,也可以用先进的网络图,即关键线路法来表示。不过网络图的编制比较麻烦,技术上要求较高。对一般规模不大,工期不长的工程项目,会得不偿失。

二、作业计划分类

项目部的作业计划可以分三个阶段来排,即月计划、旬计划和日计划。月计划是一个月的施工目标,从月度报量方面考虑,可以排到每个月的25日,可称为报表月。这个计划的目标应该以报月度完成量为目标。从经营策略考虑造价高的项目可以先排计划,项目比较集中的可以先排计划,用传统的说法,集中优势力量打歼灭战,这将有利于降低成本。

有了月度计划,就可以再把目标划小到10天为一个分段计划。这种旬计划,无论是材料计划、劳动力安排将变得更加具体,做到心中有数,人人心明眼亮,以后就可以按当天排出目标。这是一切计划的基础,用来作当天交底文件。

三、编制月度计划的依据

施工员编制计划必须依据项目部的总进度计划进行。其目的在于贯彻执行项目部的工期目标。排计划同样要掌握生产资源,以应完成的工程量及工期为目标,配以劳动力、材料、机具,以劳动者每天完成量来安排。当劳动力与工期要求不符时,应当增减劳动力。当材料供应不足时,应派人督办,以满足计划需要。装饰工程施工常常会出现同类项目组织施工,这时,你可以安排为流水作业。表 1-3-1 是一份流水作业横道计划表。

按分别流水法组织的施工进度计划　　　　　　　表 1-3-1

层次	施工工序	需要劳动量(工日)	流水节拍(d)	施工进度 1 3 5 7 9 11 13 15 17 19 21 23 25 27 29 31
一	墙体弹线定位	6	1	
	墙体安轻钢龙骨	36	3	
	安装纸面石膏板	24	2	
	粘贴壁纸	36	2	
二	墙体弹线定位	6	1	
	墙体安轻钢龙骨	36	3	
	安装纸面石膏板	24	2	
	粘贴壁纸	36	2	
三	墙体弹线定位	6	1	
	墙体安轻钢龙骨	36	3	
	安装纸面石膏板	24	2	
	粘贴壁纸	36	2	

四、网络计划的编制

现在装饰市场上招投标文件不论项目规模大小要求要有网络计划。其实网络计划不仅编制困难,实现起来也是非常困难的。首先要具有网络技术的人才,不是一般计划员可以胜任的。编制网络计划要有许多条件,首先必须要有完整的设计图纸,已经落实的材料、资金,熟练的劳动力。当然这些条件以横道图来作计划同样应该具备。不过横道图执行过程发生变化,容易调整,网络图就不那么容易变化了,因为一开始就进行了详细的计算、周密的部署,严格设计了关键线路。同时网络计划一旦被批准,凡参加本项目的一切单位都要对所处的网点承担责任。

有一种简单做法,先画一个横道图,然后将横道图的内容翻成网络图,用这种办法来应付投标。其实网络计划是要通过最早开工时间、最早完工时间、最迟开工时间、最迟完工时间的排序,计算出总时差、自由时差、总工期,通过优化、调整,从中找出关键线路,才是真正意义上的网络计划。这时的网络计划总工期一般会比横道计划提前15%~20%的工期。

网络计划是一项现代管理技术,决不是将横道图简单翻一下就可以实现的。如果说横道图计划一天可以排出来,那么一项超过50个项目工程的网络计划,恐怕一个星期都排不完。所以,对施工员要求编网络计划比较困难,编好了执行用不了三天会面目全非。如果没有专职计划人员进行及时调整,那就前功尽弃。

下面介绍某饭店改造时,编制的网络计划模型,供参考。

编制网络计划第一步将施工项目列全,第二步将这些项目排出施工顺序,比如装饰工程施工顺序可以按以下顺序排列:

总的施工顺序：先预埋，后封闭，再装饰；
预埋阶段：先通风，后埋管，再电气；
封闭阶段：先墙面，后顶棚，再地面；
装饰阶段：先油漆，后裱糊，再面板；
调试附段：先电气，后水卫，再空调。

上述这些顺序，有些是不能改变的，属于工艺关系，有些是可以改变的，属于组织关系，在施工过程中可根据实际情况具体应用。比如，卫生间设备应该是先饰面、后安装。但是，浴盆则应先安装为佳，它可以保证饰面板压住浴盆边而不易漏水。如果先贴墙面砖，就可能是从墙底向上满贴，这样每个卫生间就会浪费面砖将近 $2m^2$；但在浴盆未到时又只好先贴面砖，在这种情况下要经技术人员进行研究决定，在对浴盆尺寸有绝对把握的前提下，可以预留安装浴盆的位置。

其次，编制网络计划要进行调查研究，掌握各方面的资料，包括自然条件、道路运输、垂直运输、技术条件、经济条件、设计意图、劳动力资源、材料及设备条件、施工机械供应条件。还要了解上级主管部门的意向，建设单位的要求，协作单位的情况。总之，就是要为编制网络计划准备好各种有关资料。

再次，要合理确定工作项目的范围、施工顺序，并计算出每个工作项目的施工时间，编制出工作项目一览表。

以旅游饭店客房装饰施工为例，一般可设近四十个工作项目。应以一个比较完整的工艺过程作为一个工作项目，分得太细，不易掌握，分得太粗，又不利于各工序的交叉搭配。表1-3-2 是一个客房的工作项目一览表。

工作项目一览表　　　　　　表 1-3-2

顺序号	项目名称	紧前工作	工程量 单位	工程量 数量	总工日（d）	每天工人数（人）	连续工作时间（d）
1	拆除	0	间	25	125	25	5
2	配电管	1	间	25	48	8	6
3	卫生支管	1	间	25	48	8	6
4	装窗框	1	套	25	48	8	6
5	装面盆架	3	套	25	12	4	3
6	做防水	5	间	25	20	4	5
7	水装配电箱	2	个	25	20	4	5
8	装门框	4	个	50	48	12	4
9	装窗台板	8	个	25	8	2	4
10	装窗帘盒	9	个	25	40	8	5
11	做壁柜	1	个	25	40	4	10
12	修墙面	7、11	间	25	20	2	10

续表

顺序号	项目名称	紧前工作	工程量 单位	工程量 数量	总工日（d）	每天工人数（人）	连续工作时间（d）
13	装镜子	6	个	25	32	8	4
14	装浴缸	6	个	25	16	4	4
15	贴磁砖	13、14	间	25	100	20	5
16	穿线	7	间	25	48	8	6
17	校线	16	间	25	16	8	2
18	装排风	15、17	个	25	20	4	5
19	卫生间吊顶	18	间	25	40	8	5
20	装台面	19	个	25	20	4	5
21	装面盆	20	个	25	20	4	5
22	镜子	21	块		20	4	5
23	铺地砖	22	间	25	32	4	8
24	装恭桶	23	个	25	10	2	5
25	装门（卫）	24	樘	25	10	2	5
26	装锁（卫）	25	把	25	5	1	5
27	装附件（卫）	20	套	25	5	5	5
28	客房吊顶	12	间	25	72	12	6
29	装门	25	间	25	20	4	5
30	装锁	29	间	25	8	2	4
31	装线角	28	间	25	36	6	6
32	油漆	30、31	间	25	40	4	10
33	贴壁纸	32	间	25	96	12	8
34	装床头柜	33	个	25	12	2	6
35	装灯	17、27、34	间	25	40	8	5
36	调试	25	间	25	6	3	2
	其他用工		层	/	30	6	—
	总计				1231		

表1-3-2是以一个三星级旅游饭店客房为模拟对象，并以25套客房为一个模数。表中所用工日数及每天人数是一般经验数据，属比较先进的，可作为客房装饰的参考。劳动力指标可根据装饰项目的增减进行调整。表中没有列入风机排管安装和铺地毯，但总的劳动力控制每套标准客房应以不超过50工日为原则。

在编制工作项目一览表的基础上，便可以设计网络图。图 1-3-1 是一套标准客房施工网络图，供参考。

这是一份简化了的单代号网络计划，从图上可以明显看到有一条粗黑线为关键线路。处在粗黑线上的各个项目即为关键项目。所谓保工期就是要保处在黑粗线上的各个项目。如果其中有延误工期的，那么其结果将造成总工期延误。有了科学的网络计划，施工员可以做到一目了然，目标明确。

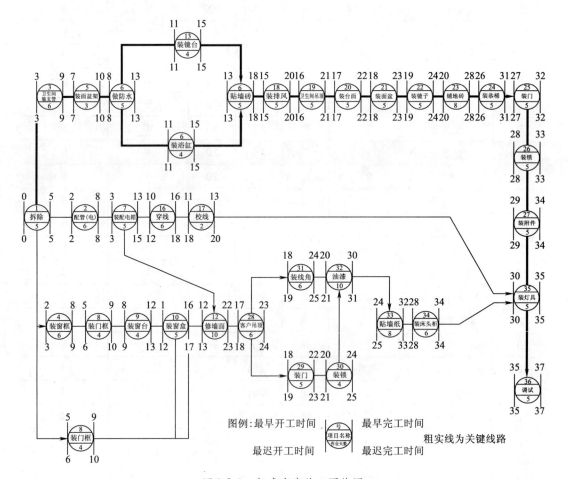

图 1-3-1　标准客房施工网络图

第二节　计划交底

1. 落实人员

参加计划交底会议的人员，凡与落实计划有关的部门和人员都必须参加。

2. 月、旬、日计划交底

月计划交底，一月举行一次，旬计划每旬的最后一天举行，日计划每天上班时进行，传统上也叫班前会。三层计划互相连节，不是相互孤立的，日计划保月计划，月计划保旬计划。特别强调，施工员的一切工作都要把目光盯在计划的落实上。有了进度，才有一切，没有进度将失去一切。

第三节　材料供应

计划落实的重点是要保证材料供应。无数事实证明，真正影响进度的是材料供应。没有了材料便没有了一切。

材料供应的关键是要保证各个计划环节的畅通，这些可能不畅通的环节有设计方、业主方、供货方等原因。目前市场上供应的材料对质量弄虚作假，订立虚假合同，不能按量供货等都将严重影响材料供应计划的兑现。作为施工企业，虽然处于劣势位置，无力挽回各环节的问题，但还是应该积极工作，克服消极等待，能争取早一天到货，就可为工期争得一天时间，如果实在无法挽回，应该写出施工日志，明确误期责任方。

材料管理的另一重要问题是材料消耗。以往我们采用过限额领料，这是个好办法，手续麻烦点。但要降低成本、减少浪费，麻烦也应该做。装饰材料的特点是价格高，品种多，批量品种数量少，周转时间短。这对实行限额领料有一定困难，但是不能放弃计划供料。应该严格劳务队具有编制材料消耗计划。有些材料要落实到实物量上。比如常用的玻化砖，不应用平方米计算，要用"块"来计算。纸面石膏板，不能用平方米计算，要用"张"计算。计划一旦批准，浪费归施工人员负责。

施工员必须严格把住：

按工程项目供料；

按作业面积折成实物量领料；

超项目用料一律先办洽商。

第四节　施工工艺交底

装饰施工工艺是保证进度计划实现最直接的手段。要施工就会有工艺，因此向操作工人进行施工工艺交底，是施工员的一项最基本的工作。

施工工艺交底往往伴随着质量目标同时进行。施工工艺交底又是一次最具体最生动最直接的技术培训。交底工作要做得深入细致，务求工人真正掌握，交底要领，一定会达到减少返工，提高一次合格的水平。

施工工艺交底要编写交底文件，每项工艺具有鲜明的针对性、可操作性，要写出该项目的重点、难点，摒弃抄袭教材，照搬"规范"语言。在自编的工艺中不能用选择性语言，模棱两可，如采用某某材料，或采用某某材料等。要用肯定性语言，使操作者有章可循。

装饰装修施工工艺之所以不能完全照搬"规范"语言，因为装饰施工是一种附着性施工，被装饰的载体是各不相同的，要根据不同对象编写出不同的施工工艺。

举例：轻钢龙骨纸面石膏板吊顶面层喷涂乳胶漆，这种工程属于一个分项工程为单位，

并非某一工种的工艺,具有小型施工方案性质。在标准施工工艺中是这样表述的:

操作工艺及要点:在安装吊顶前应检查楼板有无蜂窝麻面、裂缝及强度不够之处(注:明显这是一项刚交工或尚未交工的新工程,不适合改建工程)。

吊杆固定:浇筑楼板时应预留埋件或吊杆,也可用射钉固定。吊杆同龙骨连接,可用焊接或用吊挂件连接。

以上表述的施工工艺只能作教材,在编写交底文件时不可取。

再如,固定吊杆,它是与主龙骨相对应的,我们往往规定主龙骨间距时,标出1000~1200mm,这也不可取。必须明确是1000或1100或1200。否则属没有针对性,可操作性也不强,质量标准不透明,模棱两可。这也可算是我们对新一代施工员的高标准要求,是对传统的突破,是创新。

第五节 作业计划的动态管理

从理论上说,计划一旦批准,便成了一件必须遵守的文件,不可更改。从实践中,我们建筑装饰装修施工完全按照事先编好的计划来施工,几乎是不可能的。因为干扰进度计划的因素太多,比如设计要变更。这是经常出现的,牵涉设计部门、监理部门和业主,要做到全部签证不会少于2天。再比如,业主供应的材料因领导意见不一致迟迟不作决定,这不是项目部自身可以决定的,也需要时日。总之,计划的执行是在一种动态的过程中进行的,不可能一成不变。笔者曾经在北京饭店改建工程中推行网络计划,得到的体会是:

第一,既要考虑计划的严肃性,又要把握住在施工过程中的灵活性,把两者结合起来应用。第二,加强检制管理是保证实现作业计划目标的关键。有了制度,有了章程,如果不下大力气去管理,去控制,那么再好的制度和章程也无济于事。唯一的办法就是要管,要追踪,把影响进度的根源找出来。这要有一个前提,编制计划应该是公开的,有关部门共同认可的,共同签字的,不是施工员闭门造车编出来的,这是保证计划顺利执行的要害。笔者在北京饭店实行计划责任制,凡处在关键线路上的项目,谁影响进度,谁就应受罚。

从某种意义上说,施工员每天要抓的第一件事就是落实当天的施工部位,有预见性地发现问题,及时解决问题,不能等问题出来了,你才东奔西跑,呼爹喊娘,已无济于事了;于是怨天怨地,两手一摊,无可奈何,随它去吧。这种态度决不是一个好的施工员。

计划受阻,客观原因很多,要立即查明原因,设法解救,及时调整计划。计划是指导施工的,这种情况,计划客观上已经落后于现状,只有及时调整计划,使其重新处于指导地位,这就是计划的动态管理。任何情况下,计划不可能雷打不动,除非是国家大事,战争状态。这一点要求施工员要有坚强的毅力。

第四章 现场管理制度的落实

根据《建设部工程项目管理规范》（GB/T 50326—2006）要求，主要落实《建设工程安全生产管理条例》和《职业健康安全管理体系》（GB/T 28000）标准。坚持安全第一，预防为主和防治结合的方针，建立并持续改进职业健康安全管理体系。装饰装修施工员有责任协助项目经理做好这一工作，将其作为本职工作内容之一。

同时还应遵照《环境管理体系要求及使用指南》（GB/T 24000）的要求，建立并持续改进环境管理体系。

第一节 安全生产管理

一、项目经理应负责项目职业健康安全的全面管理工作

专职安全生产管理人员应持证上岗。施工员要严格把关，无证不得上岗。

项目部根据风险预防要求和该工程的特点，制定职业健康安全生产技术措施计划，确定职业健康及安全生产事故应急救援预案，完善应急准备措施，建立相关组织。发生事故，应按照国家有关规定，向有关部门报告。在处理事故时，应防止二次伤害。施工员应参与这项工作。

在项目设计阶段应注重施工安全操作和防护的需要，采用新结构、新材料、新工艺的建设工程应提出有关安全生产的措施和建议。在施工阶段进行施工平面图设计和安排施工计划时，应充分考虑安全、防火、防爆和职业健康等因素。施工员从审查设计时应关注以上问题。

规模较大的工程，应按有关规定必须为从事危险作业的人员在现场工作期间办理意外伤害保险。

项目职业健康安全管理应遵循下列程序：
（1）识别并评价危险源及风险。
（2）确定职业健康安全目标。
（3）编制并实施项目职业健康安全技术措施计划。
（4）职业健康安全技术措施计划实施结果验证。

（5）持续改进相关措施和绩效。

现场应将生产区与生活、办公区分离，配备紧急处理医疗设施，使现场的生活设施符合卫生防疫要求，采取防暑、降温、保暖、消毒、防毒等措施。

二、制订措施计划

1. 职业健康安全技术措施计划应在项目管理实施规划中编制。

2. 编制项目职业健康安全技术措施计划应遵循下列步骤：
   （1）工作分类。
   （2）识别危险源。
   （3）确定风险。
   （4）评价风险。
   （5）制定风险对策。
   （6）评审风险对策的充分性。

3. 项目职业健康安全技术措施计划应包括工程概况、控制目标、控制程序、组织结构、职责权限、规章制度、资源配置、安全措施、检查评价、奖惩制度和对分包的安全管理等内容。策划过程应充分考虑有关措施与项目人员能力相适宜的要求。

4. 对工程复杂、实施难度大、专业性强的项目，应制定项目总体、单位工程或分部、分项工程的安全措施。

5. 对高空作业等非常规性的作业，应制定单项职业健康安全技术措施和预防措施，并对管理人员、操作人员的安全作业资格和身体状况进行合格审查。对危险性较大的工程作业，应编制专项施工方案，并进行安全验证。

6. 临街脚手架、临近高压电缆以及起重机臂杆的回转半径达到项目现场范围以外的，均应按要求设置安全隔离设施。

7. 项目职业健康安全技术措施计划应由项目经理主持编制，经有关部门批准后，由专职安全管理人员进行现场监督实施。

三、项目职业健康安全技术措施计划的实施

1. 项目部应建立分级职业健康安全生产教育制度，实施公司、项目经理部和作业队三级教育，未经教育的人员不得上岗作业。

2. 项目经理部应建立职业健康安全生产责任制，并把责任目标分解落实到人。

3. 职业健康安全技术交底应符合下列规定：
   （1）工程开工前，项目经理部的技术负责人应向有关人员进行安全技术交底。
   （2）结构复杂的分部分项工程实施前，项目经理部的技术负责人应进行安全技术交底。
   （3）项目经理部应保存安全技术交底记录。

4. 项目部应定期对项目进行职业健康安全管理检查，分析影响职业健康或不安全行为与隐患存在的部位和危险程度。

5. 职业健康的安全检查应采取随机抽样、现场观察、实地检测相结合的方法，记录检测结果，及时纠正发现的违章指挥和作业行为。检查人员应在每次检查结束后及时提交安全检查报告。

6．项目部应及时识别和评价其他承包人或供应单位的危险源，与其进行交流和协商，并制定控制措施，以降低相关的风险。

四、项目职业健康安全隐患和事故处理

1．职业健康安全隐患处理应符合下列规定：

（1）区别不同的职业健康安全隐患类型，制定相应整改措施并在实施前进行风险评价。

（2）对检查出的隐患及时发出职业健康安全隐患整改通知单，限期纠正违章指挥和作业行为。

（3）跟踪检查纠正预防措施的实施过程和实施效果，保存验证记录。

2．项目经理部进行职业健康安全事故处理应坚持事故原因不清楚不放过，事故责任者和人员没有受到教育不放过，事故责任者没有处理不放过，没有制定纠正和预防措施不放过的原则。

3．处理职业健康安全事故应遵循下列程序：

（1）报告安全事故。

（2）事故处理。

（3）事故调查。

（4）处理事故责任者。

（5）提交调查报告。

第二节　消防保安及文明施工工作

施工员应该监督项目工作人员严格做好消防保安及文明施工工作。

1．消防保安工作的内容及管理制度要求

（1）工程部应建立消防保安管理体系，制定消防保安管理制度。

（2）项目现场应设有消防车出入口和行驶通道。消防保安设施应保持完好的备用状态。储存、使用易燃、易爆和保安器材时，应采取特殊的消防保安措施。

（3）项目现场的通道、消防出入口、紧急疏散通道等应符合消防要求，设置明显标志。有通行高度限制的地点应设限高标志。

（4）项目现场应有用火管理制度，使用明火时应配备监管人员和相应的安全设施，并制定安全防火措施。

（5）需要进行爆破作业的，应向所在地有关部门办理批准手续，由具备爆破资质的专业机构进行实施。

（6）项目现场应设立门卫，根据需要设置警卫，负责项目现场安全保卫工作。主要管理人员应在施工现场佩带证明其身份的标识。严格现场人员的进出管理。

2．文明施工的工作内容

（1）进行现场文化建设。

(2) 规范场容,保持作业环境整洁卫生。
(3) 创造有序生产的条件。
(4) 减少对居民和环境的不利影响。
(5) 项目经理部应对现场人员进行培训教育,提高其文明意识和素质,树立良好的形象。
(6) 项目经理部应按照文明施工标准,定期进行评定、考核和总结。

3. 现场管理工作内容

(1) 项目经理部应在施工前了解经过施工现场的地下管线,标出位置,加以保护。施工时发现文物、古迹、爆炸物、电缆等应当停止施工,保护现场,及时向有关部门报告,并按照规定处理。

(2) 施工中需要停水、停电、封路而影响环境时,应经有关部门批准,事先告示。在行人、车辆通过的地方施工,应当设置沟、井、坎、洞覆盖物和标志。

(3) 项目经理部应对施工现场的环境因素进行分析,对于可能产生的污水、废气、噪声、固体废弃物等污染源采取措施,进行控制。

(4) 建筑垃圾和渣土应堆放在指定地点,定期进行清理。装载建筑材料、垃圾或渣土的运输机械,应采取防止尘土飞扬、洒落或流溢的有效措施。施工现场应根据需要设置机动车辆冲洗设施,冲洗污水应进行处理。

(5) 除有符合规定的装置外,不得在施工现场熔化沥青和焚烧油毡、油漆,亦不得焚烧其他可产生有毒有害烟尘和恶臭气味的废弃物。项目经理部应按规定有效地处理有毒有害物质。禁止将有毒有害废弃物现场回填。

(6) 施工现场的场容管理应符合施工平面图设计的合理安排和物料器具定位管理标准化的要求。

(7) 项目经理部应依据施工条件,按照施工总平面图、施工方案和施工进度计划的要求,认真进行所负责区域的施工平面图的规划、设计、布置、使用和管理。

(8) 现场的主要机械设备、脚手架、密封式安全网与围挡、模具、施工临时道路、各种管线、施工材料制品堆场及仓库、土方及建筑垃圾堆放区、变配电间、消火栓、警卫室、现场的办公、生产和生活临时设施等的布置,均应符合施工平面图的要求。

现场入口处的醒目位置,应公示下列内容:
1) 工程概况。
2) 安全纪律。
3) 防火须知。
4) 安全生产与文明施工规定。
5) 施工平面图。
6) 项目经理部组织机构图及主要管理人员名单。

(9) 施工现场周边应按当地有关要求设置围挡和相关的安全预防设施。危险品仓库附近应有明显标志及围挡设施。

(10) 施工现场应设置畅通的排水沟渠系统,保持场地道路的干燥坚实。施工现场的泥浆和污水未经处理不得直接排放。地面宜做硬化处理。有条件时,可对施工现场进行绿化布置。

第三节 应遵守的北京地区规定目录

在北京市管辖内的施工工程，一律要遵守北京市建委的有关规定。在《北京市建筑工程管理规定》中的五个文件：
（1）北京市建设工程施工现场管理办法。
（2）北京市建设工程施工现场消防安全管理规定。
（3）北京市建设工程施工现场场容卫生标准。
（4）北京市建设工程施工现场安全防护标准。
（5）北京市建设工程施工现场环境保护标准。

以上内容，作为装饰装修施工员必须了解和熟悉，在施工管理过程中严格执行。详细内容见附件1~附件5。

异地施工队伍除应严格遵守本企业的管理规定外，还应遵守施工所在地的规定。

附件

附件1 北京市建设工程施工现场管理办法

第一章 总　则

第一条 为加强建设工程施工现场管理，保障建设工程施工顺利进行，促进安全、文明施工，根据本市实际情况，制定本办法。

第二条 凡在本市行政区域内进行建设工程施工活动以及与建设工程施工活动有关的单位和个人，均须遵守本办法。

农村村民在宅基地上自建低层住宅的活动，不适用本办法。

第三条 建设工程施工应当遵守法律、法规和规章的规定，不得损害社会公共利益和他人的合法权益。

任何单位和个人都不得妨碍和阻挠依法进行的建设工程施工活动。

第四条 市建设委员会是本市建设工程施工现场管理的主管机关，负责组织实施本办法。区、县建设委员会负责对本辖区内的建设工程施工现场实施监督管理。

区、县人民政府和各有关部门应当按照各自职责，对建设工程施工现场进行监督管理。

第二章 一般规定

第五条 施工单位负责对建设工程施工现场进行管理。建设工程实行总承包和分包的，由总承包单位负责对建设工程施工现场实施统一管理，分包单位负责管理分包范围内的建设工程施工现场。因总承包单位违章指挥造成事故的，由总承包单位负责；分包单位不服从总承包单位管理，违章指挥、违章作业造成事故的，由分包单位承担直接责任。

禁止任意压缩合理工期，因压缩合理工期造成事故的，由建设单位和施工单位负责。

第六条 施工单位必须编制建设工程施工组织设计。建设工程实行总承包和分包的，由总承包单位负责编制施工组织设计，分包单位在总承包单位的总体部署下，负责编制分包工程的施工组织设计。

建设工程施工必须按照施工组织设计进行。

第七条 建设工程施工现场用地范围，以规划行政主管部门批准的建设工程用地和临时用地范围为准。除市政基础设施工程外，对一般建设工程临时用地的，规划行政主管部门不批准占用人行道和绿地。

建设工程施工现场用地的周边应当进行围挡，围挡设置高度不低于1.8米。市政基础设施工程因特殊情况不能进行围挡的，应当设置安全警示标志，并在工程险要处采取隔离措施。

第八条 建设工程施工现场应当设置施工标志牌、现场平面布置图和安全生产、消防保卫、环境保护、文明施工制度板。施工标志牌应当标明工程项目名称、建设单位、设计单位、施工单位、监理单位名称、项目经理姓名、联系电话，开工和计划竣工日期以及施工许可证批准文号等。

第九条 建设工程施工现场应当设有居民来访接待场所，并有专人值班，负责随时接待来访居民。

第十条 施工暂设应当按照规定设置，不得改变使用性质。在建设工程竣工后一个月内，建设单位应当将施工暂设全部拆除。

第三章 环 境 保 护

第十一条 施工单位应当按照规定采取防治扬尘、噪声、固体废物和废水等污染环境的有效措施，所需费用应当列入建设工程造价。

第十二条 建设工程施工现场主要道路必须进行硬化处理。

建设工程施工现场土方集中存放的，应当采取覆盖或者固化措施。

建设工程施工现场应当有专人负责保洁工作，配备相应的洒水设备，及时洒水清扫，减少扬尘污染。

第十三条 对建设工程施工现场中的办公区和生活区，应当进行绿化和美化。

热水锅炉、炊事炉灶等必须使用清洁燃料。

第十四条 施工料具应当按照建设工程施工现场平面布置图确定的位置码放。水泥等可能产生尘污染的建筑材料应当在库房内存放或者严密遮盖。存放油料必须有防止泄漏和防止污染措施。

第十五条 四环路以内的建设工程施工现场，混凝土浇筑量超过100立方米以上的工程，应当使用预拌混凝土。

前款规定以外的建设工程施工现场设置搅拌机的，必须配备降尘防尘装置。

第十六条 搅拌机前台及运输车辆清洗处应当设置沉淀池。清洗搅拌机和运输车辆的污水，未经沉淀处理不得直接排入城市排水设施和河道。

第十七条 清理施工垃圾，必须搭设密闭式专用垃圾道或者采用容器吊运，严禁随意抛撒。建设工程施工现场应当设置密闭式垃圾站用于存放施工垃圾。施工垃圾应当按照规定及时清运消纳。

第十八条 车辆运输砂石、土方、渣土和垃圾的,应当按照《北京市人民政府关于禁止车辆运输泄露遗撒的规定》,采取措施防止车辆运输泄露遗撒。

第十九条 在城镇的噪声敏感建筑物集中区域内,不得夜间进行产生环境噪声污染的建筑施工作业,但重点工程、抢险救灾工程和因生产工艺上要求必须连续作业或者特殊需要的除外。

因生产工艺上要求必须连续作业或者特殊需要,确需在 22 时至次日 6 时期间进行施工的,建设单位和施工单位应当在施工前至建设工程所在地的区、县建设委员会提出申请,经批准后方可进行夜间施工。

进行夜间施工作业的,建设单位应当会同施工单位做好周边居民工作,并公布施工期限。

第二十条 除城市基础设施工程和抢险救灾工程以外,进行夜间施工作业产生的噪声超过规定标准的,对影响范围内的居民由建设单位适当给予经济补偿。

建设单位应当委托环保监测机构测定夜间施工噪声影响范围,并会同建设工程所在地的街道办事处、居民委员会或者物业管理单位具体确定应当给予补偿的户数。建设单位应当与接受补偿的居民签订补偿协议。

第四章 安 全 管 理

第二十一条 建设工程施工安全生产管理必须坚持安全第一、预防为主的方针,建立健全安全生产责任制和群防群治制度,施工单位应当按照建筑业安全作业规程和标准采取有效措施,消除事故隐患,防止伤亡和其他事故发生。

第二十二条 建设单位必须在建设工程施工前向施工单位提供相关的地下管线资料,施工单位应当采取措施加以保护。

第二十三条 施工单位的法定代表人全面负责施工单位安全生产,施工单位的项目经理具体负责建设工程施工现场的安全生产。

第二十四条 建设工程施工对毗邻建筑物、构筑物和特殊作业环境可能造成损坏的,施工单位必须采取安全防护措施。

第二十五条 总承包单位对进入建设工程施工现场的大型施工机械实行统一管理。提供大型施工机械的单位应当保证大型施工机械设备完好。

第二十六条 在建设工程施工现场安装、使用临时用电线路和用电设施的,必须符合有关技术规范和安全操作规程。

第二十七条 施工单位应当建立安全生产教育培训制度,进入建设工程施工现场的管理人员和操作人员,未经安全生产教育培训的,不得上岗作业。

第二十八条 禁止在建设工程施工中违章指挥和违章作业。

作业人员对可能影响人体健康和人身安全的作业程序、作业条件,有权提出改进意见,有权对违章指挥进行检举和控告。

第二十九条 建设单位和施工单位应当建立防火、保卫制度,并按照规定设置消防、保卫设施。

第三十条 施工单位施工时，发现文物、古化石或者爆炸物以及放射性污染源等，应当保护好现场并按照规定及时向有关部门报告。

第三十一条 建设工程施工现场的各类职工生活设施，应符合卫生、通风、照明等要求，防止煤气中毒、食物中毒和各种疫情的发生。

第三十二条 建设工程施工现场应当设立现场安全卫生医疗紧急救护组织，配备急救用品。

第三十三条 建设工程施工现场发生事故时，施工单位应当采取紧急措施减少人员伤亡和财产损失，并按照规定及时向有关部门报告。

第五章 法 律 责 任

第三十四条 违反本办法有下列行为之一的，视情节轻重，责令改正，处1000元以上5000元以下罚款：

（一）违反本办法第六条规定，不编制施工组织设计的；

（二）违反本办法第八条规定，未设置施工标志牌、现场平面布置图和制度板的；

（三）违反本办法第九条规定，建设工程施工现场未设有居民来访接待所的；

（四）违反本办法第二十七条规定，进入建设工程施工现场的管理人员和操作人员未经培训上岗的。

第三十五条 违反本办法有下列行为之一的，视情节轻重，责令改正，处1000元以上2万元以下罚款：

（一）违反本办法第七条第二款规定，建设工程施工现场周边不进行围挡的；

（二）违反本办法第十条规定，未按规定拆除施工暂设的。

第三十六条 建设单位和施工单位有下列行为之一的，责令改正，视情节轻重，处1000元以上5000元以下罚款，情节严重的，处2万元以下罚款：

（一）违反本办法第十二条第一款规定，建设工程施工现场主要道路未进行硬化的；

（二）违反本办法第十四条规定，施工料具不按照建设工程施工现场平面布置图确定的位置码放，水泥等可能产生尘污染建筑材料不在库房内存放或者严密遮盖，以及存放油料没有防止泄漏和污染措施的；

（三）违反本办法第十五条第二款规定，建设工程施工现场的搅拌机未配备降尘防尘装置的；

（四）违反本办法第十七条规定，随意抛撒施工垃圾，未设密闭式垃圾站和未及时清运施工垃圾的。

第三十七条 违反本办法第十九条第二款规定，未经批准或者超过批准期限进行夜间施工的，责令改正，处1万元以上3万元以下罚款。

第三十八条 违反本办法第二十一条规定，对建设工程施工现场隐患不采取措施予以消除的，责令改正，处1000元以上1万元以下罚款；情节严重的，处1万元以上3万元以下罚款；造成人员伤亡和重大财产损失的，由公安、安全生产管理等部门依据有关规定处理。

第三十九条 违反本办法第二十二条规定，建设单位未及时提供地下管线资料或者施工单位未采取保护措施，造成管线损坏的，处1万元以上3万元以下罚款。建设单位或者施工单位对管线损坏负有责任的,应当依法承担民事责任。

第四十条 违反本办法,属于违反规划、建设、环境保护、公安、消防、卫生、安全生产等法律、法规和规章的规定的,由规划、建设、环境保护、公安、消防、卫生、安全生产管理等部门依法处理。

第四十一条 各有关部门工作人员必须忠于职守,依法行政。对滥用职权、徇私舞弊、玩忽职守的,由其所在单位或者监察部门依法给予行政处分;构成犯罪的,依法追究刑事责任。

第六章 附 则

第四十二条 房屋拆除工程施工现场管理参照执行本办法。

第四十三条 本办法自 2001 年 5 月 1 日起施行。1985 年 7 月 23 日市人民政府发布、1994 年 9 月 5 日市人民政府修改的《北京市人民政府关于加强建设工程施工现场管理的暂行规定》同时废止。

附件 2 北京市建设工程施工现场消防安全管理规定

第 84 号

第一条 为加强建设工程施工现场消防管理,保障施工现场的消防安全,根据有关法律、法规,结合本市实际情况,制定本规定。

第二条 本规定适用于本市行政区域内新建、改建、扩建以及装饰、装修和房屋修缮等建设工程施工现场(以下简称施工现场)的消防安全管理。

第三条 本市各级公安消防机构负责施工现场消防安全监督管理工作。

城市规划、建设、市政管理等部门应当按照各自的职责权限,对施工现场进行监督管理。

第四条 施工现场的消防安全由施工单位负责。

建设工程施工实行总承包和分包的,由总承包单位对施工现场的消防安全实行统一管理,分包单位负责分包范围内施工现场的消防安全,并接受总承包单位的监督管理。

第五条 施工单位应当落实防火安全责任制,确定一名施工现场负责人,具体负责施工现场的防火工作,配备或者指定防火工作人员,负责日常防火安全管理工作。

第六条 除铁路铺轨、桥涵施工、输电线路架设、地下管线铺设、较小规模的房屋修缮工程和乡村建设工程外,施工单位应当在建设工程开工前将施工组织设计、施工现场消防安全措施和保卫方案(以下简称施工组织设计和方案)报送公安消防机构。

第七条 下列建设工程的施工组织设计和方案,由施工单位报送市级公安消防机构:

(一)国家重点工程;

(二)建筑面积在 2 万平方米以上的公共建筑工程;

(三)建筑总面积 10 万平方米以上的居民住宅工程;

(四)基建投资 1 亿元人民币以上的工业建设项目。

上述范围以外和市级公安消防机构指定监督管理的建设工程的施工组织设计和方案,由施工单位报送建设工程所在地的区、县级公安消防机构。

第八条 公安消防机构应当及时对施工单位报送的施工组织设计和方案进行审查,并在收到施工组织设计和方案之日起7个工作日内作出答复;发现存在问题的,应当明确告知,并提出整改要求。

第九条 施工暂设和施工现场使用的安全网、围网和保温材料应当符合消防安全规范,不得使用易燃或者可燃材料。

第十条 施工单位应当按照仓库防火安全管理规则存放、保管施工材料。

第十一条 建设工程内不准存放易燃易爆化学危险物品和易燃可燃材料。对易燃易爆化学危险物品和压缩可燃气体容器等,应当按其性质设置专用库房分类存放。

施工中使用易燃易爆化学危险物品时,应当制订防火安全措施;不得在作业场所分装、调料;不得在建设工程内使用液化石油气;使用后的废弃易燃易爆化学危险物料应当及时清除。

第十二条 施工单位应当建立健全用火管理制度。施工作业用火时,应当经施工现场防火负责人审查批准,领取用火证后,方可在指定的地点、时间内作业。施工现场内禁止吸烟。

第十三条 施工单位应当建立健全用电管理制度,并采取防火措施。安装电气设备和进行电焊、气焊作业等,必须由经培训合格的专业技术人员操作。

第十四条 施工单位不得在建设工程内设置宿舍。

在建设工程外设置宿舍的,禁止使用可燃材料做分隔和使用电热器具。设置的应急照明和疏散指示标志应当符合有关消防安全的要求。

第十五条 施工单位应当在施工现场设置临时消防车道,并保证临时消防车道的畅通。禁止在临时消防车道上堆物、堆料或者挤占临时消防车道。

第十六条 施工单位应当在施工现场配置消防器材,设置临时消防给水系统。对建筑高度超过24米的建设工程,应当安装临时消防竖管,在正式消防给水系统投入使用前,不得拆除或者停用临时消防竖管。

第十七条 公安消防机构应当加强对施工现场消防安全工作的日常监督检查,发现问题及时督促有关单位改正。

第十八条 施工单位违反本规定,有下列情形之一的,由公安消防机构对施工单位处警告或者2000元以上2万元以下罚款;可对单位直接负责的主管人员和其他直接责任人员并处200元以上2000元以下罚款:

(一)未按规定期限向公安消防机构报送施工组织设计和方案的;

(二)施工暂设和施工现场使用的安全网、围网和保温材料不符合消防安全规范,或者使用易燃、可燃材料的;

(三)违反本规定存放、保管施工材料的;

(四)设置宿舍不符合本规定要求的;

(五)未设置临时消防车道,或者影响临时消防车道畅通的;

(六)未按本规定配置消防器材或者设置、使用临时消防给水系统的。

第十九条 施工单位违反本规定,属违反国家和本市有关施工现场管理的其他法律、法规和规章的,由有关部门依法处理。

第二十条 公安消防机构工作人员有下列行为之一的，由所在单位或者其上级机关给予行政处分；构成犯罪的，依法追究刑事责任：

（一）对施工单位报送的施工组织设计和方案不予答复或者故意拖延的；

（二）对检查中发现的问题不及时指出并督促有关单位改正的；

（三）其他滥用职权、玩忽职守、徇私舞弊的行为。

第二十一条 本规定自2001年12月1日起施行。

1989年7月18日市人民政府第20号令发布的《北京市建设工程施工现场消防安全管理办法》同时废止。

附件3 北京市建设工程施工现场场容卫生标准

1 总 则

1.01 为了加强建设工程施工现场管理，促进施工现场安全生产和文明施工，依据《北京市市容环境卫生条例》、《北京市建设工程施工现场管理办法》等有关规定制定本标准。

1.02 凡在本市行政区域内从事建设工程的新建、扩建、改建等有关活动的单位和个人，均应执行本标准。本标准所称建设工程，是指土木工程、建筑工程、线路管道和设备安装工程及装饰工程。

2 现 场 场 容

2.01 施工现场应实行封闭式管理，围墙坚固、严密，高度不得低于1.8米。围墙材质应使用专用金属定型材料或砌块砌筑，严禁在墙面上乱涂、乱画、乱张贴。

2.02 施工现场的大门和门柱应牢固美观，高度不得低于2米，大门上应标有企业标识。

2.03 施工现场在大门明显处设置工程概况及管理人员名单和监督电话标牌。标牌内容应写明工程名称、面积、层数，建设单位，设计单位，施工单位，监理单位，项目经理及联系电话，开、竣工日期。标牌面积不得小于0.7米×0.5米（长×高），字体为仿宋体，标牌底边距地面不得低于1.2米。

2.04 施工现场大门内应有施工现场总平面图，安全生产、消防保卫、环境保护、文明施工制度板。施工现场的各种标识牌字体正确规范、工整美观，并保持整洁完好。

2.05 现场必须采取排水措施，主要道路必须进行硬化处理。

2.06 建设单位、施工单位必须在施工现场设置群众来访接待室，有专人值班，耐心细致接待来访人员。并做好记录。

2.07 施工区域、办公区域和生活区域应有明确划分，设标志牌，明确负责人。施工现场办公区域和生活区域应根据实际条件进行绿化。办公室、宿舍和更衣室要保持清洁有序。施工区域内不得晾晒衣物被褥。

2.08 建筑物内外的零散碎料和垃圾渣土要及时清理。楼梯踏步、休息平台、阳台等处不得堆放料具和杂物。使用中的安全网必须干净整洁，破损的要及时修补或更换。

2.09 施工现场暂设用房整齐、美观。宜采用整体盒子房，复合材料板房类轻体结构活动房，暂设用房外立面必须要美观整洁。

2.10 水泥库内外散落灰必须及时清理，搅拌机四周、搅拌处及现场内无废砂浆和混凝土。

2.11 建筑工程红线外占用地须经有关部门批准，应按规定办理手续，并按施工现场的标准进行管理。

3 现场材料

3.01 现场内各种材料应按照施工平面图统一布置，分类码放整齐，材料标识要清晰准确。材料的存放场地应平整夯实，有排水措施。

3.02 施工现场的材料保管应根据材料特点采取相应的保护措施。

3.03 施工现场杜绝长流水和长明灯。

3.04 施工垃圾应集中分拣、回收利用并及时清运。

4 现场环境卫生和卫生防疫

4.01 施工现场办公区、生活区卫生工作应由专人负责，明确责任。

4.02 办公区、生活区应保持整洁卫生，垃圾应存放在密闭式容器，定期灭蝇，及时清运。

4.03 生活垃圾与施工垃圾不得混放。

4.04 生活区宿舍内夏季应采取消暑和灭蚊蝇措施，冬季应有采暖和防煤气中毒措施，并建立验收制度。宿舍内应有必要的生活设施及保证必要的生活空间，内高度不得低于2.5米，通道的宽度不得小于1米，应有高于地面30厘米的床铺，每人床铺占有面积不小于2平方米，床铺被褥干净整洁，生活用品摆放整齐，室内保持通风。

4.05 生活区内必须有盥洗设施和洗浴间。应设阅览室、娱乐场所。

4.06 施工现场应设水冲式厕所，厕所墙壁屋顶严密，门窗齐全，要有灭蝇措施，设专人负责定期保洁。

4.07 严禁随地大小便。

4.08 施工现场设置的临时食堂必须具备食堂卫生许可证、炊事人员身体健康证、卫生知识培训证。建立食品卫生管理制度，严格执行食品卫生法和有关管理规定。施工现场的食堂和操作间相对固定、封闭，并且具备清洗消毒的条件和杜绝传染疾病的措施。

4.09 食堂和操作间内墙应抹灰，屋顶不得吸附灰尘，应有水泥抹面锅台、地面，必须设排风设施。

操作间必须有生熟分开的刀、盆、案板等炊具及存放柜厨。

库房内应有存放各种佐料和副食的密闭器皿，有距墙距地面大于20厘米的粮食存放台。

不得使用石棉制品的建筑材料装修食堂。

4.10 食堂内外整洁卫生，炊具干净，无腐烂变质食品，生熟食品分刀加工保管，食品有遮盖，应有灭蝇灭鼠灭蟑措施。

4.11 食堂操作间和仓库不得兼作宿舍使用。

4.12 食堂炊事员上岗必须穿戴洁净的工作服帽,并保持个人卫生。

4.13 严禁购买无证、无照商贩食品,严禁食用变质食物。

4.14 施工现场应保证供应卫生饮水,有固定的盛水容器和有专人管理,并定期清洗消毒。

4.15 施工现场应制定卫生急救措施,配备保健药箱、一般常用药品及急救器材。为有毒有害作业人员配备有效的防护用品。

4.16 施工现场发生法定传染病和食物中毒、急性职业中毒时立即向上级主管部门及有关部门报告,同时要积极配合卫生防疫部门进行调查处理。

4.17 现场工人患有法定传染病或是病源携带者,应予以及时必要的隔离治疗,直至卫生防疫部门证明不具有传染性时方可恢复工作。

4.18 对从事有毒有害作业人员应按照《职业病防治法》做职业健康检查。

4.19 施工现场应制定暑期防暑降温措施。

5 内业资料

5.01 施工组织设计(或方案)内容应科学齐全合理,施工安全、保卫消防、环境保护和文明施工管理措施要有针对性,要有施工各阶段的平面布置图和季节性施工方案,并且切实可行。

5.02 施工组织设计(或方案)应有编制人、审批人签字及签署意见,补充或变更施工组织设计应经原编制人和审批人签字。

5.03 施工现场应建立文明施工管理组织机构,明确责任划分。

5.04 现场应有施工日志和施工现场管理制度。

5.05 现场有接待、解决居民来访的记录。

5.06 施工现场各责任区划分及负责人;材料存放布置图。

5.07 施工现场应建立贵重材料和危险品管理制度。

5.08 施工现场卫生责任区的划分。

5.09 现场卫生管理制度及月卫生检查记录。

5.10 现场急救措施及器材配置。急性职业中毒应急控制措施。

5.11 现场食堂及炊事人员的"三证"复印件。

6 附 则

6.01 本标准未包括的内容,执行其他有关规定和标准。

附件4 北京市建筑施工现场安全防护基本标准

〔88〕京建施字第139号

第一章 基槽、坑、沟及大孔径桩、扩底桩的防护

第一条 开挖槽、坑、沟深度超过1.5米,应按土质和深度情况放坡或加可靠支撑。

第二条 槽、坑,沟边1米以内不得堆土、堆料、停置机具。槽、坑、沟边与建筑物、

构筑物的距离不得小于1.5米,特殊情况必须采取技术措施。

第三条 开挖深度超过2米的槽、坑、沟边沿处必须设两道牢固的护身栏,并在夜间设红色标志灯。

第四条 挖大孔径桩及扩底桩施工前,必须制订防坠人落物、防坍塌、防人员窒息等安全防护措施,并指定专人负责实施。

第二章 脚手架作业防护

第五条 钢管脚手架应用外径48~51毫米,壁厚3~3.5毫米,无严重锈蚀、弯曲、压扁或裂纹的钢管。木脚手架应用小头直径不得小于8厘米,无腐朽、折裂、枯节的杉槁。脚手杆件不得钢木混搭。

第六条 钢管脚手架的杆件连接必须使用合格的专用扣件,不得使用铅丝和其他材料绑扎。

第七条 杉槁脚手架的杆件绑扎应使用8号钢丝,搭设高度在6米以下的杉槁脚手架可使用直径不小于10毫米的专用绑扎绳。

第八条 结构脚手架立杆间距不得大于1.5米,大横杆间距不得大于1.2米,排木间距不得大于1米。

第九条 装修脚手架立杆间距不得大于1.8米,大横杆间距不得大于1.8米,排木间距不得大于1.5米。

第十条 脚手架必须按楼层与墙体拉接牢固,每层拉接点水平距离不得超过4米。连接所用的材料强度不得低于双股8号钢丝的强度。同时在拉接点处设可靠支顶。

第十一条 脚手架的操作面必须满铺脚手板,并设挡脚板和两道护身栏。脚手架上不得有探头板和飞跳板。

第十二条 组装式脚手架必须保证整体结构不变形。除与建筑物拉顶牢固外,凡高度在18米以上的外脚手架,纵向必须设置剪刀撑,18米以下的,必须设置正反斜支撑。

第三章 工具式脚手架作业防护

第十三条 插口、吊兰、桥式脚手架应按规程支搭。脚手板必须坚实、并固定铺严。脚手架与建筑物应连接牢固。立挂安全网下口必须封严封死。

第十四条 插门架的别杠要别在窗口的上下口,每边长于所别实墙20厘米。吊兰架靠建筑物一侧要绑护身栏。

第十五条 桥架、吊兰架升降时,必须有保险绳,操作人员必须系安全带,吊钩必须有防脱钩装置。

第十六条 桥式脚手架只允许高度在18米以下的建筑中使用。(另有结构特殊设计、荷载计算的除外)。桥的跨度不得大于12米。

第十七条 桥式脚手架只适用建筑外装修和结构外防护。外装修使用应保证标准施工活荷载不超过1000N/平方米(1000N=120kg);外防护使用应保证防护高度必须超出操作面1米,超出部分应绑护身栏和立挂安全网。

第四章　井字架、龙门架的使用防护

第十八条　井字架、龙门架的支搭必须符合规程要求。高度在10～15米应设一组缆风绳，每增高10米加设1组，每组4根。缆风绳应用直径12.5毫米的钢丝绳，并按规定埋设地锚。严禁捆绑在树木、电杆等物体上以及严禁用别杠调节松紧。

第十九条　井字架、龙门架进料口必须搭设防护棚每层卸料平台应有防护门，两侧应绑两道护身栏。

第二十条　井字架、龙门架的吊笼两侧必须封严，进出料口应有安全门。吊笼定位托杠应设置两根，并必须同时使用。吊笼运行中不准乘人。

第二十一条　井字架、导向滑轮必须单独设置牢固地锚，不得捆绑在脚手架上。井字架、龙门架的导向滑轮至卷扬机卷筒的钢丝绳，凡经通道处应予以遮护。

第二十二条　井字架、龙门架的天轮距最高一层上料平台应不小于6米，天轮下方2米处必须设置超高限位装置。

第二十三条　井字架、龙门架的任一点，必须与架空输电线路保持3米以上的安全距离。

第五章　洞口、临边防护

第二十四条　50×50厘米以下的洞口，预埋钢丝网或加固定盖板。

第二十五条　50×50厘米至150×150厘米的洞口预埋通长钢筋网，无条件时可加固定盖板。

第二十六条　超过150×150厘米的洞口，必须支搭防护栏，中间支挂水平安全网。

第二十七条　电梯口必须设防护门。电梯井内首层和首层以上，每隔四层设一道水平安全网。未经上级主管技术部门批准，电梯井内不得做垂直运输。

第二十八条　楼梯踏步及休息平台处，必须设两道牢固防护栏。

第二十九条　阳台能随层安装栏板的，即应随层安装，不能随层安装的，必须搭临时防护栏。

第三十条　建筑物楼层临边四周，未砌筑安装维护结构时，必须绑两道护身栏或立挂安全网加一道护身栏。

第六章　高处作业防护

第三十一条　无论采用何种外脚手架，凡高度在4米以上的建筑物首层四周，必须支固定3米宽的水平安全网（高层建筑支6米宽双层网），网底距接触面不得小于3米（高层建筑不得小于5米）。高层建筑每隔四层还应固定一道3米宽的水平安全网，水平安全网接口处必须连接严密。无法支搭水平安全网的，应随层设立网，下口封严。支搭的水平安全网直至无高处作业时方可拆除。

第三十二条　建筑物的出入口应搭设长3～6米，宽于出入通道两侧各1米的防护棚，棚顶应满铺小于5厘米厚的脚手板。非出入口和通道两侧必须封死。

第三十三条　临近施工区域的行人通道，必须支搭防护棚，确保行人安全。

第三十四条 使用铁凳、木凳应栓绑牢固，不得摇晃，两凳间距不得大于 2 米，凳上脚手板应固定，并只许一人在上操作。

第三十五条 高处作业中禁止投掷物料。

第七章 暂设电气工程安全防护

第三十六条 施工现场内的电源线不得架设裸导线和塑料线，不得成束架空敷设，也不得沿地面明敷设。

第三十七条 配电箱、电闸箱应坚固、完整、防雨、防水，箱门设锁，并喷涂红色"电"字或危险标志。盘面布置应符合规定。箱内电器元件不应破损，带电明露。禁止在箱内放置杂物。

第三十八条 电气设备的金属外皮，金属支架和高出建筑物的金属构架，必须采取可靠的接地或接零保护。

第三十九条 手持电动工具应由电工专人负责维修、保管。所有的手持电动工具插头、电源接点应保证完好。使用时，不得将电源线任意接长或拆换，必须加装经国家鉴定合格的漏电保护器。

第四十条 施工现场室内临时照明灯、手把灯和标志灯，电压不应超过 36 伏，特别潮湿的作业场所，金属管道和容器内的照明灯，电压不应超过 12 伏。手把灯的电源线不应使用塑料线。

第八章 施工机械安全防护

第四十一条 塔式起重机的路基及轨道的安装必须符合技术要求，并经验收合格后，方可使用。

第四十二条 塔式起重机的安全装置（四限位，两保险）。必须齐全、有效，不得带病运转。

第四十三条 卷扬机必须搭设防砸、防雨的专用操作棚。机身固定应设地锚，严禁用木、铁锹代替或捆绑在树木、电杆等处。传动部分必须安装牢固的防护罩。

第四十四条 搅拌机应搭设防砸、防雨操作棚，使用前应固定，不得用轮胎代替支撑。移动时必须先切断电源。启动装置、离合器、制动器、保险链、防护罩应齐全完好，使用安全可靠。搅拌机停止使用时必须挂好上料斗的安全链。

第四十五条 机动翻斗车时速不超过 5 公里，方向机构、制动器、灯光等应灵敏有效。行车中严禁带人。往槽、坑、沟卸料时应保持安全距离和设挡墩。

第四十六条 蛙式打夯机必须两人操作，操作开关应安装定向开关，操作手柄应加装绝缘材料。严禁在夯机运转时清除积土。夯机用后应遮盖防雨布，并将机座垫高，以防触电伤人。

第四十七条 绞磨必须安装自锁装置，防止回车伤人。人工绞磨应按人均 15 公斤配备人数，不得超载过量。

第四十八条 电焊机应单独设开关，其一、二次侧接线应安装防护罩。电焊机一次电源线长度不应超过 3 米，焊把线长度不应超过 30 米。电焊机外皮应接地，回路地线严禁接在建筑物、机器设备、各种管道、金属架或轨道。

第四十九条 乙炔发生器严禁用胶皮代替金属防爆膜。回火防止器应保持有一定水量。氧气瓶不得曝晒、倒置平使,禁止沾油。乙炔器、氧气瓶和焊枪三点工作安全距离不得小于10米。施工现场内严禁使用浮筒式乙炔发生器。

第五十条 圆锯应安装锯盘及转动部位的安全罩,应设置保险档、分料器。凡长度小于50厘米,厚度大于锯盘半径的木料,严禁使用圆锯。破料锯与横截锯不得混用。

第五十一条 砂轮机不得使用倒顺开关。砂轮必须装设不小于180度的防护罩和牢固的工件托架。严禁使用不圆、有裂纹和不足25毫米的砂轮。

第五十二条 吊索具必须使用合格产品。

(1) 钢丝绳应根据用途保证足够的安全系数。凡表面磨损、腐蚀、断丝严重的,打死弯、断股、油芯外露的不得使用。

(2) 吊钩除正确使用外,应有防止脱钩的保险装置。

(3) 卡环在使用时应使销轴和环底受力。吊运大模板、大灰车、混凝土斗和预制墙板等大件时,必须使用卡环。

第九章 操作人员个人防护

第五十三条 进入施工区域的所有人员必须戴安全帽。

第五十四条 凡从事二米以上、无法采取可靠防护设施的高处作业人员必须系安全带。

第五十五条 所有参加电气作业人员应穿绝缘鞋或戴绝缘手套。

第五十六条 从事电气焊、剔凿、磨削作业人员应使用面罩或护目镜。

第十章 附 则

第五十七条 本标准未包括的内容,可执行其他有关标准和规定。

第五十八条 本标准自下发之日起实行。

附件5 北京市建设工程施工现场环境保护标准

1 总 则

1.01 为加强建设工程施工现场管理,防治因建筑施工对环境的污染,依据《中华人民共和国环境保护法》、《北京市建设工程施工现场管理办法》等有关规定制定本标准。

1.02 凡在本市行政区域内从事建设工程的新建、扩建、改建等有关活动的单位和个人,均应执行本标准。

1.03 本标准所称建设工程,是指土木工程、建筑工程、线路管道工程、设备安装工程及装修装饰工程。

2 一般规定

2.01 工程的施工组织设计中应有防治扬尘、噪声、固体废物和废水等污染环境的有效措施,并在施工作业中认真组织实施。

2.02 施工现场应建立环境保护管理体系,责任落实到人,并保证有效运行。

2.03 对施工现场防治扬尘、噪声、水污染及环境保护管理工作进行检查。

2.04 定期对职工进行环保法规知识培训考核。

3 防治大气污染

3.01 施工现场主要道路必须进行硬化处理。施工现场应采取覆盖、固化、绿化、洒水等有效措施,做到不泥泞、不扬尘。施工现场的材料存放区、大模板存放区等场地必须平整夯实。

3.02 遇有四级风以上天气不得进行土方回填、转运以及其他可能产生扬尘污染的施工。

3.03 施工现场应有专人负责环保工作,配备相应的洒水设备,及时洒水,减少扬尘污染。

3.04 建筑物内的施工垃圾清运必须采用封闭式专用垃圾道或封闭式容器吊运,严禁凌空抛撒。施工现场应设密闭式垃圾站,施工垃圾、生活垃圾分类存放。施工垃圾清运时应提前适量洒水,并按规定及时清运消纳。

3.05 水泥和其他易飞扬的细颗粒建筑材料应密闭存放,使用过程中应采取有效措施防止扬尘。施工现场土方应集中堆放,采取覆盖或固化等措施。

3.06 从事土方、渣土和施工垃圾的运输,必须使用密闭式运输车辆。施工现场出入口处设置冲洗车辆的设施,出场时必须将车辆清理干净,不得将泥沙带出现场。

3.07 市政道路施工铣刨作业时,应采用冲洗等措施,控制扬尘污染。灰土和无机料拌合,应采用预拌进场,碾压过程中要洒水降尘。

3.08 规划市区内的施工现场,混凝土浇注量超过100立方米以上的工程,应当使用预拌混凝土,施工现场设置搅拌机的机棚必须封闭,并配备有效的降尘防尘装置。

3.09 施工现场使用的热水锅炉、炊事炉灶及冬施取暖锅炉等必须使用清洁燃料。施工机械、车辆尾气排放应符合环保要求。

3.10 拆除旧有建筑时,应随时洒水,减少扬尘污染。渣土要在拆除施工完成之日起三日内清运完毕,并应遵守拆除工程的有关规定。

4 防治水污染

4.01 搅拌机前台、混凝土输送泵及运输车辆清洗处应当设置沉淀池,废水不得直接排入市政污水管网,经二次沉淀后循环使用或用于洒水降尘。

4.02 现场存放油料,必须对库房进行防渗漏处理,储存和使用都要采取措施,防止油料泄漏,污染土壤水体。

4.03 施工现场设置的食堂,用餐人数在100人以上的,应设置简易有效的隔油池,加强管理,专人负责定期掏油,防止污染。

5 防治施工噪声污染

5.01 施工现场应遵照《中华人民共和国建筑施工场界噪声限值》制定降噪措施。在城市市区范围内，建筑施工过程中使用的设备，可能产生噪声污染的，施工单位应按有关规定向工程所在地的环保部门申报。

5.02 施工现场的电锯、电刨、搅拌机、固定式混凝土输送泵、大型空气压缩机等强噪声设备应搭设封闭式机棚，并尽可能设置在远离居民区的一侧，以减少噪声污染。

5.03 因生产工艺上要求必须连续作业或者特殊需要，确需在 22 时至次日 6 时期间进行施工的，建设单位和施工单位应当在施工前到工程所在地的区、县建设行政主管部门提出申请，经批准后方可进行夜间施工。建设单位应当会同施工单位做好周边居民工作，并公布施工期限。

5.04 进行夜间施工作业的，应采取措施，最大限度减少施工噪声，可采用隔声布、低噪声震捣棒等方法。

5.05 对人为的施工噪声应有管理制度和降噪措施，并进行严格控制。承担夜间材料运输的车辆，进入施工现场严禁鸣笛，装卸材料应做到轻拿轻放，最大限度地减少噪声扰民。

5.06 施工现场应进行噪声值监测，监测方法执行《建筑施工场界噪声测量方法》，噪声值不应超过国家或地方噪声排放标准。

6 内业资料

6.01 施工现场的管理资料。
6.02 施工现场环境保护管理组织机构及责任划分。
6.03 施工现场防治大气污染、水污染、施工噪声污染的治理措施。
6.04 环境保护管理工作的检查记录；
6.05 夜间施工的审批手续及噪声监测值。

7 附 则

7.01 本标准未包括的内容，执行其他有关建筑施工环境保护的规定和标准。

第五章　施工员的实操工作

第一节　定位放线

一、定位放线的作用

定位放线是一项工程进入施工阶段的先导。它是将设计落实到工程上的第一步，是施工的开局。开局顺利，往后会步步顺利，开局不顺，将导致施工中漏洞百出。因此，施工员对放线定位工作要十分重视。

二、统一放线

放线定位是一项技术工作，是为施工立标杆落实设计尺寸，确保工程质量的前提。因此必须实行各专业统一放线。装饰施工的工件配合协作、工序搭接的情况很多。每道工序都要有尺寸线，如果各工种各自放线，必然会造成混乱。装饰成品像是一块套色板，各种颜色都要一丝不差印在一张纸上，形成一幅色彩绚丽的艺术品。如何保证尺寸一致，互不错位，这就需要实行统一放线、验线。

三、检验作用

统一放线的另一个作用，还可以检验设计图纸的尺寸与现有建筑空间是否一致，原建筑空间的几何尺寸是否规矩，还可以检验各工种，特别是安装工程的尺寸、设备尺寸是否统一。

统一放线还有一个重要条件。对50线的确定要经监理工程师认可。因为有的改建项目是后接工程，先天的地面工程不在一个水平上。如何确定50线，要与业主共同作出决定。

定位放线可以交劳务队执行。但施工员必须亲自验线，放线员、验线人都要实行签证，落实责任制。

第二节　特殊部位特殊工艺的编制及交底

一、综合工艺

装饰工程施工工艺除规范所列项目外，还经常会出现一些不规范的项目，不是某一个专业工种可以完成的。这就需要施工员亲自指导施工，要编写专项施工工艺。如有些结合部的施工，我们称之为"结合工艺"：

卫生间门框与墙面砖的结合。

浴缸内侧檐口与墙面砖的结合。

梳妆台镜面、墙面、灯罩、台面多部位的结合。

吊顶与墙面的结合。

吊顶与灯位的结合。

踢脚板与墙面的结合。

瓷砖、石材阳角对接等。

二、洁净工艺

装饰施工"洁净"工艺，这是一项在各专业工种施工完成以后的收尾工作，一般当作清理卫生工作，不把它当作技术工作对待，这可能会导致前功尽弃。因此，在装饰施工工艺中一定要设立洁净工艺。在净洁作业中，常常会使用一些化工溶液，这要看被洁净的物品属哪类材料。

洁净作业是一门综合性、知识性和科学性很强的专业，它涉及的面很广。如石材地面的洁净，要使用最先进的打磨技术。在卫生间做洁净作业时，不能用酸液擦拭，否则会使电镀退光。

三、修补工艺

这是在整个施工完成以后，某件物品发现存在缺陷，如果撤换已不可能，这就要对缺陷部位进行修补，这是一项技术性很高的工作。比如木门框上发现有大节疤，那就要将节疤挖出来，找同样的材料进行镶嵌，然后打磨油漆。

作为施工员，现场经常会出现一些意想不到的情况，有时候经过修凿，一个残品可能变成一件工艺品，这要看施工员的艺术功底和灵感了。

四、异形制作工艺

如室内制作各种造型，需要特别提示制作安装方法，将会单独编制施工方案。

第三节　新工艺编制及示范

一、玻镁板工艺

装饰市场的新材料层出不穷，于是新工艺也随之产生。施工员要有敏锐的眼光，掌握新工艺的出现。有些新材料施工员必须亲自试作业，获得经验，然后编写新工艺。有一种叫玻镁板的新板材，类似纸面石膏板，作用与纸面石膏板相同。价格比纸面石膏板略高。从施工工艺上说，这种板材并无特殊要求，但在实际工程施工中，曾发生过工程尚未交工，板面便开始破裂。而且不是在拼接缝处裂开，而是板面自身破裂。什么原因呢？施工中没有做样板，只是根据厂家说明书操作，这对新材料的使用不慎重。

二、悬空吊顶

有些新工艺是由设计带来的。比如在吊顶设计方案上，很多工程采用悬空式吊顶，也有叫磨盘形吊顶，既悬空，又是圆形，要用轻钢型材做龙骨，这就应该编写专项工艺方案，做样板，经过鉴定才能正式施工。胀拉膜吊顶也是一项新工艺，施工员应多观摩。

三、乐池施工

剧场工程中舞台口有个乐池，这不仅有装饰工程，而且还有土建施工。在室内施工，不能用挖土机械，不能放坡。这也要编制专项施工方案。

作为施工员，要随时掌握装饰材料动态，还要深入了解室内设计动向。施工员必须是个与时俱进者，不能只凭经验指挥施工。要做到："图纸不离手，经常工地走；新料到现场，工艺随后有。"

第四节　日查、旬检、月报验

一、日查

指施工员每天必须对原设定的进度进行核查，看是否达到该达到的部位。这可以在巡视中进行，也可以用每天下午碰头会来查实。实际情况会是这样：有提前的，有未完的。这就要求施工员迅速作出决策，调整第二天工作步骤，材料、劳务、质检等部门都要配合，协助未达到部位班组找原因，要一查到底，查出结果，提出新措施，汇成新方案，作出决定，作为第二天的行动计划。凡是处在关键线路上的部位，决不放过，切不可不了了之。如果此时放弃追查，听之任之，那么你原设定计划一定会落空，也根本上放弃了管理，这将是一个失败的施工员。

二、旬检

每10天要进行一次进度、质量、材料消耗等全面核查，看各项指标执行情况。往往某一天的进度发展会产生不平衡，但10天下来，可能其间会得到平衡。只要努力做到"日查"不放弃，这种情况将不会出现。"旬检"结果如果不理想，只要是合理延误工期，也无须丧失信心，调整总进度，整顿队伍，继续奋斗。

三、月报验

月报验一般在每月的25日，"月报验"除报进度、报量以外，还应对报验的项目进行质量检验。程序是先自检，然后报监理审查。月报验的项目应该是该项目的成品项目，至少应以工程量清单的项目范围为准。如有的清单项目顶棚到纸面石膏板算一项，有的要到喷涂乳胶漆后算一项。你的月报验也应与之同步。根据这个情况，施工员在对工人进行进度交底时就应该强调要将涂料项目做完，否则无法报验。

在清单计价规范的清单项目及计算规则中，顶棚吊顶一项包括油漆、刷漆。而在工程量清单编号"B5"单设油漆、涂料、裱糊工程。如工程量清单编写"表B5.7"喷刷、涂料（清单编码020507）中"刷乳胶漆"可以单列项目。只要你在单价分析表中单列了乳胶漆喷刷一项，那么顶棚吊顶做到封完石膏板也可以争取报量。到这里，我们似乎可以说，施工员也应该懂一些报价常识，特别是工程量清单计价规范，否则你将成为只会干活不计成本的管理者。

第五节　编写施工日志

施工日志是竣工文件之一，记录着施工的全过程，是一部重要的施工资料。在项目部一般都设有资料员，负责收集记录每天的施工事件，文件来往。施工员作为一个项目施工的总管理者，必须有自己每天的施工日志。用现代语言说，要实行零记录。这个日志至少要记录以下内容：

1. 当天的天气情况

这似乎对施工员工作无大碍。不过施工技术有环境因素一项。比如气候温湿度对施工的影响，雨天对施工的影响。你把当天的天气情况记录下来，日后若发生质量事故，可以分析气候环境因素。

2. 记录当天的施工进展情况

前面分析过可能发生进度受阻。如果这样，日志上要将全过程记录下来，要将结果记上，写出第二天应该做的事情。

3. 劳务状况

劳务专业分包单位每天会发生意外。比如劳力不足，比如技术水平不佳，比如电动工具装备不足等，都可以影响施工进度。情况每天发生，处理应当及时。进度是工人干出来的，做好劳务队工作是保证进度的决定性因素。

4. 当天材料供应情况

材料供不应求是施工过程中经常发生的状况，要记下事件，要记下原因，要记下解决方案，要记下解决问题的责任人。注意，一件事情不可能每天解决，但如果第二天未解决，仍应该记录在案，直到完全解决为止。

5. 每天发生的工程质量问题

每天发生的工程质量问题要详细记录，要会同监理工程师进行深入检查，分析事故原因，提出解决措施，落实到人，限定纠正时间，并要有责任人签字，以备检查。如有严重犯规情况，要作出处理办法，报上级备案。

6. 设计变更

装饰装修工程的设计变更是经常发生的，会有三种情况：

第一种是业主要求变更设计，经监理工程师核准后交设计部门设计。变更后的设计图经监理工程师核准后交项目部执行。这时项目部要办理变更洽商记录，有关方签字备案。

第二种情况是由设计部门提出变更，经业主同意，监理核准转项目部执行，这时需办理洽商记录。

第三种情况，由施工方提出修改设计，报监理工程师后由设计单位交施工单位执行。不论哪一种，最终都要办理洽商记录。洽商记录会有两种，一种是纯技术变更，不发生经济洽商；一种是因设计变更而产生经济洽商。这种经济变更，必须是经业主、监理、施工三方同意后办理洽商记录，作为工程结算的依据。

7. 每天发生的与施工有关的重大事件

每天发生的与施工有关的重大事件要记录在施工日志上。比如因社会原因影响施工，如交通事故、供货厂商等原因都会影响施工。

8. 经验和教训

当天发生的一切事件，如果及时写出自己的经验和教训，将有利于今后工作的安排，并可作为借鉴，少走弯路。

第二篇
建筑装饰装修施工员必须具备的专业知识

第一章　识图知识

识图是装饰施工员的一项基本功。装饰工程图纸不同于建筑工程图纸，它的特点是涉及的知识、门类较广，图纸反映的装饰项目内容很庞杂，能不能如实还原设计师头脑中构成的形象，只有首先读懂、吃透设计图纸才能达到。装饰设计成品不是用一种形式来表示的，也不是在某一阶段来决定的，会有发展，会有变更，会有参照。因此，必须全面了解装饰设计图纸的特点。根据实践，装饰设计图至少有以下几种表现形式和过程：

（1）方案设计图；（2）效果图；（3）装饰施工图；（4）幕墙施工图；（5）深化设计图（或节点图）；（6）建筑施工图（或原建筑竣工图）；（7）踏勘现场；（8）变更设计图。

下面分别介绍装饰设计图。

第一节　方案设计图

1. 方案设计图是整个设计过程的前期阶段

这在室内设计（也有叫建筑装饰设计，为便于叙述本书简称室内设计）整个程序中，它属于第一阶段，也是设计的前期阶段。在这个阶段，设计师主要了解业主的建设意向，装饰项目的类别，如宾馆、体育场馆等。搜集设计的基础资料，必要时进行参照物考察，然后由设计师进行思维加工，在大脑中形成一幅崭新的图画，用墨笔或电脑将其反映在纸上，或电脑屏幕上。

2. 方案图是设计师勾勒的初步图象

方案图只简单勾勒出设计师的初步图象，经过自我修正后，便可以成图。这种图至少要有平、立、剖三视图。它可以供业主审查讨论，也可以作为方案设计申报立项。

3. 方案图由多个设计单位或设计师提供

方案图不是一家设计单位的产品，也可以一家设计单位同时提出几套方案，供业主评选。一切是开头难，方案图将为下一步设计，施工做出一个好的开局。

第二节　效果图

　　效果图是设计者展示设计构思、效果的图样。建筑装饰效果图是设计者利用线条、形体、色彩、质感、空间等表现手法将设计意图以设计图纸形象化的表现形式，往往是对装饰工程竣工后的预想。它是具有视觉真实感的图纸，也称之为表现图或建筑画。

一、效果图的作用

　　（1）因为效果图是表现工程竣工后的形象，因此最为建设单位和审批者关注，是他们采用和审批工程方案的重要参考资料；

　　（2）效果图对工程招投标的成败有很大的作用；

　　（3）效果图是表达作者创作意图，引起参观者共鸣的工具，是技术和艺术的统一，物质和精神的统一，对购买装饰装修材料和采用施工工艺有很大的导向性，因此在这种意义上来说，效果图也是施工图。

二、效果图的图式语言

　　效果图综合了许多表现形式和表现要素。要读懂读好效果图，就得从效果图各要素入手，结合施工实践去观察体会。

　　效果图中图式语言有：形象、材质、色彩、光影、氛围等几种要素。形象是画面的前提；材质、色彩无时不在影响人们的情绪；光影突出了建筑的形体、质感。这些因素综合起来，产生了一个设计空间的氛围，有的高雅，有的古朴。各种图式语言之间是相互关联的一个整体。

三、效果图的分类

1．水粉效果图

　　用水粉颜料绘画，画面色彩强烈醒目、颜色能厚能薄、覆盖力强、表现效果既可轻快又可厚重，效果图真实感强，绘制速度快，技法容易掌握。

2．水彩效果图

　　用水彩颜料绘画，和水粉画的区别是颜色透明，因此水彩画具有轻快透明、湿润的特点。

3．喷笔效果图

　　用喷笔作画，质感细腻，色彩变化柔合均匀，艺术效果精美。

4．电脑效果图

　　作电脑效果图要有一台优质电脑和几个作图软件。电脑效果图以其成图快捷准确、气氛真实、画面整洁漂亮、易于修改等优点很快被人们接受。目前一般都提供电脑效果图。

第三节 装饰施工图

装饰施工图是设计人员按照投影原理，用线条、数字、文字、符号及图例在图纸上画出的图样。通过装饰造型、构造，表达设计构思和艺术观点。

一、装饰施工图的特点

虽然装饰施工图与建筑施工图在绘图原理和图例、符号上有很多一致，但由于专业分工不同，还有一些差异。其主要有以下几方面：

(1) 装饰工程涉及面广，它与建筑、结构、水、暖、电、家具、室内陈设、绿化都有关；也和钢铁、铝、铜、塑料、木材、石材等各种建筑材料等有关。因此，装饰施工图中常出现建筑制图、家具制图、园林制图和机械制图画法并存的现象。

(2) 装饰施工图内容多，图纸上文字辅助说明较多。

(3) 建筑施工图的图例已满足不了装饰施工图的需要，图纸中有一些目前流行的行业图例。

装饰施工图也分基本图和详图两部分。基本图包括装饰平面图、装饰立面图、装饰剖面图；详图包括装饰构配件详图和装饰节点详图。

二、装饰平面图

装饰平面图是装饰施工图的首要图纸，其他图样均以平面图为依据而设计绘制的。装饰平面图包括楼、地面装饰平面图和顶棚装饰平面图。

(一) 装饰平面图图示方法

1. 楼、地面装饰平面图图示方法

楼、地面装饰平面图与建筑平面图的投影原理基本相同，但前者主要表现地面装饰材料、家具和设备等布局，以及相应的尺寸和施工说明，如图2-1-1所示，为使图纸简明，一般都采用简化建筑结构，突出装饰布局的画图方法，对结构用粗实线或涂黑表示。

2. 顶棚平面图图示方法

采用镜像投影法绘制。该投影轴纵横定位轴线的排列与水平投影图完全相同，只是所画的图形是顶棚，如图2-1-2所示。

(二) 装饰平面图的识读步骤和要点

1. 楼、地面平面图的识读

以图2-1-1为例：

(1) 看标题，明确为何种平面图。

从标题栏得知此图为宾馆二套间镜向投影平面图。

(2) 看轴线，明确房间位置。

从图中可见二套间位置在横轴⑧~⑩、纵轴Ⓚ~Ⓛ之间。

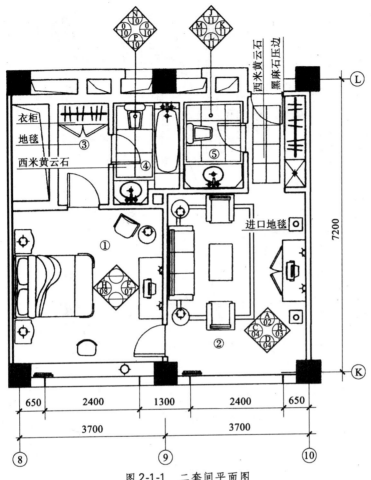

图 2-1-1 二套间平面图

(3) 看主体结构。

从图中可见有 6 个柱子，柱网横向 3700mm，纵向 7200mm，可肯定为框架结构，柱间墙为非承重墙，但墙未有材料符号和文字说明，墙体材料需查阅其他图纸。

(4) 看各房间的功能、面积。

图中共有 5 个房间，①号房间为卧室，②号房间为会客室，③为衣柜间，④、⑤号房间为卫生间。整个二套间面积约 53m^2。本图尺寸不全，要精确算面积要找建筑施工图。

(5) 看门窗位置、尺寸。

入口门 1 个、房间门 4 个，所有门材料、尺寸不详，要查找建筑施工图。

(6) 看卫生、空调设备。

⑤号房间有洗脸盆 1 个，坐便器 1 个；④号房间有浴盆 1 个，洗脸盆 1 个，坐便器 1 个。北墙有管道线，未见空调设施。

(7) 看电器设备。

①号房间有电视机 1 台，台灯 4 个，插座 2 个。②号房间有电视机 1 台，台灯 2 个，插座 2 个。

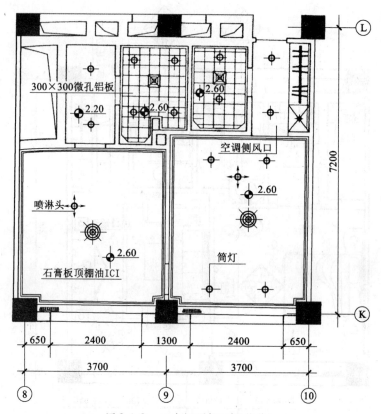

图 2-1-2 二套间顶棚图（镜像）

(8) 看家具。

①号房间双人床1个，床头柜2个，沙发2个，茶几1个，电视柜1个。②号房间3人沙发1个，单人沙发2个，茶几1个，电视柜1个。进口地毯1件。③号房间有过道衣柜1个。

(9) 看地面装饰材料种类、色彩。

①、②、③号房间未标注，④、⑤号房间和入口过道西米黄云石，黑麻石压边。

(10) 看内视符号。

①、②、④、⑤号房间都有内视符号，说明这些房间4面墙都有立面图。

(11) 看索引。

没有。

2. 顶棚平面图的识读步骤和方法

以图 2-1-2 为例：

(1) 看标题。

看标题得知为二套间顶棚图。

(2) 看轴线，明确房间位置。

从图中可见二套间位置在横轴⑧~⑩，纵轴Ⓚ~Ⓛ之间。

(3) 看主体结构。

从图中可见有6个柱子，柱网横向3700mm，纵向7200mm，可以肯定为框架结构，柱间墙为非承重墙。

(4) 看顶棚的造型，平面形状和尺寸。

5个房间均为平顶，没有叠级造型。

(5) 看顶棚装饰材料、规格和标高。

①、②号房间为石膏板吊顶油ICI涂料，相对标高2.6m；④、⑤号房间为300mm×300mm微孔铝板吊顶，相对标高2.6m；③号房间和过道顶棚未注，但从相对标高2.2m来看可能仍为石膏板吊顶。

(6) 看灯具的种类、规格和位置。

①、②号房间吊顶中心位置各设花吊灯1个；②、③、④、⑤和过道吊顶设有筒灯，规格未标注。

(7) 看送风口的位置，消防自动报警系统，音响系统。

①号房间有消防喷淋头1个，④、⑤号房间方形散流器各1个，过道空调侧风口1个。

(8) 看索引符号：本图无索引。

三、装饰立面图

装饰立面图是建筑物外墙面及内墙面的正立投影图，用以表现建筑内、外墙各种装饰图样的相互位置和尺寸。

(一) 装饰立面图的图示方法

(1) 外墙表现方法同建筑立面图；

(2) 单纯在室内空间见到的内墙面的图示：以粗实线画出这一空间的周边断面轮廓线（楼板、地面、相邻墙交线），墙面装饰、门窗、家具、陈设及有关施工的内容，如图2-1-3为图2-1-1②号房的立面图，图2-1-4为①号房的立面图；上述所示立面图只表现一面墙的图样，有些工程常需要同时看到所围绕的各个墙面的整体图样。根据展开图原理，在室内某一墙角处竖向剖开，对室内空间所环绕的墙面依次展开在一个立面上，所画出的图样，称为室内立面展开图（图2-1-5）。

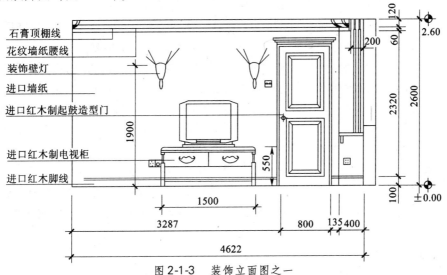

图2-1-3 装饰立面图之一

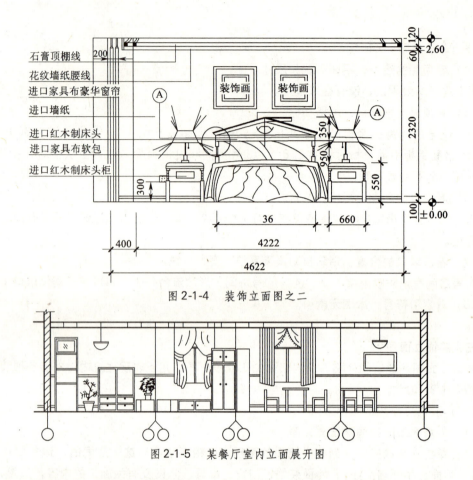

图 2-1-4 装饰立面图之二

图 2-1-5 某餐厅室内立面展开图

（二）装饰立面图的识读步骤和要点

（1）看标题再看平面图，弄清立面图的平面位置。

（2）看标高。地面标高为±0.00，棚顶标高为2.60。

（3）看装饰面装饰材料及施工要求。顶棚和墙交界有石膏顶棚线，墙贴进口墙（壁）纸，墙纸和石膏线之间是花纹墙纸腰线，踢脚板为进口红木。

（4）看各装饰面之间衔接收口方式，根据图中索引找出详图。图2-1-3吊顶和墙之间用石膏装饰线收口，其他各装饰面之间衔接简单，故没有详图介绍构造。

（5）看门、窗、装饰隔断等设施的高度和安装尺寸。门为进口红木制起鼓造型门，只画窗帘的双滑道和窗帘盒断面，没画窗，要知道窗的图样、材料须见另一张图。

（6）看墙面上设施的安装位置，电源开关、插座的安装位置和安装方式，以便施工中留位。装饰壁灯2盏，高1900mm，电插座3个，电视插座1个。

（7）看家具、摆设。电视机1台，高550mm进口红木制电视柜1个。

（8）看装饰结构之间以及装饰结构与建筑结构之间的连接方式。

（9）看装饰结构之间以及装饰结构与建筑结构之间的连接固定方式，以便提前准备预埋件。本图因未画吊顶，因此吊顶与楼板之间连接不详；为固定木门应在墙上预留木砖或铁件。

四、装饰剖面图

建筑装饰剖面图是用假想平面将室外某装饰部位或室内某装饰空间垂直剖开而得的正投

影图。其表现方法与建筑剖面图一致。它主要表明上述部位或空间的内部构造情况,或者说装饰结构与建筑结构、结构材料与饰面材料之间的关系。

如果剖开一房间东、西墙面,看北墙(图 2-1-6),则装饰剖面图和室内装饰立面图有很多一致处,其内容与识读步骤和要点相同,但也有区别:

(1)装饰剖面图剖切位置用剖切符号表示,室内装饰立面图用内视符号注明视点位置、方向及立面编号,因此剖面图的名称为"×-×剖面图",而装饰立面图的名称为⊗立面图。

(2)装饰剖面图必须将剖切到的建筑结构画清楚,如图 2-1-6 必须将剖到的东、西墙和楼板表示清楚;而室内装饰立面图则可只画室内墙面、地面、顶棚的内轮廓线。

(3)装饰剖面图上的标高必须是以首层地面为 ±0.000;而室内装饰立面图则可以图 2-1-6 中房间地面为 ±0.000。

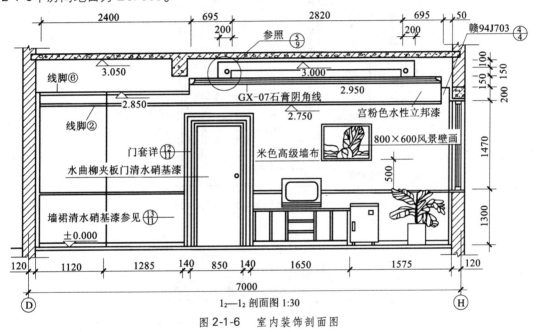

图 2-1-6 室内装饰剖面图

五、装饰详图

在装饰平面图、装饰立面图、装饰剖面图中,由于受比例的限制,其细部无法表达清楚,因此需要详图做精确表达。

(一)装饰详图的图示方法

装饰详图是将装饰构造、构配件的重要部位,以垂直或水平方向剖开,或把局部立面放大画出的图样。

(二)装饰详图的分类

1. 装饰节点详图

有的来自平、立、剖面图的索引,也有单独将装饰构造复杂部位画图介绍。

2. 装饰构配件详图

装饰所属的构配件项目很多,它包括各种室内配套设置体,如酒吧台、服务台和各种家具等;还包括一些装饰构件,如装饰门、门窗套、隔断、花格、楼梯栏板等。

(三) 装饰详图识读步骤和要点

(1) 结合装饰平面图、装饰立面图、装饰剖面图，了解详图来自何部位。

(2) 对于复杂的详图，可将其分成几块。如图2-1-7为一总服务台的剖面详图，可将其分成墙面、吊顶、服务台3块。

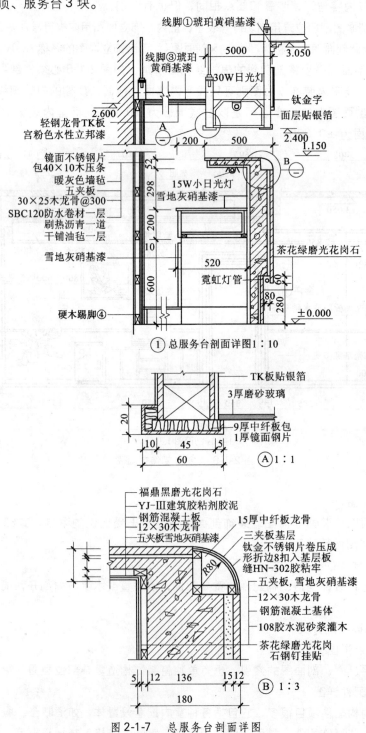

图2-1-7 总服务台剖面详图

(3) 找出各块的主体，如服务台的主体是一钢筋混凝土基体，花岗石板、三夹板是它的饰面。

(4) 看主体和饰面之间如何连接，如通过 B 节点详图可知花岗石板是通过砂浆与混凝土基体连接；五夹板通过木龙骨与基体连接；钛金不锈钢片通过折边扣入三夹板缝，并用胶粘牢。

(5) 看饰面和饰物面层处理，如通过 B 节点详图可知五夹板表面涂雪地灰硝基漆。

六、识读图纸的方法

识读图纸的方法是："四看、四对照、二化、一抓、一坚持"即"由外向里看、由大到小看、由粗到细看、由建筑、结构、装饰、设备专业看，平立剖面、几个专业、基本图与详图、图样与说明对照看、化整为零、化繁为简、抓纲带目、坚持程序"。

"由外向里看、由大到小看、由粗到细看、由建筑结构到设备专业看"，就是先查看图纸目录和设计说明，通过图纸目录看各专业施工图纸有多少张，图纸是否齐全；看设计说明，对工程在设计和施工要求方面有一概括了解；第二，按整套图纸目录顺序粗读一遍，对整个工程在头脑中形成概念。如工程地点、规模、周围环境、结构类型、装饰装修特点和关键部位等；第三按专业次序深入细致地识读基本图；第四读基本图。

"平立剖面、几个专业、基本图与详图、图样与说明对照看"就是看立面和剖面图时必须对照平面图才能理解图面内容；一个工程的几个专业之间是存在着联系的，主体结构是房屋的骨架，装饰装修材料、设备专业的管线都要依附在这个骨架上。看过几个专业的图纸就要在头脑中树立起以这个骨架为核心的房屋整体形象，如想到一面墙就能想到它内部的管线和表面的装饰装修，也就是将几张各专业的图纸在头脑中合成一张。这样也会发现几个专业功能上或占位的矛盾。详图是基本图的细化，说明是图样的补充，只有反复对照识读才能加深理解。

"化整为零、化繁为简、抓纲带目、坚持程序"就是当你面对一张线条错综复杂、文字密密麻麻的图纸时，必须有化繁为简和抓住主要的办法，首先应将图纸分区分块，集中精力一块一块识读；第二就是按项目，集中精力一项一项地识读，坚持这样的程序读任何复杂的图纸都会变得简单，也不会漏项。"抓纲带目"就是识读图纸必须抓住图纸要交待的主要问题，如一张详图要表明两个构件的连接，那么这两个构件就是这张图的主体，连接是主题，螺栓连接、焊接等都是实现连接的方法。读图时先看这两个构件，再看螺栓、焊缝。

第四节　幕墙施工图

幕墙是悬挂于主体结构外侧的轻质围墙，幕墙是由玻璃、金属板、石板，钢（铝）骨架、螺栓、铆钉、焊缝等连接件组成的。由于这些内容的存在，因此幕墙施工图中常出现建筑和机械两种制图标准并存的局面。立面图和平面图可采用建筑制图标准；节点图、加工可采用机械制图标准。

一、幕墙施工图的特点

(1) 幕墙施工图主要特点是建筑制图标准和机械制图标准并存。立面图、平面图和剖面图采用建筑制图标准；节点图、零件图采用机械制图标准。但同一张图样不允许采用两种标准。

(2) 幕墙平面图、剖面图常和立面图共存于一张图纸内。

(3) 幕墙节点图常常是一个节点一张图，因此节点编号常常也是图纸编号，如1号节点图为"JD—01"。

二、立面图

幕墙立面图是施工图中的主视图，是按正投影法绘制的外视图（图2-1-8），一般应包括正视、侧视两个方向的视图。其命名方法与建筑图相同，但工程较大时常以立面图两端的轴线编号来命名，如②~⑧轴立面图（图2-1-9）。当幕墙平面有转折时，常将立面图画成展开图，在立面图中应标出展开的角度。幕墙立面很大，建筑层数很多，立面图比例小时，对于典型立面、特殊要求立面应补充局部放大立面图。

立面图的主要内容：

(1) 幕墙种类；

(2) 在建筑中所处水平和竖向位置，一般以轴线和标高表示；

(3) 网格划分，分格尺寸，竖向标高；

(4) 开启扇形式及位置；

(5) 节点图索引。

三、平面图

幕墙平面图实际上是幕墙水平剖面图，平面图常以建筑层数命名，如2~10层平面图；在平面变化较大，需特别加以说明时，可附加局部放大的平面图，阳角、阴角的转角图等。

平面图的主要内容：

(1) 幕墙和建筑主体结构水平方向的关系；

(2) 幕墙所处水平位置，一般以轴线表示；

(3) 网格划分，分格水平方向尺寸；

(4) 开启扇的水平方向位置。

四、剖面图

幕墙剖面图是幕墙垂直剖面的正投影图（图2-1-8）。

剖面图主要内容：

(1) 幕墙和建筑主体结构竖直方向的关系；

(2) 幕墙所处竖直方向的位置，一般以标高表示；

(3) 网格划分，分格竖直方向尺寸；

(4) 开启扇竖直方向位置。

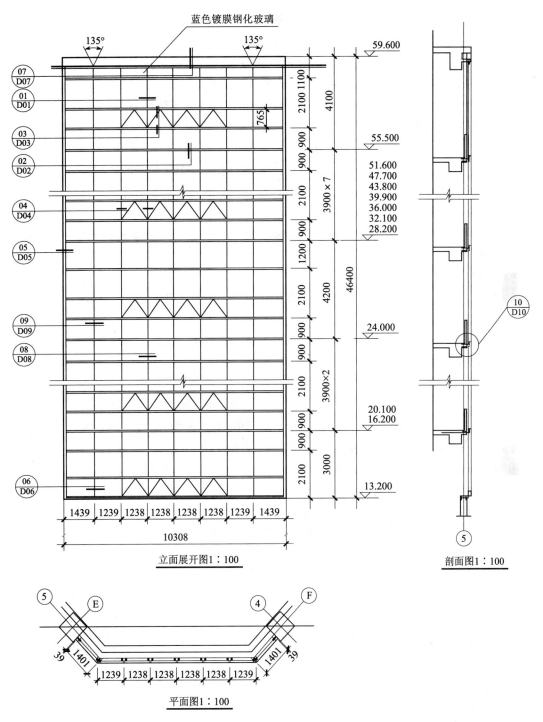

图 2-1-8 玻璃幕墙立面分格图

五、立面图、平面图、剖面图的识读步骤

因幕墙立面图、平面图、剖面图常在一张图纸内，平面图、剖面图内容较少，但和立面图关系密切，因此常在一起识读。现以××大厦⑤~⑧号轴线，6~14层为例。

1. 查图纸目录找主立面图，由主立面找局部放大图

从图纸目录上查得主立面图②~⑧轴立面分格图图号为 SZNH—LM—02，找到该图是一27层高层建筑（图2-1-9），立面由玻璃、铝板、花岗岩板幕墙组成，由于大厦高大，图纸比例为1:180，有些尺寸未表示，因此应去找局部放大立面图，由图纸目录查得⑤~⑧号轴线，6~14层局部放大图图名为 BLMQ4 立面图（图2-1-10），查得该图后可见该图立、平、剖面图俱全。

2. 看幕墙所处位置和形状

由立、平、剖三图查得⑤~⑧轴线，6~14层幕墙长度为 3×8200mm，高度为 26.4~52.7m，为方形。

3. 看幕墙材料

由主立面图上图例查得幕墙中央部位为银灰色镀膜玻璃，边缘配以白色氟碳喷涂铝板。

4. 看幕墙和主体结构关系

从平面图上可见幕墙固定在⑤~⑧轴线的4根钢筋混凝土柱子上；从剖面图可见幕墙固定在钢筋混凝土梁上。

5. 看网格划分

从立面图和平面图可见幕墙立面由一通长的宽180mm净距2×914mm（见立面图下剖尺寸）的竖线条和另一条宽度未注明中距分别为 1400mm+900mm 和 900mm（见立面图右侧第2道尺寸线）的横线条划分。在180mm宽线条的中间又加一条竖线条，在中距为 1400mm+900mm 的横线条之间又加一细横线条。这些线条组成幕墙网格，这些粗细线条的构造要看节点图。

6. 看开启扇的形式及位置

从立面图可以看出在 914mm×1400mm 的分格内有外开下悬窗。

7. 看节点图索引

从立面图可见共索引了 JD—02、JD—03、JD—05 等9个节点。

六、节点图

（一）节点图主要内容

（1）节点结构及装配位置图形；

（2）主要装配尺寸及装配代号；

（3）节点的外形尺寸。

（二）节点图的识读步骤

现仍以××大厦⑤~⑧号轴线，7~14层为例。前面立、平、剖面识读时提到180mm宽线条和中间线条的构造要看节点，节点图 JD—03（图2-6-11）正好剖到这两个线条。从该节点图上可见：

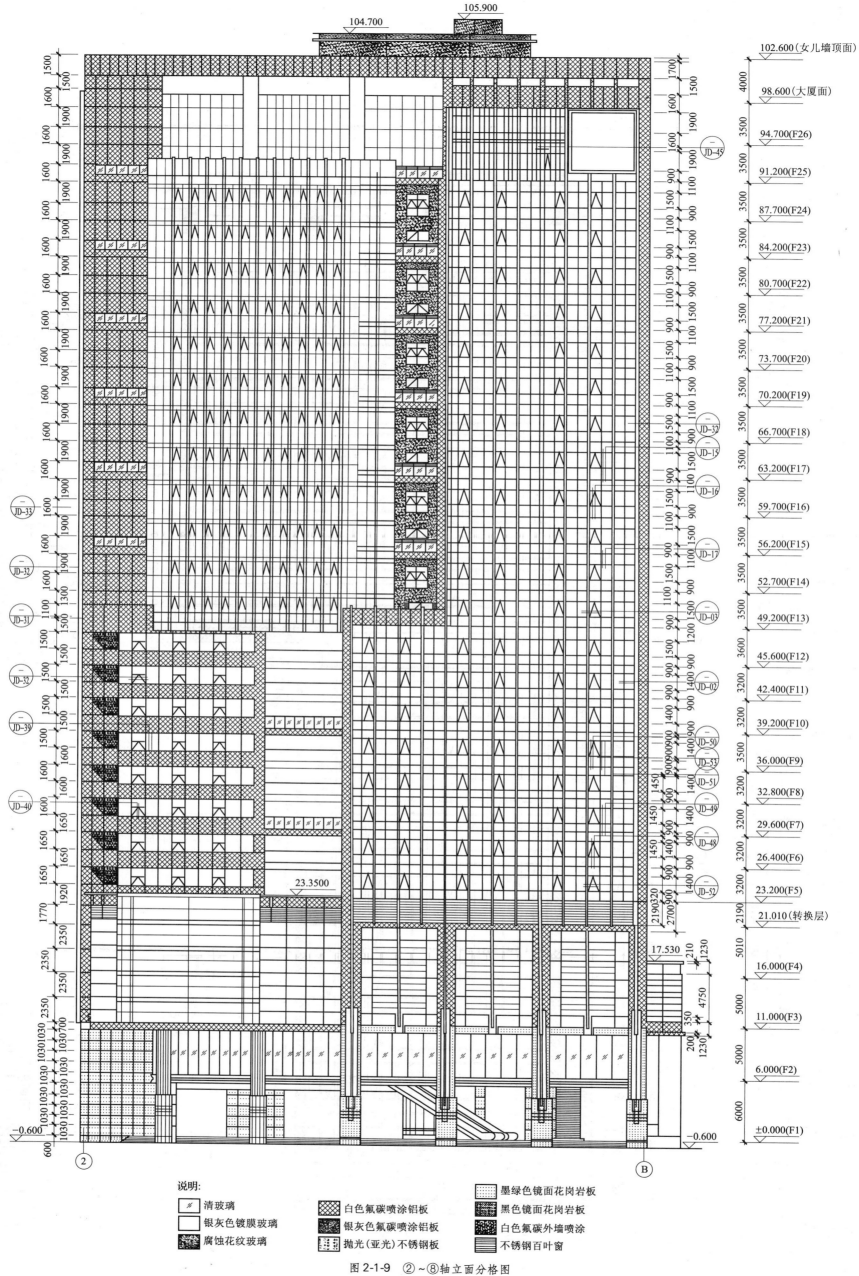

图 2-1-9 ②～⑧轴立面分格图

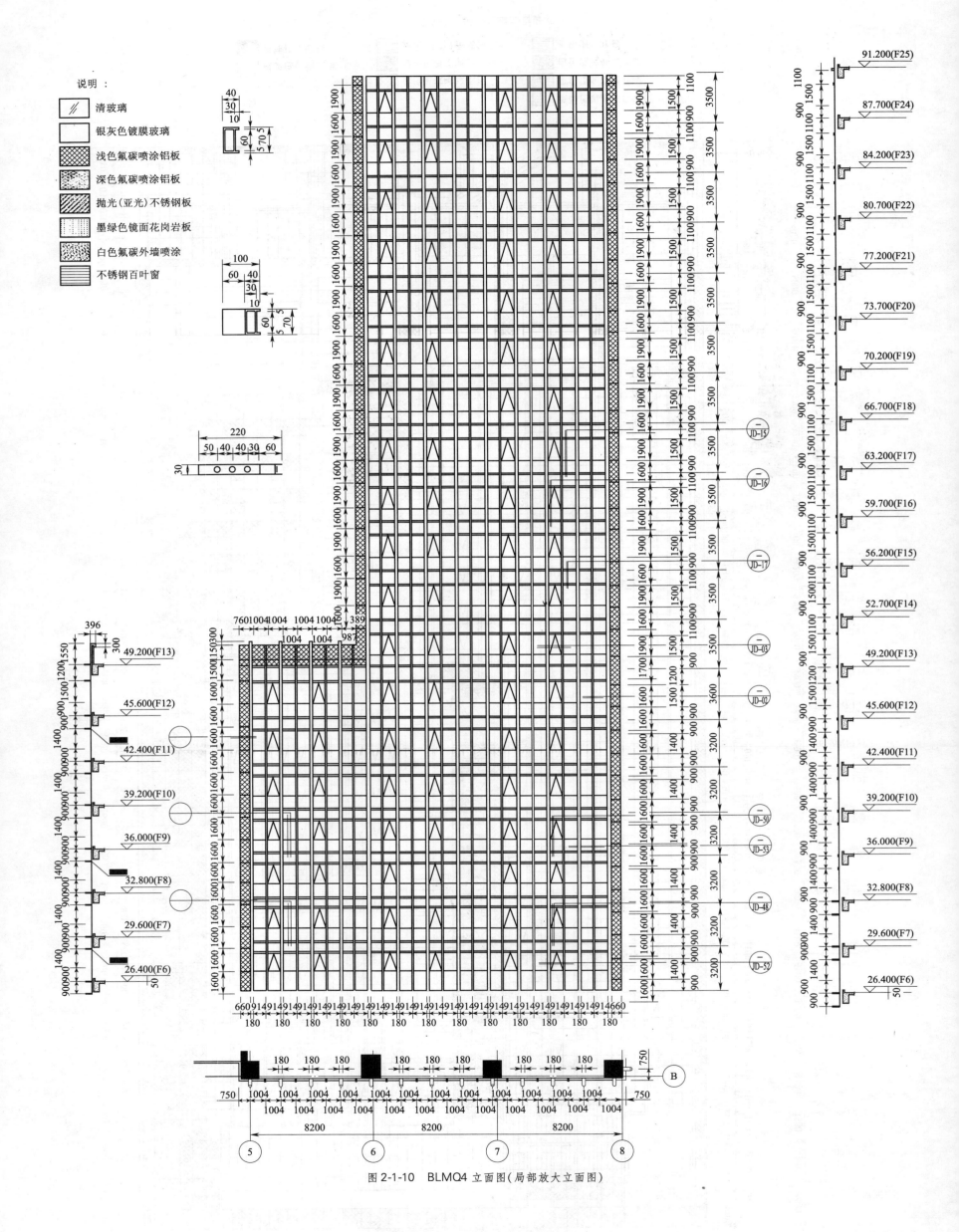

图 2-1-10 BLMQ4 立面图(局部放大立面图)

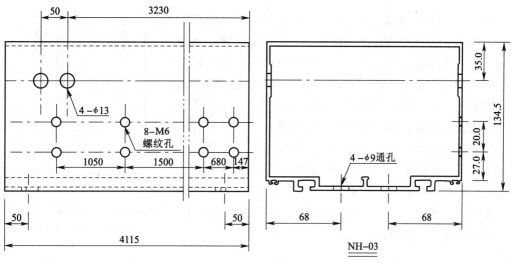

图 2-1-12 立柱加工图

(2) 8-M6 螺纹孔共 4 组 8 个,最右距右端 147mm,其余孔中距分别为 680mm、1500mm、1050mm;最下面一个中心距下端 27mm,上下两孔中距 20mm;

(3) 4-φ9 通孔,两孔中心距两端 50mm,两孔中心距前后均为 68mm。

八、石板短槽干挂幕墙施工图

石板"短槽干挂法"是将传统的"钢针干挂法" φ4mm 的钢针变成宽 2mm、长 65mm 的一条钢板,而石板的槽长为 130mm,因而承载力提高,同时石板的位置前后、左右、上下均能调整,因而能精确安装。现以某大楼为例介绍这种幕墙的施工图。大楼幕墙面积 4 万 m^2,其分格单元为 4m×4m(图 2-1-13),每个单元内都有窗户和 3 种规格的石板

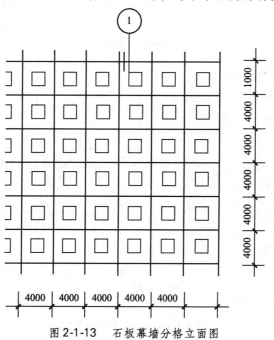

图 2-1-13 石板幕墙分格立面图

(图 2-1-14)。每个单元自成体系,单元之间石板无任何连接。石板和墙之间的连接分两种:一种是直挂式,就是石板靠挂件体系直接挂到墙上,图 2-1-15 节点图就是直挂式的一种,此图由 3 幅图组成:第一,(a)图介绍节点构造;第二,(b)图介绍石板的开槽位置;第三,(c)图用轴侧图画出了挂件体系。从图中可见热镀锌钢材连接件用穿墙螺栓固定到带有保温层的钢筋混凝土墙上,不锈钢托件插入上、下两块石板的缝中,不锈钢上、下夹件将石板从内侧固定;另一种是有钢龙骨式干挂(图 2-1-16),竖向钢龙骨固定到预埋件上,水平钢龙骨固定到竖向钢龙骨上,挂件系统固定到水平钢龙骨上。

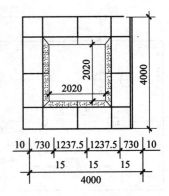

图 2-1-14 预制钢筋混凝土聚苯复合板分格单元

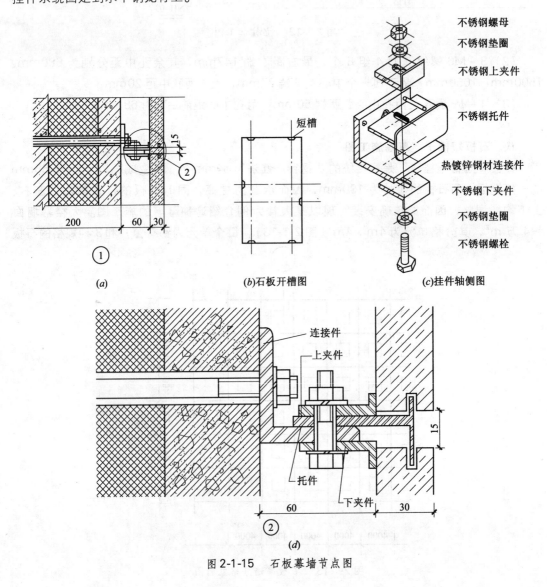

图 2-1-15 石板幕墙节点图

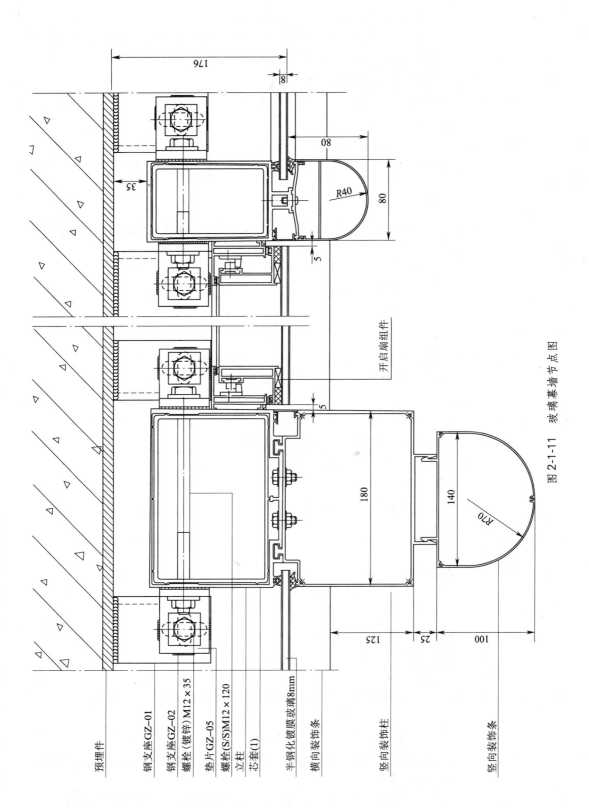

图 2-1-11 玻璃幕墙节点图

1. 看标题了解该节点主要内容，找出在立面图中位置

该图实际上有两个节点，180mm 宽线条节点和中间线条节点，因中间线条节点已在图 JD—02 中介绍，因此该图主要讲 180mm 宽节点；

2. 找出框架、主要零件、玻璃或其他板材

180mm 线条节点由立柱（框架）和 2 个主要零件——竖向装饰柱、竖向装饰条组成；

3. 看框架与主体结构的连接

立柱通过螺栓（S/S）M12×120 和钢支座 GZ—02 连接；钢支座 GZ—02 通过螺栓（镀锌）M12×35、焊缝与钢支座 GZ—01 连接；钢支座 GZ—01 焊接在主体结构的预埋件上。

4. 看框架与零件的连接

用一对螺栓将竖向装饰柱与立柱连接，在左边槽内嵌有 8mm 钢化镀膜玻璃，用胶条密封。右边与开启扇组件连接，因另有图纸介绍开启扇，因此此处没作详细介绍。

5. 看零件与零件的连接

通过卡接将竖向装饰条和竖向装饰柱连接。

6. 看尺寸

（1）零件尺寸

1）装饰柱的宽度为 180m；

2）大竖向装饰条半径为 R70，小竖向线条半径为 R40。

（2）配合尺寸

1）玻璃前表面与预埋件表面距离为 176mm；

2）玻璃前表面距竖向装饰柱前表面距离为 125mm；

3）竖向装饰条和竖向装饰柱之间距离 25mm。

7. 看未注明事项

（1）立柱、竖向装饰条、竖向装饰柱、横向装饰材料；

（2）芯套（1）的长度；

（3）配合尺寸公差。

以上疑问须见零件图和有关文件。

七、零件图

1. 零件图的内容

（1）零件各部分结构形状和位置关系；

（2）零件的定形和定位尺寸；

（3）零件在制造、检验、装配时应达到的技术上的约束条件，如尺寸公差等。

2. 零件图的识读

现以节点图 2-1-11 中立柱加工图（图 2-1-12）为例：

该图共有 2 个视图，一个立面图为主视图，一个为剖面图。图中表明该零件加工主要为钻孔，钻孔的直径和尺寸标注如下：

（1）4-ϕ13 通孔，其位置孔中心距右端 3230mm，距上表面 35mm，两孔相距 50mm；

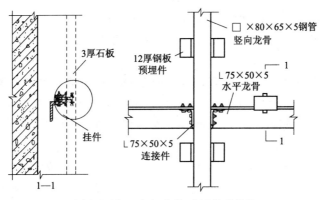

图 2-1-16　有钢龙骨"短槽干挂"

九、薄片花岗石铝蜂窝复合板幕墙施工图

薄片花岗石铝蜂窝板是 3～4mm 厚的花岗石薄片粘贴到铝蜂窝板上，和石板比较不仅重量轻、承载力高，而且每块最大可以做成 1200mm×2400mm。图 2-1-17 是幕墙的立面分格

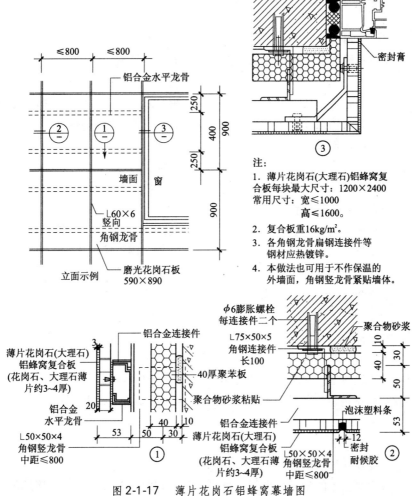

图 2-1-17　薄片花岗石铝蜂窝幕墙图

图，从图中可见每格竖向为900mm，横向为≤800mm；竖向板缝处有L60×6角钢龙骨，横向有铝合金水平龙骨，共有3个索引：① 水平龙骨处垂直剖面；② 竖向龙骨处水平剖面；③ 有窗处的水平剖面。

从节点图①可见墙体为钢筋混凝土墙，聚苯板保温层厚40mm，聚苯板与墙之间有10mm空隙，聚苯板用聚合物砂浆粘贴到墙上。L50×50×4角钢竖龙骨与铝合金水平龙骨垂直相交，用什么方法连接没交待；铝蜂窝复合板厚20mm，用螺钉和铝合金连接件连接，然后卡到铝合金水平龙骨上。

节点②介绍了L50×50×4角钢竖龙骨和墙体的连接及板缝处理。连接件为长100mm L75×50×5角钢，用2φ6膨胀螺栓固定到墙上，L50×50×4角钢竖龙骨固定到连接件上，连接方法未介绍。

节点③介绍节点窗口处的处理，加一连接件将垂直相交的两蜂窝板连接，在和窗框相交处用密封膏密封。

第五节　建筑装饰施工大样图及有关资料

一、大样图的作用

大样图也就是装修构造。构造是实现设计方案的最本质的内容，构造与材料、施工水平有着密切的关系。

构造所解决的问题是把几种不同的材料合理地组合为一体，而且任何组合方式都必须是牢固安全的。同时，当构造情况未被装修材料所遮盖，暴露在室内时，构造应反映合理的力学原理和用料尺度的比例美。

了解构造前预先知道受力情况，确定构件安全的最小尺寸，也就是最经济的用材，然后再根据多构件的组合关系适当调整构件的尺寸，如果外观上要求尺寸小，而实际材料强度不允许时，则选择强度更高的材料。

稳定性是构造安全的要素，任何紧固的材料一旦失去稳定性，可能使整个构造关系解体。木—木连接多用钉、木螺钉和白乳胶、万能胶。木—钢连接常用螺栓方式，钢—钢连接多用焊接铆合、粘胶、螺栓等方法。现代装修构造，越来越多地使用各种胶水来连接不同的材料，它具有干燥快、操作简便的优点。

二、新技术新构造

每当一种新技术、新材料问世，就会出现新的构造方式与方法，所以，室内设计师需要不断地学习新的构造方法，对于一些比较复杂的构造（如窗墙联结、折叠门的导轨与滑行轮）不可能完全由室内设计师独立完成，就需要施工现场的专业技工或专业技师来完成构造图。

三、构造主要以详图来表示

详图通常为重要位置的剖面放大图，材料的转折和两种以上的材料交接处都是构造重点要解决的位置。图2-1-18所示为通长窗帘槽的构造图。

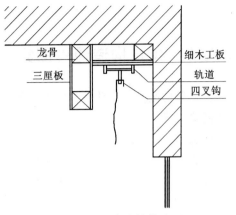

图 2-1-18　窗帘槽构造图

构造设计除了要了解材料结合方法之外，还要知道每一种装修材料的物理化学性能。温度、湿度、通风情况都可能对材料产生影响。构造设计重在了解几种重要、典型的联结方式方法之后，举一反三地应用于变化后的材料联结中，机械地背熟几十种构造详图比理解地掌握几种乃至十几种构造方法更为困难，而实际设计过程中，后者更容易适应可能遇到的方案、材料的改动。

四、复杂构造大样图的设计

遇到复杂的构造，不要独自闭门苦思，应选择一些优秀的设计作品详图集来进行参阅，这样才可能避免走弯路，也能省下精力和时间去花在追求室内设计的新创意上。考虑到实际建筑尺寸的出入和装修材料选择的灵活性，构造应保证外形不变、施工方便而不必拘泥于某一内部构造细节的处理。有时省料却费工，有时省工却费料，两者的利弊权衡后还得与施工人员、业主共同商定。

五、建筑施工图（原建筑竣工图）

装饰工程属于附着性施工。建筑装饰施工的对象主要是建筑工程。不论新建工程或旧建筑改建工程，在了解各种与装饰施工有关的图纸以外，还必不可少地要查对建筑施工图或原建筑竣工图。

六、踏勘记录

踏勘是在招标投标过程中的一个必要程序。踏勘关系的是造价及施工方案中有关问题，其实同样对审查图纸有直接关系。它可以检查建筑施工图和竣工图的不足。因为实际施工的建筑成品与图纸总会有差距，这样可以弥补图纸与实际脱节的不足。

七、变更设计图

变更设计图是在施工过程中出现的一种图纸。装饰设计图经常会出现一些在施工过程暴露出来的不足，这就要作设计补充。可能由业主要求变更，由设计部门要求变更，也可能由施工单位建议变更，不管哪一方提出变更，一般大一点的变更由设计单位画变更设计图，小项目由施工单位画补充设计图，经过业主审批方能实施。这种变更图往往伴随经济洽商，施工员必须认真对待。

变更设计图在竣工结算时是一项重要内容，对竣工图的要求，重点在于将变更设计图记录在竣工图上，这是重要的工程历史资料。

第六节　建筑构造通用图集

常用装饰装修工程项目相关专业分册《通用图集》编号及编制单位：

图集编号	装饰内容	编制单位
88J3	外装修	天津市建筑设计院
88J4（一）	内装修	北京市建筑设计院
88J4（二）	内装修	北京市建筑设计院
88J4（三）	内装修	北京市建筑设计院
88J5	屋面	中国建筑西北设计院
88J6	地下工程防水	天津市建筑设计院
88J7	楼梯	河北省建筑设计院
		石家庄市建筑设计院
88J8	卫生间、洗池	太原市建筑设计院
88J9	室外工程	内蒙古自治区建筑设计院
88J10	绿化、庭院小品	北京市园林局设计院
88J11	附属建筑	山西省建筑设计院
88J12	无障碍设施	建设部建学建筑设计所

以上编号的各专业分册《通用图集》均与建筑装饰工程有关，施工员应该手头备有一套相关图集。

第二章 建筑结构知识

前面介绍过建筑装饰施工的特点是附着性作业。即将装饰物通过必要的手段有秩序地固定到建筑体上,使其创造出具有使用功能的新的艺术产品。装饰物品属于装饰材料和设备,将在后面作详细介绍。这里要介绍的是被装饰的主体建筑物。建筑物是由各种建筑材料、各种结构形式建成的,其内容极其丰富,它直接影响到装饰施工作业手段的选择。下面将系统介绍房屋建筑学的一般知识。

第一节 建筑结构的分类与功能

一、建筑的分类

(一)按使用功能划分

1. 工业建筑

供人们从事各类生产的房屋,包括生产用房屋及辅助用房屋。

2. 农业建筑

供人们从事农牧业的种植、养殖、畜牧、贮存等用途的房屋,如塑料薄膜大棚、畜舍、温室、种子库房等。

3. 民用建筑

供人们居住、生活、工作和从事文化、商业、医疗、交通等公共活动的房层。根据用途不同,民用建筑又可分为 15 类。

(1)居住类建筑:供人们居住、生活的房屋,包括住宅和宿舍。

(2)办公类建筑:供行政和企事业单位办公用的房屋。

(3)教育科研类建筑:供教学、科学研究等使用的房屋,包括学校建筑、科研建筑等。

① 学校建筑:供教学使用的房屋,如各类教室、教学实验室等。

② 科研建筑:供科学研究、实验检验用的房屋,如各类实验室、计算站、检验所、天文气象台站等。

(4)文化娱乐类建筑:供集会、参观、阅览、演出与娱乐等使用的房屋,包括集会建筑、博览建筑、文娱建筑等。

① 集会建筑：供集会用的房屋，如礼堂、报告厅、教堂、清真寺等。
② 博览建筑：供参观、阅览用的房屋，如博物馆、艺术馆、展览馆、图书馆等。
③ 文娱建筑：供演出与娱乐用的房屋，如剧院、电影院、音乐厅、文化馆、俱乐部、排演场等。

（5）体育类建筑：供体育运动使用的房屋，如体育馆、体育场、游泳建筑、各种竞技训练房、射击场等。

（6）商业服务类建筑：供营业性和服务性使用的房屋以及供储存商品使用的房屋，包括商业建筑和商业仓库建筑等。

① 商业建筑：供营业性和服务性使用的房屋，如各类商店、商场、饮食店、服务业门市部等。
② 商业仓库建筑：供存储商品使用的房屋，如各类货栈、粮仓、冷库等。

（7）旅馆类建筑：供来往旅客住宿的房屋，如宾馆、旅馆、招待所等。

（8）医疗福利类建筑：包括医疗建筑、托幼建筑和福利建筑。

① 医疗建筑：供医疗护理用的房屋，如综合医院、门诊部、卫生院、保健院、疗养院等。
② 托幼建筑：供托管教育幼儿、儿童用的房屋，如托儿所，幼儿园等。
③ 福利建筑：供护养老人和职工休养用的房屋，如敬老院、休养所等。

（9）交通类建筑：供铁路、公路、水运、航空用的房屋，如火车站、汽车站、多层车库、轮船客运站、候机楼、航空港等。

（10）邮电类建筑：包括邮电建筑和广播建筑。

① 邮电建筑：供邮政、电信使用的房屋，如邮局、电报局、电话局等。
② 广播建筑：供广播、电视使用的房屋，如广播电台、电视台、转播站等。

（11）司法类建筑：供公安部门、法院使用的房屋，如公安局、地方法院、法庭、监狱、看守所等。

（12）纪念类建筑：供纪念历史人物或事件的房屋，如纪念堂等。

（13）园林类建筑：供游览、休憩的公园、动物园、植物园，以及园中的房屋等。

（14）市政公用设施类建筑：供某区域公用的房屋，如消防站、急救站、加油站、煤气调压站、变电站、公共厕所等。

（15）综合性建筑：兼容两类或两类以上使用用途的房屋。如底层商店住宅等。

上述十五类建筑中，（2）～（15）类称公共建筑。

不论哪一类建筑，无不与我们建筑装饰有关。这不过是一种不同使用功能的分类。其实在同一类建筑中还有不同档次的区别，如宾馆有量级与一般之分，量级有1～5和超5星之分，这又与装饰施工有关。施工员应该充分掌握不同类别建筑的内容。

（二）按层数划分

1. 低层结构

1～3层的建筑结构称为低层结构。单层工业厂房、库房、大多数的体育场馆、展厅、超级市场、影剧院、早期办公楼、老式民居（如北京的四合院）、大量农村建筑的结构均属于此类结构。

由于低层建筑占地较多,在目前建筑用地特别是城市建筑用地越来越紧张的情况下,城市的新建房屋除了特殊情况外已较少采用低层结构的形式。

2. 多层结构

低于10层的住宅以及低于24m的公共建筑的结构均属于此类结构。用量最多的是采用砌体结构的住宅建筑,其层数多为5~7层。多层结构是目前占主导地位的建筑结构,预计这种格局将来也不会发生太大的变化。

3. 高层结构

层数高于10层的住宅以及高度大于24m的公共建筑的结构均属于高层结构,而高度大于100m的建筑结构则称为超高层结构。

高层建筑是目前在中国发展最快的一种建筑。尽管建筑界对高层建筑的利害得失颇有争论,但是面对日益紧张的建筑用地和迫切需要增加的建筑面积构成的尖锐矛盾,向空间发展,建造高层建筑已成为不以人们意志为转移的选择。

高层结构主要用于城市中的饭店宾馆、住宅建筑、商业建筑、金融建筑(银行、证券交易所等)、办公楼、公共建筑以及多功能建筑等。

高层建筑通常利用地下室作为人防、商场、车库等,很多高层建筑的基础埋深超过10m,这一趋势又促进了深基础设计施工等系列技术的发展。

鉴于一些发达国家和地区因高层建筑过多过密而引起的环境问题,我国的城市规划管理部门对建造高层建筑的位置及高度给出了较为科学而严格的限制。

房屋的层高对建筑装饰装修施工会产生直接影响。特别是幕墙工程,对装饰施工的考验更为突出。无论对施工设备的要求,还是对施工技术的要求,对高层特别是超高层建筑的装饰施工提出了更高的挑战。从城市建筑业的发展看,高层超高层建筑越来越多,很自然要求装饰施工员应该加快掌握这种发展形势。

(三)按结构类型划分

1. 墙结构

墙结构是指以墙体作为竖向承重体系的结构。

当墙体材料采用砖或砌块时,称为砌体结构,主要用于单层或多层的库房、轻型车间、小型影剧院、中小学校、普通办公楼、住宅等。

当墙体材料为钢筋混凝土时,称为剪力墙结构。这种结构整体性好、刚度大、抗震性能优越,并具有较好的经济技术指标,大量用于高层住宅建筑及饭店客房建筑。上世纪70年代剪力墙结构的横墙布置很密,基本上按居室的开间布置,横墙间距大约3~4m,称为小开间剪力墙结构。这种结构存在着一些问题,主要是建筑空间极不灵活,无法在底层布置商业服务设施,更不可能考虑将来的家庭内部房间布局的改造,同时过多的墙体增加了结构的自重和地震作用,不利于降低房屋造价。为了克服小开间剪力墙结构的上述缺点,80年代以来,相继推出了大开间剪力墙结构、底层大空间剪力墙结构、底层大空间鱼骨式剪力墙结构以及板-墙结构等一系列新型的剪力墙结构。

大开间剪力墙结构的横墙间距一般为6~7.2m,既扩大了建筑空间,又有良好的经济效益;底层大空间剪力墙结构是在底层或下部几层只保留部分剪力墙(称为落地剪力墙)而用框架取代另一部分剪力墙(称为框支剪力墙),从而在底层或下部几层形成框架-剪力墙式的大空间，以便实现商业类服务功能；底层大空间鱼骨式剪力墙结构是将外纵墙取消，仅保留一道内纵墙，从而方便了施工并为外纵墙墙体材料的选择提供了多种可能性；板-墙结构则更进一步将惟一的一道内纵墙也去掉，而依靠布置于房屋两端的筒抵抗纵向侧力，从而极大地方便了施工，提供了更为灵活的建筑空间。

根据大量的工程实践，目前认为剪力墙结构中剪力墙的数量宜采用剪力墙的截面面积与该层楼面面积的比值作为度量标准，其比值的范围大致为：

小开间剪力墙：8%～10%；

大开间剪力墙：6%～7%。

2．排架结构

排架结构由柱及铰接于柱顶的横梁构成。排架结构的柱子由砌体墙、钢筋混凝土或钢材构成，钢筋混凝土柱通常为现场预制的，也可以做成现浇的；排架结构的横梁是由屋架或预制梁构成。其屋盖系统分为两类：一类称为有檩屋盖，由檩条及屋面板组成；一类称为无檩屋盖，不用檩条，由直接连接于横梁的大型屋面板组成。

排架结构用于单层工业厂房、库房、中小型影剧院、餐厅、商场等。对于典型跨度的装配式单层工业厂房，编有配套的标准图集，从基础、柱子、屋架、梁到檩条、屋面板及各种建筑和结构的连接改造做法均可由标准图直接选用，给设计和施工带来了很大的方便。

3．框架结构

这类结构的竖向承重体系为梁、柱刚性连接在一起而形成的框架。由于框架结构能够提供开阔的建筑空间，所以广泛地应用于商场、展厅、会堂、娱乐场所等要求大空间的建筑物。但是框架结构的侧向刚度比较弱，故不适于建造太高的层数。

框架结构一般采用钢筋混凝土材料，通常为现浇整体式或装配整体式，在非地震区也可以做成装配式。

4．框架-剪力墙结构

这类结构由框架和剪力墙共同组成，两者协同工作，共同抵抗建筑物所受到的垂直及水平荷载。

框架-剪力墙结构具有框架和剪力墙结构的优点而又避免了它们的缺点，因此在高层建筑中得到广泛的应用。由于这种结构要求框架和剪力墙两种不同类型的结构能够共同工作，因此对楼盖的刚度和整体性要求较高，地震区的框架-剪力墙结构的楼盖必须是现浇整体式或带有现浇叠合层的装配整体式楼盖。

5．筒结构

筒结构是由各类筒承受垂直及水平荷载的结构。

筒结构具有很强的空间整体性和很大的侧移刚度，我国已建成的超高层建筑大多采用筒结构。根据筒的类型和数量，筒结构可以分为实腹筒、框筒、桁架筒、筒中筒以及成束筒结构等形式。

筒结构通常以钢筋混凝土或钢作为结构材料，也有的工程采用钢筋混凝土内筒、钢框架或钢框筒的组合结构。

当建筑物层数很高时，为了进一步减小结构的侧移，通常设置加强层。

6．巨型框架结构

巨型框架结构由两级框架构成。一级框架称为巨型框架，其柱子由实腹筒构成，其巨型梁梁高约为1~2个楼层，每隔几层或十几层设置一道；二级框架为普通框架，其梁柱截面很小。二级框架将荷载传给一级框架，一级巨型框架起着承受主要垂直荷载及水平荷载的作用。

已建成的33层、高114m的深圳亚洲大酒店就是采用了巨型框架结构的建筑。

7．悬挑结构

在实腹筒上挑出巨型悬臂梁，二级框架置于巨型悬臂梁上，就构成了典型的悬挑结构。很显然，实腹筒是关键的受力结构，其受力特征类似于一根竖向悬臂梁。

施工员了解及掌握不同的房屋结构，对改建工程的保证安全施工有特别重要的意义。

二、建筑的分级

（一）按主体结构确定的建筑耐久年限分级

其主要分为四级，见表2-2-1。

按主体结构确定的建筑耐久年限分级　　　　　表2-2-1

级　别	耐久年限	适用于建筑物性质
一	100年以上	适用于重要的建筑和高层建筑
二	50~100年	适用于一般性的建筑
三	25~50年	适用于次要建筑
四	15年以上	适用于临时性的建筑

（二）按建筑物的耐火等级分

建筑物的耐火等级是由建筑物构件的燃烧性能和耐火极限两个方面决定的，共分为四级。各级建筑物所用构件的燃烧性能和耐火极限见表2-2-2。

建筑物构件的燃烧性能和耐火极限　　　　　表2-2-2

构件名称		耐火等级 燃烧性能和耐火极限（h）	一级	二级	三级	四级
墙	防火墙		非燃烧体 4.00	非燃烧体 4.00	非燃烧体 4.00	非燃烧体 4.00
	承重墙、楼梯间、电梯井的墙		非燃烧体 3.00	非燃烧体 2.50	非燃烧体 2.50	难燃烧体 0.50
	非承重外墙、疏散走道两侧的隔墙		非燃烧体 1.00	非燃烧体 1.00	非燃烧体 0.50	难燃烧体 0.25
	房间隔墙		非燃烧体 0.75	非燃烧体 0.50	难燃烧体 0.50	难燃烧体 0.25

续表

燃烧性能和耐火极限（h）\构件名称		一级	二级	三级	四级
柱	支承多层的柱	非燃烧体 3.00	非燃烧体 2.50	非燃烧体 2.50	难燃烧体 0.50
	支承单层的柱	非燃烧体 2.50	非燃烧体 2.00	非燃烧体 2.00	燃烧体
梁		非燃烧体 2.00	非燃烧体 1.50	非燃烧体 1.00	难燃烧体 0.50
楼板		非燃烧体 1.50	非燃烧体 1.00	非燃烧体 0.50	难燃烧体 0.25
屋顶承重构件		非燃烧体 1.50	非燃烧体 0.50	燃烧体	燃烧体
疏散楼梯		非燃烧体 1.50	非燃烧体 1.00	非燃烧体 1.00	燃烧体
吊顶（包括吊顶搁栅）		非燃烧体 0.25	难燃烧体 0.25	难燃烧体 0.15	燃烧体

1. 构件的耐火极限

对任一建筑构件按时间-温度标准曲线进行耐火试验，从受到火的作用时起，到失去支持能力或完整性被破坏或失去隔火作用时为止的这段时间，称为耐火级限，用小时（h）表示。

2. 构件的燃烧性能

按建筑构件在空气中遇火时的不同反应将燃烧性能分为三类。

（1）非燃烧体。在空气中受到火烧或高温作用时，不起火、不碳化、不微燃。如砖石材料、钢筋混凝土、金属等。

（2）难燃烧体。在空气中受到火烧或高温作用时难燃烧、难碳化，离开火源后燃烧或微燃立即停止。如石膏板、水泥石棉板等。

（3）燃烧体。在空气中受到火烧或高温作用时立即燃烧，离开火源继续燃烧。如木材类材料。

三、房屋建筑结构种类

在建筑中，由若干构件连接而构成的能承受作用的平面或空间体系称为建筑结构。

建筑结构的组成单元有以混凝土为主制作的结构，包括素混凝土结构、钢筋混凝土结构和预应力混凝土结构等，称为混凝土结构；以砌体为主制作的结构，它包括砖结构、石结构和其他材料的砌块结构，称为砌体结构；以钢材为主制作的结构称为钢结构；以木材为主制作的结构称为木结构。

1. 钢筋混凝土结构

由于取材方便、造价较低、抗震及防火性能好、设计经验丰富、施工方法成熟，这一类结构目前用途最广泛,约半数以上的建筑均采用钢筋混凝土结构,而在高层建筑中,90%以上采用钢筋混凝土结构。目前,我国每年混凝土使用量超过 5 亿 m³,居世界第一位。

根据钢筋混凝土结构施工方法的不同,可以分为现浇整体式、装配式及装配整体式三大类。

(1) 现浇整体式

现浇整体式结构的基本特点是:组成承重结构的梁、板、柱、墙、基础等钢筋混凝土构件都是在施工现场整体浇筑混凝土,从而形成结构骨架的。

这类结构的整体性好,刚度大,安全度容易得到保证,可塑性好,能够满足复杂的建筑空间的要求,因此应用极为广泛,特别是钢模板系列的形成和城市商品混凝土基地的建立,为这类结构的发展提供了良好的条件。

(2) 装配式

装配式结构的基本特点是:建筑物的梁、板、柱等结构构件均由混凝土预制构件厂生产或在施工现场预制完成,然后在现场吊装就位,靠连接预制构件中的预埋件形成竖向及横向承重结构。因此,这类结构的现场湿作业工作量少,施工速度快,工业化程度高,在单层工业厂房一类建筑中得到广泛应用。我国编有单层工业厂房结构的标准图集。此外,属于装配式结构的装配式大板结构及盒子结构也有少量应用。

但是,这类结构由于预制构件的定型化,较难适应丰富多彩的建筑造型的变化;而且构件间的众多的接头将减弱结构的整体性,降低结构的刚度和延性,影响结构的抗震可靠性。因此,完全装配式建筑的应用在我国特别是在地震区有逐渐减小的趋势。

(3) 装配整体式

装配整体式结构的基本特点是:建筑物的一部分构件为预制的,而另一部分构件为现浇的。通常将对结构的整体安全性起决定作用的构件做成现浇的,而将较次要的构件做成预制的。例如,在装配整体式框架结构中,采用现浇梁柱框架、预制楼板,或现浇柱、预制梁板。升板建筑、预应力装配整体式建筑也属于此类;在装配整体式剪力墙结构中,采用现浇内墙、预制外墙、预制楼板的所谓"内浇外挂"方案。在地震区,当采用预制楼板时,抗震规范规定必须在预制板上现浇一定厚度的钢筋混凝土,形成现浇叠合层,使楼盖形成装配整体式楼盖,以保证楼盖的平面内刚度可靠地传递地震作用。

除了普通钢筋混凝土之外,还有一些具有特殊性能的钢筋混凝土用于建筑物的全部结构或部分结构构件。如高强钢筋混凝土、预应力钢筋混凝土、轻质钢筋混凝土等,这里不作详细介绍。

2. 钢结构

近年来,在一些大跨度建筑及高层建筑中已开始比较大量地应用钢结构。根据 1997 年的统计资料,我国已建成和在建的高层钢结构建筑的总建筑面积已经达到 280 万 m²,钢材用量约为 27.08 万 t。

除了常规钢结构以外,还有轻钢结构及钢-混凝土组合结构等一些特殊的形式。

轻钢结构。轻型钢结构近年来得到了较广泛的应用,主要用于一些单层或低层的展厅、库房及办公用房,也用于一些房屋的增层改造工程。目前已有以 H 型钢形成的门式刚架作为主体结构、以彩色钢板作为屋面板及外墙的轻钢系列产品。

钢-混凝土组合结构。这类结构又可以分为两种,一种是建筑物的部分承重结构为钢结构,另一部分承重结构为钢筋混凝土结构。例如,一栋高层建筑的框架部分采用钢结构,而剪力墙或筒采用钢筋混凝土结构。另一种是建筑物的梁、板、柱结构构件由钢和混凝土共同组成并协同工作。例如，钢管混凝土柱、钢-混凝土组合梁、压型钢板为底模的钢-混凝土组合楼板等。

3．砌体结构

这类结构的特点是：建筑物的承重墙体由砌体组成，楼盖系统由现浇或预制的钢筋混凝土梁板构件组成，因此这类结构又称为混合结构。由于这类结构具有取材方便、造价低廉、施工简便、工期短、防火及保温隔热性能好等优点，目前在我国建筑市场用量最大，约占总建筑面积的50%，主要用于单层及多层的住宅、办公楼、学校等。

组成承重墙体的砌体又可以分为砖、混凝土砌块、粉煤灰砌块等多种类型。其中，砖又可以分为烧制黏土砖、空心黏土砖、灰砂砖等；混凝土砌块又可以分为混凝土空心砌块及实心砌块，在砌块尺寸上又有大、中、小型之分；粉煤灰砌块有承重与非承重之分，在砌块尺寸大小上又有多种规格。

由于砌体结构的抗震性能相对较差，当用于地震区时，我国的抗震规范对这类建筑的高度、层数、横墙间距及平面尺寸给出了严格的限制，并规定在建筑物的相应部位必须设置圈梁和构造柱，以保证结构的整体性和延性满足抗震要求。

4．木结构

由于我国木材资源短缺，所以在一般工业及民用建筑物中很少采用木结构，只是在仿古建筑及古建筑维修中有所应用。

四、结构的功能

1．安全性

结构在预定的使用期限内，能够承受正常施工、正常使用时可能出现的各种荷载、外加变形（如基础不均匀沉降）、约束变形（如温度及收缩引起的变形受到限制时的变形）等的作用，在偶然荷载（如地震、强风）作用下或偶然事件发生时和发生后，应仍然能够保持结构的整体稳定性，不发生倒塌或连续破坏。

2．适用性

结构在正常使用荷载作用下，具有良好的工作性能，如不发生影响正常使用的过大挠度、永久变形和动力效应（过大的振幅和振动），不产生使用者感到不安的裂缝宽度。

3．耐久性

结构在正常使用和正常维护条件下，在规定的使用期限内应有足够的耐久性，如不发生由于混凝土保护层碳化或裂缝宽度过大而导致的钢筋锈蚀，以致影响结构的使用寿命。

上述结构功能要求概括起来可以称为结构的可靠性。即结构在规定的时间内（如设计基准期为50年），在规定的条件下（正常设计、正常施工、正常使用和维修）完成预定功能的能力。

4．结构的极限状态

结构能够满足功能要求而良好的工作，称为结构"可靠"或"有效"。反之则称为结构"不可靠"或"失效"。区分结构工作状态的可靠或失效的标志是"极限状态"。

极限状态是结构或构件能够满足设计规定的某一功能要求的临界状态，超过这一界限，结构或构件就不再能够满足设计规定的该项功能要求，而进入失效状态。

结构的极限状态分为两类：

（1）承载能力极限状态

结构或构件达到最大承载力或达到不适于继续承载的变形的极限状态。当结构或构件出现下列状态之一时，即认为超过了承载能力极限状态：

① 整个结构或其中的一部分作为刚体失去平衡（如倾覆、过大的滑移）；

② 结构构件或连接因材料强度被超过而破坏（包括疲劳破坏），或因过度的塑性变形而不适于继续承载（如受弯构件中的少筋梁）；

③ 结构转换为机动体系（如超静定结构由于某些截面的屈服，使结构成为几何可变体系）；

④ 结构或构件丧失稳定（如细长柱达到临界荷载发生压屈）。

（2）正常使用极限状态

结构或构件达到正常使用或耐久性的某项规定限值的极限状态。当结构或构件出现下列状态之一时，即认为超过了正常使用极限状态：

① 影响正常使用或外观的变形（如过大的挠度）；

② 影响正常使用或耐久性的局部损坏（如不允许出现裂缝结构的开裂；对允许出现裂缝的构件，其裂缝宽度超过了允许限值）；

③ 影响正常使用的振动；

④ 影响正常使用的其他特定状态。

通常按承载能力极限状态进行结构构件设计，再按正常使用极限状态进行验算。

5. 荷载对荷载效应

荷载一般是指直接作用在结构上的各种力，有时也称为直接作用荷载；还有一类可以引起结构变形的因素，如地基不均匀沉降、温度变化、混凝土收缩、地震等，这些因素不是以力的形式直接作用在结构上，所以有时称为间接作用荷载。

由于荷载作用而引起的结构内力和变形，称为荷载效应或作用效应。

（1）荷载按其作用性质的不同有如下几种类型

① 按荷载作用时间划分

永久荷载：荷载数值随时间的变化非常小，可以认为其不发生变化，又称为恒载。如建筑物的自重等。

可变荷载：荷载数值随时间变化较大。如使用活荷载、风荷载、雪荷载、积灰荷载等。

偶然荷载：这类荷载在结构设计所考虑的规定期限内不一定发生，但它一旦出现，其量值很大，其作用时间很短。如爆炸力、撞击力、龙卷风等。

② 按荷载作用方向划分

垂直荷载：垂直荷载是沿着垂直方向作用在结构上的荷载。如结构自重、雪荷载等。

水平荷载：水平荷载是沿着水平方向作用在结构上的荷载。如风荷载等。

③ 按荷载作用的动力性能划分

静荷载：不使结构产生加速度或加速度很小可以忽略的荷载。如结构自重、积灰荷载等。

动荷载：使结构产生不可忽略的加速度的荷载。如地震作用等。动荷载对结构的作用通常应采用结构动力学的方法进行分析。

（2）荷载值

各类荷载的大小对于不同地区、不同结构、不同使用功能的建筑物是不同的，如住宅的楼面均布活荷载为1.5kN/m²，而办公楼的楼面均布活荷载为2.0kN/m²。各类荷载的具体数值见表2-2-3。

民用建筑楼面均布活荷载标准值及其准永久值系数　　表2-2-3

顺次	类别	标准值（kN/m²）	准永久值系数
1	住宅、宿舍、旅馆、办分楼、医院病房、托儿所、幼儿园	1.5	0.4
2	教室、试验室、阅览室、会议室	2.0	0.5
3	食堂、办公楼中的一般资料档案室	2.5	0.5
4	礼堂、剧场、电影院、体育场及体育馆的看台： （1）有固定座位 （2）无固定座位	2.5 3.5	0.3
5	展览馆	3.0	0.5
6	商店	3.5	0.5
7	车站大厅、候车室、舞台、体操室	3.5	0.5
8	藏书库、档案库	5.0	0.8
9	停车库：（1）单向板楼盖（板跨不小于2m） 　　　　（2）双向板楼盖和无梁楼盖（柱网尺寸不小于6m×6m）	4.0 2.5	0.6
10	厨房	2.0	0.5
11	浴室、厕所、盥洗室： （1）对第一项中的民用建筑 （2）对其他民用建筑	2.0 2.5	0.4 0.5
12	走廊、门厅、楼梯： （1）住宅、托儿所、幼儿园 （2）宿舍、医院、办公楼 （3）教室、食堂 （4）礼堂、剧场、电影院、看台、展览馆	1.5 2.0 2.5 3.5	0.4 0.4 0.5 0.3
13	挑出阳台	2.5	0.5

注：1. 本表所给各项活荷载适用于一般使用条件，当使用荷载较大时，应按实际情况采用。
　　2. 第9项活荷载只适用于停放轿车的车库。当单向板跨小于2m时，可将车轮局部荷载换算为等效均布荷载，局部荷载值取4.5kN，间隔1.5m，分布在0.2m×0.2m的面积上。
　　3. 第12项楼梯活荷载，对预制楼梯踏步平板，尚应按1.5kN集中荷载验算。
　　4. 第13项挑出阳台荷载，当人群有可能密集时，宜按3.5kN/m²采用。
　　5. 本表各项荷载未包括隔墙自重。

（3）荷载效应

荷载作用于结构所引起的结构的内力和变形称为荷载效应，通常用符号S来表示。这些内力和变形是结构设计的基本依据，可以通过力学分析计算出来。

结构构件的内力主要有以下几种：

① 弯矩，通常用符号M表示：作用引起的结构或构件某一截面上的内力矩。

② 剪力，通常用符号V表示：作用引起的结构或构件某一截面上的切向力。

③ 轴力，通常用符号 N 表示：作用引起的结构或构件某一正截面上的法向拉力或压力。
④ 扭矩，通常用符号 T 表示：作用引起的结构或构件某一截面上的剪力构成的力偶矩。

结构或结构构件的变形主要有以下几种：

梁的挠度，通常用符号 f 表示。构件轴线或中面上某点在弯矩作用平面内垂直于轴线或中面的线位移。

钢筋混凝土构件的裂缝宽度，通常用符号 w 表示。

结构的层间位移，通常用符号 δ 表示；结构的层间位移角，通常用符号 δ/h 表示（h 为结构的层高）。

结构的顶点位移，通常用符号 Δ 表示。结构的顶点位移角，通常用符号 Δ/H 表示（H 为结构的总高度）。

作用引起的结构或构件中某点位置的改变或某线段方向的改变，前者称线位移，后者称角位移。

第二节　结构对装饰装修工程的制约

根据上述对房屋结构的介绍，可以从中得知结构对装饰装修工程的制约条件。

一、不能超荷载装饰

荷载一般指直接作用在结构上的各种力。房屋设计是根据国家《建筑结构荷载规范》标准设计荷载的。如果在装饰施工中给建筑增加荷载，便会造成不安全因素。装饰装修改造工程中经常发生的增加荷载有以下几种：

1. 均布面荷载的增加

当在建筑物原有的楼面或屋面上增设装修面层的时候，如铺设木地板、地砖、花岗岩或大理石面层等，都将在被建筑装修装饰的房间或部位增加一定的均布面荷载，特别是铺设各种石材地面的时候增加的荷载数值最大。

设置吊顶时，吊顶的重量将增加到悬挂吊顶的楼板上。

2. 线荷载的增加

当在建筑物原有的楼面或屋面上增设各种墙体（如隔断墙）的时候，或在原有墙体上粘贴各种饰面砖的时候，或增设封闭阳台、设置窗户护栏的时候，这些增加的荷载将以线荷载的形式施加到相应的部位。

3. 集中荷载的增加

当在建筑物原有的楼面或屋面上增设承受一定重量的柱子、放置或悬挂较重物品（如洗衣机、冰箱、空调机、吊灯等）时，将使建筑结构增加相应数值的集中荷载。

4. 施工荷载的增加

建筑装修装饰工程施工过程中，将对建筑物增加一定数量的施工荷载。有些施工荷载，如电动设备的振动、对楼面或墙体的撞击等，带有明显的动力荷载的特性；有些施工荷载，如在某些房间放置大量砂石、水泥等建筑材料，可能使得建筑物局部面积上的荷载值远远超过设计允许的范围。

如果由于建筑装修装饰而增加的荷载超出了结构设计允许的范畴，则会降低结构的安全性，有时会导致结构的破坏。因此在设计和施工建筑装修装饰工程时，一定要了解结构的设计荷载值是多少，并努力将各种增加的装修装饰荷载控制在允许范围以内，如果做不到这一点，则应对结构进行重新验算，必要时应采取相应的加固补强措施。

二、不能破坏承重墙体

建筑物的墙体根据其受力特征可以分为两类：承重墙和非承重墙。所谓承重墙是指直接或间接承受垂直或水平荷载的墙体；非承重墙是指仅起围护和间隔作用而不承受荷载的墙体。一般说来非承重墙的变动不会对结构带来明显的影响，而承重墙的变动则会引起结构受力性能的改变，必须慎重对待。

1．拆墙

当把原有建筑物的承重墙部分或全部拆除时，将会严重改变结构的受力性能，并明显降低结构的承载能力，未经有关部门许可是不允许这样做的。如必须拆除承重墙体，则应经过结构验算并采取相应的加强措施。

2．墙体开洞

在承重墙体上开设洞口，将削弱墙体截面，减少墙体刚度，降低墙体的承载能力，未经结构验算并采取加强措施是不允许随便在承重墙体上开洞的。

3．墙上开横向槽

在承重墙上横向开槽埋电线管、水管等，同样会削弱墙体截面，减少墙体刚度，降低墙体的承载能力，埋管开槽应尽量采用垂直方向开。

三、破坏钢筋混凝土构件

1．变动楼板

在建筑装修装饰工程中涉及楼板变动的主要有如下两种情况：

（1）在楼板或屋面板上开洞，如办公室改客房设卫生间，安装上下水，要开洞。

（2）在楼板或屋面板上开槽，如埋电线管、水管等。

无论发生哪种情况都将削弱楼板截面，切断或者损伤楼板钢筋，因敲击楼板使混凝土松动，降低楼板的承载能力。

一般说来，如必须在楼板上开洞，则应采取一定的加强措施。

还有一种将房间改电梯井，这种改造一定要经结构设计师设计并编制施工方案，方可施工。

2．变动梁

在建筑装修装饰作业中对结构产生较大影响的梁的变动主要有以下几种情况：

（1）凿掉混凝土保护层

当凿掉混凝土保护层而又未能采取有效的补救措施时，梁的截面会受到削弱，钢筋暴露在大气环境中会逐渐锈蚀。

（2）梁钢筋焊接

当在原有梁上设置梁、柱、支架等构件时，往往将后加构件的钢筋或连接件与原有梁的钢筋焊接，如果施工不当，将损伤梁的钢筋，降低梁的承载能力和变形能力。

(3)梁上开洞

梁上开洞将削弱梁的截面，降低梁的承载能力（特别是抗剪能力）。如果施工中伤及梁的钢筋，后果将更为严重。

(4)梁下加柱

梁下加柱相当于在梁下增设了支承点，将改变梁的受力状态，在新增柱的两侧，梁由承受正弯矩变为承受负弯矩，而原有梁在这个部位可能不具备承受负弯矩的能力，因此这种变动是很危险的。

(5)梁上增设柱子或梁

梁上增设柱子或梁时，除了连接可能带来的结构问题以外，主要问题是增设的梁或柱将把它们所承受的荷载传递给原有梁，如果原有梁在设计时未考虑这类荷载，将导致原有梁的破坏。

(6)切断梁

随便切断一根梁是极其危险的做法，它将改变结构的整体受力状态。除非采取可靠的结构措施，一般是应该加以禁止的。

3．变动柱

在建筑装修装饰作业中对结构产生较大影响的柱的变动主要有以下几种情况：

(1)凿掉混凝土保护层；

(2)柱钢筋焊接。

这两种情况对结构产生的影响与梁的情况相似。

(3)柱子中部加梁

在柱子中部增设梁（包括悬臂梁）将改变柱子的受力状态，增加柱子的荷载以及由此荷载引起的内力（包括轴力、弯矩、剪力等）。如果不进行必要的结构核算并采用相应的结构措施，盲目地在柱子中部加梁将会引起严重的后果。

四、房屋增层和房屋改造

所谓房屋增层一般是指在原有房屋的顶层上再增加一层或几层。由于城市建筑用地越来越紧张，房屋增层技术具有较大的市场潜力。

所谓房屋改造一般是指为了改变或增加新的建筑使用功能，从而对建筑物的结构构件和建筑构件进行相应变动的工作。例如将厂房或办公楼改造为宾馆、歌厅、住宅、公寓，在商场或其他公共建筑增设局部夹层等。

通常客户将这类工程的土建和装修一起委托施工，作为建筑装修装饰行业的管理和技术人员，对房屋增层和房屋改造工程中相关的结构问题有一些大致的了解是很有益处的。

房屋增层

房屋增层是对原有结构的根本性的变动，房屋增层后即形成一种新的结构体系，要保证新结构体系的安全必须进行如下几个主要方面的结构计算工作：

验算增层后的地基承载力；

将原结构与增层结构看作一个统一的结构体系，并对此结构体系进行各种荷载作用下的内力计算和内力组合；

根据计算结果，验算原结构的承载能力和变形能力；

验算原结构与新增结构之间连接的可靠性。

这些计算工作，一般说来应请有经验的专业结构设计人员进行。同时，在施工过程中要加强对原有建筑物的观测，如发现异常，应立即停止施工并采取有效措施，以确保施工过程中的结构安全。

五、严格执行质量验收规范

《建筑装饰装修工程质量验收规范》（GB 50210—2001）

3.1.5 规定 建筑装饰装修工程设计必须保证建筑物的结构安全和主要使用功能。当涉及主体和承重结构改动或增加荷载时，必须由原结构设计单位或具备相应资质的设计单位检查有关原始资料，对既有建筑结构的安全性进行核验、确认。

3.3.4 建筑装饰装修工程施工中，严禁违反设计文件擅自改动建筑主体、承重结构或主要使用功能；严禁未经设计确认和有关部门批准擅自拆改水、暖、电、燃气、通讯等配套设施。

以上条款属强制性条款。

第三节 不同历史时期的建筑结构

建筑结构对建筑装饰具有绝对的制约作用。上面介绍了建筑结构的各种形式，本节将着重介绍新中国成立后各个不同历史年代的建筑结构情况，这对施工员从事改建工程会有一定的参考价值。

北京市在新中国成立后新建建筑物的数量很大，就建筑结构形式而言也是层出不穷，大概的归纳一下，有几个历史阶段的建筑结构，可分为：

一、50年代初（1953~1955年）

这正是我国第一个五年计划期间。朝阳门外十里堡开始兴建国营北京第一棉纺织厂，这是第一个五年计划，前苏联援助的156个项目之一。当时，我国的建筑设计力量还很薄弱，生活区的家属楼均采用前苏联的标准单元设计，砖木结构、人字屋架、砌体承重墙，三层，每个单元两户。有二室户、三室户、四室户，无门厅，有厨房、卫生间和自来水，照明取暖设施一应俱全。

墙体结构首层为37墙，二层三层为24墙，红机砖外墙、清水勾缝、木门窗，现浇混凝土楼板。隔墙一、二层为24墙，红四丁（手工生产的红黏土砖）砌体。三层隔墙，单元之间为砖砌体，单元内隔墙为木龙骨板条抹麻刀灰，白灰罩面，表面刷可赛银（酪素）涂料，吊顶为木龙骨钉板条抹麻刀灰，白灰罩面，外刷大白粉涂料。地面为菱苦土抹面，防潮并富有弹性。照明为明线。层高3.3m。这种形式的建筑延用至1955年。

二、50年代中期（1956~1957年）

1956年，我国开展了反浪费运动，实际针对的是建设方面的浪费。当时的口号是"设计的浪费是最大的浪费"。那时有一部家喻户晓的电影叫《华而不实》，批评北京友谊宾馆的琉璃瓦大屋顶。从此开始住宅建筑很少用前苏联设计模式，走向自力更生道路，实行节约型设计。如京棉三厂办公楼成为简约型，没有了琉璃瓦装饰，家属宿舍木门窗的断面减小了，每单元设三户，改为一字型排列，坐南朝北，取消了单元的后门。

墙面刷大白粉，地面抹罩面。一切从简，三层隔墙仍然为木龙骨板条抹灰，层高2.9m。这个时期的住宅，三层隔墙无法改装暗线。一层抽水马桶为高水箱蹲便器，如改坐便器应有技术措施。

三、50年代末期（1958年）

1958年进入大跃进年代，建筑业跨入了一个新时代，取消了人字木屋架，改为平顶楼四层、五层，进入多层结构时期。这时仍然属砌体结构。在大跃进年代，新设计、新材料、新工艺纷纷出现。

砌体材料除红机砖外，又增添了混凝土砌块、粉煤灰砌块、黏土空心砖、灰砂砖等，楼板都为预制圆孔板。

此时还出现过斗砖承重墙，砖拱楼板结构的简易楼。做法在旋拱背面用矿渣找平再抹水泥砂浆，在楼下向上看类似于窑洞。这种结构的建筑无法进行任何改动，好在那时只流行了一二年。

大跃进年代掀起了技术革新、技术革命高潮。有一种最大胆的新技术为竹筋混凝土。此新技术自南方传入北京。当时的大型工业建筑公司北京市第二建筑工程公司中心实验所曾进行过多次反复实验，将竹子放入沥青中浸泡，取出后代替钢筋打成混凝土小构件，但始终未曾在正式工程上使用，倒是马路上的公交车牌立杆采用过竹筋刷抹水泥打成的公交站牌，终因不抗撞击，常常弄得车站旁残骸狼藉，不久便被淘汰了。

为了节约木材，1958年起，便开始推行钢门窗。北京市建材局成立了北京市钢窗厂（地处沙子口，后迁至朝外高杨树），先在厂房使用，后引入宿舍楼。先是实腹，类似小角钢型号，后发展为空腹，即钢板加工后的方管。这种空腹钢窗，直到上个世纪末还在使用。如金隅集团青年路小区高层都采用空腹钢门窗。其缺陷是密封不严，后来被铝合金门窗、塑料门窗代替。

四、60年代，装配化时代开始

早在1958年大搞技术革新技术革命高潮时，北京第二建筑工程公司便开始仿照当时苏联的大型砌块，试建过一栋600m²的平层仓库。因造价太高，得不偿失，未能推广开（笔者亲自主持了这项新技术推广工作）。

60年代，北京市建工局建立了一座壁板厂，开始试生产大型壁板，一块壁板便是一个房间的墙面。这时候的大型壁板内芯仍然是黏土砖，两面是钢筋网，在车间生产，经过养护，运送到现场安装。

在预制装配的基础上，为了提高结构的整体性，开始了大模板全现浇结构。这种结构，在北京建筑市场上很快得到普及，层数也由12层发展到24层，甚至有27层的。

大模板现浇为多层砌体结构提供了方便，就是俗称内浇外砌结构，整体现浇楼板。还有在楼板上加叠合层的。

全现浇楼的整体性好，建筑造型也多样化，有三叉形的，有塔形的，有一字板楼形的。经过实践总结出三叉形室内布局不经济，优点是每个房间都能有日照；塔楼有的房间长年不见阳光，但可充分利用电梯。最后普遍看好的是板楼，最大优点是每户的通透性好。

五、20 世纪 70 年代，唐山大地震后

此时的建筑在抗震防震方面大作文章。首先在唐山恢复建设时，河北邯郸二建承担了唐山恢复建设，住宅结构为 6 层单元楼，砖砌体，平屋顶，设计型号为"76 柱 1"。在原砖砌体基础上在外墙与隔墙交接处增加钢筋混凝土柱，叫组合柱，后统一叫构造柱，有的地方称这种结构为简易框架结构，每层砌体顶面加钢筋混凝土圈梁。这种形式的楼层在北京得到了普遍应用，取名为"76 柱 1 改"，后又发展一种天井式"80 柱 2"，这种砌体建筑后来与大模板结合运用，即内浇外砌、内浇外挂等形式。

以上介绍的都是民用住宅建筑。到了改革开放以后，住宅建筑发生了重大变革，实行了非成品建筑交工方式，即所谓毛坯房。顾名思义，房屋建筑只建到结构完成，做完粗装修，留给用户自己做装饰。这样一来，彻底打乱了建筑市场的传统规律。房屋未等全部建完就交工，工程质量没有了整体验收，商品房成了半成品上市，投资人可以减少投资，国家没有了那一部分税收，装饰造价失去了控制。近年来，国家注意到这一弊端，重申不再建毛坯房，但留下的后遗症远未消除，这对我们从事装饰施工的管理人员带来更多的不规范现象。

六、20 世纪 90 年代以来

除了民用住宅建筑以外，宾馆饭店、写字楼的超高层建筑也飞速发展。

层数高于 100m 的建筑结构称为超高层结构。带动北京市现代建筑的工程是呼家楼的京广大厦，楼高 208m，层数 57 层，扇形、钢框架支撑结构，是第一栋高玻璃幕墙建筑，于 1990 年建成。承担该项目建设的是日本熊谷组。京广大厦不仅是目前北京已建成投入使用的超高层大厦中最高的一座，而且还是当时全国最高。

1985 年建成的深圳国际贸易中心为 50 层，高 160m；

1990 年建成的上海商城中楼为 48 层，高 165m；

1990 年建成的深圳发展中心大厦为 43 层，高 165m；

1990 年建成的北京京广大厦为 57 层，高 208m。

在京广中心建成的第二年，由中信公司建设的京城大厦于 1991 年建成，52 层，高 183m，钢框架支撑结构。

朝阳路 CBD 区呼家楼南大北窑建成了国贸大厦一期、二期，如今国贸三期于 2007 年 11 月封顶，该楼 70 层，高 213m，为北京之最。

随着香港装饰材料不断引进，很快有了自己的工厂，轻钢龙骨、纸面石膏板、矿棉吸声厂、金属门窗厂，生产空腹钢窗、钢板组角窗，铝合金门窗、彩色铝合金门窗。

轻钢龙骨、铝合金龙骨、纸面石膏板、矿棉吸声板的问世，改变了以往木龙骨、板条抹灰的落后施工技术，为装饰施工发展开辟了良好的前景。

我国住宅建筑在改革开放后获得飞速发展，曾经历过不同的发展阶段。90 年代的毛坯房盛行一时，而后造成了一些后遗症。之后又发展到粗装饰，仍是一种不彻底的改进，现在又出现精装修。

装饰施工员可算是任重道远，必须加强这方面的学习、实践，与时俱进，否则将被淘汰。

表 2-2-4 为新中国成立以来建筑（住宅）发展编年表。

第二章 建筑结构知识

新中国成立以来建筑（住宅）发展编年表

表 2-2-4

年份	背景	分类	砌体	内隔墙	门窗	楼板	屋顶	装饰	地面	装饰提示
1953~1955	第一个五年计划（使用原苏联设计图）	3层砖木结构	底层37墙，二、三层24墙黏土砖	一、二层24墙，三层板条抹灰	木	现浇、预制圆孔板	人字木屋架	墙面可赛银涂料，顶棚大白浆，外墙勾缝	垫层菱苦土抹面	电线改暗线要慎重
1956~1957	反浪费运动（设计的浪费是最大浪费）	3层、4层砖木结构	同上	同上	木	预制圆孔板	同上	墙、顶大白浆，外墙勾缝	垫层，水泥抹面	同上
1958~1959	大跃进年代	4、5层砖混	底层37墙，2、3、4、5层24墙	24墙	钢、木	预制圆孔板	现浇钢筋混凝土板，防水，保温，抹面	同上	同上	
1960~1963	三年困难时期	2、3、4、5层	黏土砖，混凝土砌块，煤灰砖，空心砖，灰砂砖，矿渣砖	24砖墙	钢木	券拱、预制圆孔板	同上	同上	同上	券拱、圆孔板改造要慎重
1964~1975	增产节约运动（成立装配厂）	5层以下	开始试行装配式施工	24墙现浇板	钢木	现浇、预制圆孔板	同上	同上	同上	现浇板不能破坏保护层

续表

年份	背景	分类	砌体	内隔墙	门窗	楼板	屋顶	装饰	地面	装饰提示
1976~1979	唐山大地震后（标准住宅76柱1)	多层建筑限6层	砌体增加组合柱、圈梁、装配、内浇外砌	24砖墙、现浇圆孔板	钢木	现浇、预埋电管、预制圆孔板	现浇、垫层、防水、抹面	同上	同上	挑阳合不能拆、压重墙、自承重墙拆除要采取措施
1980~1999	改革开放	高层	大模板、全现浇		钢、木、铝合金、塑料	现浇	现浇、防水	毛坯房、粗装饰、精装饰	毛坯	全现浇改装暗线要慎重、粗装饰要有方案、不可野蛮拆除
2000~		高层、超高层	大模板、全现浇		塑料窗、防盗门	现浇	现浇、保温层、防水、抹面	粗装饰、精装饰	毛坯	已进入地下埋暖气管、装饰改造地面要特别注意

注：本表根据本人经历编制，供施工员参考，不能作法规依据，编者。

第三章 建筑装饰装修材料知识

装饰材料品种繁多，有天然材料、化工材料、织物材料。下面将分类介绍。

第一节 木材类装饰材料

一、木材基本知识

1. 常见树木的特征和用途

我国的树木有灌木和乔木两类，共7000余种，其中有千余种具有使用价值。按树叶的形状和大小不同，乔木通常分为针叶树和阔叶树两大类。针叶树的叶呈针形，平行叶脉，树干长直高大，纹理通直，一般材质较轻软，容易加工。阔叶树的叶呈大小不同片状，网状叶脉，大部分材质较硬，经刨削加工后表面有光泽，纹理美丽、耐磨。目前，木材在建筑工程中主要用于建筑装饰装修。

2. 木材结构的装饰特征

木材随树种不同，其结构、肌理、花纹、颜色、光泽、气味等也各有特征。

木材由组成木材的各种细胞构成。由较多的大细胞组成，材质粗糙的称为粗结构；由较多的小细胞组成，材质致密的称为细结构；组成木材的细胞大小变化不大的称为均匀结构；变化大的称为不均匀结构。木材结构粗糙或不均匀，在加工时容易起毛或板面粗糙，油漆后没有光泽；结构致密和均匀的木材则容易加工，材面光滑。结构不均匀的木材，花纹美丽；结构均匀的木材花纹较差，但容易旋切，刨削光滑。

木材纹理是由各种细胞的排列情况形成的，可根据年轮的宽窄和变化缓急分为粗纹理和细纹理，还可根据纹理方向分为直纹理、斜纹理和乱纹理。直纹理的木材强度大，容易加工，斜纹理和乱纹理的木材强度较低，不容易加工，刨削面不光滑，易起毛刺。

木材花纹是指纵切面上有组织松紧、颜色深浅不同的条纹，它是由年轮、纹理、材色及不同锯切方向等因素综合形成的。花纹可以帮助识别树种，主要用在细木制品或贴面、镶边上，保持木质本来花纹和材色，自然美观。

木材颜色是多种多样的。木材的颜色长期接触空气会逐渐氧化，有的变浅，有的变深，有些树种芯材与边材的颜色也有所不同。在室内装饰和细木工制品中要选用不同颜色的木材。识别树种也可以看新切削材面的颜色。

木材的光泽是材面对光线吸收和反射的结果，反射性强的光彩夺目，反射性弱的暗淡无光。有些木材具有显著的光泽，有些木材则没有光泽。

木材的气味不仅可以帮助识别木材，还有特殊用途。木材在空气中放久了，气味会逐渐减退，因此识别时要以新切面的木材为准。

木材的结构及颜色、光泽、气味使木材的装饰性能大大增强，使其在建筑装饰装修中形成自己独特的风格和无可替代的角色。

3．木材的分类

为了合理用材起见，木材按加工与用途不同，可分为原木、杉原条、板材、方材等。

原木是指伐倒后经修枝，并截成一定长度的木材，分直接使用原木和加工用原木两种。直接使用原木适用于作坑木、电杆、桩木等，其小头直径8～30cm，长2～12m。加工用原木分特殊加工用原木（造船材、车辆材、胶合板材）和一般加工用原木，其小头直径20cm起，长2～8m。

杉原条是指经修枝、剥皮，没有加工造材的杉木，长度在5m以上，梢径6cm以上。

板材是指断面宽度为厚度的三倍及三倍以上者。

按板材厚度的大小，板材分为：

薄板：厚度18mm以下。

中板：厚度19～35mm。

厚板：厚度36～65mm。

特厚板：厚度66mm以上。

方材是指断面宽度不足厚度三倍者。

按方材宽厚相乘积的大小，方材分为：

小方：宽厚相乘积54cm^{2}以下。

中方：宽厚相乘积55～100cm^2。

大方：宽厚相乘积101～225cm^2。

特大方：宽厚相乘积226cm^{2}以上。

板方材长度：针叶树1～8m；阔叶树1～6m。

4．木材的缺陷

木材生产受各种因素影响，会产生各种各样的缺陷，木材的缺陷在不同程度上影响其质量，降低使用价值。我们要正确合理利用木材，设法使存在缺陷的劣材变为良材，变无用为有用，节约使用木材，同时保证建筑装饰装修木作工程的质量和装饰效果。

常见的木材缺陷有以下几种：

（1）节子

节子是由树干上的活枝条或枯死枝条在树干长出处形成的，又名木节、节疤。按节子质地及其与周围木材相结合的程度，主要分为活节、死节和漏节三种。

① 活节

活节与周围木材全部紧密相连，质地坚硬，构造正常。严格地讲，活节实际不能称为木材的缺陷，它使木材纹理复杂，形成千变万化的花纹，如旋形、波浪形、皱纹形、山峰形、鸟归形，给建筑装饰装修带来特殊的效果。

② 死节

死节与周围木材部分脱离或完全脱离，质地有的坚硬（死硬节），有的松软（松软节），有的本身已开始腐朽，但没有透入树干内部（腐朽节）。死节在板材中往往脱落而形成空洞。

③ 漏节

漏节本身的木质构造已大部分破坏，而且已深入树干内部，和树干内部腐朽相连。

节子会给木材加工带来困难，如锯材时遇到节子，进料速度要放慢，不然会损坏锯齿。节子会使局部木材形成斜纹，加工后材面不光滑，易起毛刺或劈楂，影响装饰木制品的美观。此外，节子还破坏木材的均匀性，降低强度。

（2）腐朽

木材受腐朽菌侵蚀后，木材的颜色和结构将发生变化，严重的则使木材变得松软，易碎质轻，最后变成一种干的或湿的软块，即为腐朽。按腐朽在树干中分布的部位不同，分为外部腐朽和内部腐朽。

① 外部腐朽

分布在树干的外围，大多是由于伐倒木或枯立木受腐朽菌侵蚀而形成的。

② 内部腐朽

分布在树干内部，大多是由于立木受腐朽菌的侵蚀而形成。

初期腐朽对材质影响较小。腐朽后期，不但对材色、外形等装饰性有所改变，而且对木材的强度、硬度等有很大降低。因此，在承重结构中不允许采用带腐朽的木材。

（3）虫眼

虫眼大多是新采伐的木材、枯立木以及病腐木（有时是生长的立木）遭受昆虫的蛀蚀而造成的孔眼。根据蛀蚀程度的不同，虫眼可分为表皮虫沟、小虫眼和大虫眼三种：

① 表皮虫沟　指昆虫蛀蚀木材的深度不足1cm的虫沟或虫害。

② 小虫眼　指虫孔的最小直径不足3mm的虫眼。

③ 大虫眼　指虫孔的最小直径在3mm以上的虫眼。

虫害不仅给树木和木材带来病害，影响木材的装饰性，而且降低木材的强度，因此必须加以限制。

（4）裂纹

裂纹即树木生长期间或伐倒后，由于受外力或温度和湿度变化的影响，致使木材纤维之间发生脱离的现象。按开裂部位和开裂方向不同，分为径裂、轮裂、干裂三种。

① 径裂　是在木材断面内部，沿半径方向开裂的裂纹。

② 轮裂　在木材断面沿年轮方向开裂的裂纹。轮裂有成整圈的（环裂）和不成整圈的（弧裂）两种。

③ 干裂　由于木材干燥不匀而引起的裂纹。一般都分布在材身上，在断面上分布的亦与材身上分布的外露裂纹相连，一般统称为纵裂。

（5）斜纹（在圆木中称为扭纹）

斜纹即木材中由于纤维排列得不正常而出现的纵向倾斜纹。在圆木中斜纹呈螺旋状的扭转，在圆材的横断面上，纹理呈倾斜状。斜纹也可能人为所致。如由于下锯方法不正确，把原来为通直的纹理和年轮切断，通直的树干也会锯出斜纹来。人为斜纹与干材纵轴所构成的角度愈大，则木材强度也降低得愈多，因此在高级用材中对人为斜纹必须严格限制。

木材缺陷的种类及其分布情况是衡量木材材质的主要标准，木材的等级主要是根据缺陷的种类和分布而定，各级木材的缺陷的限制及测量方法要符合规定。

二、木材的性能

1. 木材的物理性能

（1）含水率、平衡含水率、纤维饱和点含水率

木材中水分的重量与全干木材重量的百分比，称为木材含水率，按下式计算：

$$木材含水率 = \frac{原材重 - 全干材重}{全干材重} \times 100\%$$

木材含水率测定方法是：锯取一块试样，锯下后立即称出重量，称为原材重，然后将试样放入烘箱中，先在低温下烘，逐步使温度上升到（100±5）℃，在试样烘干过程中每隔一定时间称它的重量，到最后连续两次所称得的重量相差很小，即认为达到恒重，称为全干材重。

生材即新采伐的木材，只含有树木生长时的水分，其含水率约50%以上。湿材即经过水运或贮存于水中的木材，其含水率大于生材。不论是生材或湿材，长期存放在空气中，水分会逐渐蒸发，一直到含水率为12%~18%时，就不再继续蒸发了，这种状态的木材称为气干材。窑干材即把木材放在干燥窑里干燥到含水率为4%~12%的木材。

生材或湿材在空气中逐渐蒸发水分，一直达到和周围空气湿度相平衡状态，这时木材含水率为平衡含水率。各地木材平衡含水率，随着地区的温度和湿度而变化。木材的平衡含水率在北方约12%，在南方约18%，长江流域约15%左右。

潮湿木材在干燥过程中，首先蒸发的是细胞腔和细胞间隙的自由水，当自由水已蒸发完，而细胞壁上的附着水还处在饱和状态时称为纤维饱和点，这时木材含水率称为纤维饱和点含水率。或者是干材在吸湿过程中，细胞腔还没有出现水分，只有细胞壁饱含水分时，也称纤维饱和点。纤维饱和点含水率一般约23%~33%之间。纤维饱和点是木材干缩湿胀的转折点，是木材物理、力学性能转折点。木材含水率在纤维饱和点以下时，木材将随含水率变化而干缩或湿胀，强度随含水率增加而减少；在纤维饱和点以上时，即使水分再增加或减少，木材的体积、强度不会变化，只能引起木材重量的增减。为此，木材受环境湿度变化的影响较大。在建筑装饰装修前，我们应干燥木材；制作安装以后，也要注意防潮，以防止装修工程的变形、破坏，影响装修效果和质量。

（2）密度与表观密度

密度是指物质单位体积的质量。表观密度是指材料在自然状态下，单位体积的质量。木材单位体积的质量称为木材表观密度（过去称为容重）。由于木材含有的水分不同，表观密度差别很大。通常以含水率为15%的表观密度为标准。表观密度大的木材，它的细胞壁厚，孔隙小，组织致密，强度高；表观密度小的木材则细胞壁薄，孔隙大，组织疏稀，强度低。木材的表观密度大约为400~750kg/m³（防潮的）和500~900kg/m³（不防潮的）。由此

可见，木材表观密度相对较小，材质较轻，但是与同密度的材料相比，木材具有很好的强度和耐久性。木材的比强度比钢材、混凝土高。

常见普通使用的木材干密度约为 500kg/m³，木材表观密度的大小，可用来识别和帮助人们合理利用木材和估计木材装饰工艺性质的好坏。木材的表观密度差异较大。不同树种、同树种生长的环境和地区不同或贮运的环境不同，同种木材部位不同，其表观密度都会有所不同。所以民间有"根梢分不清，师傅拿秤称"之说。

2. 木材的装饰性能

木材结构的装饰特征决定其装饰性能。木材广泛用于建筑室内外装饰装修，尤其是室内装饰。在大量的建筑装饰装修材料中，直接来自自然的材料，最受人们的欢迎，木材已属惟一。木材能就地取材，质地优良、质轻、坚固、富有弹性、经久耐用、加工方便、热胀冷缩较小、易着色和油漆、不易导热、隔声等特性，远非金属和非金属制品（如塑料、混凝土、陶瓷等）所能替代，如用于拼花地板、墙裙、踏脚板、挂画条、顶棚、装饰吸声板、门、窗、扶手、栏杆等。木材采伐、选材、加工过程中剩余的下脚废料，通过综合利用可制作各种人造板材，如胶合板、纤维板、刨花板等。

树种和木料的构造不同，其纹理、花纹、色泽、气味也各不相同。木材的纹理是指木材体内纵向细胞组织的排列情况，有直纹理、斜纹理、扭纹理和乱纹理等。木材的花纹是指纵切面上组织松紧、色泽深浅不同的条纹，它由年轮、纹理、材色及不同锯切方向因素等决定，有条板花纹、银光花纹、弦面花纹、泡状花纹、树瘤花纹、皱皮花纹、羽状卷曲花纹、月光卷曲花纹、色素花纹、鸟眼花纹、带状花纹等。有的硬木，特别是木射线发达的硬木，经刨削、磨光后，花纹美丽，光可照人，是一种珍贵的装饰材料。

现代的装饰材料在品种、花色、质量等方面有了很大的发展和进步。但来自天然的木材具有许多其他材料所无法比拟的装饰质量和特殊效果，如美丽的天然花纹、良好的弹性，给人们以淳朴、古雅、温暖、亲和的质感，因此木材作为建筑室内外装饰装修材料，有其独特的功能和价值，得到广泛的应用。在国外虽然有多种多样优质的墙纸、墙布、木纹贴面纸、涂料等，但仍选用优质木材或花纹美丽的旋切木薄片，镶贴于墙面、顶棚、家具等上，以获得典雅、高贵、朴实无华的传统自然美。

三、木材的防腐、防虫与防火

1. 木材的防腐与防虫

木材受潮很容易腐朽。木材具有适合菌类繁殖和虫类寄生的各种条件，在适当的温度、湿度、阳光和空气等条件下，木材内部很容易繁殖菌虫。为了延长木构件的使用年限，保证木装修工程的质量，除了合理地保护、改善使用环境外，还应在建筑装饰装修工程施工前，对木材进行防腐、防虫处理。

木材的防腐、防虫处理是将有毒药剂浸入木材，控制菌虫的生存条件，用以防止菌虫寄生。

（1）防腐剂种类

① 水溶性防腐剂　有氟化钠、硼铬合剂、硼粉合剂、铜铬合剂、氟砷铬合剂等。这类防腐剂无臭味，不影响油漆，不腐蚀金属，适用于一般建筑装修装饰木构件的防腐与防虫，

其中氟砷铬合剂有剧毒，不应使用于经常与人直接接触的木构件。其处理方法可用常温浸渍、热冷槽浸渍、加压浸注等。

② 油溶性防腐剂 有林丹、五氯酚合剂等。这类防腐剂几乎不溶于水，药效持久，不影响油漆，适用于易腐朽环境或虫害严重的木构件。其处理方法可用涂刷法、常温浸渍等。

③ 油类防腐剂 有混合防腐油、强化防腐油等。这类防腐剂有恶臭，木材处理后呈暗黑色，不能油漆，遇水不流失，药效持久，适用于直接与砌体接触的木构件防腐，露明构件不宜使用。其处理方法可用涂刷法、常温浸渍、加压浸注、热冷槽浸渍等。

④ 浆膏防腐剂 有沥青浆膏等。这类防腐剂有恶臭，木材处理后呈暗黑色，不能油漆，遇水不流失，药效持久，适用于含水率大于40%的木材以及经常受潮的装修木构件。其处理方法用涂刷法。

（2）防腐处理方法

① 涂刷法 用刷子将防腐剂涂于木材表面，涂刷1~3遍。这种方法简易可行，但药剂透入深度浅，使用时要选用药效高的防腐剂。

② 常温浸渍 将木材浸渍于防腐剂中一定时间，使其吸收量达到剂量的要求。这种方法适合于马尾松等易浸渍的木材。

③ 热冷槽浸渍 用一个热槽、一个冷槽浸渍处理，把木材先放在热槽里煮，使木材中的空气变稀薄，然后放入冷槽里，木材中的空气因冷却而造成局部真空，吸收药剂，如此反复几次，药剂愈浸愈深，最后从热槽中取出，以排除多余的防腐剂。采用水溶剂防腐剂时，热槽温度为85~95℃，冷槽温度为20~30℃；采用油类防腐剂时，热槽温度为90~110℃，冷槽温度为40℃左右。木材在槽中浸渍时间应根据树种、截面尺寸和含水率而定，以达到剂量要求为准。

④ 加压浸注 把木材放在密封的浸注罐里，注入药剂，施加压力，强迫药剂浸入木材内部。这种处理方法需要有机器设备，技术比较复杂，适用于木材防腐厂中大规模生产。

经过防腐处理的木材，使用年限可增加3~10倍。

2. 木材的防火

木材系易燃物质，为使木作工程具有一定的防火性，必须要做好木构件的防火处理，远离火源、电源。木材防火处理，一般是将防火涂料喷或刷于木材表面，也可把木材放入防火涂料槽内浸渍。

防火涂料根据胶结性质可分油质防火涂料（内掺防火剂）、氯乙烯防火涂料、硅酸盐防火涂料和可赛银（酪素）防火涂料。油质防火涂料及氯乙烯防火涂料能抗水，可用于露天木构件上；硅酸盐防火涂料及可赛银防火涂料抗水性差，用于不直接受潮湿作用的木构件上，不能用于露天构件。

四、人造木质板材

（一）胶合板（多层板）

胶合板是用椴、桦、杨、松、水曲柳及进口原木等，旋切单板后胶合而成，由奇数层薄片组成，故称之为多层板（或多夹板），如：三合板、五合板、七合板、九厘板等。胶合板分类和特征见表2-3-1，是用量最多、用途最广的一种人造板材。

胶合板的分类和特征　　　　　　表 2-3-1

分　类	品种名称	特　　征
按使用树材分	阔叶树材胶合板	采用阔叶树，如椴木、桦木、水曲柳、黄菠萝、柞木、色木、核桃楸、杨木等，旋切单板后胶合而成
	针叶树材胶合板	采用松木旋切单板后胶合而成
按板的结构分	胶合板	按相邻层木纹方向互相垂直组坯胶合而成的板材
	夹芯胶合板	具有板芯的胶合板，如细木工板、蜂窝板等
	复合胶合板	板芯（或某些层）由除实体木材或单板之外的材料组成，板芯的两侧通常至少应有两层木纹为垂直排列的单板
按胶粘性能分	室外用胶合板	耐气候胶合板，具有耐久、耐煮沸或蒸汽处理性能，能在室外使用，也即是Ⅰ类胶合板
	室内用胶合板	不具有长期经受水浸或过高湿度的胶粘性能的胶合板。其中： Ⅱ类胶合板：耐水胶合板，可在冷水中浸渍，或经受短时间热水浸渍，但不耐煮沸 Ⅲ类胶合板：耐潮胶合板，能耐短期冷水浸渍，适于室内使用 Ⅳ类胶合板：不耐潮胶合板，在室内常态下使用，具有一定的胶合强度
按表面加工分	砂光胶合板	板面经砂光机砂光的胶合板
	刮光胶合板	板面经刮光机刮光的胶合板
	贴面胶合板	表面履贴装饰单板、木纹纸、浸渍纸、塑料、树脂胶膜或金属薄片材料的胶合板
按处理情况分	未处理过的胶合板	制造过程中或制造后未使用化学药品处理的胶合板
	处理过的胶合板	制造过程中或制造后用化学药品处理过的胶合板，用以改变材料的物理特性，如防腐胶合板、阻燃胶合板、树脂处理胶合板等
按形状分	平面胶合板	在压模中加压成型的平面状胶合板
	成型胶合板	在压模中加压成型的非平面状胶合板
按用途分	普通胶合板	适于广泛用途的胶合板
	特种胶合板	能满足专门用途的胶合板、如装饰胶合板、浮雕胶合板、直接印刷胶合板等
按等级分	Ⅰ、Ⅱ、Ⅲ、Ⅳ类	阔叶树材胶合板Ⅰ、Ⅱ级含水率≤13%，Ⅲ、Ⅳ级含水率≤15% 针叶树材胶合板Ⅰ、Ⅱ级含水率≤15%，Ⅲ、Ⅳ级含水率≤17%

胶合板的特点是板材幅面大，易于加工，板材的纵向与横向抗拉强度和抗剪强度均匀，适应性强，板面平整，收缩性小，避免了木材的开裂、翘曲等缺陷，木材利用率高，常用于建筑室内及家具装饰的饰面和隔断材料。对于几种胶合板性能和质量要求主要见表 2-3-2。

几种胶合板的性能和质量要求　　　　　表 2-3-2

品种	厚度（mm）	使用木材树种	使用胶种	性能和质量要求	用途	备注
普通胶合板	3、3.5、5、6、7、8、10、12	椴、桦、杨、松、水曲柳、柞、楸、云杉、进口材等	血胶、豆胶、脲醛树脂胶、酚醛树脂胶等	按林业部颁标准	门、隔断、家具	
层积板	5~10	桦木、柞木	醇液性酚醛树脂	企业标准	电气绝缘材料	用 0.55mm 旋切单板，浸胶干燥后高压成板
模压成型胶合板	5~7	各种树种	脲醛树脂胶、酚醛树脂胶	企业标准	椅子背	
防火胶合板	按需要	各种树种	脲醛树脂或酚醛树脂胶	同普通胶合板	建筑用材	经磷酸盐等耐药物处理
防虫、防腐胶合板	按需要	各种树种	酚醛树脂胶	同普通胶合板	建筑用材	经防虫、防白蚁、防腐等处理

（二）纤维板

1. 纤维板的分类与特点

根据板材密度的不同，纤维板分成硬质纤维板（密度在 $0.8g/cm^3$ 以上）、半硬质纤维板（也称中密度板，密度在 $0.4~0.8g/cm^3$ 范围内）和软质纤维板（密度在 $0.4g/cm^3$ 以下）。硬质、半硬质纤维板强度大，适合于各种建筑装饰装修，制作家具。软质纤维板具有保温、隔热、吸声、绝缘性能好等特点，主要适用于建筑装饰装修中的隔热、保温、吸声等，并可用于电气绝缘板。中密度纤维板是近年来国内外迅速发展的一种新型的木质人造板，简称 MDF，具有组织结构均匀、密度适中、抗拉强度大、板面平滑、易于装饰等特点。中密度纤维板分类见表 2-3-3。

中密度纤维板分类　　　　表 2-3-3

类　型	简称	表示符号	适用条件	适用范围
室内型中密度纤维板	室内型板	MDF	干燥	所有非承重的应用，如家具和装修件
室内防潮型中密度纤维板	防潮型板	MDFH	潮湿	
室外型中密度纤维板	室外型板	MDFE	室外	

纤维板具有如下特点：

（1）各部分构造均匀，硬质和半硬质纤维板含水率都在20%以下，质地坚实，吸水性和吸湿率低，不易翘曲、开裂和变形。

（2）同一平面内各个方向的力学强度均匀。硬质纤维板强度高。

（3）纤维板无节疤、变色、腐朽、夹皮、虫眼等木材中通见的疾病，称为无疾病木材。

（4）纤维板幅面大，加工性能好，利用率高。1m³ 纤维板的使用率相当于 3m³ 木材。纤维板表面处理方便，是进行二次加工的良好基材。

（5）原材料来源广，制造成本低。

2．纤维板性能（表 2-3-4 ~ 表 2-3-6）

室内型中密度纤维板物理力学性能指标　　　　表 2-3-4

性能		公称厚度范围（mm）								
		1.8~2.5	>2.5~4.0	>4~6	>6~9	>9~12	>12~19	>19~30	>30~45	>45
内结合强度	优等品（MPa）	0.65	0.65	0.65	0.65	0.60	0.55	0.55	0.50	0.50
	一等品（MPa）	0.60	0.60	0.60	0.60	0.55	0.50	0.50	0.45	0.45
	合格品（MPa）	0.55	0.55	0.55	0.55	0.50	0.45	0.45	0.45	0.45
静曲强度（MPa）		23	23	23	23	22	20	18	17	15
弹性模量（MPa）		—	—	2700	2700	2500	2200	2100	1900	1700
握螺钉力（N）	板面	—	—	—	—	—	1000	1000	1000	1000
	板边						800	750	700	700
吸水厚度膨胀率（%）		45	35	30	15	12	10	8	6	6
含水率（%）		4 ~ 13								
密度（kg/m³）		450 ~ 880								
板内密度偏差（%）		±7.0								

注：当板厚小于15mm时，不测握螺钉力。

室内防潮型中密度纤维板物理力学性能指标　　　　表 2-3-5

性　能	公称厚度范围（mm）								
	1.8~2.5	>2.5~4.0	>4~6	>6~9	>9~12	>12~19	>19~30	>30~45	>45
吸水厚度膨胀率（%）	35	30	18	12	10	8	7	7	6
内结合强度（MPa）	0.70	0.70	0.70	0.80	0.80	0.75	0.75	0.70	0.60
静曲强度（MPa）	27	27	27	27	26	24	22	17	15
弹性模量（MPa）	2700	2700	2700	2700	2500	2400	2300	2200	2000
吸水厚度膨胀率（方法1：湿循环性能测定）（%）	50	40	25	19	16	15	15	15	15
内结合强度（方法2：沸腾试验）（MPa）	0.35	0.35	0.35	0.30	0.25	0.20	0.15	0.10	0.10
内结合强度（方法2：沸腾试验）（MPa）	0.20	0.20	0.20	0.15	0.15	0.12	0.12	0.10	0.10

室外型中密度纤维板物理力学性能指标　　　　表 2-3-6

性　能	公称厚度范围（mm）								
	1.8~2.5	>2.5~4.0	>4~6	>6~9	>9~12	>12~19	>19~30	>30~45	>45
吸水厚度膨胀率（%）	35	30	18	12	10	8	7	7	6
内结合强度（MPa）	0.70	0.70	0.70	0.80	0.80	0.75	0.75	0.70	0.60
静曲强度（MPa）	34	34	34	34	32	30	28	21	19
弹性模量（MPa）	3000	3000	3000	3000	2800	2700	2600	2400	2200
内结合强度（沸腾试验）（MPa）	0.20	0.20	0.20	0.15	0.15	0.12	0.12	0.10	0.10

（三）刨花板（木丝板、万利板、木屑板）

刨花板是利用木材加工过程中的刨花、锯末和一定规格的碎木作原料，加入一定量的合成树脂或其他胶结材料，如水泥、石膏、菱苦土拌合，再经铺装、入模热压、干燥而成的一种人造板材。

刨花板具有严整结实、物理力学强度高、纵向横向强度一致、板面幅度大等特点，适宜于各种建筑装饰装修及制作各种木器家具。

刨花板加工性能良好，可钉、可锯、可上螺钉、开榫打眼。根据厚度、密度和强度的不同,刨花板有多种类型。经过特殊处理的刨花板具有防火、防霉、隔声等性能,经过二次加工和表面处理后的刨花板具有更广泛的应用前景。

刨花板的分类见表2-3-7。

刨花板的分类 表2-3-7

分类方法	类别	特 征
按密度分	轻级	0.3g/cm³
	中级	0.4~0.8g/cm³
	重级	0.8~1.2g/cm³
按层数分	单层板	在板的厚度方向上刨花的形状和尺寸没有变化,用胶量也相同
	二层板	下层有较厚的大刨花或微型刨花、上层用专门设备削制的平刨花、微形刨花、木纤维等。强度较高,表面平滑、美观,有利于二次加工
	三层板	表层用专门削制的平薄刨花或微型刨花、木质纤维,用胶量稍多,中层用大刨花或废料刨花,用胶量少。强度高,性能好,表面平整美观,平均用胶量较少
	多层板	在板的厚度方向上刨花的规格由表层逐渐向中间加大。用胶量逐渐减少(有的不变)。强度、性能介于单层板和三层板之间
按胶种分	蛋白胶	用蛋白胶制作,强度较低,耐水及耐腐蚀性能差,板面颜色深,成本低
	脲醛树脂胶	用脲醛树脂胶生产,产量最大,强度大、耐水、耐腐蚀性能较好,色浅、美观、成本较高,应用广泛
	酚醛树脂胶	用酚醛树脂胶生产,强度大、耐水、耐腐、颜色较深、成本高
按板面加工分	表面加工板	用印刷木纹、塑料贴面板覆面、薄木覆面等装饰加工后做的板
	不加工板	表面不经过加工厂直接使用的板
按结构分	实心板	实心板的密度大
	空心板	板的长度方向有圆形或六角形孔,使板呈空心状,密度小,吸声、保湿、绝缘性好

检验刨花板的标准见表2-3-8和表2-3-9。

刨花板厚度的允许偏差 表2-3-8

厚度(mm)	平压板允许偏差(mm)			挤压板允许偏差(mm)
	不砂光		砂光	不砂光
	一级品	二级品		
<16	±0.8	±1.0	±0.8	±0.8
≥16	±1.0	±1.2		

刨花板外观质量缺陷的允许范围　　　　　表2-3-9

缺陷名称		计算方法	允许范围		
			平压板		挤压板
			一级品	二级品	
板边断痕透裂		长度不超过（mm）	不许有		120
		宽度不超过（mm）			2
		每边允许条数			2
局部松软	中部	每处面积（cm²）	不许有		80
		每1m²允许处数			1
	边部	宽度不超过（mm）	不许有	25	25
		长度不超过板材的		1/6	1/6
		每张板允许处数		1	1
表面夹杂物		测量最大边缘尺寸	轻微	不显著	不显著
压痕		测量最大尺寸	轻微	不显著	较显著
边角缺损		宽度不超过（mm）	不许有		10

注：1. 挤压板的缺陷允许范围系指不砂光板。
　　2. 本表未列的外观缺陷不许有。

（四）碎木板

碎木板一般外贴纤维板或胶合板，在建筑上应用也很广泛。如隔墙、其他贴面材料的基材、家具等。碎木板既有纤维板和胶合板的特性，而与纤维板、胶合板又有所区别。比较厚的胶合板，内芯多采用碎木胶合，外贴胶合板，从而使板材变轻，各种边角余料也得到合理利用。几种碎木板规格及性能见表2-3-10。

常见碎木板规格及其物理性能　　　　　表2-3-10

种类	产地	规格（mm）			胶种	物理性能		
		长	宽	厚		密度（kg/m³）	吸水率不小于（%）	静曲强度（MPa）
碎木板	北京	2100	1250	12.16		600～700		
	上海	2160 2250	1150	14, 17, 20		550		
单层覆皮碎木板	北京			18	脲醛	600～750		
双层覆皮碎木板	北京			20	脲醛	600～750		

续表

种类	产地	规格（mm）			胶种	物理性能		
		长	宽	厚		密度（kg/m³）	吸水率不小于（%）	静曲强度（MPa）
贴面碎木板	北京	3050	915	20	脲醛	650	25	16
	上海	1830	1220	13, 17, 20	脲醛	650	65	25
	成都	1900	1220	18	脲醛	650	50	25
	长春	1830 2175	915 1220	10, 12, 14, 16, 19	脲醛	550～650		16

（五）细木工板（俗称大芯板）

以一定规格的木条排列组合起来作为芯板，再在其上下胶合三合板作为面板而成。其厚度有15mm、18mm、20mm、22mm等几种，较常用的为18mm厚。这种板材表面平整，具有一定的刚度和稳定性。在建筑装饰装修工程和家具制作中，已成为一种不可缺少的木制半成品，对于提高家具、木制品的质量，提高工作效率都起到很好的作用。

（六）宝丽板、富丽板

宝丽板又称华丽板，它是以三合板为基材，表面贴以特种花纹纸，并涂覆不饱和树脂经压合而成。这类板材的表面质量比胶合板有了很大的提高，不仅花纹纸的图案色彩使板材表面更为美观，而且由于多了一层表层树脂使得板材的防水性能、耐热性、易洁性得以改善。富丽板和宝丽板的区别仅在于表面少了一层树脂保护膜，在装饰装修工程中可根据需要涂刷各类清漆。

（七）模压木质饰面板

模压木质饰面板也是一种人造板材。产品具有板面平滑光洁、防火、防虫、防毒、耐热、耐晒、耐酸碱、色彩鲜艳、装饰效果高雅、不变形、不褪色、安装方便等特点，适用于制作护墙板、天花板、窗台板、家具饰面板等。其常用产品的规格见表2-3-11。

模压木质饰面板常用产品的规格　　　表2-3-11

品种	规格（mm）	面积（m²）	用途
台板	605×5500×（17~26） 405×5500×（17~26）	3.33 2.23	窗台、卫生间台、家具台面等
平板	600×5500×10 400×5500×10	3.30 2.20	家具面、室内装饰面
型材条板	605×5500×（11.5~18） 205×5500×（11.5~18） 145×5500×（11.5~18） 85×5500×（11.5~18）	3.33 1.13 0.80 0.47	窗眉板、墙脚板、装饰栏杆、墙身装饰条等

(八) 定向木片层压板

定向木片层压板，简称OBS，具有结构紧密、表面平等、不开裂、不易变形特点。产品分不饰面的OBS板和饰面的OBS板。不饰面的OBS板所用的胶粘剂为UF脲醛树脂（室外用的OBS板则用PF酚醛树脂），可用作墙板、花搁板、地板、板式家具、楼梯、门窗框、踏步板，复式建筑、大空间建筑中的室内承重墙板、空心面板及内框材，电视机壳体、音箱箱体等。饰面的OBS板可作高级装饰用板，板式家具和拆装式家具以及通讯部门胶合板木材的代用品，内墙、顶棚、隔板、花搁装饰用板、承重受力板等。

产品规格：幅面1220mm×2440mm、1200mm×4880mm、1220mm×9760mm；厚度3mm、4mm、6mm、10mm、13mm、16mm、19mm、22mm、25mm、32mm等规格。其性能见表2-3-12。

定向木片层压板性能　　表2-3-12

性　　能	定向木片层压板
密度（kg/m³）	550
静曲强度：纵向（MPa） 横向（MPa）	36.5 20.9
静曲弹性模量：纵向（MPa） 横向（MPa）	5059.4 2578.0
平面抗拉强度（MPa）	0.37
干密度（g/cm³）	0.661

(九) 微薄木贴面装饰板

微薄木贴面装饰板（简称薄木）是以珍贵树种（如水曲柳、楸木、黄菠萝、柞木、榉木、桦木、椴木、樟木、酸枣木、槁木、梭罗、麻栎、绿楠、龙楠、柚木等），通过精密刨切，制得厚度为0.2~0.8mm的薄木，以胶合板、纤维板、刨花板等为基材，采用先进的胶粘工艺，热压制成的一种高级装饰板材，主要用于高级建筑的室内装饰以及家具贴面。

薄木按厚度可分为厚薄木和微薄木。厚薄木的厚度一般大于0.5mm，多为0.7~0.8mm；微薄木的厚度小于0.5mm，多为0.2~0.3mm。

由于世界上珍贵树种越来越少，价格越来越高，因此，薄木的厚度向着超薄方向发展。装饰用的薄木厚度最薄的只有0.1mm，欧美多用0.7~0.8mm厚度，日本多用0.2~0.3mm厚度，我国多采用0.5mm的厚度，厚度越小，对施工要求越高，对基材的平整度要求越严格。

薄木作为一种表面装饰材料，不能单独使用，只有粘贴在一定厚度和具有一定强度的基材板上，才能得到合理地利用。基材板的质量要求如下：

(1) 平面抗拉强度不得小于0.29~0.39MPa，否则会产生分层剥离现象。

(2) 含水率应低于8%，含水率高会影响粘结强度。

（3）表面应平整，不能粗糙不平，否则不仅影响粘结，还会造成光泽不均匀，使装饰效果大大降低。

装饰微薄木贴面板规格和技术性能见表2-3-13。

装饰微薄木贴面板规格和技术性能　　表2-3-13

产品名称	规格（mm）	技术性能
装饰微薄木贴面板	1830×915 2135×915 2135×1220 1830×1220 厚度：0.2~0.8	胶结强度（MPa）：1.0 缝隙宽度（mm）：<0.2 孔洞直径（mm）：<2 透胶污染（%）：<1 无叠层、开裂 自然开裂、不超过板面积的0.5%
微薄木贴面板	915×915×（10~30） 1000×2000×（3~5）	缝隙宽度（mm）：<0.2 剥离系数（%）：≥5 不允许有压痕、脱胶、鼓泡 不平整：最高（低）点<2

五、木地板

1. 条木地板

条木地板是使用最普遍的木质地面，常选用松木、水曲柳、枫木、柚木、榆木等硬质木材。材质要求耐磨，不易腐蚀，不易变形开裂。条木地板可分为平口地板和企口地板（又称错口地板、榫接地板或龙凤地板），见图2-3-1。

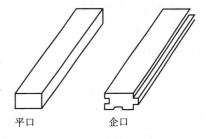

图2-3-1 条木地板

平口地板常见规格：200mm×40mm×12mm、250mm×50mm×10mm、300mm×60mm×10mm。

企口地板常见规格：小规格：200mm×40mm×（12~15）mm、250mm×50mm×（15~120）mm；大规格：（1200~400）mm×（50~120）mm×（15~120）mm。

（1）平口地板具有以下优缺点：

① 原材料来源丰富（小径材、加工剩余的小材、小料），出材率高，设备投资低，因此其成本价相对低廉。

② 用途广。它不仅可作为地板，也可作拼花板、墙裙装饰以及天花板吊顶等室内装饰。

③ 整个板面观感尺寸较碎，图案显得零散。

（2）企口木地板具有以下优缺点：

企口木地板与平口地板相比较，结合紧密，脚感好，工艺成熟，可用简单的设备生产，也可用专用设备生产。加工工艺较平口地板复杂,价格较贵。

2. 拼木地板

拼木地板是一种高级的室内地面装修材料,是一种工艺美术性极强的高级地板。常选用水曲柳、核桃木、栎木、柞木、槐木和柳木等木材。拼木地板又称木质马赛克,它的款式多样,拼装图案见图 2-3-2。

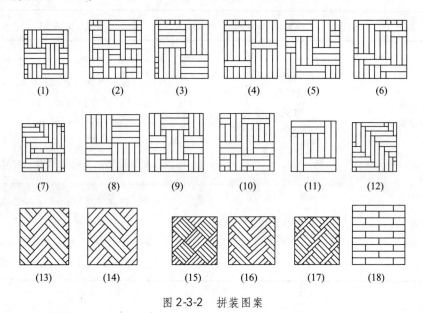

图 2-3-2 拼装图案

拼花板有较高的加工性和观赏艺术性,能充分体现设计者的艺术技巧和风格。

3. 软木地板

软木地板是将软木颗粒用现代工艺技术压制成规格片块,表面有透明的树脂耐磨层(一般生产厂家保证产品有 10 年耐磨年限),下面有 PVC 防潮层的复合地板。这种地板具有软木的优良特性,自然、美观、防滑、耐磨、抗污、防潮、有弹性、脚感舒适。此外,软木地板还具有抗静电、耐压、保温、吸声、阻燃功能,是一种理想的地面装饰材料。

软木地板有长条形和方块形两种,长条形规格为 900mm×150mm,方块形规格为 300mm×300mm,能相互拼花,亦可切割出任何几何图案,见图 2-3-3 各种软木地板图案。

六、复合地板

复合地板是由原木经去皮、粉碎、蒸煮、复合压制而成的,是近年来在国内市场上流行起来的一种新型、高档铺地材料,尤其是美国、德国、瑞典、奥地利的复合地板在国内市场占据了较大份额。复合地板有实木复合地板和强化复合地板之分。美国产的欧陆亚牌,德国产的圣象牌、升建牌、宝力牌、奥地利产的康都牌地板等都属于此类强化复合地板。复合地板尽管有防潮底层,仍不宜用于浴室、卫生间等潮湿场所。

复合地板重组了木材的纤维结构,解决了木材的变形问题,克服了普通原木地板在使用过程中随季节变化而发生翘曲变形、干裂湿涨的缺陷。复合木地板的断面结构通常由四层组成。

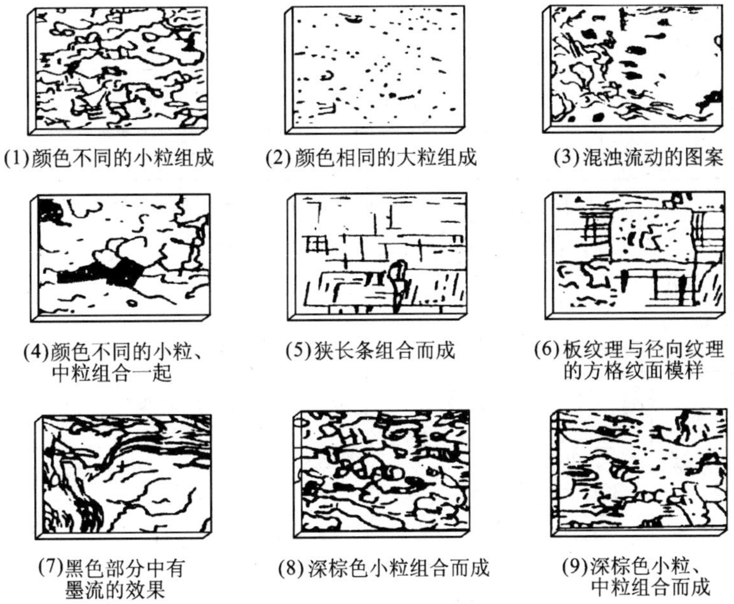

 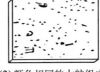 
(1)颜色不同的小粒组成　(2)颜色相同的大粒组成　(3)混浊流动的图案

 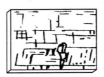 
(4)颜色不同的小粒、中粒组合一起　(5)狭长条组合而成　(6)板纹理与径向纹理的方格纹面模样

(7)黑色部分中有墨流的效果　(8)深棕色小粒组合而成　(9)深棕色小粒、中粒组合而成

图 2-3-3　各种软木地板图案

1．平衡底层

即树脂板定型平衡层。具有确保外形固定、完美、防潮和阻燃作用。

2．高密度纤维板层

即木纤维层压强化板。硬度很高,能承受重击及负重,不会出现凹痕、辙痕,并能防腐蚀、防潮、防蛀。

3．图案层

即彩色印刷层。可印制出橡木、榉木、枫木、樱桃木、桤木等逼真的木质花纹,使自然木纹得以真实再现。

4．保护膜

即透明耐磨层,是密胺树脂的涂覆层,具有较好的耐磨性能,用 Taber 磨测试,其耐磨损性为原木地板的 10～20 倍。此外,该表层还具有良好的防滑、阻燃性能。

在选用强化复合地板时,需要注意的是复合地板中所用的胶粘剂以脲醛树脂为主,胶粘剂中残留的甲醛,会向周围环境逐渐释放,长期处于这种环境有致癌的危险。因此,消费者在选用复合地板时,建议选择甲醛含量较少的品种,并且在铺装地板后的一段时间内,保持室内通风。

七、竹地板

竹地板具有耐磨、防潮、防燃、铺设后不开裂、不扭曲、不发胀、不变形等特点,外观呈现自然竹纹,色泽高雅美观,顺应人们留恋回归大自然的心理,是 20 世纪 90 年代兴起的室内地面装饰材料。目前市场上销售的竹地板按形状分为条形板和方形板两种,条形板规格为 610mm×91mm×15mm,方形板规格为 300mm×300mm×15mm。竹木地板一般可分为径面竹地板(又称侧压板)、弦面竹地板(有两种做法,分别是平压式和字形地板)以及竹木复合地板。

常用竹地板规格和性能见表2-3-14。

常用竹地板规格和性能　　　　　表2-3-14

项目		性能指标	项目	性能指标
规格(mm)	条形　嵌板	610×91×15，单层：915×91×15	横向顺纹抗剪强度（MPa）	>10.00
	条形　T字板	610×91×15，双层：915×91×15	顺纹抗拉强度（MPa）	>100.00
	条形　平拼板	610×91×15，三层：915×91×15	横向横顺纹抗压强度（MPa）	>7.00
	方形板	300×300×15，三层	抗弯强度（MPa）	>10.00
	其他规格	根据用户需要制作	冲击韧性（MPa）	>0.2
干缩系数		横向<0.16，纵向<0.13，体积干缩<0.38	硬度（MPa）	端面>35.00，横面>45.00，径面>30.00
湿胀系数		横向<0.36，纵向<2.95，体积湿缩	耐磨性	高于柚木和水曲柳木
基本密度（g/cm³）		<0.467	干燥度	水分<13%
顺纹抗压强度（MPa）		<37.00	防蛀防霉处理	药物全浸透，渗透率>95%；防蛀防霉率100%
抗弯强度（MPa）		>80.00		
抗弯弹性模量		>860.00		

第二节　石材类装饰材料

一、石材的基本概念

石材是指从沉积岩、岩浆岩、变质岩三大岩系的天然岩体中开采出的岩石，经过加工、整形而成板状、块状和柱状材料的总称。凡具有一定块度、强度、稳定性、可加工性以及装饰性能的天然岩石，均称为石材。

大理石、花岗石、板石是石材的商品分类名称，它们已不是岩石学中大理岩、花岗岩、板岩的概念。

凡具有装饰性、成块性及可加工性的各类碳酸盐或镁质碳酸盐岩以及有关的变质岩，统称为大理石。常见的岩石有大理岩、石灰岩、白云岩、矽卡岩等。

凡具上述性能的各类岩浆岩和以硅酸盐矿物为主的变质岩，统称为花岗石。常见的岩石有花岗岩、闪长岩、辉长岩、玄武岩、片麻岩、混合岩等。

凡具有板状构造，沿板理面可剥成片，可作装饰材料用的，经过轻微变质作用形成的浅变质岩统称为板石。常见的岩石有硅质板岩、黏土质板岩、云母质板岩、粉砂质板岩、凝灰质板岩等。

大理石、花岗石、板石统称为天然石料。天然石料目前主要用于装饰板材，用作装饰板材的天然石料必须具备一定的块度，一定的强度，可加工性和装饰性。也就是说天然石料虽然花纹和颜色美观协调，富有装饰性，但没有一定的块度和强度，切不出可需要的荒料和板材，就不能称为饰面石材。反之，天然石料虽有一定的块度和强度，但不具备美观的装饰性能，也不能称为饰面石材。

二、石材的分类

我国尚无统一的石材分类方案，目前一般采用下列分类方法：

第一，依用途将石材划分为：装饰用石材、工程用石材、电器用石材、耐酸耐碱用石材、雕刻用石材、精密仪器用石材等。

第二，依成因类型划分为：沉积岩型石材、岩浆岩型石材、变质岩型石材。

第三，依化学成分划分为：碳酸盐岩类石材、硅酸盐岩类石材。

第四，按石材的商业分类为：大理石类、花岗石类、板石类。

第五，依石材的硬度分类：摩氏硬度 6~7 为硬石材，例如石英岩、花岗岩、闪长岩、辉长岩、玄武岩等；摩氏硬度 3~5 为中硬石材，例如大理石类的大理岩、大理石化的石灰岩、白云岩、致密的凝灰岩等；摩氏硬度 1~2 为软石材，例如多孔石灰岩和多孔白石岩、非致密的凝灰岩等。

第六，依石材的基本形状划分为规格石材和碎石材料。例如块状石材、板状石材、异形石材等都视为规格石材，卵石、石米、石粉等都视为碎石材料。

三、花岗石

1. 定义

商业上指以花岗岩为代表的一类装饰石材，包括各类岩浆岩和花岗质的变质岩，一般质地较硬。

（1）花岗岩：主要由石英、长石、云母和少量其他深色矿物组成的深成酸性岩浆岩。

（2）岩浆岩：由岩浆冷凝而形成的岩石。

2. 品种与特征

（1）不同品种的形成与标记：花岗石其矿物组成主要包括长石、石英（二氧化硅含量达 65%~75%）及少量的云母组成。构造致密，呈整体的均粒状结构，结晶颗粒大小随地区不同而不同，可分为"伟晶"、"粗晶"和"细晶"三种。其颜色主要是正长石的颜色和少量云母及深色矿物的分布而定，经加工磨光后，形成色泽深浅不同的斑点状的光泽美丽的纹理，没有大理石的絮状花纹，所以与大理石非常容易区别。

① 红色系列：贵妃红、中国红、樱花红、万山红、平谷红、玫瑰红、兴隆红、柳埠红、平邑红、崂山红、章丘红、文登红、马山红、玛瑙红、雁荡红、牡丹红、饶红等。

② 黄红色系列：虎皮红、兴泽桔红、岭溪桔红、连州浅红、兴泽桃红、平谷桃红、珊瑚红等。

③ 青色系列：黑云母、济南青、珍珠黑、蒙古黑、芝麻黑等。

④ 白色系列：珍珠白、白喻、芝麻白、大花白、瑞雪、黑白花等。

（2）品种命名：板材的名称标记顺序为：命名、分类、规格尺寸、等级、标准号。用山东济南黑色花岗石荒料生产的 400mm×400mm×20mm、普型、镜面、优等品板材示例。

命名：济南青花岗石（前面是地区名称，后面是颜色）。

标记：G3701 PXJM 400×400×20 – A GB/T 18601

G3701—花岗石代号；

PX—普型平板；

JM—镜板材标记；

A—优等品；

GB/T 18601—2001——采用的规范标准。

（3）花岗石的特征是具有结构致密、质地坚硬、密度大、耐磨性好、吸水率小、耐冻性强、外观晶粒细小，并分布着繁星般云母点和闪闪发光的石英结晶。

3．理化性能

（1）优点

① 花岗石密度大约为 2500~2700kg/m³。

② 抗压强度不小于 60MPa，抗折强度 8.5~15MPa。

③ 吸水率小于 1%。

④ 光泽度可达 100~120 度，应不低于 75 光泽单位，镜面板材的正面应具有镜面光泽，能清晰地反映出景物。

（2）缺点

① 自重大，用于房屋会增加建筑物的重量。

② 硬度大，不易开采加工。

③ 质脆、耐火性差，当温度超过 800℃以上时体积膨胀造成石材炸裂，失去强度。

4．分类

（1）按加工的形状分类

① 普型板（PX）。

② 圆弧板（HM）：装饰面轮廓线的曲率半径处处相同的饰面板材。

③ 异型板（YX）：普形板和圆弧板之外的其他形状的板材。

（2）按表面加工程序分类

① 亚光板（YG）：表面平整、细腻、光滑的板材。

② 镜面板（JM）：表面平整，具有镜面光泽的板材。

③ 粗面板（CM）：表面平整、粗糙规则的加条纹的机刨板、剁斧板、锤击板、烧毛板等。

5．用途

是建筑装饰材料中的贵重材料，多用于高档的建筑工程，如宾馆饭店、酒楼、商场的室内外墙面、柱面、墙裙、地面、楼梯、台阶、踢脚、栏杆、扶手、踏步、水池水槽、造型面、门拉手、扶手的装饰，还有吧台、服务台、收款台、展示台等。

6．花岗石质量检验

（1）文件资料：产品合格证、性能检测报告。

（2）包装上的标志应齐全。

（3）等级与质量标准。

按板材规格尺寸允许偏差、平面度允许极限公差、角度允许极度公差、外观质量分为优等品（A）、一等品（B）、合格品（C）三个等级。

7．花岗石板材的通用规格（表2-3-15）

花岗石板材通用规格　　　　　表2-3-15

长（mm）	300	400	600	600	900	1070	305	610	610	915	1067
宽（mm）	300	400	300	600	600	750	305	305	610	610	762
厚（mm）	20	20	20	20	20	20	20	20	20	20	20

8．标志包括运输与贮存

参考大理石的对应标准。

四、大理石

1．定义

商业上指以大理石为代表的一类装饰石材。包括碳酸盐岩和其他有关的变质岩，主要成分为碳酸盐矿物，一般质地较软。

（1）碳酸盐若即石灰岩、白云岩与花岗岩接触热变质或区域变质或区域变质作用而重结晶的产物。

（2）变质岩：原有的岩石经热变作用后形成的岩石。

2．品种与特征

（1）不同品种的形成与标记

大理石的主要成分为氧化钙，其次是氧化镁，还有微量的氧化硅、氧化铝、氧化铁等。大理石板材的颜色与成分有关。目前我国就有400多种，其命名的顺序为：荒料产地地名、花纹色调特征描述大理石。例如：北京房山产的汉白玉，命名为房山汉白玉大理石。

石材的编号仍以规范规定，标记顺序为：编号、类别、规格尺寸、等级、标准号。仍以北京房山汉白玉为例，其标记：M1101 PX 600×600×20 A GB/T 19766—2005（注：PX—代表普通板）。

（2）大理石的特征

在底色上有网絮状和条形花纹，质地软。部分常用的大理石品种和特征见表2-3-16。

部分常用的大理石品种、特征　　　　表 2-3-16

品种名称	编号	特征
房山汉白玉	1101	玉白色，微有杂点和花纹
曲阳雪花	47117	乳白，白间有浅灰，有均匀晶体
贵阳残雪	33075	底色全黑，带有网状方解石浮色，富有诗情画意
贵阳晶墨玉	33078	版面全黑，稍带白筋，以"黑桃皇后"著称
丹东绿	9217—1~2	由淡绿、绿、墨绿、棕黄等色的蛇纹石化镁、橄榄石等组成
莱阳绿	39320	矿石为蛇纹石大理岩，具绿色团块状，杂斑状，打带状，色泽鲜艳
杭灰	18058	深灰色厚层状结晶灰岩，有云雾状美丽图案
黄石铁山虎皮	49042	矿石成层状，有白色、棕色、灰黑色流纹状，灰白色条纹
平山红	47113	鲜红色夹墨点的大理石
宜兴红奶油	17058	在厚层灰岩中以乳白为主，断续地散布有红筋与青筋，光泽度达110度

3. 理化性能

（1）大理石密度 2600~2700kg/m³，抗压强度为 100~300MPa，抗折强度为 7.8~16.0MPa，吸水率小于 1%，耐用年限约 150 年（室内）。

（2）大理石常呈层状，硬度不大，易于开采、加工磨光。纯大理石呈白色，称为汉白玉。由于含有杂质，呈现出美丽的色彩和斑纹，是建筑上较贵重的墙、地面装饰材料。

（3）由于大理石一般都含有杂质，其中碳酸钙在大气中受二氧化碳、硫化物和水气的作用，易风化和溶蚀，表面很快失去光泽。所以，除少数的如汉白玉、艾叶青等质纯比较稳定的品种可用于室外，其他品种不宜用于室外。

4. 用途

常用于室内墙面、地面、柱面、楼梯的踏步面、服务台台面、卫生间洗手池台面，新开发的石材拉手、扶手等。由于大理石质软、耐磨性差，故在人流较大的场所不宜作为地面装饰材料。

5. 按加工形状分类

（1）普型板（PX）：正方形或长方形的板材。

（2）圆弧板（HM）：装饰面轮廓线的曲率半径处处相同的饰面板材（图 2-3-4）。

6. 大理石质量检验

（1）文件资料、产品合格证、性能检测报告。

（2）包装上的标志应齐全。

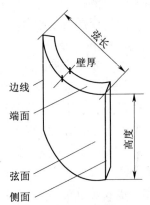

图 2-3-4　圆弧板材图

（3）按普型板规格尺寸偏差、平面度公差、角度公差及外观质量将板材分为优等品（A）、一等品（B）、合格品（C）三个等级。

① 普型板规格尺寸允许偏差见表2-3-17。

普型板规格尺寸允许偏差（mm） 表2-3-17

项 目		等 级		
		优等品	一等品	合格品
长度 宽度		不允许	0 -0.1	0 -1.5
厚度	≤12	±0.5	±0.8	±1.0
	>12	±1.0	±1.5	±2.0
干挂板材厚度		+2.0 0		+3.0 0

② 普型板平面度允许公差见表2-3-18。

普型板平面度允许公差（mm） 表2-3-18

板材长度（L）	优等品	一等品	合格品
L ≤400	0.20	0.30	0.50
400 <L ≤800	0.50	0.60	0.80
L >800	0.70	0.80	1.00

③ 普型板的角度允许公差：

板长以小于400mm到大于400mm优等品允许公差分别是0.30～0.40mm；一等品0.40～0.50mm；合格品0.50～0.70mm。

④ 普型板、拼缝板材正面与侧面的夹角不得大于90°。

（4）按圆弧板规格尺寸偏差、直线度公差、线轮廓度公差及外观质量将板材分为优等品（A）、一等品（B）、合格品（C）三个等级。

① 圆弧板壁厚最小值不小于20mm，规格尺寸允许偏差见表2-3-19。

圆弧板规格尺寸允许偏差（mm） 表2-3-19

项 目	等 级		
	优等品	一等品	合格品
弦长	0 -1.0	0 -1.0	0 -1.5
高度	0 -1.0	0 -1.0	0 -1.5

② 圆弧板直线度与线轮廓度允许公差见表2-3-20。

圆弧板直线度与线轮廓度允许公差（mm）　　　表2-3-20

项目		分类与等级		
		优等品	一等品	合格品
直线度（按板材高度）	≤800	0.60	0.80	1.00
	>800	0.80	1.00	1.20
线轮廓度		0.80	1.00	1.20

③ 圆弧板端面角度允许公差：优等品0.40mm，一等品为0.60mm，合格品为0.80mm。

④ 圆弧板侧面角不应小于90°。

（5）外观质量

① 同一批板材的色调应基本调和，花纹基本一致。

② 板材允许粘结和修补。粘结和修补后应不影响板材的装饰效果和物理性能。

③ 板材正面的外观缺陷的质量要求应符合表2-3-21。

板材正面的外观缺陷质量要求　　　表2-3-21

名称	规定内容	优等品	一等品	合格品
裂纹	长度超过10mm的不允许条数	0		
缺棱	长度超过8mm，宽度不超过1.5mm（长度≤4m，宽度≤1mm不计），每米允许个数（个）	0	1	2
缺角	沿板材边长顺延方向，长度≤3mm，宽度≤3mm（长度≤2mm，宽度≤2mm不计）每块板允许个数（个）	0	1	2
色斑	面积超过6cm²（面积小于2cm²不计）每块板允许个数（个）			
砂眼	直径在2mm以下		不明显	有，不影响装饰效果

7. 大理石定型板材规格（表2-3-22）

大理石定型板材规格　　　　　表 2-3-22

规范范围	规格尺寸（mm）								
长	300	300	400	400	600	600	900	1070	1200
宽	150	300	200	400	300	600	600	750	600
厚	20	20	20	20	20	20	20	20	20
长	1200	305	305	610	610	915	1067	1220	
宽	900	152	305	305	610	610	762	915	
厚	20	20	20	20	20	20	20	20	

8．标志、包装、运输与贮存

（1）标志

① 包装箱上应标明企业名称、商标、标记，须有"向上"和"小心轻放"的标志。

② 对安装顺序有要求的板材，应标明安装顺序号。

（2）包装

① 包装不允许使用易染色的材料。

② 按板材品种、等级分别包装，并附产品合格证，其内容包括产品名称、规格、等级、批号、检验员、出厂日期。

③ 包括应满足在正常情况下安全装卸、运输的要求。

（3）运输

应防潮，严禁滚摔、碰撞，应轻拿轻放。

（4）贮存

① 板材应在室内贮存，室外贮存应加遮盖。

② 板宜直立码放，应光面相对，倾斜度不大于15°，层间加垫，高不超过1.5m。

③ 板不应直接立在地面上，应有垫板，雨季应有排水，不允许积水。

④ 按板材品种、规格、等级或安装部位的编号分别码放。

五、板石

板石品种多按颜色而定，有黑板石、灰板石、绿板石、黄板石、红板石、紫板石、棕板石、铁锈红和铁锈黄板石等。板石的矿物成分复杂，多数由黏土类矿物组成，板石的颜色则由黏土类矿物所含杂质不同，而染成不同颜色。纯净者色近青白色，有机质高呈黑色。板石的板理面上若有白云母则有繁星点点的感觉，如河南林县"银晶板石"。若有绢云母、绿泥石等新生矿物，则具美丽的丝绢光泽（如北京辛庄紫板石）或闪绿色光泽，装饰效果极佳。

石材中常有锈斑、色斑、空洞与坑窝等缺陷，影响石材的装饰价值。

锈斑：是硫化物氧化产生土状褐铁矿与硫酸所致，它们降低了石材的强度，又影响美观。硫化物（主要为黄铁矿）呈团状、斑杂状、条带状分布时不能作饰面石材。呈细粒均匀散布，危害较小，但其含量一般应小于4%。

色斑：是由岩石中的析离体、残留体、捕虏体或不同成分的集合体所构成的。当它们无规律分布时则降低石材的观赏价值。

色线：常由后成的细脉构成，如具可拼性时则无害，反之妨碍美观。

空洞与坑窝：空洞一般是晶洞，也可是易溶矿物溶解后形成的砂眼、砂槽。坑窝可能是片状矿物或石英颗粒，因它们与周围的矿物硬度不同，加工时易剥落或崩落成凹坑，影响石材美观与强度。

六、人造石材

人造石材是指人造大理石和人造花岗石。人造的建筑装饰板块材料，属于聚酯混凝土或水泥混凝土系列。人造石的花纹、图案、色泽可以人为控制，是理想的装饰材料，它不仅质轻、强度高，而且耐磨蚀、耐污染、施工方便，这几年发展很快。在国外已有40多年历史，我国还是刚刚起步，但是目前我国生产厂家已经很多，随着建筑业的飞速发展，我国人造大理石、花岗石工业将会出现一个崭新的局面。

（一）人造石材的分类

1. 水泥型人造石材

以硅酸盐水泥或铝酸盐水泥为粘结剂，以砂为细骨料，碎大理石、花岗岩、工业废渣等为粗骨料，经配制、搅拌、成型、加压蒸养、磨光抛光而成。

这种人造大理石表面光泽度高，花纹耐久，抗风化能力、耐火性、防潮性都优于一般人造大理石。

2. 树脂型人造石材

以不饱和聚酯为粘结剂，与石英砂、大理石、方解石粉等搅拌混合浇筑成型，在固化剂作用下产生固化作用，经脱模、烘干、抛光等工序而制成。这种方法国际上比较流行。产品的光泽好、颜色浅，可调成不同的鲜明颜色。这种树脂黏度低，易成型，固化快，可在常温下固化。

3. 复合型人造石材

这种板材底层用价格低廉而性能稳定的无机材料，面层用聚酯和大理石粉制作。无机材料可用各种水泥，有机单体可用甲基丙烯酸甲酯、醋酸乙烯、丙烯腈等。这些单体可以单独使用，可组合使用，也可以与聚合物混合使用。

4. 烧结人造石材

这种石材的制作与陶瓷工艺相似。

以上四种方法中，最常用的是聚酯型，物理、化学性能都好，花纹容易设计，适应多种用途，但价格高。水泥型价格最低，但耐腐蚀性能相对较差，易出现微龟裂；复合型则综合了前两种方法的优点，有良好的物理性能，成本也较低；烧结型虽然只用黏土作粘结剂，但要经高温焙烧，因而能耗大，造价高。

（二）人造石材的物理性能

聚酯型人造石材的物理性能见表2-3-23。

聚酯型人造大理石的物理性能　　　　表 2-3-23

抗折强度 （MPa）	抗压强度 （MPa）	冲击强度 （J/cm^2）	表面硬度 （巴氏）	表面光泽度 （度）	密度 （g/cm^3）	吸水率 （%）	线膨胀系数 ×10^{-5}（℃）
38.0 左右	>100	15 左右	40 左右	>80	2.10 左右	<0.1	2~3

聚酯型人造石材的表面抗污染性、耐久性和可加工性都是比较理想的材料。

（三）人造石材通常使用的规格（树脂型）

100mm×200mm×7mm

150mm×300mm×7mm

300mm×300mm×10mm

400mm×200mm×10mm

另外也有 400mm×200mm×8mm、500mm×250mm×10mm、600mm×300mm×10mm。

以上板材一般是一面抛光、四边倒角、厚度允许误差为 0.5mm。薄板的背面等距离开三条深度为 2~3mm 的槽，以便安装时增加粘结力。

（四）人造石材的质量标准

（1）文件资料：产品合格证、性能检测报告。

（2）质量等级划分：分为一等品和二等品，其划分的方法依据产品的外观尺寸、平整度、角度和棱角状况。

（3）产品不允许有明显的砂眼，不允许有贯穿的裂纹。

（4）光泽度要求一等品不小于 85，二等品不小于 75。

（5）用醋、酱油、食油、机油、口红、墨水涂抹不着色。

（五）人造石材的用途

（1）树脂型的人造石，由于树脂在大气中的光、热、电等作用下会加速老化，表面会逐渐失去光泽，变暗、翘曲，故一般用于室内，但是又由于污染问题，所以选用时要了解聚合物的品种和性能检查结果。

（2）水泥型人造石，虽然价格低，但色泽不及树脂型，并且不宜用于潮湿或高温环境，主要用于一般装饰工程的墙面、地面、墙裙、台面、柱面等部位，是代替水磨石的好材料。

（六）人造石材的发展前景

目前国际上流行的人造石材，从性能到花色品种已大大提高。产品已经不单是板材，同时可以生产卫生设备、抽水马桶、浴缸面盆、台面、洗菜池，还有厨房设备、办公设备、茶几、装饰线条等产品。材质可以仿大理石、花岗石、喷镀花岗石、玛瑙（一种半透明、可透光、用于室内照明墙的新型装饰板）。花纹可以依据设计而定，而且可能保持色彩与花纹一致，克服了天然石无法解决的色差难题。

这种人造石材主要原料为聚酯树脂（约75%）和碳酸钙（约25%），再加入适量促进剂、凝固剂、颜料拌合后以模具浇注而成。生产工艺简便、周期短，从原料到成品全部过程只需40min。

目前我国生产此类产品的生产厂家还不多，在山东、新疆、成都、北京、上海、南京、广东等地。

这些厂家有的已有产品上市，有的在试生产阶段。不过所用模具均为进口，有美国、日本、意大利和德国的。所用树脂部分也为进口。笔者曾考察过美国加州一家出此产品模具的公司，同时考察了国内生产树脂的南京金陵巴斯曼公司，该厂生产的百良材P64—955邻苯类不饱和聚酯树脂和百良材A400TL—923间苯不饱和聚酯胶树脂，解决了生产人造石材的重要原料树脂。生产上述产品的关键在模具，国外公司也以模具为技术优势来控制我们作为经济合作式技术转让的条件。国内安徽省有一家生产此类产品的乡镇企业采用了国产模具，产品质量也很好。

除上述产品外，我国台湾还有一种"罗马岗石"，取大自然造山运动的原理，将各种不同矿源的碎石，加入胶粘剂，经真空混合搅拌，以真空高压振动方式成型后再锯切成片，磨光而成。这种石材也属人造石，不过主要填充料为碎石，而不是石粉，使用功能与天然石材相同。

还有一种叫山泰石，采用耐碱玻璃纤维，低碱水泥和各种改性材料及外加剂配制而成。其品种有蘑菇石、剁斧石、凿面石、罗马柱、线套、雕塑饰品、外墙板屋面板等，是建造欧式建筑的重要装饰材料。

人造石的新品种是美溢牌雪花石、华丽石系列透光板材。华丽石系列实体面材，适用于公共建筑及家庭装饰（透光背景墙、透光吊顶、透光方圆包柱、云石灯、橱柜台面、窗台板、洗面台、厨卫墙面等领域）。其特点兼备云石、玉石的天然质感和坚固质地、陶瓷的光洁细腻和木材的易加工性，更具无缝拼接，易于打理，无毛细孔，色彩丰富，造型任意，加工快捷，易安装等特性。美溢品牌人造石经科学检测无毒、无放射性污染，属环保绿色建材。产品是取代天然石最理想的材质，目前正以非常规的速度普及各大小装饰工程。

第三节 陶瓷类装饰材料

陶瓷，系陶器与瓷器两大类产品的统称。目前采用的原料已扩大到化工原料和合成矿物，组成范围也延伸到无机非金属材料的范畴中。自古以来陶瓷就是建筑物的装饰材料之一。随着科技的飞速发展，它的花色品种、性能都有了极大的变化，在实用性、装饰性方面满足了人类日益提高的要求，目前陶瓷墙、地砖在建筑装饰中应用尤为广泛。

一、陶器、瓷器与炻器的区别与特性

1. 陶器

陶质制品为多孔结构，通常吸水率较大，断面粗糙无光，敲击时声粗哑，有施釉和无釉两种制品。根据土质分为粗陶、精陶。粗陶不上釉，即建筑上常用的黏土砖、瓦。精陶一般分二次烧成,吸水率在 12% ~22%,室内墙面用的釉面砖多属于此类。

2. 瓷器

瓷器制品的坯体质密,基本不吸水,吸水率小于 0.5%,色洁白、强度高、耐磨性好,有一定的半透明性,其表面多施有釉层(某些特种砖不施釉,甚至颜色不白,但烧结程度很好),又分为粗瓷和细瓷两种。

3. 炻器

炻器制品是介于陶器与瓷器之间的一类产品,也称之为半瓷。我国科技文献中称其为原始瓷器。坯体气孔率很低,介于陶器和瓷器之间。

炻器按其坯体的致密性、均匀性以及粗糙程度分为炻质砖和细炻砖两大类。建筑装饰用的外墙砖、地砖、耐酸化工陶瓷、缸器均属于炻质砖。炻质砖吸水率 $6\% < E \leq 10\%$;细炻质砖吸水率 $3\% < E \leq 6\%$。

二、产品的分类与用途

陶瓷砖按吸水率等技术性能确定的镶贴部位分类,大体分为室内墙面砖、室内地砖、室外墙面砖、室外地砖四大类。

1. 室内墙砖

主要适用于厨房、卫生间和医院等需要经常清洗的室内墙面。常用的品种有浅色、透明,也有选用深色或有浮雕的艺术砖及腰线砖等。

(1) 彩釉砖、炻质砖:吸水率在 6% ~10% 之间,干坯施釉一次烧成,颜色丰富,多姿多彩,经济实惠。

(2) 釉面砖:分为闪光釉面砖、透明釉面砖、普通釉面砖、浮雕艺术砖、腰线砖(饰线砖)。

① 闪光釉面砖 陶质砖,分为结晶釉砖和砂金釉砖,其中砂金釉是釉内结晶呈现金子光泽的细结晶的一种特殊釉,因形状与自然界的砂金石相似而得名。

② 透明釉面砖 陶质砖。透明釉面砖是指釉料经高温熔融后生成的无定形玻璃体,坯体本身的颜色能够通过釉层反映出来。

③ 普通釉面砖 陶质砖,一般为白色分有光、无光两种。吸水率小于 22%。

④ 浮雕釉面砖 陶质砖,是釉上彩绘的一种。

⑤ 腰线砖 用于腰间部位的长条砖。

2. 室内地面砖

应选择耐磨防滑的地砖,多为瓷质砖,也有陶质砖,经常选用以下几个品种:

(1) 有釉、无釉各色地砖:有白色、浅黄、深黄等,色调要均匀,砖面平整、抗腐、耐磨。

(2) 红地砖:吸水率不大于 8%,具有一定的吸湿、防潮性,多用于卫生间、游泳池。

(3) 瓷质砖:吸水率不大于 2%,耐酸耐碱、耐磨度高、抗折强度不小于 25MPa,适用于人流量大的地面。

(4) 陶瓷锦砖:密度高、抗压强度高、耐磨、硬度高、耐酸、耐碱,多用于卫生间、浴室、游泳池和宜清洁的车间等室内外装饰工程。

(5) 梯侧砖（又名防滑条）：有多种色或单色，带斑点，耐磨、防滑，多用于楼梯踏步、台阶、站台等处。

3．外墙面砖

是指用于建筑物外墙的瓷质或炻质装饰砖，有施釉和不施釉之分，具有不同的质感和颜色。它不仅可以保护建筑物的外墙表面不被大气侵蚀，而且使之美观。

（1）选择室外面砖应注意砖的吸水率要低，依据《外墙饰面砖工程施工及验收规程》（JGJ 126—2000）规定：在我国Ⅰ、Ⅵ、Ⅶ建筑气候地区（表2-3-24），饰面砖吸水率不应大于3%，Ⅱ气候区不应大于6%，这都是陶瓷底坯的釉面砖达不到的。减少吸水率的目的就是为了防止雨水透过面砖渗到基层，进入冬季受冻，如此反复，面砖就会脱落。

建筑气候分区表　　　　表2-3-24

气候区号	地 区 名 称
Ⅰ区	黑龙江、吉林全境、辽宁大部、内蒙古中北部、陕西、山西、河北、北京北部的部分区域
Ⅱ区	天津、宁夏、山东全境、北京、河北、山西、陕西大部、辽宁南部、甘肃中东部以及河南、安徽、江苏北部的部分地区
Ⅲ区	上海、浙江、江西、湖北、湖南全境、江苏、安徽、四川大部、陕西、河南南部、贵州东部、福建、广东、广西北部和甘肃南部的部分地区
Ⅳ区	海南、台湾全境、福建南部、广东、广西大部以及云南西南部
Ⅴ区	云南大部、贵州、四川西南部、西藏南部一小部分地区
Ⅵ区	青海全境、西藏大部、四川西部、甘肃西南部、新疆南部部分地区
Ⅶ区	新疆大部、甘肃北部、内蒙古西部

（2）外墙常用的瓷砖品种

① 由于气候区的划定，外墙面基本上仅能选用瓷质砖，因该砖瓷质坯体致密，基本上不吸水，有一定的半透明性，在有的地区也可以适当选用气孔率很低的炻器坯体砖。

② 外墙饰面砖宜采用背面有燕尾槽的产品。

③ 应选用符合以上条件的瓷质砖和彩釉砖。其中包括：瓷质彩釉砖（全瓷釉面砖）、线砖（表面有突起线纹、有釉、有黄绿等色）、立体彩釉砖（表面有釉做成各种立体图案）、瓷质渗花抛光砖（仿大理石砖）、瓷质仿古砖（仿花岗岩饰面砖）、陶瓷锦砖（马赛克）、劈离砖等。

外墙面砖多为矩形，其尺寸接近于普通黏土砖侧面和顶面尺寸。而釉面砖大多为方形，近年也开始生产长方形，在厚度上较外墙面砖薄。

三、规格尺寸

1．陶瓷面砖常用的规格尺寸（表2-3-25）

陶瓷砖规格　　　　　　　　表 2-3-25

项目	彩釉砖	釉面砖	瓷质砖	劈离砖	红地砖
规格尺寸 （mm×mm ×mm）	100×200×7	152×152×5	200×300×8	240×240×16	100×100×10
	200×200×8	100×200×5.5	300×300×9	240×115×16	152×152×10
	200×300×9	150×250×5.5	400×400×9	240×53×8	
	300×300×9	200×200×6	500×500×11		
	400×400×9	200×300×7	600×600×12		
	异型尺寸	异型尺寸	异型尺寸	异型尺寸	异型尺寸

2．装饰砖常用的规格尺寸（表 2-3-26）

装饰砖规格特点　　　　　　　表 2-3-26

品种	常用尺寸（mm×mm）	基本特点	执行标准	适用范围
腰线砖 （饰线砖）	100×300 100×250 100×200 50×200	以条形状镶嵌于室内墙面，有画龙点睛、烘云托月之效果	GBT 4100—1999 （陶质砖）	内墙面
浮雕艺术砖 （花片）	200×300 200×250 200×200	印花装饰或浮雕人物、山水加彩描金，具有画龙点睛、烘托环境的效果	GBT 4100.5—1999 （陶质砖）	内墙面

3．陶瓷外墙砖常用的规格尺寸

外墙砖一般以长方形为主，也有正方形和其他几何形状制品。

外墙砖的规格通常有：200mm×100mm×12mm、150mm×75mm×12mm、75mm×75mm×8mm、108mm×108mm×8mm、150mm×30mm×8mm、200mm×50mm×8mm等，施工单位比较欢迎用 100mm×200mm×12mm 的。

4．釉面砖专用配件（表 2-3-27）

5．陶瓷锦砖

陶瓷锦砖俗称（陶瓷）马赛克，分为有釉、无釉两种。经焙烧而成的锦砖形态各异，具有多种色彩，长边一般不大于 50mm，不便于施工。因此必须经过铺贴工序，把单块的锦砖按一定的规格尺寸和图案铺贴在牛皮纸上，每张约 300mm 见方，其面积约为 0.093m²，每 40 联为一箱，每箱约 3.7m²，以此作为成品运往施工工地进行铺贴（图 2-3-5）。

釉面砖专用配件规格　　　　　　表 2-3-27

编号	名称	规格（mm）				
		长	宽	厚	圆弧	半径
P1	压顶条	152	38	6	—	9
P2	压顶阳角	—	38	6	22	9
P3	压顶阴角	—	38	6	22	9
P4	阳角条	152	—	6	22	—
P5	阴角条	152	—	6	22	—
P6	阳角条一端圆	152	—	6	22	12
P7	阴角条一端圆	152	—	6	22	12
P8	阳角座	50	—	6	22	—
P9	阴角座	50	—	6	22	—
P10	阳三角	—	—	6	22	—
P11	阴三角	—	—	6	22	—
P12	腰线砖	152	25	6	—	—

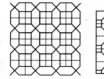

图 2-3-5　陶瓷锦砖

第四节　金属类装饰材料

一、装饰用钢材制品

在现代建筑装饰工程中，金属制品越来越受到人们的重视和欢迎，应用范围越来越广泛。如柱子外包不锈钢，楼梯扶手采用不锈钢钢管等。目前，建筑装饰工程中常用的钢材制品种类很多，主要有不锈钢钢板与钢管、彩色不锈钢钢板、彩色涂层钢板、彩色压型钢板、镀锌钢卷帘门及轻钢龙骨等。

（一）不锈钢板

不锈钢装饰板是近年来广泛使用的一种新型装饰材料，而且还在不断发展、创新。其主要品种有镜面不锈钢板（又名不锈钢镜面板、镜钢板）、彩色不锈钢板、彩色不锈钢镜面板、钛金不锈钢装饰板等。

1．不锈钢镜面板

不锈钢镜面板是以不锈钢薄板经特殊抛光处理加工而成。其适用于高级宾馆、饭店、影剧院、舞厅、会堂、机场候机楼、车站码头、艺术馆、办公楼、商场及民用建筑的室内外墙面、柱面、檐口、门面、顶棚、装饰面、门贴脸等处的装饰贴面。

2．彩色不锈钢板

彩色不锈钢板是在普通不锈钢板上，通过独特的工艺配方，使其表面产生一层透明的转化膜，光通过彩色膜的折射和反射，产生物理光学效应，在不同的光线下，从不同角度观察，给人以奇妙、变幻之感。彩色不锈钢板有玫瑰红、玫瑰紫、宝石蓝、天蓝、深蓝、翠绿、荷绿、茶色、青铜、金黄等色及各种图案。用途同不锈钢镜面板。

3．钛金不锈钢装饰板

钛金不锈钢装饰板是近几年出现的一种彩色不锈钢钢板，它是通过多弧离子镀膜设备，把氮化钛、掺金离子镀金复合涂层镀在不锈钢板、不锈钢镜面板上而制造出的豪华装饰板。其主要产品有钛金板、钛金镜面板、钛金刻花板、钛金不锈钢覆面墙地砖等。

钛金不锈钢装饰板多用于高档超豪华建筑，适用范围同不锈钢镜面板。其中，钛金不锈钢覆面墙地砖则专用于墙面、楼地面的装饰。

钛金不锈钢装饰板的产品性能应达到相应的标准。产品的规格平面尺寸一般为：1220mm×2440mm、1220mm×3048mm，其厚度有0.6mm、0.7mm、0.8mm、0.9mm、1.0mm、1.2mm、1.5mm等多种。

（二）彩色涂层钢板

彩色涂层钢板是近30年迅速发展起来的一种新型钢预涂产品。涂装质量远比对成型金属表面进行单件喷涂或刷涂的质量更均匀、更稳定、更理想。它是以冷轧钢板、电镀锌钢板或热镀锌钢板为基板经过表面脱脂、磷化、铬酸盐等处理后，涂上有机涂料经烘烤而制成的产品，常简称为"彩涂板"或"彩板"。当基板为镀锌板时，被称为"彩色镀锌钢板"。

1．彩色涂层钢板的类型

按彩色涂层钢板的结构不同，可分为涂装钢板、PVC钢板、隔热涂装钢板、高耐久性涂层钢板等。

（1）涂装钢板

涂装钢板是以镀锌钢板为基体，在其正面和背面都进行涂装，以保证它的耐腐蚀性。正面第一层为底漆，通常涂抹环氧底漆，因为它与金属的附着力很强。背面也涂有环氧或丙烯酸树脂，面层过去采用醇酸树脂，现在改为聚酯类涂料和丙烯酸树脂涂料。

（2）PVC钢板

PVC钢板分为两种类型，一种是涂布PVC钢板，另一种是贴膜PVC钢板。PVC表面涂层的主要缺点是易产生老化，为改善这一缺点，已出现在PVC表面再复合丙烯酸树脂的复合型PVC钢板。

（3）隔热涂装钢板

隔热涂装钢板是在彩色涂层钢板的背面贴上15~17mm的聚苯乙烯泡沫塑料或硬质聚氨酯泡沫塑料，以提高涂层钢板的隔热及隔声性能，现在我国已开始生产隔热涂装钢板这种产品。

（4）高耐久性涂层钢板

高耐久性涂层钢板，由于采用耐老化性极好的氟塑料和丙烯酸树脂作为表面涂层，所以具有极好的耐久性、耐腐蚀性。

彩色涂层钢板的结构如图 2-3-6 所示。彩色涂层钢板的类型如表 2-3-28 所示。

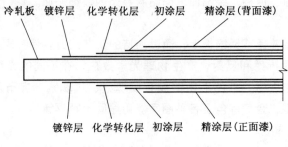

图 2-3-6　彩色涂层钢板的结构

2. 彩色涂层钢板的性能

彩色涂层钢板具有耐污染性能、耐高温性能、耐低温性能、耐沸水性能。彩色涂层钢板基材的化学成分和力学性能应符合相应标准的规定；涂层性能应符合 GB 1275 的有关规定。

彩色涂层钢板分类及规格（摘自宝山钢铁厂冷轧厂产品资料）　表 2-3-28

项　目		内　容　摘　要	
基板种类		冷轧板、电镀锌板、热镀锌板	
用途	类别		代号
	建筑外用		JW
	建筑内用		JN
	家具		JJ
	家用电器		JD
	钢窗		GC
	其他		QT
涂料种类	聚酯		JZ
	硅改性聚酯		GZ
	聚偏氟乙烯		JF
	聚氯乙烯－塑料溶胶		SJ
规格（mm）	厚度	冷轧基板	镀锌基板
		0.3～2.0	0.5～2.0
	宽度	900～1550	
	长度	钢板	钢带内径
		1000～4000	610

3. 彩色涂层钢板的用途

彩色涂层钢板的用途十分广泛,不仅可以用做建筑外墙板、屋面板、护壁板等,而且还可以用做防水汽渗透板、排气管道、通风管道、耐腐蚀管道、电气设备等,也可以用做构件以及家具、汽车外壳等,是一种非常有发展前途的装饰性板材。

(三) 覆塑复合金属板

覆塑复合金属板是目前一种最新型的装饰性钢板。这种金属板是以 Q235、0255 金属板（钢板或铝板）为基材,经双面化学处理,再在表面覆以厚 0.2～0.4mm 的软质或半软质聚氯乙烯膜,然后在塑料膜上贴保护膜加工而成。它不仅被广泛用于交通运输或生活用品方面,如汽车外壳、家具等,而且适用于内外墙、吊顶、隔板、隔断、电梯间等处的装饰。覆塑复合钢板是一种多用装饰钢材。覆塑复合钢板的规格及性能如表2-3-29所示。

覆塑复合钢板的规格及性能　　　　表 2-3-29

产品名称	规格（mm）	技术性能
塑料复合钢板	长：1800、2000 宽：450、500、1000 厚：0.35、0.40、0.50、0.60、0.70、0.80、1.0、1.5、2.0	耐腐蚀性：可耐酸、碱、油、醇类的腐蚀,但对有机溶剂的耐腐蚀性差 耐水性能：耐水性好 绝缘、耐磨性能：良好 剥离强度及深冲性能：塑料与钢板的剥离强度 $\geq 20N/cm^2$。当冷弯其 $180°$,复合层不分离开裂 加工性能：具有普通钢板所具有的切断、弯曲、深冲、钻孔、铆接、咬合、卷材等性能,加工温度以 20～40℃最好 使用温度：在 10～60℃可以长期使用,短期可耐120℃

(四) 铝锌钢板及铝锌彩色钢板

铝锌钢板又名镀铝锌钢板、镀铝锌压型钢板,主要适用于各种建筑物的墙面、屋面、檐口等处。

铝锌彩色钢板又名镀铝锌彩色钢板、镀铝锌压型彩色钢板。它是以冷轧压型钢板经铝锌合金涂料热浸处理后,再经烘烤涂装而成。颜色有灰白、海蓝等多种,产品 20 年内不会脱裂或剥落。

铝锌钢板及铝锌彩色钢板的规格：厚度一般为 0.45mm、0.60mm；有效宽度为975mm；最长不超过 12m。

(五) 彩色压型钢板

彩色压型钢板是以镀锌钢板为基材,经过成型机的轧制,并涂敷各种耐腐蚀性涂层与彩色烤漆而制成的轻型围护结构材料。这种钢板适用于工业与民用及公共建筑的屋盖、墙板及墙壁装贴等。

彩色压型钢板的规格及特征如表 2-3-30 所示，其常用板型如图 2-3-7 所示。

各种彩色压型钢板的规格及特征　　　　　表 2-3-30

板材名称	材质与标准	板厚（mm）	涂层特征	应用市位
C.G.S.S	镀锌钢板 日本标准（JISG3302）	0.80	上下涂丙烯酸树脂涂料，外表面为深绿色、内表面淡绿色烤漆	屋面 W550 板
C.G.S.S	镀锌钢板 日本标准（JISG3302）	0.50 0.60	上下涂丙烯酸树脂涂料，外表面为深绿色、内表面淡绿色烤漆	墙面 V115N 板
C.A.A.S.S	镀锌钢板 日本标准（JIS314）锌附着重 20g/m²	0.50	化学处理层加高性能结合层加石棉绝缘层加合成树脂层，两面彩色烤漆	屋脊、屋面与墙壁接头异形板
强化 C.G.S.S	日本标准（JISG3302）	0.80	在 C.G.S.S 涂层中加入玻璃纤维，两面彩色烤漆	特殊屋面墙面
镀锌板 KP–1	日本标准（JISG 3352）	1.2	锌合金涂层	特殊辅助建筑用板

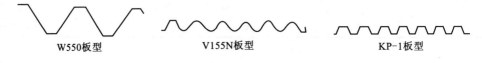

图 2-3-7　压型钢板的型式

（六）搪瓷装饰板

搪瓷装饰板是以钢板、铸铁等为基底材料，在此基底材料的表面上涂覆一层无机物（搪瓷），经高温烧成后，能牢固地附着于基底材料表面的一种装饰材料。

搪瓷装饰板不仅具有金属基板的刚度，而且具有搪瓷釉层的化学稳定性和良好的装饰性。所以不仅可用于各类建筑的内外墙面的装饰，而且也可制成小块幅面作为家庭用的装饰品。

（七）钢门帘板

门帘板是钢卷帘门的主要构件。通常所用产品的厚度为 1.5mm，展开宽度为 130mm，每米帘板的理论重量为 8.2kg，材质为优质碳素钢，表面镀锌处理。门帘板的横断面如图 2-3-8 所示。

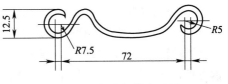

图 2-3-8 门帘板横断面图

钢门帘板不仅坚固耐久、整体性好，而且具有极好的装饰、美观作用，还具有良好的防盗性。这种钢材装饰材料。可以广泛用于商场、仓库及银行建筑的大门或橱窗设施。

（八）轻钢龙骨

轻钢龙骨是目前装饰工程中最常用的顶棚和隔墙等的骨架材料，它是采用镀锌钢板、优质轧带板或彩色喷塑钢板为原料，经过剪裁、冷弯、滚轧、冲压成型而制成，是一种新型的木骨架的换代产品。

1. 轻钢龙骨的特点和种类

（1）轻钢龙骨的特点

轻钢龙骨具有自身质量较轻、防火性能优良、施工效率较高、结构安全可靠、抗冲击性能好、抗震性能良好，可提高隔热、隔声效果及室内利用率等优点。

（2）轻钢龙骨的种类

轻钢龙骨按其断面型式可以分为 C 形龙骨、U 形龙骨、T 形龙骨和 L 形龙骨等多种。

C 形龙骨主要用于隔墙，即 C 形龙骨组成骨架后，两面再装以面板从而组成隔断墙。U 形龙骨和 T 形龙骨主要用于吊顶，即在 U 形龙骨 T 形龙骨组成骨架后，装以面板从而组成明架或暗架顶棚。

在轻钢龙骨中，按其使用部位不同可分为吊顶龙骨和隔断龙骨。吊顶龙骨的代号为 D，隔断龙骨的代号为 Q。吊顶龙骨又分为主龙骨（大龙骨）和次龙骨（中龙骨、小龙骨）。主龙骨也称为"承重龙骨"。隔断龙骨又分为竖龙骨、横龙骨和贯通龙骨等。

轻钢龙骨按龙骨的承重荷载不同，分为上人吊顶龙骨和非上人吊顶龙骨。

（3）轻钢龙骨的技术要求

轻钢龙骨的外观质量、力学性能要求应分别符合表 2-3-31 和表 2-3-32 中的规定。

轻钢龙骨的外观质量要求　　　　表 2-3-31

缺陷种类	优等品	一等品	合格品
腐蚀、损伤、黑斑、麻点	不允许	无较严重的腐蚀、损伤、麻点。总面积不大于 1cm² 的黑斑，每米长度内不得多于 5 处	

吊顶轻钢龙骨的力学性能　　　　表 2-3-32

项目		力学性能要求
静载试验	覆面龙骨	最大挠度不大于 10.0mm，残余变形不大于 2.0mm
	承载龙骨	最大挠度不大于 5.0mm，残余变形不大于 2.0mm

2. 隔墙轻钢龙骨

(1) 隔墙轻钢龙骨的种类和规格

隔墙轻钢龙骨产品的主要规格有：Q50、Q75、Q100、Q150 系列，其中 Q75 系列以下的轻钢龙骨，用于层高 3.5m 以下的隔墙；Q75 系列以上的轻钢龙骨，用于层高 3.5～6.0m 的隔墙。隔墙轻钢龙骨的主件有：沿地龙骨、竖向龙骨、加强龙骨、通贯龙骨，其主要配件有：支撑卡、卡托、角托等。

隔墙（断）龙骨的名称、产品代号、规格、适用范围见表 2-3-33 所示。

隔墙（断）龙骨的名称、产品代号、规格、适用范围　　表 2-3-33

名称	产品代号	标记	规格尺寸（mm）			用钢量（kg/m）	适用范围	生产单位
			宽度	高度	厚度			
沿顶沿地龙骨 竖龙骨 通贯龙骨 加强龙骨	Q50	QU50×40×0.8 QC50×45×0.8 QU50×12×1.2 QU50×40×1.5	50 50 50 50	40 45 12 40	0.8 0.8 1.2 1.5	0.82 1.12 0.41 1.50	用于层高3.5m 以下的隔墙	北京市建筑轻钢结构厂
沿顶沿地龙骨 竖龙骨 通贯龙骨 加强龙骨	Q75	QU77×40×0.8 QC75×45×0.8 QC75×50×0.5 QU38×12×1.2 QU75×40×1.5	77 75 75 38 75	40 45 50 12 40	0.8 0.8 0.5 1.2 1.5	1.00 1.26 0.79 0.58 1.77	除第 3 种用于层高3.5m 以下外，其他均用于 3.5～6.0m	
沿顶沿地龙骨 竖龙骨 通贯龙骨 加强龙骨	Q100	QU102×40×0.5 QC100×45×0.8 QU38×12×1.2 QU100×40×1.5	102 100 38 100	40 45 12 40	0.5 0.8 1.2 1.5	1.13 1.43 0.58 2.06	用于层高6.0m 以下的隔墙	

(2) 隔墙轻钢龙骨的应用

隔墙轻钢龙骨主要适用于办公楼、饭店、医院、娱乐场所、影剧院等分隔墙和走廊隔墙等部位。在实际隔墙装饰工程中，一般常用于单层石膏板隔墙、双层石膏板隔墙、轻钢龙骨隔声墙和轻钢龙骨超高墙等。

3. 顶棚轻钢龙骨

(1) 顶棚轻钢龙骨的种类和规格

用轻钢龙骨作为吊顶材料，按其承载能力大小，可分为不上人吊顶和上人吊顶两种。不上人吊顶只承受吊顶本身的重量，龙骨的断面尺寸一般较小，常用于空间较小的顶棚工程；上人吊顶不仅要承受吊顶本身的重量，而且还要承受人员走动的荷载，一般应承受 $80\sim100\text{kg/m}^2$ 的集中荷载，常用于空间较大的影剧院、音乐厅、会议中心或有中央空调的顶棚工程。

顶棚轻钢龙骨的规格主要有：D38、D45、D50、D60 系列 4 种。顶棚轻钢龙骨的名称、代号、规格尺寸如表 2-3-34 所示。

顶棚轻钢龙骨的名称、代号、规格尺寸　　表 2-3-34

名称	产品代号	规格尺寸（mm）			用钢量（kg/m）	吊点间距（mm）	吊顶类型	生产单位
		宽度	高度	厚度				
主龙骨（承载龙骨）	D38	38	12	1.2	0.56	900~1200	不上人	北京市建筑轻钢结构厂
	D50	50	15	1.2	0.92	1200	上人	
	D60	60	20	1.5	1.53	1500	上人	
次龙骨（覆面龙骨）	D25	25	19	0.5	0.13			
	D50	50	19	0.5	0.41			
L 形龙骨	L35	15	35	1.2	0.46			
T16-40 暗式轻钢吊顶龙骨	D-1 型吊顶	16	40		0.9kg/m²	1250	不上人	
	D-2 型吊顶	16	40		1.5kg/m²	750	不上人	
	D-3 型吊顶				2.0kg/m²	800~1200	上人	
	D-4 型吊顶				1.1kg/m²	1250	上人	
	D-5 型吊顶				2.0kg/m²	900~1200	上人	
主龙骨	D60（CS60）	60	27	1.5	1.37	1200	上人	北京新型建筑材料总厂
主龙骨	D60（C60）	60	27	1.5	0.61	850	不上人	
T 形主龙骨	D32	25	32			900~1200	不上人	
T 形次龙骨	D25	25	25					
T 形边龙骨	D25	25	25					

（2）顶棚轻钢龙骨的应用

轻钢龙骨顶棚材料，主要适用于饭店、办公楼、娱乐场所、医院、音乐厅、报告厅、会议中心、影剧院等新建或改建的工程中。其可以制成 U 形上人龙骨吊顶、U 形不上人龙骨吊顶、U 形龙骨拼插式吊顶等。

4．烤漆龙骨

烤漆龙骨是最近几年发展起来的一个龙骨新品种，其产品新颖、颜色鲜艳、规格多样、强度较高、价格适宜，因此在室内顶棚装饰工程中被广泛采用。其中镀锌烤漆龙骨是与矿棉吸声板、钙维板等顶棚材料相搭配的新型龙骨材料。龙骨结构组织紧密、牢固、稳定，具有防锈不变色和装饰效果好等优良性能。龙骨条的外露表面经过烤漆处理，可与顶棚板材的颜色相匹配。

烤漆龙骨与饰面板的顶棚尺寸固定（600mm×600mm、600mm×1200mm），可以与灯具有效地结合，产生装饰的整体效果，同时拼装面板可以任意拆装，因此施工容易，维修方便，特别适用于大面积的顶棚装修（如工业厂房、医院、商场等），达到整洁、明亮、简洁的效果。烤漆龙骨有 A 系列、O 系列和凹槽型 3 种规格，各系列又分主龙骨、副龙骨和边龙骨 3 种。

二、铝合金及其制品

为了提高铝的实用价值，在纯铝中加入适量的镁、锰、铜、锌、硅等元素制成铝合金。铝合金仍然能保持质轻的特点，但其机械性能明显提高，如铝-锰铝合金、铝-铜铝合金、铝-铜-镁系硬铝合金、铝-锌-镁铜系超硬铝合金等。

按加工方法不同，铝合金又可分为变形铝合金、铸造铝合金和装饰铝合金 3 种。

装饰性铝合金是以铝为基体而加入其他合金元素所构成的一种新型合金。这种铝合金除了应具备必须的机械和加工性能外，并且具有特殊的装饰性能和装饰效果，不仅可代替常用的铝合金材料，还可替代镀铬的锌、铜或铁件，避免镀铬加工时对环境的污染。

(一) 铝合金门窗

铝合金门窗是将经表面处理的铝合金型材，经过下料、打孔、铣槽、攻丝、制窗等加工工艺而制成的门窗框料构件，然后再与连接件、密封件、开闭五金件一起组合装配而成。

现代建筑装饰工程中，门窗大量采用铝合金已成为发展趋势，尽管其造价比普通的门窗高 3~4 倍，但由于长期维修费用低、性能好，可节约大量能源，特别是具有良好的装饰性，所以世界各国应用日益广泛。

1. 铝合金门窗的特点

铝合金门窗与其他材料（钢门窗、木门窗）相比，具有质量较轻、性能良好、色泽美观、耐腐蚀性强、维修方便、便于工业化生产等优点。

(1) 质量较轻

众多工程实践充分证明，铝合金门窗用材较省、质量较轻，每 $1m^2$ 耗用铝型材质量平均只有 8~12kg（每 $1m^2$ 钢门窗耗用钢材质量平均为 17~20kg），较钢门窗轻 50% 左右。

(2) 性能良好

铝合金门窗较木门窗、钢门窗最突出的优点是密封性能好，其气密性、水密性、隔声性、隔热性都比普通门窗有显著的提高。在装设空调设备的建筑中，对防尘、隔声、保温、隔热有特殊要求的建筑，以及多台风、多暴雨、多风沙地区的建筑更宜采用铝合金门窗。

(3) 色泽美观

铝合金门窗框料型材表面经过氧化着色处理，可着银白色、金黄色、古铜色、暗红色、黑色、天蓝色等柔和的颜色或带色的条纹；还可以在铝材表面涂装一层聚丙烯酸树脂保护装饰蜡，表面光滑美观，便于和建筑物外观、自然环境以及各种使用要求相协调。铝合金门窗造型新颖大方，线条明快，色调柔和，增加了建筑物立面和内部的美观。

(4) 耐蚀性强、维修方便

铝合金门窗在使用过程中，既不需要涂漆，也不褪色、不脱落，表面不需要维修。铝合金门窗强度高，刚性好，坚固耐用，零件使用寿命长，开闭轻便灵活，无噪声，现场安装工作量较小，施工速度快。

(5) 便于工业化生产

铝合金门窗从框料型材加工、配套零件及密封件的制作，到门窗装配试验都可以在工厂内进行，并可以进行大批量工业化生产，有利于实现铝合金门窗产品设计标准化、产品系列化、零配件通用化，有利于实现门窗产品的商业化。

2．铝合金门窗的种类

铝合金门窗的分类方法很多，按其用途不同进行分类，可分为铝合金窗和铝合金门两类。按开启形式不同进行分类，铝合金窗可分为固定窗、上悬窗、中悬窗、下悬窗、平开窗、滑撑平开窗、推拉窗和百页窗等；铝合金门分为平开门、推拉门、地弹簧门、折叠门、旋转门和卷帘门等。

根据国家标准规定，各类铝合金门窗的代号见表2-3-35。

各类铝合金门窗代号　　　　　　表2-3-35

门窗类型	代号	门窗类型	代号
平开铝合金窗	PLC	推拉铝合金窗	TLC
滑轴平开铝合金窗	HPLC	带纱推拉铝合金窗	ATLC
带纱平开铝合金窗	APLC	平开铝合金门	PL
固定铝合金窗	GLC	带纱平开铝合金门	SPLM
上悬铝合金窗	SLC	推拉铝合金门	TLM
中悬铝合金窗	CLC	带纱推拉铝合金门	STLM
下悬铝合金窗	XLC	铝合金地弹簧门	LIHM
立转铝合金窗	ILC	固定铝合金门	GLM

3．铝合金窗

（1）平开铝合金窗

平开铝合金窗是铝合金窗中的常用窗，其规格尺寸多，开启面积大，开关方便，可附纱窗。

平开铝合金窗按窗框厚度尺寸分为40、45、50、55、60、65、70等系列；按开启方向分为外开窗和内开窗；按构造分为平开窗、带纱平开窗和滑轴平开窗等。

92SJ712平开铝合金窗的平开窗标记组成如下：

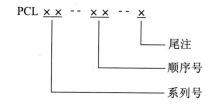

如为滑轴平开窗或带纱平开窗,则将"PLC"改为"HPLC"或"APLC"。92SJ712 图集包括 40 系列滑轴平开铝合金窗、50 系列平开铝合金窗和 70 系列滑轴平开铝合金窗。平开铝合金窗由窗框、窗扇、窗梃和启闭件构成。平开窗的窗扇与窗框用合页连接;滑撑窗的窗扇与窗框用滑撑连接。

92SJ712 平开铝合金窗的主要材料配置见表 2-3-36。

平开铝合金窗主要材料配置　　　　　表 2-3-36

系列号 构件名称	40	50	70
窗框	L040001	L050001　L050002	L07010　L070103　L070102
窗扇	L040004	L050005	L070106　L070107　L070108
窗梃	L040002　L040003	L050003　L050004	L070104　L070105

(2) 推拉铝合金窗

推拉铝合金窗是铝合金窗最常用窗种,其开启后不占使用面积,规格尺寸多,可附纱窗。推拉铝合金窗按窗框厚度尺寸不同,可分为 50、55、60、70、80、90 等系列。

92SJ713 推拉铝合金窗的推拉窗标记组成如下:

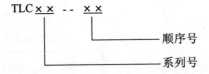

92SJ713 图集包括 55、60、70、90 和 90—1 系列推拉铝合金窗。推拉铝合金窗由窗框、窗扇、窗梃和窗芯和启闭件构成。窗扇通过安装在下端的滑轮,在窗框上滑动开启。

(3) 立转铝合金窗

① 立转铝合金窗垂直于水平面开启,窗扇一部分在室内,另一部分在室外。窗扇受力较均衡,开启轻便,开启面积大,通风效果好。

立转铝合金窗适用范围不太广泛,一般适用于宾馆、车站和候机厅等场所,也可做铝合金幕墙的配窗。

② 立转铝合金窗按窗框厚度尺寸分为 50、60、70 等系列。

88YJ17 航空牌铝门窗的 70 系列立转窗标记组成如下:

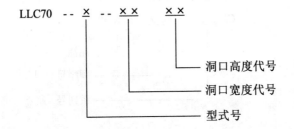

4．铝合金门

（1）平开铝合金门

平开铝合金门是铝合金门中常用门种，规格尺寸多，开启面积大，开关方便。

平开铝合金门按门框厚度尺寸分为40、45、50、55、60、70和80等系列；按开启方向分为外开门和内开门；按门框构造可分为有槛门和无槛门。

92SJ605平开铝合金门的平开门标记组成如下：

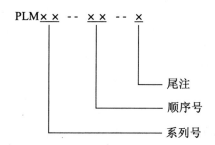

92SJ605图集包括50系列、55系列和70系列平开铝合金门。

平开铝合金门由门框、门扇、门梃、门芯和启闭件构成。门框与门扇通过合页连接。门芯板由专用铝合金型材拼装组成。

92SJ605平开铝合金门的主要材料见表2-3-37。

平开铝合金门的主要材料表　　　　表2-3-37

系列号 \ 构件名称	门框	门扇	门梃	门芯
50	L050001、L050002	L050007、L050008	L050003	L050009
55	L055001	L055005、L055006、L055009	L055003	L055004
70	L070001、L070002、L070003、L070011	L070010、L0 70012、L070013、L070014、L070015		L070016

（2）推拉铝合金门

推拉铝合金门按门框厚度尺寸分为70、80、90等系列。

92SJ606推拉铝合金门的推拉门标记组成如下：

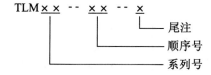

推拉铝合金门由门框、门扇、门梃、门芯和启闭件构成。门扇通过下端的滑轮在门框内滑动而启闭。由于门扇比一般窗扇大且重，有些推拉铝合金门采用加重型的滚珠轴承。

92SJ606 推拉铝合金门的主要材料配置见表 2-3-38。

推拉铝合金门主要材料配置表　　　　表 2-3-38

构件名称 系列号	门框	门扇	门梃	门芯
70	L070601 L070604 L070615 L070616	L070605 L070606 L070607 L070608 L070622	L070611 L070614 L070621	L070607
90	L090701 L090702 L090703	L090704 L090705 L090706 L070607 L090708	L090709 L090710	

(3) 铝合金地弹簧门

① 铝合金地弹簧门按门框厚度尺寸分为 45、55、70、80、100 等系列。

92SJ607 铝合金地弹簧门的地弹簧门标记组成如下：

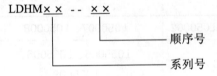

② 铝合金地弹簧门由门框、门扇、门梃和地弹簧等构成。门扇下端与地弹簧相连，门扇可开向室内外。

92SJ607 铝合金地弹簧门的主要材料配置见表 2-3-39。

铝合金地弹簧门主要材料配置表　　　　表 2-3-39

构件名称 系列号	门框	门扇	门梃	门芯
70	L070001	L070004 L070005 L070006 L070007 L070008 L070009	L070002 L070003	L070010

续表

构件名称 系列号	门框	门扇	门梃	门芯
100	L100001 L100002 L10004	L100005 L100006 L100007 L100008 L100010 L100011	L100002 L100009	

（4）折叠铝合金门

O88YJ17 航空牌铝门窗的 42 系列折叠铝合金门，是多门扇组合、上吊挂下导向的宽洞口用门。门扇转动灵活，推移轻便。开启后门扇折叠在一起，占建筑使用面积少。

折叠铝合金门适用于宽洞口、不频繁开启的高级或外观装饰性强的建筑用门，也可用作大厅内的活动间壁或隔断。

② 折叠铝合金门按折叠方式分为单向折叠门和双向折叠门。

③ 42 系列折叠铝合金门的标记组成如下：

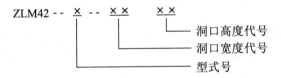

42 系列折叠铝合金门采用上吊挂型式，门的重量由上梁承担。吊挂装置由相互垂直的两组滚动轴承构成。门扇下部设有导向轮，使门扇通过导向轮沿设在地面的导向槽滑动。根据人流的多少，门可折叠几扇或全部折叠使用。

（5）旋转铝合金门

① 88YJ17 航空牌铝门窗的 100 系列旋转铝合金门，结构严紧，门扇在任何位置均具有良好的防风性，节能保温，外观华丽、造型别致、玲珑清秀。

旋转铝合金门适用于高级或外观装饰性强的建筑外门，不适用于大量人流和车辆通过。

② 旋转铝合金门的标记，100 系列旋转铝合金门的标记组成如下：

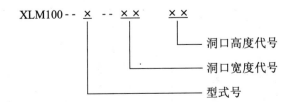

100 系列旋转门分为两种型式，型式号的规定见表 2-3-40。

100 系列旋转门的型式 表 2-3-40

型 式	第一种型式	第二种型式
图示		

100 系列旋转铝合金门门体由外框、圆顶、固定扇和活动扇四个部分构成。

(6) 铝合金卷帘门

① 铝合金卷帘门的特点

铝合金卷帘门其帘板采用铝合金型材，造型美，开启轻便灵活，易于安装，门扇启闭不占使用面积，有一定的防风、防火、隔声和防盗性能。

铝合金卷帘门适用于外观装饰强、启动不频繁的建筑用门。

② 铝合金卷帘门的类型

铝合金卷帘门按开启方式分为手动式和电动式；按帘板形状可分为板状卷帘门、网状卷帘门和帘状卷帘门；按安装位置分为墙体中间安装、墙体内侧安装和墙体外侧安装。

86YJ05 铝合金门窗（上海玻璃机械厂产品）的 68 系列轻型卷帘门标记组成如下：

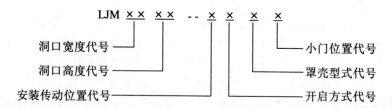

长沙市卷帘门厂生产的铝合金卷帘门分为 QZS 手动卷帘门和 QZD 电动卷帘门两种。根据帘板形状分为Ⅰ型（板状卷帘门）、Ⅱ型（网状卷帘门）和Ⅲ型（帘状卷帘门）三种。各种铝合金卷帘门的规定和特点见表 2-3-41。

铝合金卷帘门的特点 表 2-3-41

类别	支装传动位置						开启方式			罩壳型式				小门位置			
代号	1	2	3	4	5	6	1	2	3	1	2	3	4	X	M	M	M
特点	墙中支装 左传动	墙中支装 右传动	墙内支装 左传动	墙内支装 右传动	墙外支装 左传动	墙外支装 右传动	手动	电动	电动手动	无置壳	三面置壳	二面置壳	墙体中间罩壳	无小门	中间小门	右侧小门	左侧小门

铝合金卷帘门由帘板（闸片）、卷轴、导轨、护罩（罩壳、外罩）和启闭装置等构成。

(7) 铝合金自动门

铝合金自动门按开启形式分为推拉自动门、平开自动门、圆弧自动门、折叠自动门和卷帘自动门等；按门扇结构分为普通型和豪华型。铝合金自动门适用于高级或外观装饰性强的工业和民用建筑。

88YJ17 航空牌铝门窗的铝合金自动门，分为 100 系列推拉自动门、100 系列平开自动门和 100 系列圆弧自动门。

100 系列推拉自动门的标记组成如下：

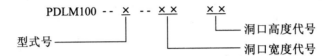

100 系列圆弧自动门的标记组成如下：

```
YDLM100 -- ×× ××
              │   └── 洞口高度代号
              └────── 洞口宽度代号
```

5. 铝合金门窗的常用型号、规格

建筑装饰工程上所用铝合金门窗，应当根据设计的门窗尺寸进行制作。目前，生产铝合金门窗的厂家很多，生产的型号和规格更是五花八门，很不规范，质量差别很大。我国生产比较规范、质量优良、常用的定型铝合金门窗的型号、规格见表 2-3-42 所示。

沈阳某铝窗公司生产的铝合金门窗的型号、规格　　表 2-3-42

名称	型号或类别	洞口尺寸（mm）	备注
固定窗	O型、Ⅱ型	宽最大 1800 高最大 600	1. O型和Ⅱ型的材料断面不同 2. 供货包括密封胶条、小五金在内
平开窗		宽最大 1200 高最大 1800	1. 设双道密封条，适用于有空调要求的房间 2. 根据需要可配纱窗 3. 开启方式有两侧开启，中间固定；中间开启，两侧固定；两侧开启，上腰头固定三种
推拉窗	两扇推拉窗	宽最大 1800 高最大 2100	1. 设双道密封条，适用于有空调要求的房间 2. 可组合大要带窗 3. 供货包括密封胶条、尼龙封条、滑轨、滑轮等在内
	四扇推拉窗	宽最大 3000 高最大 1800	

续表

名称	型号或类别	洞口尺寸（mm）	备注
开平门		宽最大 900 高最大 2100	1. 设双道密封条、单方向开启，适用于有空调要求的房间 2. 供货包括密封胶条、锁、小五金在内
弹簧门		开启部分： 宽最大 1800 高最大 2100	1. 双扇对开、两侧单开和固定扇均可； 2. 上腰头固定 3. 供货包括密封胶条、地弹簧、小五金在内
推拉门		根据用户 要求加工	供货包括密封胶条、尼龙封条、锁、滑轨、滑轮在内

注：1. 窗洞口尺寸可根据需要用基本窗进行组合。
　　2. 铝材表面着色为银白色、青铜色和古铜色 3 种，可根据用户需要着色。

（二）铝合金龙骨

1. 铝合金龙骨的种类和性能

铝合金龙骨材料是装饰工程中用量最大的一种龙骨材料，它是以铝合金材料加工成型的型材。其不仅具有质量轻、强度高、耐腐蚀、刚度大、易加工、装饰好等优良性能，而且具有配件齐全、产品系列化、设置灵活、拆卸方便、施工效率高等优点。

铝合金龙骨按断面形式不同，可分为 T 形铝合金龙骨、槽形铝合金龙骨、LT 形铝合金龙骨和圆形与 T 形结合的管形铝合金龙骨。但装饰工程上常用的是 T 形铝合金龙骨，尤其是利用 T 形龙骨的表面光滑明净、美观大方，广泛应用龙骨底面外露或半露的活动式装配吊顶。

铝合金龙骨同轻钢龙骨一样，也有主龙骨和次龙骨，但其配件相对于轻钢龙骨较少。因此，铝合金龙骨也可常常与轻钢龙骨配合使用，即主龙骨采用轻钢龙骨，次龙骨和边龙骨采用铝合金龙骨。

按使用的部位不同，在装饰工程中常用的铝合金龙骨有：铝合金吊顶龙骨、铝合金隔墙龙骨等。

2. 吊顶龙骨与隔墙龙骨

（1）铝合金吊顶龙骨

采用铝合金材料制作的吊顶龙骨，具有质轻、高强、不锈、美观、抗震、安装方便、效率较高等优良特点，主要适用于室内吊顶装饰。铝合金吊顶龙骨的形状，一般多为 T 形，可与板材组成 450mm×450mm、500mm×500mm、600mm×600mm 的方格（图 2-3-9），其不需要大幅面的吊顶板材，可灵活选用小规格吊顶材料。铝合金材料经过电氧化处理，光亮、不锈、色调柔和，非常美观大方。铝合金吊顶龙骨的规格和性能如表 2-3-43 所示。

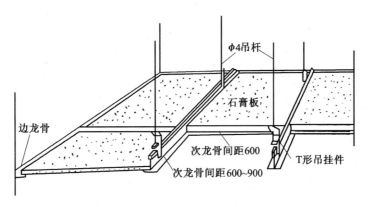

图 2-3-9　T形不上人吊顶龙骨安装示意（mm）

铝合金吊顶龙骨的规格和性能　　　　表 2-3-43

名称	铝龙骨	铝平吊顶筋	铝边龙骨	大龙骨	配件
规格（mm）	φ4，22×22，壁厚1.3	22×22，壁厚1.3	22×22，壁厚1.3	45×15，壁厚1.3	龙骨等的连接件及吊挂件
截面积（cm²）	0.775	0.555	0.555	0.870	
单位质量（kg/m）	0.210	0.150	0.150	0.770	
长度（m）	3 或 0.6 的倍数	0.596	3 或 0.6 的倍数	2	
机械性能	抗拉强度210MPa，延伸率8%				

（2）铝合金隔墙框架

铝合金隔墙是用大方管、扁管、等边槽、连接角等4种铝合金型材做成墙体框架，用较厚的玻璃或其他材料做成墙体饰面的一种隔墙方式。4种铝合金型材的规格见表2-3-44所示。

铝合金隔墙型材的规格　　　　表 2-3-44

序　号	型材名称	外型截面尺寸长×宽（mm×mm）	每1m重量（kg）
1	大方管	76.2×44.45	0.894
2	扁管	76.2×25.4	0.661
3	等槽	12.7×12.7	0.100
4	等角	31.8×31.8	0.503

铝合金隔墙的特点是：空间透视很好，制作比较简单，墙体结实牢固，占据空间较小，主要适用于办公室的分隔、厂房的分隔和其他大空间的分隔。

（三）铝合金装饰板

铝合金装饰板属于一种现代流行的建筑装饰材料，具有质量轻、不燃烧、耐久性好、施工方便、装饰华丽等优点，主要适用于公共建筑室内外装饰饰面。铝合金装饰板的颜色多种多样，主要有本色、古铜色、金黄色、茶色等。

1. 铝合金压型板

铝合金压型板是目前国内外被广泛应用的一种新型建筑装饰材料，具有质量轻、外形美观、耐久性好、安装容易、表面光亮、可反射太阳光等优点，主要用于屋面和外墙的装饰。

铝合金压型板是用毛坯材料经轧制而成，目前采用的毛坯材料是防锈铝 LF21 板材。板型有波纹形和瓦楞形等，如图 2-3-10 所示。

图 2-3-10　铝合金压型板板型

LF21 铝合金压型板的技术性能如表 2-3-45 所示。

LF21 铝合金压型板的技术性能　　　　表 2-3-45

密度	抗拉强度（MPa）	伸长率（%）	弹性模量（MPa）	线膨胀系数（10^{-6}/℃）		电阻系数（$\Omega \cdot mm^2/m$）
				-50~20℃	20~100℃	
2.73	150~220	2~6	7×10^7	2196	23.2	0.034

LF21 铝合金压型板的组织细小均匀，具有优良的耐蚀性能，因此，LF21 铝合金压型板，无论是在大气中使用，还是在海洋性气候中使用，均具有优异的抗腐蚀能力。此外 LF21 铝合金具有良好的工艺成型性能和焊接性能。

2. 铝合金花纹板及铝合金浅花纹板

（1）铝合金花纹板

铝合金花纹板是采用防锈铝合金等毛坯材料，用特制的花纹轧辊轧制而成，表面花纹美观大方，突筋高度适中，不易磨损，防滑性能好，防腐蚀性能强，并便于冲洗，通过表面处理，可获得不同的美丽色彩。花纹板板材平整，裁剪尺寸精确，便于安装固定，可以广泛应用于现代建筑物上，作墙面装饰及楼梯踏步板等。

（2）铝合金浅花纹板

铝合金浅花纹板也是一种优良的建筑装饰材料，它花纹精巧别致，色泽美观大方。它比普通铝板的刚度大 20%，并且抗污垢、抗划伤、擦伤能力均有所提高。它的立体图案和美丽色彩，更能使建筑物生辉，这种铝合金浅花纹板是我国特有的建筑装饰材料。

铝合金浅花纹板对白光反射率可达 75%~90%，热反射率可达 85%~95%，在氨、硫、硫酸、亚磷酸、浓硝酸、浓醋酸中耐蚀性良好。

3. 铝及铝合金冲孔平板

铝及铝合金冲孔平板是用各种铝合金平板经机械冲孔而制成。它的特点是：有良好的防腐蚀性能，光洁度高，有一定强度，易于机械加工成各种规格的形状、尺寸，有良好的防震、防水、防火性能及良好的消声效果，是建筑中最理想的装饰消声材料。

4. 铝合金花格网

铝合金花格网选用铝、镁、硅合金为材料，经挤压、辗轧、展延的新工艺加工而成，以菱形状和组合菱形为结构网。其具有造型美观、抗冲击性强、安全防盗性能好，不锈蚀、重量轻等优点，既可用在高层建筑物、高速公路的防护栏，也可用在民用住宅、宾馆、商场、运动场的阳台，各种橱窗、透光吊顶、围墙等。铝合金花格网的型号和规格见表2-3-46。

铝合金花格网的型号和规格　　　表2-3-46

型　号	花　型	规格（mm×mm）	颜　色
AG104-7	单花	1150×4200	银、金、古铜
AG107-7	双花	940×4100	银、金、古铜
AG916-12	双花	1150×4300	银、金、古铜
AG102-25	单花	1000×4800	银、金、古铜
AG107-25	双花	940×4200	银、金、古铜
LHGD-7-1B	小单花	1020×3230	银色
LHGD-7-2A	中单花	1550×5500	银色
LHGD-7-2B	中单花	1350×6360	银色
LHGD-7-3A	大单花	1800×5580	银色
LHGD-7-4A	长筋单花	1150×7200	银色
LHDG-7-1A	双花	1150×5650	银色

5. 铝合金波纹板

铝合金波纹板系工程围护结构材料之一，主要用于地面装饰，也可用作屋面。其表面经阳极着色处理后，有银白、金黄、古铜等多种颜色。其具有很强的光反射能力，且质轻、高强、抗震、防火、防潮、隔热、保温、耐蚀等优良性能，可抗8～10级风力不损坏。铝合金的牌号、规格见表2-3-47，其断面形状如图2-3-11所示。

铝合金波纹板的牌号、形态和规格尺寸　　　表2-3-47

合金牌号	供应状态	波型代号	规格尺寸允偏差（mm）				
			厚度	长度	宽度	波高	波距
L1～L6	Y	波20-106	0.6～1.0	(2000～10000) +15 -10	1115 +25 -10	20±2	106±2
LF21	Y	波33-131	0.6～1.0	(2000～10000) +25 -10	1008 +25 -10	33±2.5	131±3

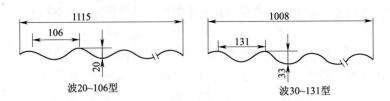

图 2-3-11 铝合金波纹板断面形状

（四）其他铝合金装饰制品

1. 铝合金百叶窗

铝合金百叶窗系以高铝镁合金制作的百叶片，以梯形尼龙绳串联而制成。百叶片规格一般为 0.25mm×25mm×700mm、0.25mm×25mm×970mm、0.25mm×25mm×1150mm 等多种。百叶窗的角度，可按室内光线明暗的要求和通风量大小的需要，拉动尼龙绳进行调节，百叶片可同时翻转 180°。这种窗帘与普通窗相比，具有启闭灵活、使用方便、经久不锈、造型美观、与窗搭配协调等优点，并可作为遮阳或遮挡视线之用，但在实际工程中目前应用还不太广泛。

2. 铝箔材料

铝箔既有保温、隔蒸汽的功能，又是一种优良的装饰材料。其常以纯铝加工成卷材，厚度为 0.006~0.025mm，可用于建筑结构表面的装饰。

3. 搪瓷铝合金装饰制品

向窑炉中装入加有磨细的颜料的玻璃，以高温（一般超过 427℃）熔融后，搪涂在铝合金的表面上，能制得色泽鲜艳、多种色彩、坚硬耐久的铝合金装饰制品。它具有高度耐碱和耐酸的优良性能，并相对地不受气候的影响。由于瓷釉可以薄层施加，因而它在铝合金表面上的粘附力，比在其他金属表面上更强。搪瓷铝合金装饰制品是一种值得推广、有发展前途的建筑装饰材料。

4. 专门的铝合金建筑装饰制品

由于铝合金具有质量轻、光泽好、耐腐蚀、不生锈等优良性能，所以采用铝合金材料制作专门的铝合金建筑装饰制品，已成为今后的发展趋势。许多类型的棒、杆和其他式样的产品，可以拼装成富有装饰性的栏杆、扶手、屏幕和搁栅等，利用能张开的铝合金片可制作装饰性的屏幕或遮阳帘等。

三、其他金属装饰材料

其他金属装饰材料有铜、合金铜、金、银等，如家具用的配件，地毯压条、收口条，水磨石、花岗石地面镶嵌条，彩绘用金粉、金箔等。

还有铁艺装饰制品，也是当今装饰中不可缺少的材料，如楼梯、栏杆、隔断等。

第五节　塑料类装饰材料

一、塑料制品的装饰性能

塑料是人造的或天然的高分子有机化合物,如合成树脂、天然树脂、橡胶、纤维素脂、沥青等为主的有机合成材料。这种材料在一定高温和高压下具有流动性,可塑制成各式制品,且在常温、常压下制品能保持其形状不变。

塑料制品与传统的建筑材料相比具有以下特点:

1. 装饰性、耐磨性好。

掺入不同颜料,可以得到各种鲜艳色泽的塑料制品,耐磨性优异,适用于做地面、墙面装修材料。

2. 耐水性、耐水蒸气性好。

塑料制品的吸水性和透水蒸气性很低,适用于做防水、防潮、给排水管道等。

3. 相对密度小,比强度高。

塑料相对密度一般在 0.9~2.2 的范围内,平均为铝材的一半,钢材的 1/5,混凝土的 1/3。而比强度(单位重量的强度)都高于钢材和混凝土。

4. 耐化学腐蚀性优良。

一般塑料对酸、碱、盐的侵蚀有较好的抵抗能力。

塑料长期暴露于大气中,会出现老化现象,并变色,但在配方中加入适当的稳定剂和优质颜料,则可以满足建筑装饰需要。

可燃性能差别很大。聚苯乙烯一点火即刻燃烧,而聚氯乙烯只有放到火焰中才会燃烧,移去火焰则自动熄灭。

二、塑料的组成

合成树脂是单成分塑料,但多数塑料则是多成分的,即其中除树脂外,还含有各种填料和添加剂。改变填料和添加剂的品种,则塑料的性质随之改变。

1. 树脂:树脂是塑料中最主要组成部分,起着胶粘剂的作用,能将塑料其他组分胶粘成一个整体。虽然加入各类添加剂可以改变塑料的性质,但树脂是决定塑料类型、性能和用途的根本因素。

2. 填充剂:也叫填料,也是塑料中的重要组成部分,能增强塑料的性能。如纤维、布料。填充剂可提高塑料机械强度。石棉填料的加入,可增加塑料的耐热性,云母填料可增强塑料的电绝缘性能,石墨、二硫化钼填料可改善塑料的摩擦磨耗性能等。填充剂的种类有:木粉、棉花、纸张和木材单片。常用的无机填料有滑石粉、石墨粉、二硫化钼、云母、玻璃纤维和玻璃布等。

3. 增塑剂:增塑剂是具有低蒸气压的低分子量固体或液体有机化合物,主要为酯类和酮类,与树脂混合加工,不发生化学反应,仅能提高混合物的弹性、黏性、可塑性、延伸率、改进低温脆化性和增加柔性、抗振性等。

除上述3种成分外，还有：着色剂、稳定剂、润滑剂、固化剂、抗静电剂以及其他添加剂。常用品种塑料名称见表2-3-48。

常用品种塑料名称　　　　　　　　表2-3-48

化学名称	习惯名称或商品名称	简写符号
聚乙烯	聚乙烯	PE
聚丙烯	聚丙烯	PP
聚氯乙烯	聚氯乙烯	PVC
聚苯乙烯	聚苯乙烯	PS
丙烯、腈一丁二烯-苯乙烯共聚物	腈丁苯共聚物	ABC

三、塑料装饰材料的品种及作用

用塑料制成的装饰用材料品种很多，可以用于室内装饰的各个部位。如塑料装饰门贴面（压花）、折合门、塑料门套线板、护墙板、踢脚板、挂镜线、顶线、窗帘盒、百叶窗帘、窗台板、暖气罩、地板、壁纸等。下面介绍几种常用塑料制品。

1. 塑料壁纸

塑料壁纸是壁纸系列中使用最广泛的一种，占壁纸总量的80%，在发达国家已达到人均消耗$10m^2$以上。

塑料壁纸是由具有一定性能的厚纸，采用聚氯乙烯糊状树脂（PVC）加工而成。

详细介绍见本节附：壁纸类装饰材料。

特种壁纸分：耐水壁纸、防霉壁纸、防洁露壁纸和防火壁纸等。

据最新报导，国外在壁纸上大做文章，研制了多种功能的壁纸。

吸湿壁纸。日本发明一种吸湿壁纸，这种壁纸表面布满了无数的微小毛孔，一平方米可吸收一百毫升水分，可用于洗手间墙面。

杀虫壁纸。美国发明的一种能杀虫的壁纸，苍蝇、蚊子、蟑螂等害虫只要接触到这种壁纸，很快就会被杀死。它的杀虫效力可长期保持，不怕水蒸气，可以擦洗。

调温壁纸。英国研制成一种调节室温的壁纸，它由3层组合而成，靠墙的里层是绝热层，中间是一种特殊调温层，是由经过化学处理的纤维所构成。最外层上有着无数细孔并印有装饰图案。这种美观的壁纸，能自动调节室内温度，保持室温宜人。

保温隔热壁纸。德国最近生产出一种特殊壁纸，具有隔热和保温性能。这种壁纸只有3mm厚，其保温效果则相当于27mm厚的石头墙，它是用化学纤维"杰普论"为原料人工合成的。

暖气壁纸。英国研制成功一种能够散发热量的壁纸。这种壁纸上涂有一层奇特的油漆涂料，通电后涂料能转化为热能，散发出暖气，适宜冬天贴用。

塑料壁纸以$80\sim100g/m^2$纸作基材，涂塑$100\sim2400g/m^2$的R/C糊状料。发泡壁纸要掺入发泡剂。

2．塑料地板

塑料地板在国外很流行，有些欧洲国家塑料地板基本上取代了木地板。

塑料地板品种很多，按使用不同的树脂分有：聚氯乙烯树脂地板、氯乙烯－酸醋乙烯塑料地板、聚乙烯树脂、聚丙烯树脂塑料地板。市场供应常用塑料地板为聚氯乙烯树脂塑料地板（即PVC地板）。

按材质分有硬质地板、半硬质地板和弹性地板。

目前市场供应的塑料地板花色品种很多，花泽华达装饰材料有限公司生产的"芳草地"牌PVC强耐磨防滑地板砖，花色品种有120余种，有仿大理石、花岗石、家乡石、拼木、镶木、仿古式砖、仿釉面砖、古典式、地毯式等。

形状有矩形、菱形、多角形、椭圆形等。

塑料地板除块状外，还有卷材（或称地板革），幅宽1m以上，最宽有1.95m，便于铺贴。

3．塑料门

塑料制成的装饰门花色品种越来越多。如广东澳美新装饰制品有限公司生产的美新牌浮雕花木门系列产品有双格门、三格门、四格门、六格门、平面门、条纹门、浅四格门等。门板为美国高密度防水板胶贴合而成。成品坚硬、牢固、双层作用、双层效果、结实耐用、不易变型，永不因热胀冷缩而发生裂缝，隔声效果良好，阻燃、防腐，综合效果超过天然木材门。

一般室内装饰除塑料制品壁纸外，似乎已不太受欢迎。其实塑料装饰制品有它自身的优势，比如厨房和卫生间吊顶采用中空塑料铝板仍不失为经济实用之举。从经济上考虑，塑料地板也是可选材料之一。

四、塑料窗

1．塑料窗的特点及发展前景

塑料窗为第四代窗，优点：节约能源、节约钢材、防酸碱腐蚀、开启灵活、清洁方便、密封隔声、装饰性强等。

2．当前塑料窗组装加工的缺陷

对塑料型材的储存、运输、表面保护缺乏管理，产品无固定保管场所。

制作技术及所用工具粗糙，没有专用焊接机，用金属电加热板放在两根型材端面中部加热，其焊接牢度难以达到焊接要求，加工后的热密性、水密性、抗风压强强度难以符合产品标准。

型材断面小，厚度不够，还有的加大填料中的钙塑比例。

马路加工点价格便宜，型材均达不到标准要求。

此外，塑料还可以生产出各种装饰线条、门窗套等。安装简单，还可省去油漆施工。

附：各种壁纸的性能、特点与用途

一、壁纸分类

按材质分，有下述几种常用的壁纸、墙布，见附表2-3-1。

常见壁纸、墙布的品种、特点及应用范围　　　　附表 2-3-1

产品种类	特　点	适用范围
聚氯乙烯壁纸（PVC 塑料壁纸）	以纸或布为基材，PVC 树脂为涂层，经复合印花、压花、发泡等工序制成，具有花色品种多样、耐磨、耐折、耐擦洗、可选性强等特点。属目前产量最大，应用最广泛的一种壁纸	各种建筑物的内墙面及顶棚
织物复合壁纸	将丝、棉、毛、麻等天然纤维复合于纸基上制成，具有色彩柔和、透气、调湿、吸声、无毒、无味等特点，但价格偏高，不易清洗	饭店、酒吧等高级墙面点缀
金属壁纸	以纸为基材，涂复一层金属薄膜制成，具有金碧辉煌、华丽大方、不老化、耐擦洗、无毒、无味等特点	公共建筑的内墙面，柱面及局部点缀
复合纸质壁纸	将双层纸（表纸和底纸）施胶、层压、复合在一起，再经印刷、压花、表面涂胶制成，具有质感好、透气、价格较便宜等特点	各种建筑物的内墙面
玻璃纤维壁布	以石英为原料，经拉丝，织成网格状、人字状的玻璃纤维壁布，将这种壁布贴在墙上后，再涂刷各种色彩的乳胶漆，形成多种色彩和纹理的装饰效果，具有无毒、无味、耐擦洗、寿命长等特点	各种建筑物的内墙面
锦缎墙布	华丽美观，强度高、无毒、无味、透气性好	高级宾馆、住宅内墙面
装饰墙布	强度高、无毒、无味、透气性好	招待所、会议室、餐厅等内墙面

二、壁纸的技术性能

常用壁纸的主要性能及规格分别见附表 2-3-2 ~ 附表 2-3-8。

聚氯乙烯塑料壁纸的技术性能　　　　　附表 2-3-2

名称\等级	优等品	一等品	合格品
色差	不允许有	不允许有明显差异	允许有差异，但不影响使用
伤痕和皱折	不允许有	不允许有	允许基纸有明显折印，但壁纸表面不允许有死折
气泡	不允许有	不允许有	不允许有影响外观的气泡
套印精度	偏差不大于 0.7mm	偏差不大于 0.7mm	偏差不大于 2mm
露底	不允许有	不允许有	允许有 2mm 的露底，但不允许密集
漏印	不允许有	不允许有	不允许有影响外观的漏印
污染点	不允许有	不允许有目视明显的污染点	允许有目视明显的污染点，但不允许密集

聚氯乙烯塑料壁纸的物理性能　　　　　附表 2-3-3

项目			指标		
			优等品	一等品	合格品
褪色性			>4	≥4	≥3
耐摩擦色牢度实验（级）	干擦性	纵向	>4	≥4	≥3
		横向			
	湿摩擦	纵向	>4	≥4	≥3
		横向			
遮蔽性 C 级			4	≥3	≥3
湿润拉伸负荷 N/15mm			>20	≥20	≥20
粘合剂可试性			20 次无外观上的损伤和变化	20 次无外观上的损伤和变化	20 次无外观上的损伤和变化

注：粘合剂可试性是指粘合壁纸的粘合剂附在壁纸的正面，在粘合剂未干时，应有可能用湿布或海绵拭去不留下明显痕迹。

聚氯乙烯塑料壁纸的可洗性能　　　　　附表 2-3-4

使用等级	指标
可洗	30 次无外观的损伤和变化
特别可洗	100 次无外观的损伤和变化
可刷洗	40 次无外观的损伤和变化

聚氯乙烯塑料壁纸的阻燃性能　　　　　　　　　　　　　　附表 2-3-5

级　　别	氧指数法	水平燃烧法	垂直燃烧法
B1	≥32	1 级	0
B2	≥27	1 级	1 级

聚氯乙烯塑料壁纸有毒物质限量值（mg/kg）　　　　　　附表 2-3-6

有毒物质名称		限量值
重金属（或其他）元素	钡	≤1000
	镉	≤25
	铬	≤60
	砷	≤8
	铅	≤90
	汞	≤20
	硒	≤165
	锑	≤20
氯乙烯		≤1.0
甲醛		≤120

其他壁纸、墙布的技术性能　　　　　　　　　　　　　　附表 2-3-7

产品种类	项　目	指　标	备　注
织物复合壁纸	耐光色牢度（级）	>4	××建筑材料厂
	耐摩擦色牢度（级）	>1（干、湿摩擦）	
	不透明度（%）	>90	
	湿强度（N/1.5cm）	4（纵向）2（横向）	
金属壁纸	剥离强度（MPa）	>0.15	××壁纸厂
	耐擦洗（次）	>1000	
	耐水性（30℃，软水，24h）	不变色	
玻璃纤维墙布	产品符合德国标准		××公司
装饰墙布	断裂强度（N/5×200mm）	770（纵向），490（横向）	
	断裂伸长率（%）	3（纵向），8（横向）	
	冲击强度（N）	347	Y631型织物破裂实验机
	耐磨（次）	500	Y522型圆盘式织物耐磨机
	静电效应静电值（V）	184	感应式静电仪，室温（19±1）℃，相对湿度（500±2）%，放电电压5000V
	半衰期（S）	1	

续表

产品种类	项 目	指 标	备 注
	色泽牢度单洗褪色（级）	3~4	按印刷棉布国家标准测试与评定
	皂洗色（级）	4~5	
	湿摩擦（级）	4	
	干摩擦（级）	4~5	
	刷洗（级）	3~4	
	日晒（级）	7	

壁纸、墙布规格尺寸　　　　　　　　　附表 2-3-8

产品名称	规格尺寸
PVC 塑料壁纸	宽：530mm　长：10m/卷
织物复合壁纸	宽：530mm　长：10m/卷
金属壁纸	宽：530mm　长：10m/卷
复合纸质壁纸	宽：530mm　长：10m/卷
玻璃纤维墙布	宽：530mm　长：17m 或 33.5m/卷
锦缎墙布	宽：720~900mm　长：20m/卷
装饰墙布	宽：820~840 mm　长：50m/卷

三、壁纸和墙布的性能及国家通用标志

塑料壁纸按使用功能还有防水、防火、防菌、防静电等类型。为此在其背面印有其功能特点的国际通用标志，如附图 2-3-1 所示。

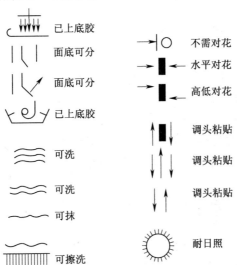

附图 2-3-1　壁纸、墙布性能国际通用标志

四、壁纸和墙布的一般材质要求

壁纸、墙布的图案、品种、色彩等应符合设计要求，并应附有产品合格证。

第六节 装饰涂料

一、涂料的基础知识

涂料是一种没有固定形态的液体材料，靠它自身的粘结性，并通过助剂的作用，涂敷于物体表面，这种液体物质能够牢固地与物体相结合，并在表面形成薄膜，起到保护被涂物体，美化被涂物体的作用，这种物质称为涂料。用于建筑物体表面的便是建筑装饰涂料。

涂料与其他饰面材料不同，石材、陶瓷、玻璃、夹板等装饰配料均为有固定形态的规格材料，有一定的厚度，对基底材料有遮盖作用。涂料是液体材料，薄薄地涂刷于物体表面可以通过填料起到遮盖基底的作用，但涂膜很薄。清漆类涂料可以起保护基底的作用，但不遮盖基底，具有透明度。涂料不会增加建筑荷载。只要施工工艺科学、正确，就不会发生涂层与基底脱离的情况。而且色彩鲜艳、质感丰富、翻新方便，故它是使用最普遍的一种饰面材料。

按涂料中各组分所起的作用，可分为主要成膜物质、次要成膜物质和辅助成膜物质。

（一）主要成膜物质

主要成膜物质是涂料的基础物质，也称胶粘剂或固着剂。它的作用是将其他组分粘结成一整体，并能附着在被涂基层表面形成坚韧的保护膜。胶粘剂应具有较高的化学稳定性，多属于高分子化合物或成膜后能形成高分子化合物的有机物质。前者如天然树脂、人造树脂和合成树脂，后者如某些植物或动物油料。

1. 油料

油料是涂料工业中使用最早的成膜材料，是制造油性涂料和油基涂料的主要原料，但并非各种涂料中都要含有油料。

涂料中使用的油主要是植物油。个别的动物油（如鱼油）虽然可以使用，但由于它的性能不好，使用不多。

涂料使用的植物油中，按其能否干结成膜以及成膜的快慢，分为干性油（桐油、梓油、亚麻油、苏子油等）；半干性油（豆油、向日葵籽油、棉籽油等）；不干性油（蓖麻油、椰子油、花生油等）。干性油涂于物体表面，受到空气的氧化作用和自身的聚合作用，经过一段时间（一周以内）能形成坚硬的油膜，耐水而富于弹性。半干性油干燥时间较长（一周以上），形成的油膜较软而且有发黏现象。不干性油在正常条件下不能自行干燥，它不能直接用于制造涂料。

油能否结膜是由油的分子结构决定的。结膜快慢和油分子中所含双键的数目和双键的结构形成有关。含双键的数目多结膜快，数目少则结膜慢，呈共轭双键结构的—CH=CH—CH=CH—比呈隔离双键结构的—CH=CH—CH$_2$—CH=CH$_2$—结膜快。例如，桐油酸 CH$_3$(CH$_2$)$_3$CH=CH—CH=CH—CH=CH(CH$_2$)$_7$COOH 含有三个共轭双键，次亚麻油酸（亚麻酸）CH$_3$CH$_2$CH=CH—CH$_2$—CH=CH—CH$_2$—CH=CH(CH$_2$)$_7$COOH 含有三个隔离双键，两者所含双键数目虽然相同，但桐油酸结膜快。

2. 树脂

单用油料虽可以制成涂料，但这种涂料形成的涂膜，在硬底、光泽、耐水、耐酸碱等方面性能往往不能满足近代科学技术的要求。如各种建筑物长期暴露于大气中而不受破坏等等，这些都是油性涂料所不能胜任的，因而要求采用性能优异的树脂作为涂料的主要成膜物质。

涂料用的树脂有天然树脂、人造树脂和合成树脂三类。天然树脂如松香、虫胶、沥青；人造树脂系由天然有机高分子化合物经加工而制得的，如松香油酯（酯胶）、硝化纤维；合成树脂系由单体经聚合或缩聚而制得的，如聚氯乙烯树脂、环氧树脂、酚醛树脂、醇酸树脂、丙烯树脂等。利用合成树脂制得的涂料性能优异，涂膜光泽好，是现代涂料工业生产量最大、品种最多、应用最广泛的涂料。

由于每种树脂各具特性，为了满足多方面的要求，往往在一种涂料中要采用几种树脂或树脂与油料混合使用，因此要求应用于涂料中的树脂之间或树脂与油料之间要有很好的混溶性。另外，为了满足施工需要的黏度，还要求树脂能在溶剂中具有良好的溶解性。

（二）次要成膜物质

次要成膜物质是涂料中的各种颜料，也是构成涂膜的组成部分，但它不能离开主要成膜物质单独构成涂膜。在涂料中加入颜料，不仅使涂膜性能得到改进，并使涂料品种有所增多。

颜料是一种不溶于水、溶剂和漆基的粉状物质，但能扩散于介质中形成均匀的悬浮体。颜料在涂膜中不仅能遮盖被涂面和赋予涂膜以绚丽多彩的外观，而且还可以增加涂膜的机械强度，阻止紫外线穿透，提高涂膜的耐久性和抵抗大气的老化作用。有些特殊颜料还使涂膜具有抑制金属腐蚀、耐高温等特殊作用。

颜料的品种很多，按它们的化学组成可分为有机颜料和无机颜料两类；按它们的来源可分为天然颜料和人造颜料两类；按它们所起主要作用的不同，分为着色颜料、防锈颜料、体质颜料三类。

着色颜料的主要作用是赋予涂膜一定的颜色和遮盖能力，是颜料中品种最多的一类。着色颜料按它们在涂料使用时所显示的色彩可分为红、黄、蓝、白、黑、金属光泽等类。防锈颜料的主要作用是防止金属锈蚀，品种有：红丹、锌铬黄、氧化铁红、偏硼酸钡、铝粉等。体质颜料又称填充颜料，它们在涂料中的遮盖力很低，不能阻止光线透过涂膜，也不能给涂料以美丽的色彩，但它们能增加漆膜厚度，加强漆膜体质，提高涂膜耐磨性，因而称之为体质颜料。其主要品种有：硫酸钡、碳酸钡、碳酸钙、滑石粉。

（三）辅助成膜物质

辅助成膜物质不能构成涂膜或不是构成涂膜的主体，但对涂料的成膜过程（施工过程）有很大影响，或对涂膜的性能起一些辅助作用。其主要包括溶剂和辅助材料两大类。

1. 溶剂

属能挥发的液体，具有溶解成膜物质的能力，又可降低涂料的黏度达到施工要求。在涂料中溶剂常占有很大比重。溶剂在涂膜形成过程中，逐渐挥发并不存在于涂膜中，但它能影响涂膜的形成质量和涂料的成本。

常用的溶剂有：对一些水溶性建筑涂料来说，水是一种量广、价廉、无毒无味、不燃的溶剂；对于溶剂型建筑涂料所用的溶剂有：以烷烃为主的脂肪烃混合物、芳香族烃类、醇类、酯类、酮类、氯化烃等。

溶剂的主要性质如下：

（1）溶解能力

溶剂的溶解能力系指溶剂对涂料中基料的溶解能力,以溶解速度、黏度和稀释比值来表示。在选择溶剂时,现代常引用溶解参数的概念来判断溶剂对树脂的溶解能力。溶剂的溶解度参数(δ)可按溶剂的氢键大小分成三个等级,即强氢键溶解度参数(δ_s)、中氢键溶解度参数(δ_m)和弱氢键溶解度参数(δ_p)。醇类溶剂属于强氢键等级,酮类、醚类和脂类溶剂属于中氢键等级,烃类溶剂则属于弱氢键等级。

常用各类溶剂的溶解度参数见表2-3-49。

各类溶剂的溶解度参数 表2-3-49

溶剂的类型	溶解度参数			溶剂的类型	溶解度参数		
	强氢键 δ_s	中氢键 δ_m	弱氢键 δ_p		强氢键 δ_s	中氢键 δ_m	弱氢键 δ_p
醇类	11~13	—	—	酯类	—	8~9	—
酮类	—	8~10	—	脂肪烃类	—	—	7~8
醚类	—	9~10	—	芳香烃类	—	—	8~9

利用溶解度参数选择基料树脂的溶剂方法,就是看树脂和溶剂在相同的氢键等级内的溶解度参数大小是否基本相符。例如,环氧树脂为中氢键,溶解度参数为$\delta_m=8~13$。从表中可以看出,它只能溶解于酮类、醚类和酯类溶剂中,而不能溶解于醇类和烃类溶剂中,因为环氧树脂的强氢键δ_s和弱氢键δ_p都是0。

常用树脂的溶解度参数见表2-3-50。

利用溶解度参数可以判断出涂料的耐溶剂性或估计出两种或两种以上树脂的互相混溶性。如果涂料所用的基料树脂的氢键分级和溶解度参数大小与某一种溶剂的相应溶解度参数值相差较大,这种涂料就有较好的耐该溶剂的性能。如果这几种树脂的溶解度参数(或其溶解度参数值范围的中间平均值)之间相差不大于1,就表明这几种树脂能互相混溶。

树脂的溶解度参数 表2-3-50

树脂类型	溶解度参数			树脂类型	溶解度参数		
	强氢键 δ_s	中氢键 δ_m	弱氢键 δ_p		强氢键 δ_s	中氢键 δ_m	弱氢键 δ_p
醇酸树脂				环氧树脂			
短油度	9~11	7~12	8~11	环氧当量为400~500	0	8~13	10~11
中油度	9~11	7~12	7~11	800~900	0	8~13	0
长油度	9~11	7~10	7~11	1700~2000	0	8~13	0
乙烯类树脂	0	9~10	10~11	2000~4000	0	8~10	0
聚乙烯	0	7~14	9~11	干性油环氧脂	0	7~10	8~11
氯乙烯-醋酸乙烯				其他树脂	0	8~13	8~13
				聚甲基丙烯酸钾酯	0	8~12	8~11
二元共聚物				聚氨基甲酸酯	9~11	7~12	8~11
聚乙烯醇缩丁醛	9~15	9~11	0	氯化橡胶	0	7~11	8~11

(2) 溶剂的挥发率

溶剂的挥发率大小，直接影响涂膜的质量，挥发率太大，则涂膜干燥快，影响涂膜的流平性和光泽，表面会产生橘皮状泛白现象；反之，挥发率太小，涂膜干燥慢，不但影响施工进度，而且在涂膜干燥前易被雨水冲掉或粘污。

在涂料工业中，挥发率的表示方法有两种：第一种是以乙醚的挥发速度为1，其他溶剂的挥发速度与乙醚的挥发速度之比即为该溶剂的挥发率。第二种方法是以一定时间内醋酸丁酯挥发的重量为100，用其他溶剂在相同时间内所挥发的重量之比来表示其挥发率。用第一种方法（乙醚法）法，数值愈大，挥发得愈慢；而第二种方法则数值愈大，挥发得愈快。

常用溶剂的挥发率见表2-3-51。

常用溶剂的挥发率　　　　　表2-3-51

溶剂	乙醚法挥发率	醋酸丁酯法挥发率	沸程（℃）	溶剂	乙醚法挥发率	醋酸丁酯法挥发率	沸程（℃）
乙醚	1.0	—	34~35	醋酸丁酯	11.0	100	126~127
丙酮	2.1	720	55~56	异丙叉丙酮	—	94	123~132
醋酸甲酯	2.2	1040	56~62	二甲苯	13.5	68	135~145
醋酸乙酯	2.9	525	76~77	异丁醇	24.0	68	104~107
纯苯	3.0	500	79~81	正丁醇	33.0	45	114~118
醋酸异丙酯	4.2	435	84~93	溶纤剂	43.0	40	126~138
甲苯	6.1	195	109~111	醋酸溶纤剂	52.0	24	149~160
乙醇	8.3	203	77~79	环己酮	40	25	155~157
异丙醇	10.0	205	80~82	乳酸乙酯	80	22	155
甲基异丁基酮	9.0	165	114~117	二丙酮醇	147	15	150~165

(3) 溶剂的闪点及着火点

溶剂的闪点是溶剂表面上的蒸气和空气的混合气体与火接触后初次发生蓝色火焰的闪光时的温度。

着火点则是溶剂表面上的蒸气与空气的混合气体与火接触发生火焰能开始继续燃烧不少于5s时的温度。

溶剂的闪点和着火点都是溶剂可燃性能的指标，表明其着火及爆炸的可能性大小。一般认为闪点在25℃以下的溶剂即为易燃品。

常用溶剂的闪点及着火点见表2-3-52。

常用溶剂的闪点及着火点　　　　　表2-3-52

溶剂	闪点（℃）	着火点（℃）	溶剂	闪点（℃）	着火点（℃）
丙酮	-20	53.6	异丁醇	38	42.6
丁醇	46	34.3	异丙醇	21	45.5
醋酸丁酯	33	42.1	甲醇	18	46.9
乙醇	16	42.6	松香水		24.6
甲乙酮	-4	51.4	甲苯	5	55.0

（4）爆炸极限

溶剂表面上蒸发的气体与空气的混合气体产生爆炸的浓度范围即爆炸极限。空气中含有溶剂的蒸气时，在一定浓度范围内，遇到明火即会发生爆炸，其最低浓度称为爆炸下限，最高浓度称为爆炸上限。

爆炸极限用混合气体的百分比表示，如丙酮的爆炸极限为 2.55%~12.8%；丁醇的爆炸极限为 3.7%~10.2%；乙醇的爆炸极限为 3.5%~18.0%；甲苯的爆炸极限为 1.2%~7%。

（5）毒性

有些溶剂的蒸气人吸入后能伤害人体，如氯代烃类的蒸气有麻醉作用，苯蒸气能破坏血球等。工业上使用溶剂时，溶剂在空气中最大的容许量国家都有规定。一般来说，松香水、松节油无任何毒性。

（6）溶剂种类

① 石油溶剂：主要是链状的碳氢化合物，是由石油分馏而得。在涂料中常用的为 150~200℃馏出物，成分为 $C_5H_{12} - C_6H_{14}$，相对密度 0.635~0.666，俗称松香水。它的最大优点是无毒，溶解能力属中等，可与很多有机溶剂互溶，可溶解油类和黏度不太高的聚合油，价格低廉，在涂料工业中用量很大。

② 煤焦溶剂：由煤焦油蒸馏而得，包括苯、甲苯、二甲苯等，多属芳香烃类。芳香烃类溶剂溶解力虽然大于烷烃溶剂，能溶解很多树脂，但对人体毒性较大，因此使用时要慎重。常用的是二甲苯和甲苯，溶解能力强，挥发速度适当。

③ 萜烃溶剂：它们绝大部分取自松树的分泌物，如松节油。萜烃溶剂主要是油基涂料的溶剂，多年来松节油是涂料的标准稀料，自从醇酸树脂及其他合成树脂问世以来已经逐步被其他溶剂取代。此外尚有酯类、醇类、酮类等溶剂。

2. 辅助材料

有了成膜物质、颜料和溶剂就构成了涂料，但一般为了改善性能，常使用一些辅助材料。涂料中所使用的辅助材料种类很多，各具特点，但用量很少，一般是百分之几到千分之几，甚至十万分之几但作用显著。根据辅助材料的功能可分为催干剂、增塑剂、润湿剂、悬浮剂、紫外光吸收剂、稳定剂等。目前以催干剂、增塑剂使用数量较多。

（1）催干剂又称干燥剂。室温中使用能加速漆膜的干燥，如亚麻油不加催干剂约需 4~5d 才能干燥成膜，且干后膜状不好，加入催化剂后可在 12h 之内干结成膜，且干后涂膜质量好，所以催干剂还具有提高涂膜质量的作用。很多金属氧化物和金属盐类都可用作催干剂，按催干效果的大小排列为：钴＞锰＞铅＞铈＞铬＞铁＞铜＞镍＞锌＞钙＞铝。但有实际价值的是钴、锰、铅、锌、钙等五种金属的氧化物、盐类和它们的各种有机酸皂（现有涂料工业以采用环烷酸金属皂为主），我国使用最多的是铅、锰的干燥剂。

仅用一种催干剂效果不及同时采用多种催干剂。催干剂的使用量各有一定的限度，超过限度反而要延长干燥时间和加速涂膜的老化，尤以锰干燥剂影响最大。

催干剂的催干机理，主要是将催干剂加入干性油中后，能促进油的氧化和聚合反应。催干剂的第一种作用就是促进油的氧化，而且本身还直接参与氧化反应，催干剂中金属氧化物被还原成低价，而将油中抗氧化物质氧化，或与抗氧化物质结合生成沉淀。催干剂的第二种作用是促进油料的聚合,加速过氧化物的分解,产生游离基,从而发生游离基的链锁聚合反应,使油的小分子迅速变成大分子。催干剂的第三种作用是吸收空气中的氧,形成新的氧化物,再与油的双键结合,将氧分子给油分子。这样,催干剂就成为油结膜时氧的输送者,减少了油膜吸氧的困难。这三种作用大大缩短了油膜的干燥时间。

(2)增塑剂。主要用于无油的涂料中,克服涂膜硬、脆的缺点,在涂料中能填充到树脂结构的空隙中使涂膜塑性增加。一般要求增塑剂无色、无臭、无毒、不燃和化学稳定性高、挥发性小,不致因外部因素作用而析出或挥发。涂料使用的增塑剂主要品种有:不干性油、有机化合物(如邻苯二甲酸的酯类)及高分子化合物(如聚氨酯树脂)等。

建筑涂料组成见表2-3-53。

建筑涂料的组成(不含油漆)　　　　表2-3-53

组　成		常用原料举例	组分作用
基料	水溶性树脂类、合成树脂乳液类 无机硅酸盐类 有机无机复合类	丙烯酸酯乳液、苯丙乳液、乙丙乳液、紫偏乳液、聚醋酸乙烯乳液等 硅酸钠、硅酸钾、硅酸胶等 硅溶胶－苯丙乳液、硅溶胶－乙丙乳液、硅溶胶－苯丙－环氧、聚乙烯醇－水玻璃	涂料成膜物质(胶粘料),将涂料各组分粘结成一整体并附着在基层表面形成坚韧完整的涂膜,具有化学稳定性和一定的机械强度
颜料	无机类颜料 有机类颜料	钛白粉、氧化锌(ZnO)、锌钡($ZnS \cdot BaSO_4$)、氧化铁红、铁黄、氧化铬绿 甲苯胺红、酞菁蓝、酞菁绿、耐晒黄等	着色颜料,使涂膜具有遮盖力和色彩,增强涂膜防护能力,具有耐候性、耐久性
填料		滑石粉($3MgO \cdot 4SiO_2 \cdot H_2O$)、轻质碳酸钙$CaCO_3$ 重晶石粉(沉淀$BaSO_4$)、石英粉、云母粉等	体质颜料,起填充和骨架作用,加强涂膜体质、密实度、机械强度和耐磨、耐久性
助剂	成膜助剂 消泡剂 湿润分散剂 增稠剂 防霉、防腐剂 pH值调节剂	乙二醇、丙二醇、己三醇、一缩乙二醇、乙二醇乙醚、乙二醇丁醚醋酸、Tenanol酯醇等 磷酸三丁酯、有机硅乳液、松香醇、辛醇、SPAE02等三聚磷酸钾、六偏磷酸钠、焦磷酸钠、烷基苯磺酸钠、NND、OP-10等 聚甲基丙烯酸盐、羧甲基纤维素等 苯甲酸钠、多菌灵、福美双等 氢氧化钠、氨水、碳酸氢钠等	助剂种类多,各具不同特性,起不同作用,用量很少,作用显著。正确使用,能对涂料性能产生重要影响,起改进、提高涂料性能的作用
分散介质(溶剂、稀释剂)		水、松节油、松香水、酒精、汽油、苯、丙酮、乙醚等	分散、溶解、稀释

二、涂料的分类

（一）建筑涂料的分类

我国建筑涂料习惯上用3种方法进行分类：按照涂料采用基料的种类分为：有机涂料、无机涂料和有机无机复合涂料；从涂料成膜后的厚度和质地上可分为平面涂料（深层表面平整光滑）、彩砂涂料（深层表面呈砂粒状）、复层涂料（也称浮膜涂料）；从在建筑上的使用部位可分为外墙涂料、内墙涂料、顶棚涂料和地面涂料等。

（二）建筑涂料的选用原则

建筑涂料品种繁多，而建筑物的建筑模式、建筑风格、装饰档次及要求等各异，涂饰时的环境条件也是千差万别，如何正确选用建筑涂料，建议从以下几个方面进行综合考虑。

1. 环境安全原则

建筑涂料直接关系到人类的健康和生存环境，选材时首先应根据使用部位、环境，选用无毒、无害的水性类或乳液型、溶剂型、中低VOC环保型和低毒型涂料。涂料中的有害物质的含量必须完全低于国家标准的限量。

2. 质量功能的优良原则

我国目前的建筑涂料产品标准（国标与行标）和检验标准，基本上覆盖了目前市场上的各类常用建筑涂料产品，可使设计施工选用"有章可循"。但是国家标准是最低要求的指标，因此，在设计、施工中选用时，还应考虑符合地方标准，同时应该按照不同档次建筑装饰及使用者要求，选用性能、品质优良，功能完全，材料产品、使用技术配套的品牌，以保证满足工程、设计和房屋使用者的最大需求，有利于提高工程质量与装饰效果。

3. 环境条例原则

根据建筑物实地施工环境，被涂饰的部位、基层材质、表面状况等具体条件，考虑实现施工的可能性。选用具有最适合施工性能、涂饰方法的产品，并确定其最佳的涂饰工序与工法。

4. 技术经济效益原则

考虑装饰工程投资预算的可能性，按照产品品质，同类产品在市场中技术质量先进性、价格合理性，选用质价比最佳的品牌。

建筑涂料分类、主要品种及适用范围见表2-3-54。

建筑涂料分类、主要品种及其适用范围　　　　表2-3-54

建筑涂料种类		建筑物部位	室外屋面	室外墙面	室外地面	室内墙面	室内顶棚	室内地面	厂房内墙面	厂房内地面
有机涂料	水溶性	聚乙烯醇类建筑涂料		×		○			○	
		耐擦洗仿瓷涂料				○	○		○	
	乳液型	丙烯酸脂乳液涂料	○	√		○	○	○	○	
		苯乙烯-丙烯酸酯共聚乳液（苯丙）涂料	○	√		○				

续表

建筑涂料种类		建筑物部位	室外屋面	室外墙面	室外地面	室内墙面	室内顶棚	室内地面	厂房内墙面	厂房内地面
有机涂料	乳液型	醋酸乙烯-丙烯酸酯共聚乳液（乙丙）涂料		○		√	○		○	
		氧乙烯-偏氯乙烯共聚乳液（氯偏）涂料		○		○	○			
		环氧树脂乳液涂料		√		○	○		○	
		硅橡胶乳液涂料								
	溶剂型	丙烯酸酯类溶剂型涂料		√					√	
		聚氨酯丙烯酸酯复合型涂料		√					○	
		聚酯丙烯酸酯复合型涂料		√					○	
		有机硅丙烯酸酯复合型涂料		√					√	
		聚氨酯类溶剂型涂料	√	√	√			√	○	√
		聚氨酯环氧树脂复合型涂料		√				○		√
		过氯乙烯溶剂型涂料		○				○	○	√
		氯化橡胶建筑涂料							√	√
无机涂料	水溶性	无机硅酸盐（水玻璃）类涂料		○		○	○		×	
		硅溶胶类建筑涂料		○		○	○		○	
		聚合物水泥类涂料		○	○					
		粉刷石膏抹面材料				○	○			
有机-无机复合涂料		（丙烯酸酯乳液+硅溶胶）复合涂料		√						
		（苯丙乳液+硅溶胶）复合涂料		√						
		（丙烯酸乳液+环氧树脂乳液+硅溶胶）复合涂料								

注：√—优选型；○—可以选用；×—不能选用。

（三）建筑油漆的组成、分类及常用品种
建筑油漆的组成
建筑油漆由主要成膜物质、次要成膜物质和辅助成膜物质3部分组成，见表2-3-55。
油漆的分类和各类油漆使用的主要成膜物质见表2-3-56。
常用建筑油漆的类别、品种、特性及用途见表2-3-57。

建筑油漆的组成、分类及常用原料品种　　　　表 2-3-55

油漆组分			常用原料品种	组分作用
主要成膜物质	油脂	植物油脂	桐油、亚麻籽油、梓油、巴西果油等	制造油性漆和油基漆的主要成膜物质，干固成膜，粘附在基层表面，具有光泽和一定弹性
		动物油脂	鲨鱼肝鱼、猪油、牛油、羊油等	
	树脂	天然树脂	松香、虫胶等	将油漆中各成分粘结在一起，附着在被涂刷基层表面形成完整坚韧保护膜，具有稳定的耐水、耐化学腐蚀性，颜色均匀，有光泽
		人造树脂	松香甘油脂、硝化纤维等	
		合成树脂	醇酸树脂、乙烯基树脂、双组分环氧树脂、酚醛树脂、橡胶树脂、湿固化型聚氨酯等	
次要成膜物质	有机、无机颜料	着色颜色	铁黄、槐黄、铁红、氧化铁红、氧化铁黄、氧化铁黑、炭黑、酞菁蓝、钛白、铬绿、锌绿等	扩散于漆料中形成均匀的悬浮体，使涂膜具有颜色和遮盖力，美化外观，增加涂膜硬度、实密性，提高机械强度、耐久性、耐候性、附着力、流动性、防腐蚀等
		防锈颜料	红丹、锌铬黄、石墨、锌粉、铝粉、碱性碳酸铅	
		体质颜料	重晶石粉、白垩、滑石粉、云母粉、石英粉、碳酸钙、磁土、硅藻土	
辅助成膜物质	溶剂		萜烯溶剂：松节油、松油、樟脑油 石油溶剂：石油醚、汽油、松香水 煤焦溶剂：苯、甲苯、二甲苯、萘溶剂 酯类：乙酸乙酯、乙酸丁酯 酮类：丙酮、环己酮 醇类：乙醇、丁醇 氯化苯类：乙醚乙二醇、乙醚、乙醚乙二醇 硝基烷类等	溶解油酯、树酯等成膜物质，干燥过程中从涂膜中挥发掉。降低涂料黏度，便于施工，加强涂料稳定性，改善涂膜流平性，提高光泽和致密性
	助剂	增塑剂	蓖麻油、苯二甲酸二辛酯、磷酸三丁酯、氯化石蜡等	种类很多，用途各异，用量一般很少，对涂膜的质量改善提高及油漆施工性能、储存性有明显作用
		催干剂	钴、锰、铅、铁、锌、钙六种催干剂	
		防潮剂（防白剂）	硝基漆防潮剂、过氯乙烯防潮剂	
		稀释剂	汽油、松节油、二甲苯、丙酮、醋酸丁酯、甲苯、丁醇、环卫酮、乙醇等	
		固化剂	环氧固化剂（650聚酰胺固化剂）环氯漆固化剂	

油漆的分类和各类油漆使用的主要成膜物质　　　表 2-3-56

代号	类别	主要成膜物质
Y	油脂漆类	天然动、植物油、清油（熟油）、合成油
T	天然树脂漆类	松香及其衍生物、虫胶、乳酪素、动物胶、大漆及其衍生物
F	酚醛树脂漆类	改性酚醛树脂、纯酚醛树脂
L	沥青漆类	天然沥青、石油沥青、煤焦沥青
C	醇酸树脂漆类	甘油醇酸树脂、季戊醇醇酸树脂、其他改性醇酸树脂
A	氨基树脂漆类	脲醛树脂、三聚氰胺甲醛树脂、聚酰胺亚胺树脂
Q	硝基漆类	硝酸纤维素脂
M	纤维素漆类	乙基纤维、苄基纤维、羧甲基纤维、醋酸纤维、其他纤维及醚类
G	过氯乙烯漆类	过氯乙烯树脂
X	乙烯漆类	氯乙烯共聚树脂、聚醋酸乙烯及其共聚物、聚乙烯醇缩醛树脂、聚二乙烯乙炔树脂、含氟树脂
B	丙烯酸漆类	丙烯酸酯树脂、丙烯酸共聚物及其改性树脂
Z	聚酯漆类	饱和聚酯树脂、不饱和聚酯树脂
H	环氧树脂漆类	环氧树脂、改性环氧树脂
S	聚氨酯漆类	聚氨基甲酸酯
W	元素有机漆类	有机硅、有机钛、有机铝等元素有机聚合物
J	橡胶漆类	天然橡胶及其衍生物、合成橡胶及其衍生物
E	其他漆类	未包括以上所列的其他成膜物质
	辅助材料	稀释剂、防潮剂、催干剂、脱漆剂、固化剂

常用建筑油漆的类别、品种、特性及用途　　　表 2-3-57

类别	油漆品种名称	执行标准	基本特性、适用范围
油脂漆	清油（熟油或鱼油） Y00—1 聚合清油 Y00—2 各色原漆 Y02 Y03—油性调和漆 Y53—防锈漆		以天然植物油、动物油等为主要成膜物质的一种油性漆，依空气中的氧化作用使结膜干燥，干燥速度慢，不耐酸碱和有机溶剂，涂膜较软，耐磨性差，是一种较古老又最基本的传统油漆，不能打磨抛光，易被基层碱性物质皂化脱落，与合成树脂油漆相比有很多不足，不能满足现代装饰装修的需要，加之耗用植物油，将逐步被合成树脂漆所代替。可做门窗细木饰体涂饰，价格低廉，施工方便

续表

类别	油漆品种名称	执行标准	基本特性、适用范围
天然树脂漆	T01—酯胶清漆 T01—虫胶清漆 T03—各色酯胶调和漆 T03—各色钙酯胶调和漆 T04—钙脂地板清漆 T04—红丹酯胶防锈漆 T04—锌灰酯胶防锈漆 T09—广漆 T09—油基大漆		系以天然树脂为主要成膜物质的一种普通油漆，属干性油漆，由干性油与天然树脂经热炼后制成。干燥性和涂膜硬度比油性漆强，涂膜干滑均匀，有一定耐水性。但由于天然树脂来源较困难，炼制工艺也较复杂，性能不全面，所以这类油漆使用已较少了，只宜作一般普通室内门窗、细木饰件的涂饰
醇酸树脂漆	C01—醇酸清漆（长油度） C01—醇酸清漆（中度油） C03—各色醇酸调和漆 C04—各色醇酸磁漆 C03—各色醇酸调和漆 C04—83 各色醇酸无光磁漆 C04—64 各色醇酸本光磁漆 C07—5 各色醇酸腻子 C06—铁红醇酸底漆 C54—31 红丹醇酸防锈漆	HG/T 2453—93 HG/T 2455—93 HG 2576—94 ZBG 51106—88 ZBG 51037—87 ZBG 51038—87 ZBG 51040—87	由多元醇、多元酸与脂肪酸缩合而成的醇酸树脂为主要成膜物质制成的油漆，具有成膜光、附着力好、光泽持久、不易老化、耐候性好、抗矿物油及醇类溶剂性好的优点，但耐碱、耐水性不理想。不宜用在新抹灰、水泥、砖石等碱性基层面上。可刷涂、喷涂，施工方便。适用于涂饰一般室内外木质、金属饰体使用
硝基漆	Q01—1 硝基清漆（腊克） Q022—1 硝基木器清漆 Q04—2 各色硝基外用磁漆 Q04—3 各色硝基内用磁漆 Q04—4 各色硝基底漆 Q04—62 各色硝基本光磁漆 Q14—31 各色硝基透明漆 Q07—5 各色硝基腻子	HB/T 2593—94 ZBG 51057—87	以硝基纤维素加合成树脂、增塑剂、有机溶剂等配制而成，具有干燥迅速，涂膜坚硬、耐磨性好、平整光亮装饰性好、有一定耐化学腐蚀性、防霉性好等优点。但油漆因含量较低，遮盖力较差，对基层处理要求严格。施工时溶剂挥发量大，污染环境，危害人员健康，又是一种易燃液体，需注意防火和施工卫生防护措施。它常用作高级建筑涂饰，但不宜在软木或未经干燥处理的木材表面上涂饰

续表

类别	油漆品种名称	执行标准	基本特性、适用范围
过氯乙烯树脂漆	G01—7 过氯乙烯清漆 G52—2 过氯乙烯防腐清漆 G04—16 各色过氯乙烯磁漆 G04—2 各色过氯乙烯磁漆 G52—31 各色过氯乙烯防腐漆 G52—2 过氯乙烯防腐漆 G07—3 各色过氯乙烯腻子 G06—4 各色过氯乙烯底漆	ZBG 51061—87 ZBG 51068—87 ZBG 51066—87	由过氯乙烯树脂、增塑剂、酯、酮、苯混合溶剂调制而成。漆膜干燥快，在常温2h即达到表面干燥，可采用多种涂饰方法，施工方便，耐候性、耐油性、耐酸碱性、耐酒精等耐化学性较好。同时，耐水、抗霉菌，可在湿热地区用作三防油漆。耐寒性好，在寒冷地区能保持其机械性能，不易变脆开裂。但附着力差，必须同配套的腻子、底漆配合使用。耐热性差，宜在60℃以下部位使用。硬度低，不宜打磨抛光。涂膜干透慢。适宜于普通区域室内外金属、木质面涂饰及耐酸碱要求的建筑、设备、管道涂饰
乙烯树脂漆	X03—1 各色多烯调和漆 X03—2 各色多烯无兴调和漆 X08—1 各色乙酸乙烯乳胶漆 X01—9 多烯清漆 X04—7 各色多烯磁漆		以乙烯树脂及其改性聚合树脂为主要成膜物质制成。涂膜坚韧、耐水、耐化学腐蚀性好，干燥快，涂膜色彩鲜艳，适用于建筑物内外墙水泥、抹灰及木质、砖石、金属面的保护装饰，是目前广泛使用的重要油漆之一
丙烯酸树脂漆	B22—1 丙烯酸木器漆 B22—5 丙烯酸木器漆 B22—3 丙烯酸木器漆 B86—1 丙烯酸路线漆 B60—70 丙烯酸防火漆 B04—52 丙烯酸烘干磁漆 丙烯酸清漆 丙烯酸文物保护漆	丙烯酸路线漆	以甲基丙烯酸酯与丙烯酸酯的共聚树脂为主要成膜物质制成，分热塑性和热固性两大类，有溶剂型、水溶型、乳胶型3个品种。具有良好的耐候性、耐久性、颜色稳定，保光、保色装饰性好，并且色泽较浅，可制成水白色清漆及纯白色的磁漆，加入铜粉、铝粉可制成有金属光泽油漆。耐化学性、耐一般酸、碱、醇和油脂的侵蚀。耐湿热、盐、雾、霉菌性较好。可制成各种专用油漆，用途广泛，用于各类基层面的高级装饰

续表

类别	油漆品种名称	执行标准	基本特性、适用范围
聚氨酯漆	S01—5 聚氨酯清漆（分装） S01—4 聚氨酯清漆 S01—3 聚氨酯清漆（分装） S01—13 聚醚聚氨酯清漆（分装） 各色聚氨酯磁漆（双组分） 湿固化型聚氨酯漆	HG 2454—93 GB/T 2240—91 ZBG 51107—88	以聚氨基甲酸酯树脂为主要成膜物质的油漆。其贮存稳定性好，漆膜干燥快、坚硬而耐磨、耐碱、耐油、耐化学腐蚀性好，耐水、耐溶剂性好，但流平性、户外保光性稍差，易粉化、变黄，生产成本高，适用于室内木材、水泥表面的涂饰及作防腐漆用
沥青漆	L01—6 沥青清漆 L50—1 沥青耐酸漆 L24—2 沥青铝粉磁漆		以沥青为主要成膜物质的油漆，耐化学性好，有独特的防水和防腐性能。原材料价廉、施工方便，在建筑上仍占有一定位置，可作为室内外各类基层面的防护腐漆
有机硅树脂漆	W61—1 铝色有机硅耐热漆 W61—24 草绿色有机硅耐热漆 500号—800号有机硅耐高温漆	ZBG 51079—87	由有机硅树脂及其他树脂改性的改性有机硅树脂为主要成膜物质制得，具有耐高温和耐低温的特性，耐化学性、耐水性和防霉性较好，可配制成具有各种特性的专业用途漆，如耐高温漆、防水漆等
环氧树脂漆	H04—1、H04—9 各色环氧磁漆 H06—2、H06—4、H06—19 H53—1 各种环氧树脂底漆 H07—5 各色环氧树脂腻子		以环氧树脂为主要成分，加入其他树脂进行交联或改性而制得，具有极强的附着力，强度高，耐磨，有良好的柔韧性和挠曲性，耐化学性好，对水、油、酸、碱、有机溶剂等有较好抵抗性，还有一定绝缘性。缺点是流平性差，其底漆、腻子固化后坚硬，不易打磨，涂装不易做得平整光滑，不宜作高级装饰用。其主要适用于要求高度洁净、防腐、防水、防化学腐蚀、耐磨损的墙面和地面涂饰以及须抗潮湿、抗腐蚀的混凝土及金属的管道、贮槽、容罐等的内外表面防护

涂料中常常含有各种有害气体，如苯、二甲苯、甲醛、氢气、氨气等。这些有毒物质被人体吸收，对皮肤、呼吸系统、泌尿系统、消化系统、血液循环系统以及中枢神经系统都有不同程度的损害。为此，国家制定的标准《民用建筑工程室内环境污染控制规范》（GB 50325—2001）规定："民用建筑工程室内装修中所采用的水性涂料、水性胶粘剂、水性处理剂必须有总挥发性有机化合物（TVOC）和游离甲醛含量检测报告；溶剂型涂料、溶剂型胶粘剂必须有总挥发性有机化合物（TVOC）、苯、游离甲苯二异氰酸酯（TD1）、聚氨酯类含量检测报告，并应符合设计要求和本规范的规定"（强制性条文）；"建筑材料和装修材料的检测项目不全或对检测结果有疑问时，必须将材料送往有资格的检测机构进行检验，检验合格后方可使用"（强制性条文）。

采购时应向生产厂家或经销商索取检测报告，并注意检测单位的资质、检测产品名称、型号、检测日期。最好购买有"中国环境标志"的产品。

GB 50325—2001 规范规定："施工单位应按设计要求及本规范的有关规定，对所有建筑材料和装修材料进行进场检验"，"当建筑材料和装修材料进场检验，发现不符合设计要求及本规范的有关规定时，严禁使用"（强制性条文）。

涂料具体徽标如图 2-3-12 所示。

国家环境分析测试中心
(200220)

CHACL
NO：0192
国家涂料质量监督检验中心

图 2-3-12　涂料徽标

三、建筑油漆辅助材料

油漆施工过程中及油漆涂饰工程完成后，油漆的干燥成膜是一个很复杂的物理化学变化过程，为提高涂饰质量，达到对被涂饰物保护和装饰的目的，在建筑施工中，还必须根据施工条件和对象及装饰目的的要求，正确合理选用建筑油漆的辅助材料。建筑油漆辅助材料是油漆施工中不可缺少的配套材料。

建筑油漆常用腻子种类、组成和用途见表 2-3-58。

建筑油漆常用腻子种类、组成和用途　　　表 2-3-58

种类	组成及配比（重量比）				性能及用途
		（1）	（2）	（3）	
石膏油腻子	熟石膏粉	1	0.8~0.9	1	使用方便、干燥快、硬度好、刮涂性好、宜打磨，适用于金属木质、水泥面
	清油（熟桐油）	0.3	1	0.5	
	厚漆	0.3		0.5	
	松香水	0.3	适量	0.25	
	水	适量	0.25~0.3	0.25	
	液体催干剂、松香水和熟桐油重量的 1%~2%				

续表

种类	组成及配比（重量比）	性能及用途
血料腻子	大白粉56、血料16、鸡脚菜1	操作简便、易刮涂填嵌、易打磨、干燥快，适用于木质、水泥抹灰
羧甲基纤维素腻子	大白粉3~4、羧甲基纤维素0.1、聚醋酸乙烯乳液0.25	易填嵌、干燥快、强度高、易打磨，适用于水泥抹灰面
乳胶腻子	大白粉　　　　　2　　3　　4 聚醋酸乙烯乳液　1　　1　　1 羧甲基纤维素　　适量　适量　适量 六偏磷酸钠适量　适量　适量	易施工、强度好、不易脱落、嵌补刮涂性好，用于抹灰、水泥面
天然漆腻子	天然漆7、石膏粉3	与天然大漆配套使用
过氯乙烯腻子	用过氯乙烯底漆与石英粉拌合而成	与过氯乙烯漆配套使用
硝基腻子	硝基漆1、香蕉水3、大白粉适量	与硝基漆配套使用

填孔料的组成、特点见表2-3-59。
常用胶料的种类及特点见表2-3-60。
砂纸、砂布的分类及用途见表2-3-61。
两种抛光材料的组成与用途见表2-3-62。

填孔料的组成、特点　　　　　　　　　　　　表2-3-59

种类	材料组成（重量比）	特　性
水性填孔料	碳酸钙（大白粉）65%~72%、水28%~35%、颜料适量	调配简单、施工方便、干燥快、着色均匀、价格便宜。但易使木纹膨胀、易收缩开裂、附着力差、木纹不明确
油性孔料	碳酸钙（大白粉）60%、清油10%、松香水20%、煤油10%、颜料适量	木纹不会膨胀、收缩开裂少，干后坚固，着色效果好，透明、附着力好，吸收上层涂料少，但干燥慢、价格高、操作不太方便

常用胶料的种类及特点　　　　　　　　　　　　表2-3-60

种类	材料组成（重量比）	特　性
皮胶	动物胶、粘结力强，但熬制费高、来源有限，已被有机树脂乳液代替	调配大血浆等水性涂料或水性填子料
血料	一般是猪血，成本低、效果好，但调配费高，有气味	调配大血浆等水性涂料或水性填孔料

续表

种类	材料组成（重量比）	特性
聚醋酸乙烯乳液	碳酸钙（大白粉）60%、清油10%、松香水20%、煤油10%、颜料适量	木纹不会膨胀、收缩开裂少，干后坚固，着色效果好，透明，附着力好，吸收上层涂料少。但干燥慢、价格高、操作不太方便
聚乙醇缩甲醛	108胶，粘结性能好，用途广泛，施工方便，但不宜贮存过久和存在铁质容器中	调配水浆涂料

砂纸、砂布的分类及用途　　　　　　　　　　表 2-3-61

种类	磨料粒度号数（目）	砂纸、砂布代号	用途
最细	200~320	水砂纸：400；500；600	清漆、硝基漆、油基涂料的层间打磨及漆面的精磨
细	100~220	玻璃砂纹：1；0；00 金刚砂布：1；0；00；000；0000 木砂纸：220；240；280；320	打磨金属面上的轻微锈蚀，底涂漆或封底漆前的最后一次打磨
中	80~100	玻璃砂纸：1；1 ½ 金刚砂布：1；1 ½ 水砂纸：180	清除锈蚀，打磨一般的粗面，墙面涂饰前的打磨
粗	40~80	玻璃砂纸：1 ½；2 金刚砂布：1 ½；2	对粗糙面、深痕及有其他缺陷的表面的打磨
最粗	12~40	玻璃砂纸：3；4 金刚砂布：3；4；5；6	打磨清除磁漆、清漆或堆积的漆膜及严重的锈蚀

两种抛光材料的组成与用途　　　　　　　　　　表 2-3-62

名称	组成								用途
	成分	配比（重量）			成分	配比（重量）			
		1	2	3		1	2	3	
砂蜡	硬蜡（棕榈蜡）	—	10.0	—	硅藻土	16.0	16.0	—	浅灰色膏状物，主要用于擦平硝基漆、丙烯酸漆、聚氨酯漆等漆膜表面的高低不平处，并可清除发白污染、枯皮及粗粒造成的影响
	液体蜡	—	—	20.0	蓖麻油	—	—	10.0	
	白蜡	10.3	—	—	煤油	40.0	40.0	—	
	皂片	—	—	2.0	松节油	24.0	—	—	
	硬脂酸锌	9.5	10.0	—	松香水	—	24.0	—	
	铅红	—	—	60.0	水	—	—	8	

续表

名称	组成								用途
	成分	配比（重量）			成分	配比（重量）			
		1	2	3		1	2	3	
上光蜡	硬蜡（棕榈蜡） 白蜡 合成蜡 羧酯锰皂液 松节油	3.0 — — 10% 10.0	20.0 5.0 5.0 5.0 40.0		拜加"O"乳化剂 有机硅油 松香水 水	3.0 — 5% 83.998	— — — 25.0	少量	主要用于漆面的最后抛光，增加漆膜亮度，有防水、防污作用，延长漆膜的使用寿命

（一）腻子

腻子用来填充基层表面原有凹坑、裂缝、孔眼等缺陷，使之平整并达到涂饰施工的要求。常用的腻子有水性腻子、油基腻子和挥发性腻子3种。腻子绝大部分已做到工厂化生产配套出售，但在油漆施工中还经常会遇到需自行调配各种专用腻子的情况。腻子对基层的附着力、腻子强度及耐老化性等往往会影响到整个涂层的质量。因此，应根据基层、底漆、面漆的性质选用配套的腻子。

（二）胶料

胶料在建筑涂饰中应用广泛，除一般的胶粘剂外，主要用于水浆涂料或调配腻子中，有时也做封闭涂层用。常用的胶料有动、植物胶和人工合成的化学胶料。

（三）研磨材料

研磨材料在涂饰施工中不可缺少，几乎所有的工艺都离不开它。研磨材料按其用途可分为打磨材料（砂纸和砂布）和抛光材料（砂蜡和上光蜡）。抛光材料用于油漆涂膜表面，不仅能使涂膜更加平整光滑，提高装饰效果，还能对涂膜起到一定的保护作用。

（四）脱漆剂

脱漆剂是利用强溶剂或其他化学溶液对涂膜的溶胀作用使涂膜变软，以便除去基层表面的油漆膜。脱漆剂品种主要有溶剂型脱漆剂和酸、碱溶液脱漆剂，还有二氯乙烷、三氯乙烷、四氯化碳组成的非燃性脱漆剂，十二烷基磺酸钠乳化脱漆剂和硅酸盐型脱漆剂。

第七节 织物类装饰材料

一、织物装饰的作用

织物类装饰也称为布艺装饰或软装饰，在室内装饰中越来越受到人们的青睐。有人称之为室内装饰中"异军突起"，所以给市场带来"不断升温"的趋势。

织物装饰使用得当，可使居室格调高雅，色彩和谐，给人以赏心悦目的感受。织物类材料以它的"轻、美、亮、柔"特点，以及价格适中、加工方便快捷等优点，必定会受到更多设计师们和用户的欢迎。

织物类材料在室内装饰中使用面很广，墙、顶、地无处不可使用，如墙布、壁粘、壁挂、软包面料、窗帘、顶棚、地毯等。

二、织物的种类

织物的品种也很多，除通常用的机织面料外，还有：

编织：分织花、栽花、胶背等。

编结：分绳编、棒针、勾针、棒槌编等。

印染：有扎染、蓝印、蜡染、丝网印花等。

绣补：有绣花、挑花、补花、抽丝等。

织物的材质也很丰富，有真丝、人造丝、纯毛、混纺、化纤、麻、棉等。

从实用角度分：有绒类织物，如天绒、金丝绒、乔奇绒、立夏绒、密丝绒等。根据不同厂家出品的产品还有更多的名称。这些绒类织物不论基底用什么材料，其植绒均为人造丝。绒类织物的幅宽规格不一，有幅度0.9m，有1.8m的，也有1.14m的。所以在购买时，不但要问价格，还要了解它的幅宽。如金丝绒每米15元，而密丝绒幅宽每米22元。看起来密丝绒价格很高，其实金丝绒幅宽只有0.9m，而密丝绒幅宽为1.7m，实际价格密丝绒比金丝绒要低得多。

装饰布有全棉布、棉加丝布、的棉布、的麻布。花色有色织布、提花加印花布、印花布等，幅宽约在1.5m。价格均在十几元到二十几元之间。

装饰布的发展较快，花色经常翻新，一种花色用不了多久，便会被新花色代替，老花色的价格急剧下跌，一般有艺术眼力的业主大可不必去追花色的新鲜而付出高价，许多被淘汰的装饰布质地并不次，只是花色过时，只要使用得当，搭配得当，仍可展示出它的艺术风格。

三、织锦缎

这种材料也常有用来作墙面装饰面料，直接裱糊于墙面，或作软包面料。这种织锦缎价格较贵，但装饰效果不凡。

四、壁粘

这是一种无纺织物，可以用来做墙裙。它也有各种花色，有素色的，也有印花的，一般用于有吸声要求的房间，如卡拉OK、歌厅等。也有使用壁粘做墙裙，墙面局部也可以镶包，顶棚部位也可以使用壁粘。

五、地毯

地毯是地面装饰中的高中档材料。地毯不仅隔热、保湿、吸声、吸尘、挡风及弹性好，还具有高贵、典雅、美观的装饰效果，广泛用于宾馆、会议大厅、会议室外和家庭地面装饰。

地毯根据图案类型分为："京式"地毯、美术式地毯、仿古式地毯、彩花式地毯、素凸式地毯；根据材质分为：羊毛地毯、混纺地毯、化纤地毯、塑料地毯、剑麻地毯；根据规格尺寸分类：块状地毯、卷材地毯。

（一）常用地毯的规格和性能（表2-3-63和表2-3-64）

国产纯毛毯的主要规格和性能　　　　　表2-3-63

品名	规格（mm）	性 能 特 点
羊毛满铺地毯、电针绣检毯、艺术壁挂	有各种规格	以优质羊毛加工而成，电针绣检地毯可仿制传统手工地毯图案，古色古香，现代图案富有时代气息，艺术壁挂图案粗犷朴实，风格多样，价格仅为手工编织壁挂的1/10~1/5
90道手工打结地毯、素式羊毛地毯、高道数艺术壁挂	610×910~3050×4270等各种规格	以优质羊毛加工而成，图案华丽、柔软舒适、牢固耐用
90道手工结地毯、提花地毯、艺术壁挂	有各种规格	以优质西宁羊毛加工而成，图案有北濂式、美术式、彩色式、互式、东方式及古典式，古典式的图案分青铜、画像、蔓草、花鸟、锦乡五大类
90道羊毛地毯、120道羊毛艺术挂毯	厚度：6~15 宽度：按要求加工 长度：按要求加工	用上等纯羊毛手工编织而成，经化学处理，防潮、防蛀、吸声、图案美观、柔软耐用
手工栽地毯	2140×3660~6100×910等各种规格	以上等羊毛加工而成，产品有北濂式、美术式、彩色式、素式、敦煌式、仿古式等等，产品手感好，色牢度好，富有弹性
纯羊毛机织地毯	有5种规格	以西宁羊毛加工而成，图案花式多样，产品手感好、脚感好、舒适高雅、防潮、隔声、保暖、吸尘、无静电、弹性好等
90道手工打结地毯、140道精艺地毯、机织满铺羊毛地毯	幅宽4m及其他各种规格	以优质羊毛加工而成。图案花式多样，产品手感好、脚感好、舒适高雅、防潮、吸声、保暖、吸尘等
仿手工羊毛地毯	各种规格	以优质羊毛加工而成。款式新颖、图案精美、色泽雅致、富丽堂皇、经久耐用
纯羊毛手工地毯、机织羊毛地毯	各种规格	以国产优质羊毛和新西兰羊毛加工而成。具有弹性好、抗静电、保暖、吸声、防潮等特点

化纤地毯的品种与性能　　　　　表 2-3-64

名称	说明和特点	规格（mm）	技术性能
丙纶红外线簇绒地毯	以聚丙烯纤维经加工为面层，背衬有胶背、麻背、聚丙烯背3种。毯面分为割绒、圈绒、高低圈3种。色泽鲜艳、牢固、耐磨损、防起毛、耐酸碱腐蚀、防虫蛀、不霉烂、弹性好、阻燃、抗静电、吸声减噪等	簇绒地毯 幅度：4m 长：15m 或 25m 提花满铺地毯 幅宽：3m 提花工艺美术地毯 1250×1660 1500×1900 1700×2350 2000×2860 3000×3860	
丙纶机织提花满铺地毯			
丙纶机织提花工艺美术地毯			
化纤无纺织针刺地毯	以丙纶长纤维为原料，用聚乙烯胶作胶粘剂加工而成。色泽鲜艳，牢固度强，不忌水浸、质地良好	品种：有素色、印花两种（备有6种标准色） 卷状：幅宽1m 长：10~20m 方块：500×500	断裂强度（N/5cm） 经向≥800 纬向≥300 难燃性：不扩大 水浸：全防水、耐酸碱腐蚀、无变形
化纤地毯	以腈纶、丙纶、涤纶长纤维为原料，经加工而成	宽：0.75、1.20、1.35m 长：60m/卷 厚：10 品种：有暗红、黑红、灰色、绿色、墨绿色、枣红等颜色	
塑料化纤地毯	经丙纶、尼龙长纤维加工成面层，人造黄麻为背衬复合而成，具有质地柔软、富有弹性、绒毛粘结牢固、耐磨性好、色泽鲜艳、不蛀不霉、阻燃、抗静电、降噪声等特点	有切绒、圈绒、提花3种，绒高5mm和7mm，最大幅宽4m，色泽可由用户选择	动负荷厚度减少（%）： 圈绒：9.17 切绒：14.05 染色牢度（级）： 圈绒：5 切绒：6 绒毯粘结力（N）： 圈绒：52.2 切绒：43.1 圈绒（经、纬）：54.3、53.5

(二) 组合地毯的规格和特点 (表 2-3-65)

组合地毯的规格和特点　　　　　表 2-3-65

名称	规格 (mm)	说明和特点
拼花地毯	300×300, 150×150 厚：8.5~9 有多种颜色，可拼出各种各样的图案	系由丙纶合成纤维作面层材料，EVA 作底层材料，经特殊加工复合而成，具有弹性好、脚感舒适、耐磨、易清洗等特点
方块地毯	450×450, 500×500	方块地毯面层材料为聚丙烯纤维，底层材料为改性石油沥青及聚酯无纺布。方块地毯间用榫合方式相连。产品具有防静电、防污染、防潮湿、阻燃、易清洗、搬运方便、图案色彩可随意设计等优良性能
方块地毯	500×500, 450×450	以高档化学纤维为面层，面层经过特殊防火和防污处理，采用复合底衬，具有防水、抗腐、耐磨、易清洗、更换方便等特点
组合地毯	150×150, 600×600	面层材料为优质防火地毯，底层是柔软、富弹性、不吸水、防滑的 EVA 材料。产品具有脚感舒适、耐腐、耐磨、防水、易清洗、易更换等特点
拼块组合地毯	500×500, 450×450	是以 BCF 长丝或纯羊毛为面料，复合材料为背衬，经特殊工艺制成地毯，然后经切割成正方形的块材而成。产品具有抗水性强、耐潮湿、不腐蚀、无气味、耐磨、不掉毛、无热胀冷缩、尺寸精确等特点

第八节　建筑装饰玻璃

一、玻璃在建筑工程中的作用

玻璃是以石英砂、纯碱、石灰石等主要原料与某些辅助性材料经高温熔融、成型，并过冷而成的固体材料。玻璃是建筑工程不可缺少的重要材料之一，我国对建筑玻璃的应用制定了《建筑玻璃应用技术规范》(JGJ 113—97)。近年来，玻璃正在向多品种、多功能方面发展，兼具装饰性与适用性的玻璃新品种不断问世，从而为现代建筑设计提供了更大的选择性。如平板玻璃已由过去单纯作为采光材料，而向控制光线、调节热能、节约能源、控制噪声以及降低结构自重、改善环境等多种功能方面发展。同时用着色、磨光等办法提高装饰效果。

现代许多建筑的主要立面多采用玻璃制品，这些造成了总的能量消耗急剧上升。能源危机的美国曾试图减少窗户面积来降低新建筑的能耗，结果是减小窗户面积 1/4，能耗只降低 10%，而采用大面积玻璃窗的优点受到很大限制。用双层中空玻璃以及其他吸热和热反射等玻璃作为窗户,因具有隔热、保暖性能,节省了大量采暖及空调所需的能耗及费用。因此,这种玻璃获得了迅速的应用和发展。美国一幢20层的办公大楼,采用银色涂层的双层中空玻璃,每平方英尺每年的能耗为54941kJ,如用普通单层玻璃,则为177218kJ,即可节约能耗2/3。据罗马尼亚资料,采用双层中空玻璃,冬季保暖的能耗可降低25%~30%,噪声由80dB降至30dB。比利时格拉维尔公司称,热反射双层中空玻璃与普通双层中空玻璃相比,每平方米采暖面积,每年可节约用油45t,设备投资亦随之降低。

由于现代建筑中愈来愈多地应用玻璃门窗、玻璃幕墙以及玻璃构件,砖石、钢材以及钢筋混凝土的用量逐步减少,从而减轻了建筑结构的重量。据美国资料统计,每平方米普通墙体重250kg,而同面积的双层中空玻璃构成的墙体只重25kg。

二、平板玻璃

(一) 平板玻璃分类

按化学成分分类:

1. 钠玻璃

即普通玻璃,在原材料中含纯碱或硫酸钠等材料制成的玻璃就是普通玻璃。它的主要成分是氧化硅、氧化钠、氧化钙等,主要用于建筑和日用玻璃器皿。

2. 铝镁玻璃

由氧化硅、氧化钙、氧化镁、氧化钠和氧化铝等组成,此种玻璃多用作窗玻璃。

3. 钾玻璃

钾玻璃又名硬玻璃,是以氧化钾代替部分氧化钠,并提高氧化硅的含量。主要用来制造高级日用器皿和化学仪器。

4. 铅玻璃

铅玻璃又称重玻璃。主要成分是氧化硅、氧化钾、氧化铅等。这类玻璃主要用于制造光学仪器。

5. 硼硅玻璃

硼硅玻璃又称耐热玻璃,其主要成分是氧化硅、氧化硼等。这类玻璃主要用于制造化学仪器和绝缘材料。

6. 石英玻璃

石英玻璃由氧化硅组成,主要用在医疗器械紫外线灯和特殊实验仪器上。

按功能分类:

平板玻璃主要有两种用途:一是用于建筑物门窗及贴面;二是用于深加工的玻璃制品。

1. 窗用及贴面玻璃

窗用玻璃也称单光玻璃、白片玻璃、净片玻璃等。其厚度常用3mm、5mm、6mm、8mm、10mm,面积大小根据使用要求现场裁割。贴面玻璃一般利用玻璃的透明性,在背后衬以装饰图案,以增加装饰效果,单独使用效果并不理想。

2. 玻璃的深加工制品

平板玻璃往往是其他特殊功能玻璃的基底材料,利用平板玻璃可以制造出许多种类的玻璃制品。如刻花玻璃、玻璃大理石、中空玻璃、钢化玻璃、镀膜玻璃等。

(二) 平板玻璃的装箱规定
1. 各种厚度的平板玻璃装箱规定
各种厚度的平板玻璃装箱规定见表2-3-66。

平板玻璃装箱规定　　表2-3-66

每片玻璃面积（m²） \ 每箱总面积（m²） \ 厚度（mm）	2	3	5	6
≤0.4	20	20	20	15
≥0.405	30	20	20	15

注：每箱总面积＝每片玻璃面积（长×宽）×每箱片数。

2. 平板玻璃的计量单位
平板玻璃以标准箱为计量单位，一般标准箱为2mm厚的平板玻璃10m²。

(三) 平板玻璃的重量
平板玻璃单位面积的重量见表2-3-67。

单位面积重量　　表2-3-67

厚度（mm）	2	3	5	6
重量（kg/10m²）	50	75	125	150

(四) 各种厚度平板玻璃折成标准箱的换算系数和换算方法
平板玻璃标准箱换算见表2-3-68。

平板玻璃标准箱换算　　表2-3-68

厚度（mm）	折合标准箱		折合重量箱		附注
	每10m²折合标准箱	每一标准箱折合m²	每10m²折合kg	折重量箱	
2	1	10.0	50	1.0	
3	1.65	6.06	75	1.5	
5	3.5	2.86	125	2.5	重量箱是指2mm厚的平板玻璃每一标准箱的重量
6	4.5	2.22	159	3.0	
8	6.5	1.54	200	4.0	
10	8.5	1.17	250	5.0	
12	10.5	0.95	300	6.0	

例：厚3mm 的平板玻璃25m²：
折合标准箱为：25/10×1.65＝4.13 标准箱
或　　　　　 25÷6.04＝4.13 标准箱
折合重量箱为：25/10×1.50＝3.75 重量箱

（五）平板玻璃的生产尺寸及质量标准

1. 平板玻璃的生产尺寸

按照国家标准 GB 4870—85 规定，普通平板玻璃的尺寸采用国际单位制，尺寸范围见表2-3-69。经常生产的平板玻璃主要规格见表2-3-70。

平板玻璃的尺寸范围（mm）　　　　表2-3-69

厚度	长度		宽度	
	最小	最大	最小	最大
2	400	1300	300	900
3	500	1800	300	1200
4	600	2000	400	1200
5	600	2600	400	1800
6	600	2600	400	1800

注：1. 长、宽尺寸比不超过2.5。
　　2. 长、宽尺寸的进位基数均为50mm。

经常生产的平板玻璃主要规格　　　　表2-3-70

尺寸（mm）	厚度（mm）	备注（英寸）
900×600	2, 3	36×24
1000×600	2, 3	40×24
1000×800	3, 4	40×32
1000×900	2, 3, 4	40×36
1100×600	2, 3	44×24
1100×900	3	44×36

2. 普通平板玻璃的质量标准

普通平板玻璃按厚度分为2mm、3mm、4mm、5mm、6mm 五类。按外观质量分为特选品、一等品、二等品三类。厚度偏差应符合表2-3-71规定；弯曲度不得超过0.3%；尺寸偏差（包括偏斜）不得超过±3mm；边部凸出或残缺部分不得超过3mm；一片玻璃只许有一个缺角；沿原角等分线测量不得超过5mm。

平板玻璃的厚度允许偏差（mm）　　　　　表 2-3-71

厚　度	允许偏差范围	厚　度	允许偏差范围
2	±0.15	5	±0.25
3	±0.20	6	±0.30
4	±0.20		

透光率：厚度 2mm，透光率不小于 88%。
　　　　厚度 3mm、4mm，透光率不小于 86%。
　　　　厚度 5mm、6mm，透光率不小于 82%。
　　玻璃表面不许有擦不掉的白雾状或棕黄色的附着物。外观质量等级按表 2-3-72 确定。用户有权检查玻璃是否符合要求。

外观质量等级　　　　　表 2-3-72

缺陷种类	说　明	特选品	一等品	二等品
波筋（包括波纹辊子花）	允许看出波筋的最大角度	30°	45° 50mm 边部，60°	60° 100mm 边部，90°
气泡	长度 1mm 以下的	集中的不允许	集中的不允许	不限
	长度大于 1mm 的，每平方米面积允许个数	≤6mm，6	≤8mm，8 8～10mm，2	≤10mm，10 10～20mm，2
划伤	宽度 0.1mm 以下的，每平方米面积允许条数	长度≤50mm 4	长度≤100mm 4	不限
	宽度大于 0.1mm 的，每平方米面积允许条数	不许有	宽 0.1～0.4mm 长＜100mm 1	宽 0.1～0.8mm 长＜100mm 2
砂粒	非破坏性的，直径 0.5～2mm，每平方米面积允许个数	不许有	3	10
疙瘩	非破坏性的透明疙瘩，波及范围直径不超过 3mm，每平方米面积允许个数	不许有	1	3
线道	正面可以看到的每片玻璃允许条数	不许有	30mm 边部允许有宽 0.5mm 以下的 1 条	宽 0.5mm 以下的 2 条

续表

缺陷种类	说明	特选品	一等品	二等品
麻点	表面呈现的集中麻点	不许有	不许有	每平方米不超过3处
	稀疏的麻点，每平方米允许个数	10	15	30

注：1. 集中气泡是指100mm直径圆面积内超过6个；
  2. 砂粒的延续部分，90°角能看出者当线道论；
  3. 二等品玻璃边部15mm内，允许有缺陷；
  4. 玻璃不许有裂纹、压口和破坏性的耐火材料结石疵点存在。

（六）包装、运输、储存

玻璃应用木箱或集装箱（架）包装。木箱不得用腐朽或带有较大裂纹、节瘤木材制作。2mm、3mm玻璃包装箱的底盖及堵头板厚不小于15mm，其他部位板厚不小于12mm。4mm、5mm厚玻璃包装箱底盖板厚不小于18mm，堵头板厚不小于21mm，其他部位板厚不小于15mm。

木箱上应印有工厂名称或商标、玻璃等级、厚度、尺寸、片数、包装面积、装箱年月，箱上应印有：上面、轻搬正放、小心破碎、严禁潮湿字样，集装箱（架）要有相应的标记。

玻璃必须在有顶盖的干燥房间内保管，在运输途中和装卸时需有防雨设施。玻璃在贮存、运输、装卸时箱盖应向上，箱子不得平放或斜放。玻璃在运输时，箱头朝向运输的运动方向，并采取措施，防止倾倒、滑动。

三、新型建筑玻璃

新型建筑玻璃是兼备采光、调制光线、调节热量进入或散失、防止噪声、增加装饰效果、改善居住环境、节约空调能源及降低建筑物自重等多种功能的玻璃制品。

随着科学技术的发展和人们对居住条件的要求越来越高，新型建筑玻璃品种不断增加，其性能也有很大的提高。其主要品种见表2-3-73。

新型建筑玻璃的品种和性能　　　　表2-3-73

品　种	特　性
彩色吸热玻璃	吸热性、装饰性好，美观节能、光线柔和
热反射玻璃	反射红外线、透过可见光、单面透视，装饰性好，美观防眩
低辐射玻璃	透过太阳能和可见光，能阻止紫外线透过，热辐射率低
选择吸收（透过）玻璃	吸收或透过某一波长的光线，起调制光线的作用
低（无）反射玻璃	反射率极低，透过玻璃观察，象无玻璃一样，特别清晰

续表

品 种	特 性
透过紫外线玻璃	透过大量紫外线，有助医疗和植物生长
防电磁波干扰玻璃	玻璃能导电，屏蔽电磁波，具有抗静电性能
光致变色玻璃	弱光时，无色透明；在强光或紫外光下变暗，能调节照度
电加热玻璃	施加电压能控制升温，能除雾防霜
电致变色玻璃	施加电压时变暗或着色，切断电源后复明
双层（多层）中空玻璃	保温、隔热、反射、隔音，冬天不结雾结霜，节约空调能源

新型建筑玻璃主要用于现代高级建筑的门窗、内外装饰、玻璃隔墙、商店、银行服务窗口等。

新型建筑玻璃是兼备采用、调制光线、调节热量进入或散失、防止噪声、增加装饰效果、改善居住环境、节约空调能源及降低建筑物自重等多种功能的玻璃制品。

（一）热反射玻璃

1. 定义

热反射玻璃是具有较高的热（红外辐射）反射率和保持良好的可见光透过率的镀膜玻璃。区别热反射玻璃和吸热玻璃，可根据 $S = A/B$ 来判断。

式中 A——玻璃对整个光通量的吸收系数；

B——玻璃对整个光通量的反射系数。

若 $S > 1$ 时，该玻璃为吸热玻璃；

若 $S < 1$ 时，该玻璃为热反射玻璃。

2．分类

热反射玻璃按颜色分类，有银、灰、蓝、金、绿、茶、棕、褐等；按膜层材料分类，有金、银、钯、钛、铜、铝、铬、镍、铁等金属涂层及氧化锡、氧化铜、氧化锑及二氧化硅等氧化物涂层。

3．产品规格

产品规格一般同浮法玻璃，最大尺寸为 3600mm×2000mm，具体规格可由供需双方商定。

4．性能和特点

（1）对太阳热有较高的反射率，热透过率低，一般热反射率都在30%以上，最高可达60%左右。热透过率比同厚度的浮法透明玻璃小65%，比吸热玻璃小45%，因而透过玻璃的光线，使人感到清凉、舒适。

（2）镀金属膜层的热反射玻璃有单向透射性，即迎光面具有镜面反射特性，背光面却和透明玻璃一样。能清晰的观察到室外景物。

（3）一般都有美丽的颜色，富有装饰性。单向透视的热反射玻璃制成门窗或玻璃幕墙，可反射出周围景色，如一幅彩色画面，给整个建筑物带来美感并和周围景象协调一致。

（4）有滤紫外线，反射红外线特性，可见光透过率也较低，因而能使炽热耀眼的阳光，变得柔和。

（5）用热反射玻璃制成中空玻璃或带空气层的隔热幕墙，比一砖厚（24mm）两面抹灰的砖墙的保温性能还好，可以节约空调能源。

5．质量标准

热反射玻璃的涂层要均匀，其产品的外观质量、尺寸允许偏差范围均与浮法玻璃相同。每片玻璃的整个板面应均匀着色，不得遗漏，其颜色均匀性应符合表2-3-74的规定。

热反射玻璃的颜色均匀性 表2-3-74

同一片玻璃缺陷		一等品	二等品	三等品
条状色纹	宽度<2m	不允许有	不允许有	3条
	宽度2~4mm	不允许有	不允许有	2条
	宽度>4mm	不允许有	不允许有	不允许有
雾状，块状色斑		不允许有	不允许有	不允许有

6．生产工艺

热反射玻璃的制作方法，分为化学热分解法、真空蒸发法、电浮法、阴极溅射法、溶胶—凝胶法、离子交换法。其主要特点见表2-3-75。

热反射玻璃的主要成膜工艺 表2-3-75

成膜工艺		制作特点
化学热分解法	液体喷涂	向加热到高温（400~650℃）的玻璃表面喷涂铁、铬、钴、锰、镍、钯、锡等金属化合物或有机质溶液，经分解或氧化形成金属或金属氧化物热反射膜
	粉状喷涂	向高温（370~650℃）玻璃，喷涂上述粉状金属的有机盐，经分解或氧化制成热反射膜玻璃
真空蒸发法		在真空状态下，蒸镀金、银、钛、铜等金属或ZnS，TiO_2等热反射膜
电浮法		在浮法玻璃生产线上，在特定的温度区（600~900℃）设置电极和合金，在电场作用下，合金中的金属离子（铜、镍、钼、银、铬、铁等）迁移交进入玻璃表面，在还原气氛下形成胶体粒子而制着的热反射玻璃
阴极溅射法		在真空状态下，向阴极（靶材）施加负电压，在磁场作用下，辉光放电的等离子体的正离子撞击靶材，靶材上的原子飞溅到玻璃上，形成极其均匀的反射膜

7．用途

热反射玻璃主要用于现代高级建筑的门窗、玻璃幕墙、公共建筑的门厅和各种装饰性部位。用它制成双层中空玻璃和组成带空气层的玻璃幕墙，可取得极佳的保温隔热效果。

（二）低辐射玻璃

1．定义

低辐射玻璃是一种对太阳能和可见光具有高透过率，能阻止紫外线透过和红外线辐射，即热辐射率很低的涂层玻璃。这种玻璃有很好的保温性能。

低辐射玻璃的膜层通常由三层组成，最内层为绝缘性金属氧化物膜，中间层是导电金属层，表层是绝缘性金属氧化物层。

2．分类

按低辐射膜层中导电金属材料分类，有金、银、铜或铝等。按使用性分类，有寒冷地区使用的膜和日光带地区使用的膜两大类。

3．产品规格

一般同浮法玻璃，最大尺寸达 3600mm×2000mm 左右，具体规格可由供需双方自行商定。

4．性能

（1）有保温性，对太阳能及可见光有较高的透过率，同时能防止室内热量从玻璃辐射出去，可以保持 90% 的室内热量，因而可大幅度节约取暖费用。

（2）有美丽淡雅的色泽，能使建筑物同周围环境和谐，因而装饰效果极佳。

5．生产工艺

通常采用阳极溅射工艺生产。

6．用途

低辐射玻璃主要用于寒冷地区，需要透射大量阳光的建筑。用这种玻璃制成的中空玻璃保温效果更好。

（三）选择吸收玻璃

1．定义

选择吸收（含选择透过）玻璃，一般是指能选择吸收或选择透过紫外线、红外线和其他特定波长可见光的玻璃，可通过镀制稀有金属、金属氧化物或其他金属化合物组成的复合膜制成。

2．分类、性能及用途

选择吸收玻璃的分类、性能及用途见表 2-3-76。

3．规格及质量标准

选择吸收玻璃的规格和质量要求，一般与热反射玻璃相同，有特殊要求时，由供需双方商定。

选择吸收玻璃的种类、性能及用途　　　　　表 2-3-76

分　类	性　能	用　途
透过可见光，反射红外线	热反射性	用于热反射玻璃
透过可见光，吸收红外线	吸热性	同吸热玻璃
透过可见光，吸收紫外线	滤紫外线	用于文字、图书保存
透过近红外线，反射远红外线	低辐射性	太阳能集热器
透过特定波长，吸收其他波长的可见光	各种颜色玻璃	信号、滤光玻璃
透紫外线玻璃	透紫外性	医疗、农业、光化学
透红外线玻璃	透红外性	仪器等

(四) 中空玻璃

1. 定义

中空玻璃是由两片或多片平板玻璃中间充以干燥空气，用边框隔开，四周通过熔接、焊接或胶结而固定、密封的玻璃构件。

2. 分类

按采用的原板玻璃的类别可以分成表 2-3-77 所示的各类。

中空玻璃按原板玻璃分类　　　　　表 2-3-77

中空玻璃类型	说　明
高透明无色玻璃	两片玻璃为无色透明玻璃
彩色吸热玻璃	其中一片玻璃为彩色吸热玻璃，一片为无色高透明吸热玻璃，也可以两片全是彩色玻璃
热反射玻璃	其中一片（外层）为热反射玻璃，另一片可是无色高透明玻璃或吸热玻璃
低辐射玻璃	其中一片（内层）玻璃为低辐射玻璃，另一片可以是高透明玻璃，彩色玻璃或吸热玻璃等
压花玻璃	其中一片为压花玻璃，另一片任选
夹丝玻璃	其中一片（内层）为夹丝玻璃，另一片可任选其他玻璃，可提高安全防火性能
钢化玻璃钢	其中一片为钢化玻璃，另一片任意选定，也可以全由钢化玻璃组成，提高安全性
夹层玻璃	其中一片（内层）为夹层玻璃，另一片可任意选定，具有较高的安全性

按颜色分类，有无色、绿色、黄色、金色、蓝色、灰色、棕色、褐色、茶色等。

按玻璃层数分，有双层中空玻璃和多层中空玻璃两大类。

按中间空气层厚度分类，有6mm、9mm、12mm 三类，按原板玻璃的厚度分类，有3mm、4mm、5mm、6mm 等。

3．产品规格

常用中空玻璃的最大尺寸见表2-3-78。

常用中空玻璃的最大尺寸（mm）　　　　　表2-3-78

原板玻璃厚度	空气层厚度	方形尺寸	短形尺寸
3	6、9、12	1200×1200	1200×1500
4	9	1300×1300	1300×1800
	12		1300×2000
	6		1300×1500
5	6	1500×1500	1500×2400
	9		1600×2400
	12		1800×2500
6	6	1800×1800	1800×2400
	9		2000×2500
	12		2200×2600

4．性能

（1）良好的隔热性能

中空玻璃的传热系数为 1.63~3.37W/(m^2·K)，相当于20mm 厚的木板或240mm 厚砖墙的隔热性能。因而采用中空玻璃可以大幅度节约采暖及空调能源。

（2）能充分调节采光

可以根据使用要求采用无色高透明玻璃、热反射玻璃、吸热玻璃、低辐射玻璃等组合中空玻璃，调节采光性能，其可见光透过率在10%~80%之间，热反射率在25%~80%之间，总透光率在20%~80%之间变化。

（3）良好的隔声性能

中空玻璃可降低一般噪音30~40dB，降低交通噪音30~38dB，因此可以创造安静舒适的环境。

（4）能防止门窗结露、结霜

中空玻璃中间层为干燥空气，其露点在-40℃以下，因而不会结露或结霜，不会影响采光和观察效果。

5．质量标准

（1）尺寸允许偏差

中空玻璃的尺寸允许偏差示于表2-3-79中。

中空玻璃尺寸允许偏差（mm）　　　表2-3-79

边长	允许偏差	厚度	公称厚度	允许偏差	对角线长	允许偏差
小于1000	±2.0	≤6	18以下	±1.0	<1000	4
1000~2000	±2.5		18~25	±1.5	1000~2500	6
2000~2500	±3.0	>6	25以上	±2.0		

（2）性能要求

中空玻璃的性能要求示于表2-3-80中。

中空玻璃的性能要求　　　表2-3-80

试验项目	试验条件	性能要求
密封	在试验压力低于环境气压10±0.5kPa，厚度增长必须≥0.8mm。在该气压下保持2.5h后，厚度增长偏差<15%为不渗漏	全部试样不允许有渗漏现象
露点	将露点仪温度降到≤-40℃，使露点仪与试样表面接触3min	全部试样内表面无结露或结霜
紫外线照射	紫外线照射168h	试样内表面上不得有结露或污染的痕迹
气候循环及高温、高湿	气候试验经320次循环，高温、高湿试验经224次循环，试验后进行露点测试	总计12块试样，至少11块无结露或结霜

6．用途

中空玻璃主要用于需要采暖、空调、防止噪音、结露及需要无直接阳光和特殊光的建筑物上，广泛用作住宅、饭店、宾馆、医院、学校、商店及办公楼以及火车、轮船的门窗。按其特点决定的应用范围见表2-3-81。

中空玻璃钢的特点和应用范围　　　表2-3-81

种类	特　点	应用范围
隔热型	由无色透明、吸热、热反射、低辐射玻璃构成的双层或多层中空玻璃	用于要求保温、隔热、降低空调能源的建筑、车辆等
遮阳型	由吸热、热反射、低辐射、光致变色玻璃构成，或玻璃间安百叶窗等	用于防眩无直射阳光的建筑等

续表

种类	特　　点	应 用 范 围
散光型	由压花玻璃、磨砂玻璃构成，或玻璃中填玻璃纤维等	提高光照均匀度和照射深度
隔音型	由无色透明玻璃构成	降低工业和城市噪音
安全型	由钢化玻璃、夹层玻璃、夹丝玻璃构成	承受风、雪载荷的屋面和安全防范建筑等
发光型	空气充惰性气体，通电后发光	商品橱窗厂告等
透紫外线型	由透紫外线玻璃构成	用于杀菌和医疗等
防紫外线型	由吸收紫外线玻璃构成	用于文物、图书馆等的贮藏
防辐射线型	由防X、Y等高能射线的玻璃构成	用于有X、Y等射线的观察窗口等

（五）调光玻璃

调光玻璃，从字面上就可看出，这种玻璃的特性为可以调节光度。调光玻璃属建筑装饰特种玻璃之一，又称为电控变色玻璃光阀。这种材料由新型液晶材料 NPD－LCD 附着于玻璃、薄膜等基材基础上，通过电流的大小随光线、温度调节玻璃，使室内光线柔和，舒适怡人，又不失透光的作用。

其实这种玻璃可调节的并不仅仅是亮度，还有透明度、柔和度，简单点儿说就是如果你拥有了这样一面玻璃，就可以自由变换通透性，依据场合、心情、功能需求随意调节性能。作为一项科技产品，调光玻璃能够应用到哪些方面呢？

1．商务应用

幕布作用在这里调光玻璃有另一个商业名称，叫做"智能玻璃投影屏"，意即透明状态下可以显示背景装饰图画，或者作为会议室的玻璃墙。不透明状态下可替代成像幕布，并更具画面清晰的特点。

再例如：会议室隔断即便是偌大的办公区，被数面墙体或磨砂玻璃隔断也会显得狭小憋闷，全部采用通透玻璃设计又缺乏商务保密性，这时你的确需要一种可以调节透明光度的玻璃才可解决烦恼。

2．住宅应用

外部设置阳台飘窗增加调光玻璃，可在楼宇林立人皆可窥的较差私秘性上呈现出革命性的改善。

第九节　建筑装饰石膏板

一、纸面石膏板

纸面石膏板具有轻质，保温隔热性能好，防火性能好，便于加工、安装等特点，通常用于室内隔墙和吊顶等处。纸面石膏板按性能分为普通纸面石膏板（代号 P）、耐水纸面石膏板（代号 S）和耐火纸面石膏板（代号 H）3 类。按棱边形状又可分为 4 种，见图 2-3-13。

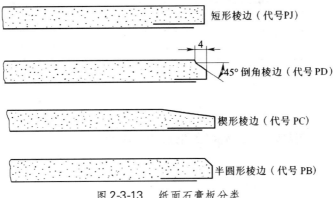

图 2-3-13　纸面石膏板分类

纸面石膏板的规格尺寸有如下规定：长度为 1800mm、2100mm、2400mm、2700mm、3000mm、3300mm、3600mm，宽度为 900mm、1200mm，厚度为 9.5mm、12mm、15mm、18mm、21mm、25mm，也可根据具体情况而定。

二、石膏纤维板

石膏纤维板（又称 GF 板或无纸石膏板）是一种以建筑石膏粉为主要原料，以各种纤维（主要是纸纤维）为增强材料的一种新型建筑石膏板材。有时在其中心层加入矿棉、膨胀珍珠岩等保温隔热材料，可加工成 3 层或多层板。

石膏纤维板是继纸面石膏板之后开发出的新型石膏制品，具有很高的抗冲击性，内部粘结牢固，抗压痕能力强，在防火、防潮等方面具有更好的性能，其保温隔热性能也优于纸面石膏板。石膏纤维板的规格尺寸有 3 类：其中大幅尺寸供预制厂用，如 2500mm ×（6000～7500）mm；标准尺寸供一般建筑用，如 1250mm × 1250mm（或 1200mm × 1200mm）；小幅尺寸供销售市场及特殊用途，如 1000mm × 1500mm。同时还能按用户要求生产其他规格尺寸。

石膏纤维板从板型上分为均质板、三层标准板、轻质板及结构板、覆层板及特殊要求的板等。从应用方面来看，可用作墙板、墙衬、隔墙板、预制板外包覆层、顶棚板、地板防火及立柱、护墙板等。

三、装饰石膏板

装饰石膏板包括平板、孔板、浮雕板、防潮板（包括防潮平板、孔板、浮雕板）等品种。其中，平板、孔板和浮雕板是根据板面形状命名的。孔板除具有较好的装饰效果外，还具有一定的吸声效果。装饰石膏板的规格尺寸为：500mm × 500mm × 9mm、600mm × 600mm × 11mm，形状为正方形，其棱边断面形式有直角形和倒角形两种。

装饰石膏板的代号及分类见表 2-3-82。

装饰石膏板的代号及分类　　　　表 2-3-82

分类	普通板			防潮板		
	平板	孔板	浮雕板	平板	孔板	浮雕板
代号	P	K	D	FP	FK	FD

第十节　几种新型建筑装饰材料和新技术

1. 玻镁板（也称纸面镁质板）

玻镁板是以氧化镁、氯化镁为主要原材料，以玻璃纤维布为表面增强材料，以轻质材料为填充物，经过严格的工艺加工而成的一种新型装饰板材。除有纸面石膏板同等的装饰功能外，还可用于：

（1）有防火等级要求的防火分区隔墙、吊顶；特殊需要的防火隔墙。

（2）在漏水、潮湿条件下的应用，如：走廊，空调管道下面，发挥耐水的功能，杜绝冷凝水的影响。

（3）防火卷帘和幕墙工程配套使用，发挥耐火、耐水功能。

（4）特殊的曲面隔墙吊顶，强度不丢失，干式弯曲，依然保留优良的耐水、耐火性能。

（5）隔墙的踢脚，容易受潮的环境。

（6）高标准防火要求的管道中。

2. 自流平地面

水泥基自流平地面是由水泥、骨料及添加剂组成的地面垫层材料，在加水搅拌后有良好的流动性，能够自动流动找平的地面，可以手工作业、泵送施工，适用于住宅、商业及工业建筑地面的精找平。地面基层抗拉强度应大于 1.0MPa。成品表面平整、耐磨。

3. 内墙用保温胶粉

该产品由水泥、大掺量粉煤灰、可再分散粉末、纤维素醚等原材料在工厂预混合而成。在施工现场由胶粉料与聚苯颗粒轻骨料加水混合制成保温浆料，用于外墙内保温及楼梯间隔墙。该产品配制的砂浆具有如下特点：

（1）导热系数低，保温隔热性能好；

（2）定量包装，无需现场称量，产品保温性能稳定；

（3）现场抹灰，施工适应性强，基层平整度不高时可直接施工；

（4）保温层整体性好，抗裂性能优异；

（5）防火性能好，难燃性满足建筑防火要求。

表 2-3-83 为内墙用保温浆料性能指标。

保温浆料性能指标　　　　　　表2-3-83

项　　目	指　　标
湿表观密度（kg/m³）	≤450
干表观密度（kg/m³）	≤250
导热系数[W/(m·K)]	≤0.060
抗压强度（kPa）	≥200
难燃性	B_1级

施工方法：

基层处理：清理墙面基层，使其无浮灰和油污等杂物，吸水性砖墙需提前2h浇水，混凝土和其他需要处理的基层应涂刷界面砂浆。

配制比例：内保温胶粉料∶聚苯颗粒轻骨料∶水＝25kg（1袋）∶200L（1袋）∶（32～36）kg。

配制顺序：在强制式砂浆搅拌机中先加入32～36kg水（可视具体情况调整），加入一袋净重为25kg的ZL内保温胶粉料，搅拌3～5min形成均匀的胶浆后加入体积为200L的聚苯颗粒轻骨料，再继续搅拌3～5min形成均匀的浆状体，即可施工。

操作方法：现场用抹子将保温浆料涂抹在基层墙体上，干燥后即形成胶粉聚苯颗粒保温层。

参考用量：（6袋保温胶粉料+6袋聚苯颗粒轻臂料）/m³。

使用时应注意事项：

（1）严格按照配合比配制，严禁随意加水；

（2）浆料应随拌随用，4h内用完，严禁使用过时浆料；

（3）每遍抹灰应压实且厚度不超过40mm为宜，每遍抹灰应间隔12h以上；

（4）最后一遍施工完后应用2m杠尺刮平，控制平整度2～3mm。

上述原材料组合中如加入纤维复合多种添加剂等原料，便可制成外墙用保温胶粉。

4．节能新技术——地源热泵

（1）地源热泵知识

地源热泵是一种利用地下浅层的热资源（也称地能，包括地下水、土壤或地表水等），通过输入少最的高位能源（如电能），将低温位能向高温位能转移，以实现既可供热又可制冷的高效节能空调系统。地源热泵利用地能一年四季温度稳定的特点，冬季把地能作为热泵供暖的热源，即把高于环境温度的地能中的热能取出来供给室内采暖，夏季把地能作为空调的冷源，即把室内的热能取出来释放到低于环境温度的地能中。通常地源热泵消耗1kW的热量，用户可以得到4kW左右的热量或冷量。

（2）特点

①资源可再生利用，地源热泵系统利用地球表面浅层地热资源（地能）作为冷热间进行能量转换，而地表浅层是一个巨大的太阳能集热器，蕴藏着无限的可再生能源供热泵利用。

②投资少，运行费用低，与传统空调系统相比，其一次性投资可节省15%～25%，每

年运行费用可节约40%左右。

③ 机房占地面积小,节省空间,可设在地下室。

④ 绿色环保,地源热泵系统利用地球表面浅层地热资源,没有燃烧、没有排烟及废弃物,清洁环保,无任何污染。

⑤ 自动化程度高,机组内部及机组与系统均可实现自动化控制,可根据室外温度变化及室内温度要求控制机组启停,达到最佳节能效果,同时节省了人力物力。

⑥ 可自主调节机组,投资者可按需要调整供应时间及温度,完全自主。

⑦ 一机多用,既可供暖,又可制冷,在制冷时产生的余热还可提供生活生产热水,为游泳池加热,充分利用了能源。

(3) 制冷原理

在制冷状态下,地源热泵机组内的压缩机对冷媒做功,使其进行汽-液转化的循环。通过冷媒/空气热交换器内冷媒的蒸发将室内空气循环所携带的热量吸收至冷媒中,在冷媒循环的同时再通过冷媒/水热交换器内冷媒的冷凝,由水路循环将冷媒所携带的热量吸收,最终由水路循环转移至地下水或土壤里。在室内热量不断转移至地下的过程中,通过冷媒-空气热交换器,以13℃以下的冷风的形式为室内供冷(图2-3-14)。

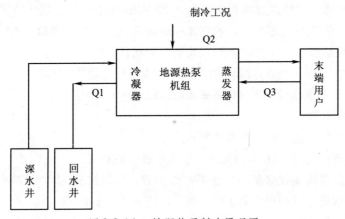

图2-3-14 地源热泵制冷原理图

(4) 制热原理

在制热状态下,地源热泵机组内的压缩机对冷媒做功,并通过四通阀将冷媒流动方向换向。由地下的水路循环吸收地下水或土壤里的热量,通过冷媒/水热交换器内冷媒的蒸发,将水路循环中的热量吸收至冷媒中,在冷媒循环的同时再通过冷媒/空气热交换器内冷媒的冷凝,由空气循环将冷媒所携带的热量吸收。在地下的热量不断转移至室内的过程中,以35℃以上热风的形式向室内供暖。

夏季制冷量:$Q_3 = Q_1 - Q_2$

图中 Q_1 为被利用的地热能,Q_2 为地源热泵机组耗功,Q_3 为用户可利用能源。

第四章 新编装饰装修施工工艺歌诀

第一节 总说记图

施工工艺规程是施工员落实施工方案的出发点和落脚点,不懂施工工艺规程,无法指导操作工人进行实际作业。而每一项工艺规程离不开施工图纸所规定的尺寸。所以不论哪一项专业工艺规程,首先要关注施工设计图,查明并牢记各部位尺寸掌握控制点。如何牢记总的建筑物尺寸,有歌诀曰:

一、各部位尺寸歌诀
开间进深要记牢,长宽尺寸莫忘掉;
纵横轴线心中记,层高总高立面标;
结构尺寸要记住,构件型号别错了;
虽然不问基础事,结构强度不能少;
墙体断面记牢靠,门窗洞口别去掉。

二、平、立、剖设计图歌诀
设计图表示方式很多,至少平、立、剖,还有节点图,因此更注意相互之间尺寸的统一。歌曰:
设计轴线是基础,各类编号要相吻;
所有标高要交圈,高低一定要相等;
剖面看的是位置,寻找详图见索引;
可能借用"标准集",引出线上会明标;
各部要求和做法,先把"设计说明"瞧;
土建、装饰和安装,相互尺寸要配套;
"洞、槽"位置和大小,施工预先要留好;
件、管规格和数量,仔细核对别混淆。

材料设备有要求,"设计做法"可找到。
总体尺寸掌握好,专业施工有依靠。

三、装饰工程施工特点歌诀
木器装饰部位多,墙裙包套筒子板;
先要划定龙骨线,定好位置装胀塞。
龙骨配料按规范,装前要涂防火材,
封板之前要隐检,不可忽略和懈怠。

第二节 木工工艺歌诀

一、总说
装饰施工要认真,木匠可称是万能。
虽然本能是木作,轻钢顶墙也胜任。
尽管发展多种活,主要对象木为本。
回头再把本职叙,料具知识是根本。
室内装饰部位多,木质制品为最高。
有窗罩、暖气罩,哑口门套加窗套。
踢脚线、装饰线,各种厨柜相配套。
脚下要铺木地板,天花还要把顶吊,
轻质隔墙作用大,金属骨龙封"石膏"。
件件饰品要做好,掌握图纸好下料。

二、木工识图
识图本是入门道,设计说明要先找;
什么部位什么料,操作之前先知晓。
房屋开间有多大,平面图上可以查;
室内空间有多高,立面图上可以找。
木质装饰有多少,地面顶棚四壁找;
四个墙面有顺序,A、B、C、D排列好。
看图一定要仔细,各种材料有图例;
木材图例有规律,框内画的木纹线。
识图要领须记牢,多看多练是正道;
室内设计多变化,反复练习有收效。

三、画线
木工作业对象不论是单件实物(如家具)或工程安装,都离不开有一定尺寸。这就要

使用各种不同的量具和画线方法。木工画线有一套规矩,简单介绍如下:

(一) 画线方法

1. 画线的技术要求

(1) 下料画线时,必须留出加工余量和干缩量。锯口余量一般留 2～4mm;单面刨光余量为3mm;双面刨光余量为5mm。

(2) 对木材的含水率要求:用于建筑制品的含水率不大于15%,用于家具加工的木料含水率不大于12%。否则,应先经干燥处理后再使用,如果先下料而后才干燥处理,则毛料尺寸应增加4%的干缩量。

(3) 画对向料的线时,必须把料合起来,相对地画线(即划对称线)。

(4) 制品的结合处必须避开节子和裂纹,并把允许存在的缺陷放在隐蔽处或不易看到的地方。

(5) 榫头和榫眼的纵向线,要用线勒子紧靠正面画线。

(6) 画线时,必须注意尺寸的精确度,一般画线后要经过校核才能进行加工。

2. 划线符号

划线符号是木料加工过程中木工使用的一种"语言",为避免加工中出现差错,必须有统一的符号,以便识别使用,常用的符号如图2-4-1所示。

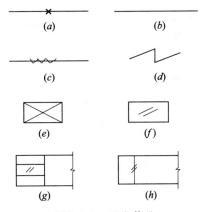

图 2-4-1 画线符号

(a) 下料线;(b) 中心线;(c) 作废线;(d) 大面;
(e) 全眼;(f) 半眼;(g) 榫头;(h) 长头线

画线符号在全国还不统一,各地使用符号尚有差异,在建筑木工和民用木工中使用的符号也有差异,因此,当共同工作时,必须要事先统一画线符号,以便能顺利地工作,相互之间密切配合。

(二) 画线工具歌诀

量尺常用是直尺,一条直线画笔直;
上有刻度来标明,1米作为标准尺。
携带方便是盒尺,有钢有皮长卷尺;
长度都可超1米,100米长也可存。
直角尺90度(图2-4-2),分为尺梢和尺座;

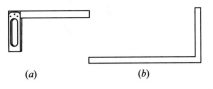

图 2-4-2 直角尺

(a) 小直角尺;(b) 大直角尺

尺座上面有刻度，画线验件都可用。
三角又名叫斜尺，本是等腰三角尺；
画横线和平行线，沿着尺翼斜边线。
画线量尺当必备，还要画线工具配，
常用工具有画笔，铅笔竹笔也可选（图2-4-3）。
用墨斗弹墨线，二点一线留墨迹。
墨斗有轮又有线（图2-4-4），通过墨头染黑线。

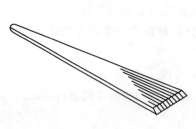

图2-4-3 竹笔

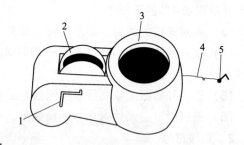

图2-4-4 墨斗

1—摇把；2—线轮；3—斗槽；4—线绳；5—定钩

画线工具要方便，根据需要可自建；
需画多条纵直线，做个墨株统一练。
线勒子很巧妙，量尺画具都不要，
线勒上面装有刀，宽窄尺寸螺母调。

墨株是一种画线工具，见图2-4-5，如果在较齐整的木料上需画大批纵向直线时使用的工具，具体画法见图2-4-5。

勒子有线勒子和榫勒子两种。勒子由勒子杆、勒子档和蝴蝶螺母组成，如图2-4-6所示。

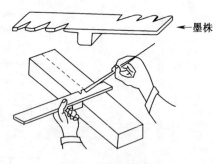

图2-4-5 墨株画线

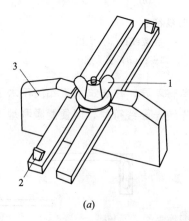

(a)

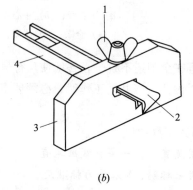

(b)

图2-4-6 勒子

(a) 线勒子；(b) 榫勒子

1—蝴蝶螺母；2—导杆及刀刃；3—勒子档；4—导杆槽

两种勒子使用方法相同，使用时，按需要尺寸调整好导杆及刀刃，把蝴蝶螺母拧紧，翻档靠紧木料侧面，由前向后勒线。如果刨削木料，可用线勒子画出木料的大小基准线。榫勒子一次可画出两条平行线，在画榫头和榫眼的竖线时才使用。

四、操作

（一）选料

木工入门第一关，先要认识是木材，
天然木材品种多，拿在手中分辨开。
天然木材分两类，针叶阔叶各自美，
阔叶树种品质优，榉木色木水曲柳。
天然生长有局限，大量发展人造板：
胶合板、纤维板，木丝、万利密度板，
宝丽、富利模压板，最新产品欧松板。
木材品种有数百，要靠实践长才干。
诸多木材掌握好，得心应手好选材。

（二）工具

工欲善事先利器，木作工具广而全。
要讲规矩定方圆，离开量具不好办。
长料可以用卷尺，短料衡量用直尺，
水平画线弹墨线，垂直标准用线锤。
衡量木方用斗尺，检验平整水平尺。
木料加工品种多，不同要求择其优；
锯刨砍凿钻磨粘，根据需要任意选。

（三）锯料

操作入门第一道，先要用锯来下料。
电锯虽然快而好，手锯基础要打牢。
木框锯很精巧，一根支撑中间挑，
一边锯条可转动（图2-4-7），一边绞绳拉结牢。
平时不用绞绳松，免却锯条受疲劳；

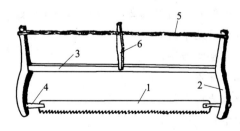

图 2-4-7　框锯
1—锯条；2—锯拐；3—锯梁；4—锯扭；5—锯绳；6—锯标

用时锯条要调整,再把绞绳紧收牢。
开长料、断短料,手握锯把脚踩料,
脚踩木料要用力,不可移动半分毫。
开料要用右脚踩,截料应该用左脚。
不管开料与截料,手脚动作要协调。
开料先要弹墨线,脚与墨线成直角,
左脚落地60度,身体与线45度角。
开锯先要出锯路,锯子与手配合走。
开出锯路上正道,锯与木料成夹角(图2-4-8)。
一推一拉均匀走,直把木料开到头。

图 2-4-8 锯割方法

(四) 刨料

配料完了要净料,净料工具要用刨:
手工刨、电动刨,入门先学手工刨。
手刨种类真不少,平刨槽刨起线刨(图2-4-9和图2-4-10);
刨子功能各不同,最常使用是平刨。
刨料先要置刨床,要求平整坚而牢;
顶头要设栏头卡,保证工件不前跑。
起刨先要调刨刃,刃口出头约半毫。
选好毛料平整面,平稳卡住在刨床,
操作手在左旁,左腿前趋后腿撑。
双手左右握刨柄,食指伸出压刨身,
双手拇指压后座,手臂腿脚集力量,

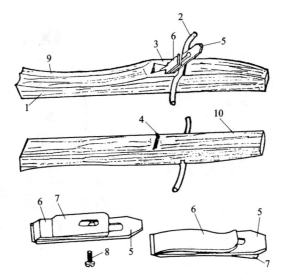

图 2-4-9 平刨

1—刨床；2—刨把；3—刨羽；4—刨口；5—刨刃；6—盖铁；7—刨楔；8—螺钉；9—刨背；10—刨腹

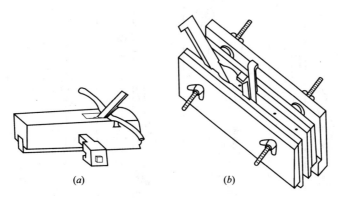

图 2-4-10 槽刨

（a）固定槽刨；（b）万能槽刨

压实刨子往前推，起不扬头落不掉（图 2-4-11）。

刨完平面换侧面，两边一定成直角。

平侧两面齐刨平，根据要求把线标。

初学可以弹墨线，熟练以后拖线止。

有了标线再开刨，四面刨平成净料。

刨子的使用方法

木工用刨子最注意三法　即步法、手法、眼法，这三法是推刨的基本功。

步法。原地推刨时，身子一般站在工作台的左边，左脚在前，右脚在后，左腿成弓步，右腿成箭步，两手握刨，用力向前推，身体向前压。若木料较长时，就需要走动，走动的基本步法为提步法、踮步法、跨步法和行走法四种，见图 2-4-12 所示。

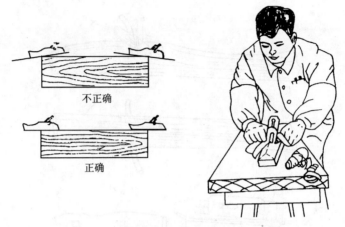

图 2-4-11 刨削操作

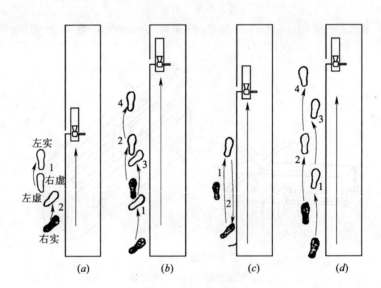

图 2-4-12 推刨步法
1—提步法；2—踮步法；3—跨步法；4—行走法

(五) 砍劈

砍劈工艺很重要，可以修正毛坯料，
边线太窄难下锯，厚度太过难以刨。
砍劈工具要备好，斧头斧把装配牢，
斧口刀刃要锋利，砍出工件准达标（图 2-4-13）。
砍劈主要靠助力，手中力度掌握好，
手眼并用准而狠，一斧下去准达标。
初学砍劈要谨慎，落斧未必把握准，
可将斧口对木料，斧子木料一起顿。

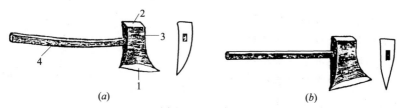

图 2-4-13 斧子
（a）单刃斧；（b）双刃斧
1—斧口；2—斧背；3—斧眼；4—斧柄

砍料先要看木纹，顺着纹理砍得准；
倘若逆着纹理砍，撕裂木料活难成。
砍劈木料有两种，立砍平砍可选用。
短料砍削用立砍，顺纹下垂扶立正。
左手紧握一物件，不可摇摆或移动，
由下而上砍切口，深度切莫把线过。
此时纤维已切断，从上一劈都落丢。
大料砍削用平砍，先要置备工作台，
木料上台固定好，顺着纹理从头砍，
右手握住斧把中，抡起斧子有力度，
左手握住斧把尾，把握斧子平衡度。
由左向右步步退，一路砍削到料头（图 2-4-14）。

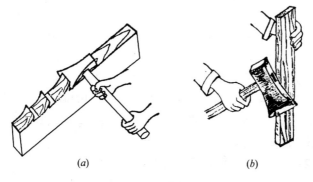

图 2-4-14 砍削方法
（a）平砍；（b）立砍

（六）凿眼

凿眼工艺要求严，榫接组装是关键；
不用胶粘不用钉，全靠榫眼配合密。
凿眼先设工作台，台高40设面板；
工料放置平且稳，人坐台面压工件。
凿眼先要画眼线，眼线榫线配紧密。

凿子尺寸用多大，要与眼线相匹配。
凿子刃口很特别，一边平面一边斜，
钢凿一端是主件，还有木把来相接。
开凿先要选凿刃，刃宽眼宽要统一。
手握凿地刃对眼，起凿先要靠身边。
平面刃口对内线，斜面刃口眼内切，
左手握把保垂直，右手举锤往下击，
入木三分第一锤，提起凿刃往前移，
凿刃外倾30度，轻击一锤起木片，
如此步步往前凿，到达边线翻刃面（图2-4-15）。

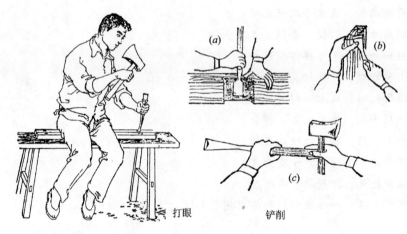

图 2-4-15 打眼和铲削方法
(a) 单手垂直铲削；(b) 单手平行铲削；(c) 双手平行铲削

凿眼是为了木料与木料之间采用榫接的一种传统方法。下面介绍几种榫接例子供参考。榫接种类有：中榫、半榫、半肩半榫、燕尾榫、马牙榫等几种。除了燕尾榫、马牙榫之外，还有暗榫与明榫之分。两相比较，明榫是指榫头横断面纤维暴露在表面，影响油漆的质量。因此，一般的构件都用暗榫为宜。

(1) 中榫（图2-4-16） 因榫头两边都有榫肩，不易扭动，一般情况下都用中榫。

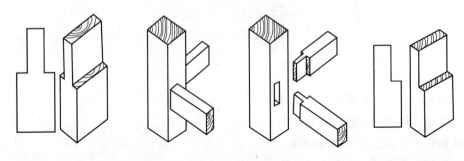

图 2-4-16 中榫

(2) 半榫（图2-4-17） 在制榫头木料厚度不够的条件下，要用半榫，但牢度次于中榫。

(3) 半肩中榫、半肩半榫（图2-4-18） 都用于接合榫眼料的两头，用以防止锯割榫眼多余的长头后露出榫头，影响榫头接合的坚固程度。

(4) 燕尾榫（2-4-19） 都用在需要活动与开启处的榫头接合，榫头两侧呈现斜形，榫头由横向拍入后，依靠两侧斜形轧住、固定。

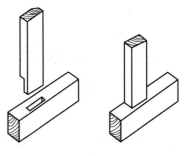

图2-4-17 半榫

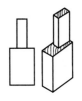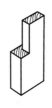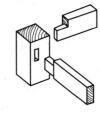

图2-4-18 半肩中榫、半肩半榫

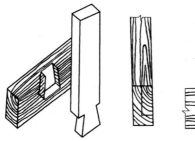

图2-4-19 燕尾榫

(5) 马牙榫（图2-4-20） 马牙榫制作要比其他几种榫头困难。过紧会使木板发生裂缝，过宽又不够坚固。先将甲榫根据图的斜度；用小锯子锯好，然后用钢丝锯锯掉空隙部分；若无钢丝锯，可用较窄的凿子凿去。甲榫做好后，再把甲榫贴紧乙榫里端的一根线，按照甲榫逐一划线，照线锯好乙榫即成。

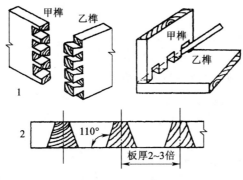

图2-4-20 马牙榫

第三节　镶贴面砖

一、镶贴工艺的基本内容

镶贴工艺在装饰施工中占有重要地位。所谓镶贴面砖只是一个代表性的说法，它包括了墙面抹灰、贴瓷砖、贴石材，也包括了平挂石材。下面的歌诀只是说出了基本施工程序，要想掌握全部镶贴技术，还应详读工艺标准，并须经高级师傅指点。本文将镶贴施工归纳为八个字，即：一备、二理、三规、四抹、五排、六弹、七垫、八擦。

二、贴砖工艺歌诀

一备
准备工作很重要，备足料具是头条。
主材面料设计定，粘结砂浆配合好。
操作工具要配套，手工电动两相交。
锤錾线板加量具，切割钻孔机具妙。
作业环境照顾到，建筑实体应完好。
最低气温0℃以上，做个样板探探道。

二理
镶贴面砖粘结牢，基底处理最重要。
基底材料有多种，处理方法各有招。
砖砌墙体较普遍，杂物尘土先去掉。
油渍污点要刮清，洒水湿润保净面。
混凝土墙表面光，清除油膜要恰当。
毛化处理首当先，然后刷道粘结胶。
加气混凝土墙表，首先杂物要清掉。
先润后刷界面剂，再抹水泥混合浆。

三规
贴砖先要抹底灰，底灰平整饰面美。
吊线找方定规矩，"灰饼""冲筋"做定规。
底灰作业作用显，"灰饼""冲筋"点连线。
点线成片再抹灰，面砖底灰才相配。

四抹
规矩找好要验收，横平竖直合要求。
开始抹灰有条件，不同基层"灰"不同。

砖砌墙面抹底灰，先将墙面浇润水。
水泥砂浆一比三，一层一层抹起来。
每层抹灰厚多少，一次不超12毫。
刮平压实成活后，扫毛划纹养护好。
混凝土墙抹底灰，水泥薄浆乳液配。
墙面薄薄刷一道，然后分层抹底灰。
砂浆配方一比三，每层厚度五至七。
底层砂浆压实后，扫毛划纹再保养。
"加气"墙上抹底灰，先刷一道溶液水。
"混合砂浆"分层抹，厚度控制"7"为最。
砂浆配方查标准，（胶）粘剂掺水有定规。
刮平扫毛划纹道，终凝之后再浇水。

五排
排砖叠砖程序有，随着面砖等级走。
做个模框立标准，套着面砖分劣优。
方正平整无裂纹，棱角不能有缺陷。
颜色一致为上品，凹凸扭翘不能留。
底灰收干六七成，遵照设计把砖排。
阴角开始顺着走，好与粘贴同步行。
大面要用整块砖，非整面砖靠边排。
边条不小三之一，非整不能出两列。

六弹
弹线为了找标点，垂直水平控制线。
垂线间距约一米，沿着砖块弹横线。
粘贴面砖保平整，先要做出标准点。
两点之间拉直线，再拴活动水平线。
标准点要做得好，要用靠尺仔细找。
上下靠尺找垂直，左右靠尺水平保。

七垫
贴砖先要垫底尺，算准下口标高点。
对准一皮砖下口，安放平稳不走线。
贴砖先将砖浸泡，取出控水再阴干。
混合砂浆作粘合，面砖背面刮满遍。
砂浆厚度8毫米，紧贴底尺向墙挤。
用手挤压保实满，再用靠尺找平面。

八 擦

面砖全部粘贴完，空鼓及早来发现。
发现一处立纠正，不可留作后遗点。
粘贴全部检查完，清水棉丝擦一遍。
白水泥浆涂缝隙，麻布擦拭净墙面。
粘贴工艺介绍全，口诀不能表述全。
仔细阅读规范本，多看多做定熟练。

三、自流平工艺

自流平是新科技，水泥骨料添加剂，
用水拌合可粘结，自己流动找平齐，
可作地面垫层用，也可铺粘装饰面，
木质、瓷质、橡胶地，又好又快人称美。

第四节 涂饰施工工艺口诀

涂料（油漆）工程是一项独特的装饰工程，属于装饰终点工程。它集面料、胶粘、色彩于一身，只要基底处理好，面层作业可一步到位。因此，对涂饰工人的施工技术要求很高。下面将涂饰施工程序归纳为八字法，便于记忆。这八个字是：检、调、刮、磨、擦、刷、喷、滚。

一、检

涂料饰面好不好，清查底子最重要；
遇到孔洞要剔净，有了钉子要拔掉。
旧墙埋管要剔凿，补缝处理应赶早；
表面不平需打磨，既要平整又要牢（图2-4-21）。
涂裱师傅责任大，横平竖直先检查；
大杠靠尺加吊线，不达标准不接纳（图2-4-22）。
遇到小洞要补平，五金配件保护定；
小处擦净大处扫，干净整洁往下操（图2-4-23）。

二、调

（一）调配腻子的材料选用

腻子的成分可分为填料、固结料、粘着料和水。腻子中的填料能使腻子具有一定的稠度和填平性。一般化学性质稳定的粉质材料都可作填料。几种填料在应用上的区别：用大白粉作填料的腻子，质地腻而松，适易糊砂布，油分大了打磨不动，油分小了松散无力。用滑石粉作填料的腻子质地硬而滑，粗磨容易细磨难，细磨易磨光，不易磨平。经烘烤的滑石粉性

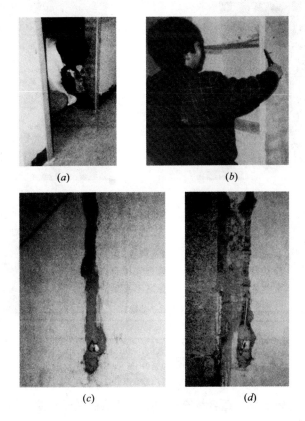

图 2-4-21 检查要领（一）

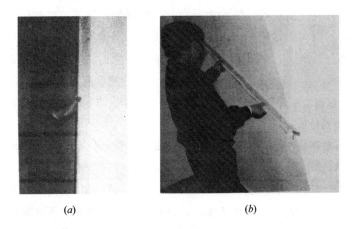

图 2-4-22 检查要领（二）

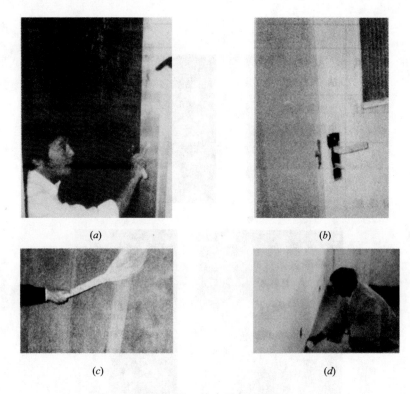

图 2-4-23 检查要领（三）

能强于其他填料。石膏硬而脆，适合填充厚层。极薄层的腻子打磨不平，总有毛茬，不适于涂膜表面。碳酸钙多用作填料。

能把粉质材料结合在一起，并且能干燥固结变坚硬的材料都可作固结料。水性腻子的固结料能被水溶解，如蛋清、面料、动植物胶类，此类腻子不耐水，易着色，可用于木器家具填平或着色。而油性腻子的固结料为油漆或油基涂料，其坚韧性好，耐水。

腻子中的粘着料能使腻子有韧性和附着力。凡能增加韧性并能使腻子牢固地粘着在物面上的材料。都可作粘着料。如桐油、油漆、干性油、二甲苯等。调配腻子所用的油漆，不一定用好料，一般无硬渣就可，如桶底子、混色的油漆，经过滤后都可作粘着料使用。

调配腻子所用的各类材料各具特性，要适当选用并注意调配方法。尤其是油与水之间的关系，两者不能相互溶解，处理不好，就会产生多孔、起泡、难刮、难磨等现象，应予以注意。

（二）调配腻子的方法

在调配腻子时，首先把水加到填料中，占据填料的孔隙，减少填料的吸油量，有利于打磨。加水量以把填料润透八成为好，太多，若吸至饱和状态再加油，则油水分离，使腻子不能连成一体，失掉粘着力而无法使用。为避免油水分离，最后再加一点填料以吸尽多余的水分。

配石膏腻子时，应做到油、水交替加入。这是因为石膏遇水，不久就变硬，而光加油会吸进很多油且干后不易打磨。只有交替加入，油、水才能产生乳化反应，刮涂后会有细密的小气孔。这是石膏腻子的特征。

将填料、固结料、粘着料压合均匀，装桶后用湿布盖好，避免干结。如是油性腻子，在基本压合均匀后,逐步加入200号溶剂汽油或200号溶剂汽油与松节油的混合物,不要单独使用松节油。压合成比施工适用稠度稍稠些,装桶加水浸泡,以防干结。由于200号溶剂汽油能稀释油,油经200号溶剂汽油长期稀释会降低粘着性,所以使用200号溶剂汽油调稀后的腻子放几日后会出现调得越稀越发脆的现象。为此,油性腻子使用前要尽量少兑稀料,用时再调稀较好。

市场销售的腻子,是经过研究用多种材料轧制而成的。在一般使用范围内,质量比自调的简易腻子稳定,在没有把握的情况下不宜随意改动。表2-4-1为几种常用腻子的配分。

几种常用腻子的配方　　　　　　　　　　表2-4-1

腻子名称	配比及调制(体积比)	适用对象
石膏腻子	1. 石膏粉:熟桐油:松香水:水=16:5:1:4~6,另加入熟桐油和松香水总重量1%~2%的液体催干剂(室内用)。配制时,先将熟桐油、松香水、催干剂拌合均匀,再加入石膏粉,并加水调和 2. 石膏粉:干性油:水=8:5:4~6,并加入少量煤油(室外和干燥条件下使用) 3. 石膏粉:白铅油:熟桐油:汽油(或松香水)=3:2:1:0.7(或0.6)	金属、木材及刷过油的墙面
水粉腻子	大白粉:水:动物胶:色粉=14:18:1:1	木材表面刷清漆、润水粉
油胶腻子	大白粉:动物胶水(浓度6%):红土子:熟桐油:颜料=55:26:10:6:3(重量比)	木材表面油漆
虫胶腻子	虫胶清漆:大白粉:颜料=24:75:1(重量比),虫胶清漆浓度为15%~20%	木器油漆
清漆腻子	1. 大白粉:水:硫酸钡:钙脂清漆:颜料=51.2:2.5:5.8:23:17.5(重量比) 2. 石膏:清油:厚漆:松香水=50:15:25:10(重量比),并加入适量的水 3. 石膏:油性清漆:着色颜料:松香水:水=75:6:4:14:1(重量比)	木材表面刷清漆
红丹石膏腻子	酚醛清漆(FO1-2):石膏粉:红丹防锈漆(F53-2):红丹粉(Pb_3O_4):200号溶剂汽油:灰油性腻子:水=1:2:0.2:1.3:0.2:5:0.3	黑色金属面填刮
喷漆腻子	石膏粉:白铅油:熟桐油:松香水=3:1.5:1:0.6,加适量水和催干剂(为白铅油和熟桐油总重量的1%~2.5%),配制方法与石膏腻子相同	物面喷涂

续表

腻子名称	配比及调制（体积比）	适用对象
聚醋酸乙烯乳液腻子	用聚醋酸乙烯乳液加填充料（滑石粉或大白粉）拌合，配比为聚醋酸乙烯乳液:填充料=1:4~5。加入适量的六偏磷酸钠和羧甲基纤维素，可防止龟裂	抹灰墙面刷乳胶漆
大白浆腻子	大白粉:滑石粉:纤维素水溶液（浓度5%）:乳液=60:40:75:2~4	混凝土墙面喷浆
浆活修补石膏腻子	石膏:乳液:浓度5%的纤维素水溶液=100:5~6:60	混凝土墙面浆活修补
内墙涂料腻子	大白粉:滑石粉:内墙涂料=2:2:10	内墙涂料

调配腻子的要领如图2-4-24所示。

(a)   (b)

图2-4-24 调配腻子要领

石膏天性有特征，遇水便把块结成；
油水交替往里加，乳化反应定正常。
油性腻子压合后，可加200号溶剂油（汽油）；
为防降低粘结性，加兑稀料少为优。
调配腻子有诀窍，先将清水注填料；
一是填料吸油少，二是打磨更轻巧。

三、"刮"

刮腻子是一项重要操作手法。

先补、填洞、嵌缝、补棱角、找平，再刮（批）。一个墙面根据操作者身高分几段施工。

一般分三段刮批腻子。刮板刮腻子略带倾斜，由下往上刮约0.8~1m，再翻手同一位置向下刮板成90°刮，要用腕力，尽量将腻子刮薄，达到墙面平整为宜。

多数人刮批腻子采用弧形线路,不仅刮不平,也浪费腻子。

刮批腻子一二三,板缝先要贴绷带;

小洞小缝先填补,结合部位要细严(图2-4-25)。

 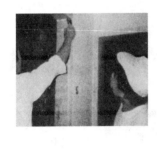 

(a)　　　　　　　　　　(b)　　　　　　　　　　(c)

图 2-4-25　刮批腻子要领(一)

批刮腻子力要到,基底结合才牢靠;

孔洞填补要捻进,上下来回走一遭(图2-4-26)。

(a)　　　　　　　　　　(b)　　　　　　　　　　(c)

图 2-4-26　刮批腻子要领(二)

墙面腻子要批好,由下往上带夹角;

翻手用力往下刮,又平又光不留毛(图2-4-27)。

(a)　　　　　　　　　　　　　　(b)

图 2-4-27　刮批腻子要领(三)

南北技术互相交，刮板抹子任意挑；

圆弧批刮不可取，又费工时又费料（图2-4-28）。

(a)

(b)

图 2-4-28　刮批腻子要领（四）

四、"磨"

磨砂纸的目的是使基底平光，以保证面层质量，磨砂纸要讲究不同部位的不同手法、砂纸的折叠、握砂纸的技巧等。

折叠砂纸：一张砂纸应该折叠成四小张，砂面要向内，使用时再翻开叠。

握砂纸：要保证砂纸在手中不移动脱落，应该是手指三上两下，将砂纸夹住抽不动为佳。

磨砂纸应该根据不同部位采用不同姿势进行，以保证不磨掉棱角为佳。

木材面打磨砂纸要遵循顺木纹的原则。

大面平磨砂纸应该由近至远，手掌两块肌肉紧贴墙面。当砂纸往前推进时，掌心两股肌肉可以同时起到检查打磨质量，做到磨检同步，既节省时间，减少工序，又可立即补正。

砂纸折叠砂朝里，装进口袋不磨衣；

使用之时再打开，磨完一面换一面（图2-4-29和图2-4-30）。

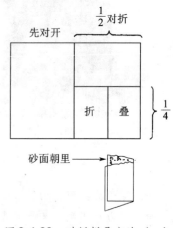

图 2-4-29　砂纸折叠方法（一）

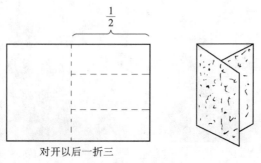

图 2-4-30　砂纸折叠方法（二）

折叠砂纸看示范，一张砂纸先对开，
二分之一再对折，四分之一叠起来（图2-4-31）。

(a) (b) (c)

图 2-4-31　砂纸折叠要领（一）

砂纸折叠不死板，对开以后一折三；
磨光一面再变换，也可使用夹纸板（图2-4-32）。

(a) (b) (c)

图 2-4-32　砂纸折叠要领（二）

细部打磨要精细，边线打磨保棱线；
小边部位打磨好，最后再磨大平面（图2-4-33）。

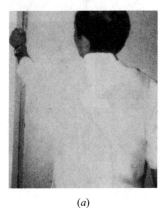 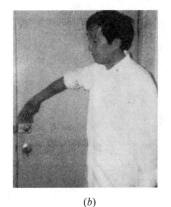

(a) (b)

图 2-4-33　磨砂纸要领（一）

(c)   (d)

图 2-4-33 磨砂纸要领（二）

三分油漆七分砂，顺着木纹细细擦；
明面部位不放过，隐蔽部位不漏擦（图 2-4-34）。

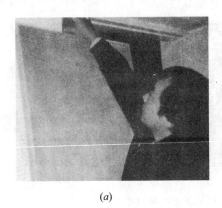
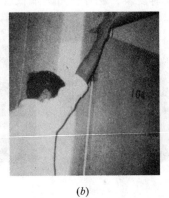

(a)   (b)

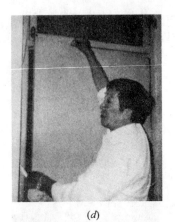

(c)   (d)

图 2-4-34 磨砂纸要领（二）

平面打磨走稳当，步步向前不漏网；
借助掌心两肌肉，又当支点又验光（图2-4-35）。

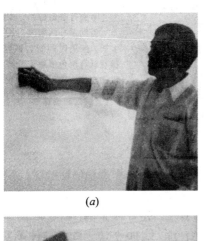
(a)

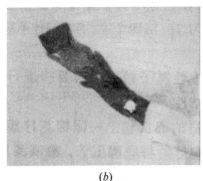
(b)

(c)

图2-4-35　磨砂纸要领（三）

五、"擦"

擦揩包括清洁物件、修饰颜色、增亮涂层等多重作用。

（一）擦涂颜色

掌握木材面显木纹清水油漆的不同上色揩擦方法（包括润油粉、润水粉揩擦和擦油色），并能做到快、匀、净、洁四项要求。

快：擦揩动作要快，并要变化揩的方向，先横纤维或呈圆圈状用力反复揩涂。设法使粉浆均匀地填满实木纹管孔。匀：凡需着色的部位不应遗漏，应揩到揩匀，揩纹要细。如遇木制品表面有深浅分色处，要先擦揩浅色部分，再擦揩深色部分。要根据材质情况及吸色程度，掌握擦揩力度。木质疏松及颜色较深要擦揩重些，反之则轻些。洁净：擦揩均匀后，还要用干净的棉纱头进行横擦竖揩，直至表面的粉浆擦净，在粉浆全部干透前，将阴角或线角处的积粉用剔脚刀或剔角筷剔清，使整个物面洁净、水纹清晰、颜色一致。

具体操作方法是，要先将色调成粥状，用毛刷呛色后，均刷一遍物件，约 0.5m²。用已浸湿拧干的软细布猛擦，把所有棕眼腻平，然后再顺着木纹把多余的色擦掉，使颜色均匀、物面平净。在此时，布不要随便翻动，要使布下成为平底。布下成平底的指法如图 2-4-36 所示。颜料多时，将布翻动，取下颜料。总的速度要在 2~3min 内完成。擦完一段，紧接着再擦下一段，间隔时间不要太长。间隔时间长，擦好的颜料已干燥，接茬就有两色痕迹，全擦完一遍之后，再以干布擦一次，以便擦掉表面颗粒。颜色完全擦好之后，在刷油之前不得再沾湿，沾湿就会有两色。

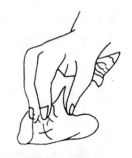

图 2-4-36 布下成平底的指法

擦涂颜色的要领：

擦粉擦色擦增光，擦揩工法很重要，快、匀、净、洁四个字，牢牢记住不忘掉。

（二）擦漆片

擦漆片，主要用作底漆。水性腻子做完以后要想进行涂漆，应先擦上漆片，使腻子增加固结性。

擦漆片一般是用白棉布或白的确良包上一团棉花拧成布球，布球大小根据所擦面积而定，包好后将底部压平，蘸满漆片，在腻子上画圈或画"8"字形或进行曲线运动，像刷油那样挨排擦均。擦漆片如图 2-4-37 所示。漆片不足，手下发涩时，要停擦，再次蘸漆片接着擦。否则，多擦一两下也会涂布不均。

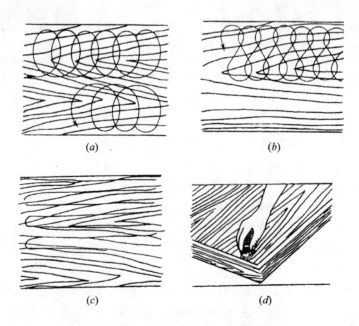

图 2-4-37 擦漆片路线、方式
(a) 圈涂；(b) 横涂；(c) 直涂；(d) 直角涂

擦漆片要领：

擦揩动作要敏捷，擦揩方向要多变，

画着圆圈用实力，粉浆填满木孔间。

（三）揩蜡克

如清漆的底色，没有把工件全填下，涂完后显亮星，有碍美观。若第二遍硝基清漆以擦涂方法进行，可以填平工件。首先，要根据麻眼大小调好漆，麻眼大，漆应调稠；麻眼小，可调稀。擦平后，再以溶剂擦光，但不打蜡。

涂硝基漆后，涂膜达不到洁净、光亮的质量要求，可以进行抛光。抛光是在涂膜实干后，用纱包涂上砂蜡按次序推擦。擦到光滑时，再换一块干净的细软布把砂蜡擦掉。然后，擦涂上光蜡。上光蜡质量差时，可用蜡将纱布润湿，不要上多，否则不亮。把上光蜡涂均匀后，使用软细纱布、脱脂棉、头发等物快速轻擦。待光亮后间隔半日再擦，还能增加一些光亮度。

抛光擦砂蜡具有很大的摩擦力，涂膜未干透时很容易把涂膜擦卷皮。为了确保安全，最好将抛光工序放在喷完漆两天后进行。

使用上光蜡抛光时，常采用机动工具。采用机动工具抛光时，应特别注意抛光轮与涂面的洁净，否则，涂面将出现显著的划痕。

每一次揩涂，实际上是棉球蘸漆在表面上按一定规律做几十遍至上百遍重复的曲线运动。每揩一遍的涂层很薄，常温下每揩一遍表干约 5min 后再揩涂下一遍，揩涂多遍后才能形成一定的厚度。

第一次揩涂所用的硝基清漆黏度稍高（硝基清漆与香蕉水的比例为 1∶1）。具体揩涂时，棉球蘸适量的硝基清漆，先在表面上顺木纹擦涂几遍。接着在同一表面上采用圈涂法，即棉球以圆圈状的移动在表面上擦揩。圈涂要有一定规律，棉球在表面上一边转圈，一边顺木纹方向以均匀的速度移动，从表面的一头揩到另一头。在揩一遍中间，转圈大小要一致，将整个表面连续从头揩到尾。在整个表面按同样大小的圆圈揩过几遍后，圆圈直径可增大，可由小圈、中圈到大圈。

棉球在既旋转又移动的揩涂过程中，要随时轻而匀地挤出硝基清漆，随着棉球中硝基清漆的消耗逐渐加大压力，待棉球重新浸漆后再减轻压力。棉球中浸漆已耗尽的（最好赶在揩到物面一头或一个表面揩完一遍后）要重新浸蘸硝基清漆继续揩涂。

揩蜡克要领如图 2-4-38 所示。

 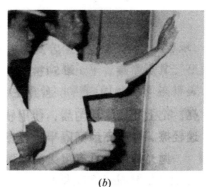

(a)　　　　　　　　　　　(b)

图 2-4-38　揩蜡克要领

擦色表面要均匀，有深有浅行不通，
由浅至深有顺序，手法力度见真功。

六、"刷"

刷涂是用排笔、毛刷等工具在物体饰面上涂饰涂料的一种操作，是涂料施工中最古老、最基本的一种操作方法。

涂刷前应该检查基底是否已经处理完好，环境是否符合要求。

刷涂时，首先要调整好涂料的黏度。用鬃刷刷涂的涂料，黏度一般以 40～100s 为宜（25℃，涂-4 黏度计），而排笔刷涂的涂料以 20～40s 为宜。总之，以刷涂自如为准。黏度太小容易流淌，同时降低色漆的遮盖力；黏度太大刷涂费力，且漆膜过厚，在干燥过程中容易起皱且费时。使用新漆刷时要稀些；毛刷用短后，可稍稠点。相邻两遍刷涂的间隔时间，必须能保证上一道涂层干燥成膜。刷涂的厚薄要适当、均匀。

用鬃刷刷涂油漆时，刷涂的顺序是先左后右、先上后下、先难后易、先线角后平面、围绕物件从左向右一面一面地按顺序刷涂，避免遗漏。对于窗户，一般是先外后里，对向里开启的窗户，则先里后外；对于门，一般是先里后外，而对向外开启的门则要先外后里；对于大面积的刷涂操作，常按开油—横油斜油—理油的方法刷涂。油刷蘸油后上下直刷，每条间距 5～6cm 叫开油。开油时，可多蘸几次漆，但每次不宜蘸得太多。开油后，油刷不再蘸油，将直条的油漆向横的方向和斜的方向刷匀叫横油斜油。最后，将鬃刷上的漆在桶边擦干净后，在涂饰面上顺木纹方向直刷均匀称为理油。全部刷完后，应再检查一遍，看是否已全部刷匀刷到，将刷子擦干净后再从头到尾顺木纹方向刷均匀，消除刷痕，使其无流坠、桔皮或皱纹，并注意边角处不要积油。一般来说，油性漆干燥慢，可以多刷几次，但有些醇酸漆流平性较差，不宜多次刷理。

用排笔刷油漆时，要始终顺木纹方向涂刷，蘸漆量要合适，不宜过多，下笔要稳、准，起笔、落笔要轻快，运笔中途可稍重些。刷平面要从左到右；刷立面要从上到下，刷一笔是一笔，两笔之间不可重叠过多。蘸漆量要均匀，不可一笔多一笔少，以免显出刷痕并造成颜色不匀。刷涂时，用力要均匀，不可轻一笔重一笔，随时注意，不可刷花、流挂，边角处不得积漆。刷涂挥发快的虫胶漆时，不要反复过多的回刷，以免咬底刷花，要一笔到底，中途不可停顿。

刷涂时还应注意：在垂直的表面上刷漆，最后理油应由上向下进行；在水平表面上刷漆，最后理油应按光线照射方向进行；在木器表面刷漆，最后理油应顺着木材的纹路进行。

刷涂水性浆活和涂料时，较刷油简单。但因面积较大，为取得整个墙面均匀一致的效果，刷涂时，整个墙面的刷涂运笔方向和行程长短均应一致，接茬最好在分格缝处。

另外，涂刷现场严禁使用电炉。

刷涂要领如图 2-4-39 和图 2-4-40 所示

刷漆本是基本功，周围环境要严控，
室内空气要洁净，绝对不准有火种。
涂刷顺序有讲究，先上后下再左右，
难点线角先下手，最后再把平面涂。

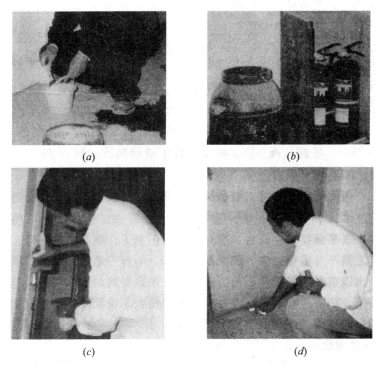

图 2-4-39 刷涂要领（一）

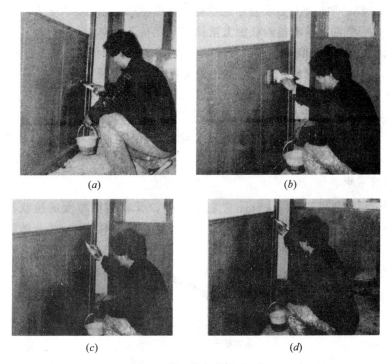

图 2-4-40 刷涂要领（二）

刷漆开油要蘸油，开油以后不蘸油，
横向斜向均匀刷，最后顺纹是理油。

七、"喷"

喷涂是用手压泵或电动喷浆机压缩空气将涂料涂饰于物面的机械化操作方法。其优点是涂膜外观质量好、工效高，适用于大面积施工，对于被涂物面的凹凸、曲折、倾斜、孔缝等都能喷涂均匀，并可通过涂料黏度、喷嘴大小及排气量的调节获得不同质感的装饰效果。缺点是涂料的利用率低，损耗稀释剂多，喷涂过程中成膜物质约有20%飞散在施工环境中。由于挥发的溶剂和飞散的漆料对人体有害，故施工场所必须有良好的通风、除尘等安全设施。同时，喷涂技法要求较高，尤其是使用硝基漆、过氯乙烯漆、氨基漆和双组分聚酯油漆，对喷涂技法的要求更高。

气动涂料喷枪的喷涂工艺：

1. 喷枪检查

喷涂之前先检查，气道是否已通畅，
连接之间要牢固，料口气道同心圆。

（1）将皮管与空气压缩机接通，检查气道部分是否通畅。

（2）各连接件是否坚固，并用扳手拧紧。

（3）涂料出口与气道是否为同心圆，如不同心，应转动调节螺母调整涂料出口或转动定位旋钮调整气道位置。

（4）按照涂料品种和黏度选用适合的喷嘴。薄质涂料一般可选用孔径为2~3mm的喷嘴；骨料粒径较小的粒状涂料及厚质、复层涂料可选用4~6mm左右的喷嘴；骨料粒径较大的粒状涂料、软质涂料和稠度较大的厚质、复层涂料可选用6~8mm的喷嘴。涂料黏度低的宜选用小孔径喷嘴，涂料黏度高的应选用大孔径喷嘴。

2. 选用合适的喷涂参数

（1）打开气阀开关，调整出气量。空气压缩机的工作压力一般在0.4~0.8MPa（约4~8kg/cm^2）之间，压力选得太低或太高，会令涂膜质感不好，涂料损失较多，如图2-4-41所示。

喷嘴涂面有间距，
40~60cm最为宜，

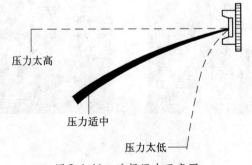

图2-4-41 选择压力示意图

距离过近出流挂，

距离过远不经济。

（2）喷嘴和喷涂面间距离一般为 40~60cm（喷漆则为 20~30cm）。喷嘴距喷涂面过近，涂层厚薄难以控制，易出现涂层过厚或流挂的现象。距离过远，涂料损耗多，如图 2-4-42 所示。可根据饰面要求，转动调节螺母，调整与涂料喷嘴间的距离。

喷涂技术较复杂，

先要了解操作法，

空气压缩是动力，

大面施工效果佳。

（3）在料斗中加入涂料，应与喷涂作业协调，采用连续加料的方式，应在料斗中涂料未用完之前即加入，使涂料喷涂均匀。同时，还应根据料斗中涂料加入的情况，调整气阀开关。即，料斗中涂料较多时，应将开关调至中间，使气流不致过大；涂料较少时，应将开关打开，使气流适当增大。

3. 喷涂作业

（1）手握喷枪要稳，涂料出口应与被喷涂面垂直；不得向任何方向倾斜，如图 2-4-43 所示，(a) 处位置为正确，(b) 处位置为不正确。

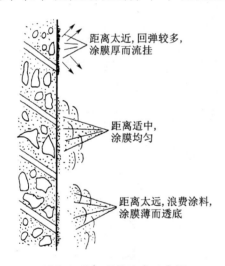

图 2-4-42 调整距离示意图

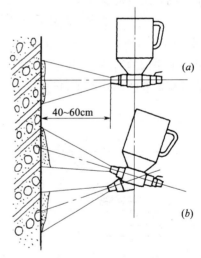

图 2-4-43 涂料出口位置示意图

喷枪移动不宜大，70~80cm 为一跨，

横竖应该成直线，往返需成圆弧状（90°）。

（2）喷枪移动长度不宜太大，一般以 70~80cm 为宜。喷涂行走路线应成直线，横向或竖向往返喷涂，往返路线应按 90°圆弧形状拐弯，如图 2-4-44 所示，而不要按很小的角度拐弯。

（3）喷涂面的搭接宽度，即第一行喷涂面和第二行喷涂面的重叠宽度，一般应控制在喷涂面宽度的 1/2~1/3，以便使涂层厚度比较均匀，色调基本一致。这就是所谓的"压枪喷"，如图 2-4-45 所示。

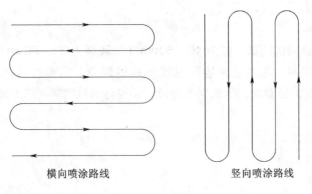

图 2-4-44 喷枪移动示意图

要做到以上几点,关键是练就喷涂技法。喷涂技法讲究手、眼、身、步法,缺一不可,枪柄夹在虎口,以无名指轻轻拢住,肩要下沉。若是大把紧握喷枪,肩又不下沉,操作几小时后,手腕、肩膀就会乏力。喷涂时,喷枪走到哪里,眼睛要看到哪里,既要找准枪去的位置,又要注意喷过之处涂膜的形成情况和喷雾的落点,要以身躯的移动协助臂膀的移动,来保证适宜的喷射距离及与物面垂直的喷射角度。喷涂时,应移动手臂而不是手腕,但手腕要灵活,才能协助手臂动作,以获得厚薄均匀适当的涂层。

(4)喷枪移动时,应与喷涂面保持平行,而不要将喷枪做弧形移动,如图 2-4-46 所示。否则,中部的涂膜就厚,周边的涂膜就会逐渐变薄。同时,喷枪的移动速度要保持均匀一致,这样涂膜的厚度才能均匀。

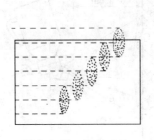

图 2-4-45 压枪喷法

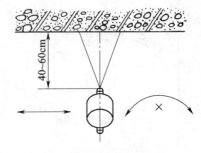

图 2-4-46 喷枪移动要保持平行

(5)喷涂时应先喷门窗口附近。涂层一般要求两遍成活。墙面喷涂一般是头遍横喷,第二遍竖喷,两遍之间的间隔时间,随涂料品种及喷涂厚度而有所不同,一般在 2h 左右。喷涂施工最好连续作业,一气呵成,完成一个作业面或到分格线处再停歇。在整个喷涂作业中要求作到涂层平整均匀,色调一致,无漏喷、虚喷及涂层过厚,形成流坠等现象。如发现上述情况,应及时用排笔涂刷均匀,或干燥后用砂纸打去涂层较厚的部分,再用排笔涂刷处理。

(6)喷涂施工时应注意对其他非涂饰部位的保护与遮挡,施工完毕后,再拆除遮挡物。

(7)喷涂时,工人应戴口罩、防护帽、穿特制工作服。

八、"滚"

滚涂是用毛辊进行涂料的涂饰。其优点是工具灵活轻便，操作容易，毛辊着浆量大，较刷涂的工效高且涂饰均匀，对环境无污染，无明显刷痕和接茬，装饰质量好；缺点是边角不易滚到，需用刷子补涂。滚涂油漆饰面时，可以通过与刷涂结合或多次滚涂，做成几种套色的、带有多种花纹图案的饰面样式。与喷涂工艺相比，滚涂的花纹图案易于控制，饰面式样匀称美观，还可滚涂各种细粉状涂料、色浆或云母片状厚涂料等。此外，还可以通过采用不同毛辊，作出不同质感的饰面。用花样辊可压出浮雕状饰面、拉毛饰面等。做平光饰面时可用刷辊，要求涂料黏度低，流平性好。对于做厚质饰面时，可用布料辊，既可用于高黏度涂料厚涂层的上料，又可保持滚涂出来的原样式。再用各种花样辊如拉毛辊、压花辊，作出拉毛或凹凸饰面。

但是滚涂施工是一项难度较高的工艺，要求有比较熟练的技术。

滚涂施工的基本操作方法如下：

（1）先将涂料倒入清洁的的容器中，充分搅拌均匀。

（2）根据工艺要求适当选用各种类型的辊子，如压花辊、拉毛辊、压平辊等，用辊子蘸少量涂料或蘸满涂料在钢丝网上来回滚动，使辊子上的涂料均匀分布，然后在涂饰面上进行滚压。

（3）在容器内放置一块比辊略宽的木板，一头垫高成斜坡状，辊子在木板上滚一下，使多余的涂料流出。

滚涂操作要领如图 2-4-47 和图 2-4-48 所示。

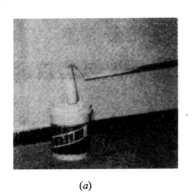  

(a)　　　　　　　　　　(b)　　　　　　　　　(c)

图 2-4-47　滚涂要领（一）

滚涂工艺最灵便，工具简单操作易，
高处矮处终相宜，边角之处需补齐。
滚涂花样可翻新，花纹图案任挑选，
平光、拉毛，浮雕状，毛辊可以来选定。
基本八法介绍完，口诀不能偏概全，
要想学好"基本法"，需要参与多实践。

(a) (b)

图 2-4-48 滚涂要领（二）

第五章 装饰装修施工技术新编

第一节 新技术知识

建筑装饰施工技术不同于施工工艺,它是装饰装修过程中对一些技术问题的处理方法。装饰装修是将装饰材料附着在建筑物上的过程,这就要有具体的连接方法,这些连接方法具有极高的技术含量,比如改建工程往往会将新工程部分在原建筑上生根,这就是技术问题。下面详细介绍几种施工技术措施。

一、穿孔施工技术

1. 必须遵守的规范与标准

在装饰装修改建工程中,穿孔施工是经常会发生的。比如:风道安装、水管安装、电线管安装都会发生穿越墙体、楼板,甚至还会穿越梁柱体。这种施工的前提必须经结构设计师鉴定认可,否则,即使有水、电、风安装设计图,也不能盲然施工。穿孔施工主要施工难点是打洞,打洞就会伤害原结构。因此,施工中必须严格遵守国家相关规范及标准。这些规范和标准有:

《混凝土结构工程施工质量验收规范》(GB 50204—2002);

《钢结构工程施工质量验收规范》(GB 50205—2001);

《混凝土质量控制标准》(GB 50164—92);

《建筑工程施工质量验收统一标准》(GB 50300—2001);

《民用建筑修缮工程查勘与设计规程》(JGJ 117—98);

《混凝土结构加固技术规范》(CECS 25:90);

《砖混结构房屋加层技术规范》(CECS 78:96);

《钢筋焊接及验收规程》(JGJ 18—2003)。

打洞要根据洞口的大小决定施工方案。洞有方形的、圆形的或其他形式的。以往打洞都采用手工操作,工具主要是錾子和榔头。手工作业的标准难以掌握,完全要靠工人的技能。比如:某公司在北京饭店施工,要在一混凝土梁上开30mm×30mm的洞安装风道。经结构设计师勘察可以开洞。但是施工时不得使周围受振,也不得扩大面积。当时还不具备现代施工机械,最后从昌平聘请了一位石工。他只用了几把錾子和榔头,细心开凿,仅用4个小时便开出一个方正的洞口。装洗面盆支架需要在墙下开50mm×50mm的洞后置木方,没有机具,只是用手工开凿很快开出两个同样大小的洞,填入木方,不用胶粘严丝合缝,多年不松动。这种技术在不具备机具设备的情况下,仍不失为重要手段。这项手工开洞的技术关键是操作要有耐心,錾子要保持锋利,凿进要小。手工开洞切忌野蛮施工,必须做到先放线、验线,再按线开洞,严禁用大锤夯砸。运用现代电动机具开洞,所用机具为水钻。下面介绍混凝土的钻孔技术。

2. 混凝土钻孔技术

(1) 适用范围及特点

钻孔施工适用于任何混凝土构筑物,一次成孔孔径为$\phi 27 \sim \phi 200$mm。采用连续钻孔法施工,可实现各种形状洞口的切割及各种构筑物拆除,可广泛用于水、电、通风孔开洞及门、窗洞口切割,梁、墙、柱拆除等各类构筑物的改造。钻孔施工方法的特点是:无噪声、无振动、无粉尘污染,对结构无不良影响,使用灵活,施工速度快。

(2) 钻孔孔径标准规格

一次成孔孔径标准见表2-5-1。

一次成孔孔径标准　　　　表2-5-1

27mm	32mm	36mm	46mm	56mm	76mm	89mm
102mm	108mm	120mm	127mm	132mm	159mm	200mm

钻孔孔位偏差标准:

孔位偏差不超过3mm;

钻孔垂直度标准。除特殊要求外,钻孔斜度每米不超过3°。

(3) 连续钻孔法切割

当洞口要求超过$\phi 200$mm的非圆孔时,可采用连续钻孔技术进行施工。比如,切割一个1m的方孔,可用$\phi 108$mm或$\phi 89$mm孔径进行施工。采用$\phi 108$mm钻,连续钻10个孔,采用$\phi 89$mm钻,连续钻12个孔即可完成。在改建工程中,除了安装水、电、通风管道需要钻孔外,还有全楼加设电梯,需在垂直房间的楼板上开井。这是一项技术性很强的工程,必须经过结构设计师精细计算并科学设计,施工单位制订周密的施工方案方可进行拆除。

二、移位技术

移位技术主要指门窗洞口的移位。在改建工程中,医院普通病房改高级病房,办公室改客房,其他使用功能改变都会发生门窗口移位。门窗洞移位有两种情况,一是非承重墙上门窗口移位,二是承重墙上门窗移位。第一种情况不会影响结构,但施工时也应注意先拆门窗,堵洞口,再开新洞口。非承重墙虽然不承重,但它具有围护功能,不能因撞击而倾塌。

所以应该保持墙体的整体牢固性能。第二种情况承重墙上移动门窗口，应该进行墙体勘察，获得结构设计师的允许方可施工。一般做法是先将原门框拆除，砌填充墙，然后在新开门洞上凿出安装过梁的位置。先凿一边，待梁安装后再凿另一面，两根过梁全部安装完后，可以拆开新门洞，绝对不可以不安装过梁便开门洞。

三、扩展技术

改建过程中，由于原来的房间面积狭小，需要扩展。有的地下室由于营业需要另开门口通往地面。这些都会发生拆墙施工。这种施工从技术上说很危险。但是只要技术措施合理，施工组织周密，施工手段科学，也是可以做到的。前提是必须经结构设计师勘察结构，设计出详细的施工图方可施工。在承重砖墙上开通道可以采用月亮洞，先在墙两边立支撑，然后拆墙，拆成月亮形，用 $\phi16$ 钢筋 4 根，预扎成钢筋架，厚与墙同，宽 200mm，支模板打 C30 混凝土，这样使月亮洞形成一个整体，楼板的荷载不会减低。地下室外墙板开洞可以采用连续钻孔进行切割施工，然后进行装饰。

四、植入技术

植入技术一般指在原房顶上加轻质房需要与原房顶的柱头相连接所用的施工技术。

1. 技术特点

植入连接是用胶粘剂将钢筋（或螺栓）与混凝土进行粘结，使钢筋（或螺栓）与混凝土成为一体，以达到在混凝土中增加钢筋（或螺栓）的目的。

本技术所用胶粘剂，以 RJJ 建筑结构胶为准，对其他胶种，当有充分试验依据且性能满足使用要求时亦可参照采用。

植入深度一般应大于或等于 $15d$（d 为钢筋直径），因现场条件限制，深度达不到 $15d$ 时，视设计要求而定。

2. 施工工艺

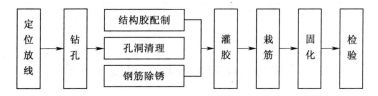

根据设计（或用户）要求，确定锚固钢筋位置，清出工作面。用十字线明显标出孔中心。

3. 钻孔

在指定位置按设计要求深度进行钻孔。

钻孔孔径一般应大于钢筋直径（或螺栓）6～10mm。

钻孔深度应大于要求孔深 3～5mm。

4. 孔壁处理

清除孔中积水及灰渣，用电烤棒烘烤孔壁，使孔壁完全干燥，而后用工业丙酮反复擦洗孔壁直至完全除去粉尘。孔口用盖板或棉丝封闭，以防杂物落入孔内。

5. 钢筋（螺栓）处理

钢筋锚入部分首先进行除锈处理，而后用工业丙酮擦拭，直至完全除去钢筋表面油污粉尘。

6. 胶粘剂配制

按胶粘剂的组分，严格遵照配方，均匀搅拌，色泽完全一致方可使用。胶要随用随拌。

7. 粘锚

将胶粘剂灌入孔中至孔深的三分之二左右，同时将钢筋锚固部分用胶裹满，将钢筋一面旋转一面插入孔中，将孔中空气挤出。旋转钢筋要沿一个方向，稍加墩实即可固定钢筋，调正钢筋的位置必须在规定时间内完成。孔内灌胶，可根据现场情况分别采用压力灌胶或人工灌胶。

8. 固化养护

锚入钢筋常温下需养护24h，在钢筋定位后24h的养护期内不得对钢筋有任何扰动。待结构胶固化后方可进行下一道工序施工。

9. 检验

盲孔锚固钢筋深度负误差每米不超过20mm。

钢筋抗拉强度检验一般采用现场试验进行检验。现场拉拔试验分为抽检和栽埋试验筋两种方式（根据现场实际情况选择其中一种），抽检和栽埋试验筋一般按同种规格钢筋做一组（每组三根），当拉拔试验值达到钢筋设计值或设计要求数值后即为合格。做现场拉拔试验应在结构胶完全固化后（72h）进行。

10. 植筋冬期施工

植筋施工质量主要取决于结构胶的力学性能。结构胶的环境适应温度为 $-15 \sim 60℃$，在此温度之间结构胶的强度不会产生明显降低，只是影响了结构胶的固化时间。对于重要部位植筋，当环境温度低于0℃时，为加快胶的固化时间，应采用人工加温（具体加温方法根据现场实际情况确定）和保温措施，使胶能在正常时间（24h）内完全固化，3d 后可以受力使用。

附：某工程接建植螺栓工程施工方案

一、工程概况

根据设计图纸需在屋顶加层，后加钢结构与原混凝土结构连接，采用植螺栓工艺施工。具体工程量为：32 个柱头，每个柱头6 根 M20 螺栓；三个柱面后加钢牛腿，每个牛腿8 根 M20 螺栓。螺栓植入深度为20D，植螺栓用胶为"JGN"型建筑结构胶，M20 螺栓为普通合格螺栓。

二、施工方案

(1) 施工顺序：分段同步施工。

(2) 施工方法：植螺栓成孔为水钻成孔，植螺栓用胶为"JGN"型建筑结构胶。

三、施工工艺

(1) 根据设计图纸要求在应植螺栓部位明显标出植螺栓孔的位置线，钻孔孔径应大于所植螺栓直径6~10mm。

(2) 钻孔深度20D。

(3) 植螺栓孔壁处理：用加热棒烤干孔内积水，压缩空气将孔内粉尘吹净，而后用毛刷刷孔壁，最后用丙酮清洗干净，至完全除去尘土。

(4) 钢筋锚入部分处理：用角磨机带钢丝刷将钢筋锚入部分刷干净，并用棉丝沾丙酮彻底去除钢筋表面油污、粉尘及锈斑。

(5) 现场配胶：现场按胶的组分，严格遵照配方，均匀搅拌色泽至完全一致方可使用。

(6) 粘锚：将胶灌入孔中，至孔深的三分之二处，同时将钢筋锚入部分用胶裹满，而后将钢筋一面旋转一面插入孔中，把孔中空气挤出。

(7) 胶固化养护：锚入钢筋在常温下养护24h，3d后即可受力使用。养护期内严禁扰动钢筋。

四、植螺栓质量保证措施

(1) 植螺栓工艺要求严格，为保证质量必须在组织上和工艺上进行严格控制，实行全流程质量控制并严格执行专职质检员制度。

(2) 采购材料必须是合格产品，严格控制，调胶均匀，色泽一致，搅拌时间充足；植螺栓孔壁清洁度必须达到要求，各种试验隐检报告及技术资料齐全，以备查验。

(3) 检测试验：施工时应在现场选定位置做试验螺栓，3d后请第三方试验单位进行拉拔试验。拉拔力应达到螺栓的抗拉强度设计值 51.45kN/mm² （设计值 = 螺栓净面积 245mm² × 210N/mm²）。

五、施工进度计划安排

本工程总工期暂定为三日历天数（从合同签定第二日算起），其中不含甲方原因造成的工期延误及养护期。

六、施工组织安排

1. 各工序施工人数

技术人员　　　1人

施工负责人　　1人

植螺栓　　　　6人

2. 施工项目组织机构

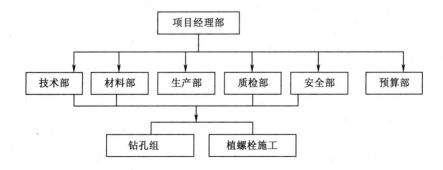

3. 施工主要机械设备

水钻：　　　　4台

角磨机　　　　2台

移动电箱　　　4个

七、安全文明施工措施

1. 工人进场前需进行安全教育培训,考核合格后方可上岗。
2. 搭设的脚手架工作平台必须牢固可靠。
3. 施工人员进入现场工作必须佩戴安全帽,高空作业必须系好安全带。
4. 夜间施工要备有足够的照明灯具,使现场亮度达到合适程度。
5. 施工中严禁伤害原建筑。

五、槽埋技术

这是一种极普通的装饰施工技术,但是由于没有统一的工艺标准,往往也会使结构遭受损害。槽埋技术即在墙面或地面上开槽,埋设电管或水管。现在一些民用建筑将采暖热水管埋在楼地面内更增添了保护结构的复杂性。槽埋的质量关键一是槽的宽度与深度,二是槽的走向。墙面开槽后埋设电线管时,槽的宽度以略大于管的直径为宜;深度比管的直径略大,便于做保护层抹灰。接线盒槽以能埋入线盒为宜。开槽宜采用切割机,如无条件需手工开槽要稳而准,不可野蛮施工,扩大墙面的破损度。在实践中,有的开槽把空心砖墙体凿穿,将接线盒安装在隔断墙两面的同一位置,这种做法破坏了隔声效果。管槽走向应该垂直,不可横着开槽,或斜着开槽,这样都会有损墙体强度。特别是有些隔墙是轻质圆孔板,如果斜向开槽便会将圆孔切开,虽不是承重墙,墙体强度大大降低,有可能很小的冲击便会折断,同时破坏隔声效果。

槽埋作为一个独立施工技术项目,它由3部分组成,即开槽、埋管、保护层抹灰。开槽由普工施工,埋管由电工施工,保护层抹灰由抹灰工施工。把一项完整的技术割裂开来,由于它在整个装饰施工中所占分量不重,所以技术被忽略了。最突出的遗留问题就是墙面裂痕、变形。常常看到装饰好的墙面在电气开关或插销的位置会有约5cm宽的垂直裂纹,影响整体装饰效果,就是槽埋技术不过关造成的。

第二节 金属件连接施工技术

一、装饰物与建筑体连接的中介构造方式

1. 龙骨连接部位

(1) 木龙骨有墙裙、护墙板、踢脚板、门窗套、窗帘盒、暖气罩、顶棚等。

(2) 金属龙骨有轻质隔断墙龙骨、单护墙轻质龙骨、顶棚龙骨等。

2. 吊挂件连接部位

固定顶棚龙骨要在顶棚板上后置吊挂件。

3. 干挂石材钢管架固定

角钢骨架与建筑体固定,干挂件与骨架、石材连接。

4. 金属装饰材料与墙、柱体固定

包柱子,做隔断。

二、金属连接件

金属件连接施工技术主要借助于金属连接件。适用于装饰工程施工的金属连接件品种很多，随着科学技术的发展，金属连接件可以满足各种装饰材料与建筑体的连接。

下面介绍常用金属连接件品种、性能、规格。

1．圆钉类

（1）圆钉

圆钉是一种极其普通而常用的小五金连接材料，主要用于木质结构的连接。各种规格的圆钉见表2-5-2。

圆钉的产品规格　　　　　表2-5-2

钉号	规格（mm）	钉杆尺寸（mm）		1000个钉的重（kg）		每千克钉大约个数	
		长度L	直径d				
			标准型	重型	标准型	重型	标准型	重型
1	10	10	0.9	1.0	0.0499	0.0617	200040	16200
1.3	13	13	1.0	1.1	0.0803	0.097	12461	10307
1.6	16	16	1.1	1.2	0.1194	0.142	8375	7037
2	20	20	1.2	1.4	0.1778	0.242	5630	4130
2.5	25	25	1.4	1.6	0.303	0.395	3304	2532
3	30	30	1.6	1.8	0.474	0.600	2110	1666
3.5	35	35	1.8	2.0	0.700	0.864	1428	1157
4	40	40	2.0	2.2	0.988	1.195	1012	837
4.5	45	45	2.2	2.5	1.344	1.733	744	577
5	50	50	2.5	2.8	1.925	2.410	520	414
6	60	60	2.8	3.1	2.898	3.560	345	281
7	70	70	3.1	3.4	4.149	4.150	241	200
8	80	80	3.4	3.7	5.714	6.760	175	148
9	90	90	3.7	4.1	7.633	9.350	131	107
10	100	100	4.1	4.5	10.363	12.50	96.5	80
11	110	110	4.5	5.0	13.736	16.90	72.8	59
13	130	130	5.0	5.5	20.040	24.40	49.9	41
15	150	150	5.5	6.0	28.010	33.30	35.7	30
17.5	175	175	6.0	6.5	38.910	45.50	25.7	22
20	200	200	6.5		52.000		19.2	

（2）麻花钉

麻花钉的钉身有麻花花纹，钉着力特别强，适用于需要钉着力强的地方，如家具的抽斗部位、木质顶棚吊杆等。各种规格的麻花钉见表2-5-3。

麻花钉的产品规格 表2-5-3

规格 （mm）	钉杆尺寸（mm）		1000个钉的重量 （kg）	每千克钉 大约个数
	长度L	直径d		
50	50.8	2.77	2.40	416.6
50	50.8	3.05	2.91	343.6
55	57.2	3.05	3.28	304.8
65	63.5	3.05	3.64	274.7
75	76.2	3.40	5.43	184.0
75	76.2	3.76	6.64	150.6
80	88.9	4.19	9.62	104.0

（3）拼钉

拼钉又称榄形钉或枣核钉，外形为两头呈尖锥状，主要适用于木板拼合时作销钉用。各种规格的拼钉见表2-5-4。

拼钉的产品规格 表2-5-4

规格 （mm）	钉杆尺寸（mm）		1000个钉的重量 （kg）	每千克钉 大约个数
	长度L	直径d		
25	25	1.6	0.36	2778
30	30	1.8	0.55	1818
40	40	2.2	1.08	926
45	45	2.5	1.52	658
50	50	2.8	2.00	500
60	60	2.8	2.40	416
90	90	3.7	6.13	163
120	100	4.5	14.3	70

（4）水泥钢钉

水泥钢钉是采用优质钢材制造而成，具有坚硬、抗弯等优良性能，可用锤头等工具直接钉入低强度等级的混凝土、水泥砂浆和砖墙，适用于建筑、安装行业等的装修。各种规格的水泥钢钉见表2-5-5。

（5）各种规格长度圆钉的使用部位

10～20mm　　　　　固定门窗玻璃；

20～25mm　　　　　固定墙面板条；

30～50mm　　　　　固定木地板。

（6）圆钉的一般允许应力（表2-5-6）

水泥钢钉产品规格　　　　　　　表 2-5-5

钉号	钉杆尺寸（mm）		1000 个钉的重量（kg）	每千克钉的大约个数
	长度L	直径d		
7	101.6	4.57	2.36	424
7	76.2	4.57	2.39	418
8	76.2	4.19	2.39	418
8	63.5	4.19	2.40	416
9	50.8	3.76	2.45	406
9	38.1	3.76	2.57	389
9	25.4	3.76	2.60	385
10	50.8	3.40	2.50	400
10	38.1	3.40	2.62	382
10	25.4	3.40	2.67	375
11	38.1	3.05	2.62	382
11	25.4	3.05	2.68	373
12	38.1	2.77	2.65	377
12	25.4	2.77	2.69	371

圆钉的一般允许应力　　　　　　表 2-5-6

规格（mm）		一面受剪力连接的允许应力		
		永久荷载值（kg）	板厚度（mm）	
长度	直径	红松	适宜	不适宜
40	2.0	9	12	—
45	2.3	12	12～15	—
50	2.3	12	18	15
65	2.6	15	24～21	18
75	3.2	22	30～24	21
90	3.5	27	30	24～21
100	4.0	35	40～30	24
130	4.2	44	45～40	33
150	4.5	54	60～65	45～40

（7）使用圆钉的参考数据

钉的直径不宜超过最薄板厚度的 1/6，否则极易开裂。钉的直径大于 6mm 时，任何木材均应预先钻孔。用硬木制造的木结构构件，如用圆钉结合，必须预先钻孔，孔径为圆钉直径的 0.8～0.9，孔的深度不小于钉入深度的 0.6。

当一面受剪力时，钉入深度应为上层木板的 2.5～3 倍，当两面受剪力时，钉入第三层木板的深度为钉径的 1.5 倍以上。

2. 气钉类

气钉是一种比较先进的连接件，国内流行不到 20 年，它需用一台空气压缩机和一把特制气钉枪，将钉整排插入气枪内，用空气压缩机的气压推动撞针将钉打入木制品内，达到固定物件的作用，常用于固定胶合板、木线条、软包等。

气钉有两种，一种是直钉，一种是码钉。

常用直钉有两种：一种是用于固定胶合板和条板，钉子长度6~30mm，使用1.1/4in直钉枪；一种是用于围板、地板及嵌板的固定，钉子长度20~50mm，使用2in直钉枪。

码钉的规格较多，根据不同部位使用。有用于顶棚薄板，用于木器、板条接驳拼缝处，用于围板嵌板工程等，双脚外径和长度、直径不相同，使用的码枪也不同，见表2-5-7。

气钉规格表   表2-5-7

码枪	双脚外径（mm）	长度（mm）	用途
7/8in	5.2	6~22	天花板
N钉大码枪	5.8	16~40	围板、嵌板
N钉大码枪	11.1	18~50.8	装门窗、地板
F钉梳化枪	11.2	5~10	板条、接驳
J钉梳化枪	11.2	6~13	细小木器
N钉码枪	12.2	18~50.8	门窗、地板

注：资料引自强生牌气钉。

3. 木螺钉

木螺钉，又称木牙螺钉，可用以将各种材料的制品固定在木质制品之上，按其用途不同，可分为沉头木螺钉、半沉头木螺钉、半圆头木螺钉等。

（1）沉头木螺钉

沉头木螺钉又称平头木螺钉，适用于要求紧固后钉头不露出制品表面之用。其产品规格见表2-5-8。

沉头木螺钉产品规格（mm）   表2-5-8

直径	长度	直径	长度	直径	长度	直径	长度	直径	长度
1.6	6	3.0	14	4.0	16	4.5	40	6.0	35
1.6	8	3.0	16	4.0	18	4.5	45	6.0	40
1.6	10	3.0	18	4.0	20	4.5	50	6.0	45
2.0	6	3.0	20	4.0	22	4.5	60	6.0	50
2.0	8	3.0	22	4.0	25	4.5	70	6.0	60
2.0	10	3.0	25	4.0	30	5.0	18	6.0	70
2.0	12	3.0	30	4.0	35	5.0	20	6.0	85
2.0	14	3.5	8	4.0	40	5.0	22	6.0	100
2.5	8	3.5	10	4.0	45	5.0	25	7.0	45
2.5	10	3.5	12	4.0	50	5.0	30	7.0	50
2.5	12	3.5	14	4.0	60	5.0	35	7.0	60
2.5	14	3.5	16	4.0	70	5.0	40	7.0	85
2.5	16	3.5	18	4.5	14	5.0	45	7.0	100
2.5	18	3.5	20	4.5	16	5.0	50	8.0	40
2.5	20	3.5	22	4.5	18	5.0	60	8.0	50
2.5	22	3.5	25	4.5	20	5.0	70	8.0	60
2.5	25	3.5	30	4.5	22	5.0	85	8.0	70
3.0	8	3.5	35	4.5	25	5.0	100	8.0	85
3.0	10	3.5	40	4.5	30	6.0	25	8.0	100
3.0	12	4.0	12	4.5	35	6.0	30	8.0	120

（2）半圆头木螺钉

半圆头木螺钉顶端为半圆形，该钉拧紧后不易陷入制品里面，钉头底部平面积较大，强度比较高,适用于要求钉头强度高的地方,如木结构棚顶钉固铁蒙皮之用。其产品规格见表2-5-9。

半圆头木螺钉的产品规格(mm)　　　　　　　表2-5-9

直径	长度	直径	长度	直径	长度	直径	长度	直径	长度
2.0	6	3.0	10	4.0	35	5.0	50	6.0	60
2.0	8	3.0	12	4.0	40	5.0	60	6.0	70
2.0	10	3.0	16	4.0	45	5.0	70	6.0	80
2.0	12	3.0	20	4.0	50	5.0	80	6.0	100
2.5	8	3.0	25	4.0	60	5.0	100	8.0	50
2.5	10	3.0	30	5.0	20	6.0	25	8.0	70
2.5	12	4.0	12	5.0	25	6.0	30	8.0	80
2.5	16	4.0	16	5.0	30	6.0	35	8.0	100
2.5	20	4.0	20	5.0	35	6.0	40		
2.5	25	4.0	25	5.0	40	6.0	45		
3.0	8	4.0	30	5.0	45	6.0	50		

(3) 半沉头木螺钉

半沉头木螺钉形状与沉头木螺钉相似,但该钉被拧紧以后,钉头略微露出制品的表面,适用于要求钉头强度较高的地方。其产品规格见表2-5-10。

4. 自攻螺钉

自攻螺钉,钉身螺牙齿比较深,螺距宽,硬度高,可直接在钻孔内攻出螺牙齿,可减少一道攻丝工序,提高工效,适用于软金属板、薄铁板构件的连接固定之用,其价格比较便宜,常用于铝门窗的制作中。其产品规格见表2-5-11。

半沉头木螺钉的产品规格(mm)　　　　　　　表2-5-10

直径	长度	直径	长度	直径	长度	直径	长度	直径	长度
2.0	10	3.0	35	5.0	20	6.0	45	8.0	100
2.0	12	3.0	40	5.0	25	6.0	50	8.0	120
2.0	16	4.0	10	5.0	30	6.0	60	10.0	16
2.0	20	4.0	12	5.0	35	6.0	70	10.0	20
2.0	25	4.0	16	5.0	40	6.0	80	10.0	25
2.0	30	4.0	20	5.0	45	6.0	90	10.0	30
2.5	10	4.0	25	5.0	50	6.0	100	10.0	35
2.5	12	4.0	30	5.0	60	8.0	16	10.0	40
2.5	16	4.0	35	5.0	70	8.0	20	10.0	45
2.5	20	4.0	40	5.0	80	8.0	25	10.0	50
2.5	25	4.0	45	5.0	90	8.0	30	10.0	60
2.5	30	4.0	50	5.0	100	8.0	35	10.0	70
3.0	10	4.0	60	6.0	16	8.0	40	10.0	80
3.0	12	4.0	70	6.0	20	8.0	45	10.0	90
3.0	16	4.0	80	6.0	25	8.0	50	10.0	100
3.0	20	5.0	10	6.0	30	8.0	60	10.0	120
3.0	25	5.0	12	6.0	35	8.0	70		
3.0	30	5.0	16	6.0	40	8.0	80		

自攻螺钉产品规格（mm）　　　　　　表 2-5-11

直径	长度L												
	6	8	10	12	16	18	20	25	30	35	40	45	50	60
3	—	—	—	—	—	—	—	—	—	—	—	—	—	—
4		—	—	—	—	—	—	—	—	—	—	—	—	—
5			—	—	—	—	—	—	—	—	—			

5．射钉

射钉系利用射钉器（枪）击发射钉弹，使火药产生燃烧，释放出一定能量，把射钉钉入混凝土、砖砌体中，将需要固定的物体固定上去。射钉紧固技术是一种先进的固接技术，它比人工凿孔、钻孔紧固等施工方法，既牢固又经济，并且大大减轻了劳动强度，适用于室内外装修、安装施工。射钉有各种型号，可根据不同的用途选择使用，常用的产品规格见表 2-5-12。

根据射钉的长短和射入深度的要求，可选用不同威力的射钉弹。各种射钉弹的代号、外形、尺寸、色标、威力等见表 2-5-13。

射钉的产品规格　　　　　　表 2-5-12

型号	L（mm）	M（mm）	D（mm）	用途	示意图
RD27S8	27	8	3.7	将射钉钉在混凝土、砖砌墙、岩石上，以固定构件 当射钉穿上 QM 切木环时，可将木质件固定在混凝土上 当射钉附加垫圈 D 23 或 D 36 时，可将松软件固定在混凝土上	
32S8	32	8	3.7		
37S8	37	8	3.7		
42S8	42	8	3.7		
47S8	47	8	3.7		
52S8	52	8	3.7		
62S8	62	8	3.7		
72S8	72	8	3.7		
DD27S10	27	10	4.5		
32S10	32	10	4.5		
37S10	37	10	4.5		
42S10	42	10	4.5		
47S10	47	10	4.5		
52S10	52	10	4.5		
62S10	62	10	4.5		
72S10	72	10	4.5		

续表

型号	L (mm)	M (mm)	D (mm)	用　　途	示　意　图
HRD16S8	16	8	3.7	将射钉钉在金属（钢铁）基体上 当射钉穿上 QM 切木环时，可将木质件固定在钢铁基体上 当射钉附加垫圈 D 23 或 D 36 时，可将松软件固定在钢铁基体上	
19S8	19	8	3.7		
22S8	22	8	3.7		
32S8	32	8	3.7		
37S8	37	8	3.7		
42S8	42	8	3.7		
47S8	47	8	3.7		
52S8	52	8	3.7		
62S8	62	8	3.7		

射钉弹的产品规格　　　　表 2-5-13

型号	口径×长度（mm）	外型图	色标	威力
S1	6.8×11		红 黄 绿 白	大 中 小 最小
S2	10×18		黑 红	特大 大
S3	6.8×18		黑 红 黄 绿	最大 大 中 小
S4	6.3×10	S4 外形图与 S1 相同	红 黄 绿 白	大 中 小 最小
S5	5.6×15		黄 绿 棕 灰	大 中 小 最小

射钉的施工技术要点：

(1) 在混凝土基体上固定射钉

① 最佳射入深度：

在混凝土基体上固定的射钉的最佳射入深度 $L=22\sim32mm$，一般取 $27\sim32mm$。深度小于 22mm，承载力下降；深度大于 32mm，对基体破坏的可能性较大，效果反而不好。

② 射钉固定的主要尺寸关系：

基体的厚度 $t \geq 2l$（图 2-5-1）。薄壁构件宜用短的射钉。

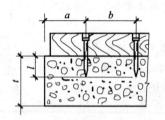 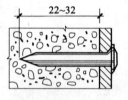

图 2-5-1 射钉固定

射钉距混凝土构件边缘尺寸 $a \geq 50\sim100mm$。

射钉与射钉之间的距 $b \geq 2l$。

③ 对混凝土基体的强度和耐碱度要求：

混凝土的抗压强度为 $10\sim60MPa$ 均可适用。当抗压强度低于 10MPa 时，固定不可靠；当抗压强度大于 60MPa 时，射钉不易射进。混凝土酸碱度（pH 值）小于或大于 10 的酸性或碱性基体，只能作临时固定。pH 值在 $7\sim9$ 的混凝土，对射钉无腐蚀作用，可作永久固定。

④ 射钉在钢筋混凝土基体中固定时，不要把射钉钉在钢筋上，更不得钉在预应力筋上。

(2) 在钢质基体上固定射钉

① 对钢质基体的强度要求：钢质基体的强度宜为 $100\sim750MPa$。

② 钢质基体的最小厚度 $t_{min}=4\sim6mm$，太薄极易射穿，固结不牢。

③ 当基体钢的厚度 $t=8\sim12mm$ 时，可获得最佳射入深度。

④ 射钉固定的主要尺寸关系：

射钉距基体边缘的距离 $a \geq 2.5d$。

射钉与射钉间的距离 $b \geq 6d$。

⑤ 不能在硬钢（如淬火钢）上固定射钉。

(3) 在砖砌体、岩石、耐火材料基体上固定

由于基体材料不同，应首先试验，待确定最佳可靠射入深度后才能施工。砖砌体的射入深度一般为 $30\sim50mm$。

(4) 射钉施工注意事项

射钉：

① 射钉钉杆长度的选取：射钉钉杆长度 = 最佳射入深度 + 被固件厚度。

② 注意事项

为防止木质被固件劈裂，在固结前，应在射钉钉尖上套上切木环。

对于质地松软、强度很低的被固件，如纤维板、钙塑板、泡沫塑料等，需在射钉前面另加一个大金属垫圈，才能获得理想的效果。

往金属（钢铁）基体上固定的射钉，钉杆上应压有花纹。

射钉弹：

① 要正确选用射钉弹的型号和颜色。

② 要按有关爆炸和危险物品的规定进行搬运、装卸和贮存。

③ 使用时，不要把射钉弹放置在高热物件上，不得用火或高温直接烘烤以及加热射钉弹。

④ 不要随意撞击射钉弹，不要把射钉弹交给无关的人或小孩玩耍。

射钉枪：

① 射钉枪的选用必须与弹、钉配套，不得用错，使用要求见表 2-5-14。

射钉枪、弹配套使用要求　　　　　表 2-5-14

射钉枪型号	射钉弹	射钉类型		枪管	活塞
		南山机器厂生产	长庆机器厂生产		
SDT-A301	S1	YD、HYD	YA、HA		
SDT-A302 SDQ603	S3	YD、HYD、KD35、M8、HM8	YA、HA、YK3.5、YM8、HM8	$\phi 8$ $\phi 10$	$\phi 8$ $\phi 10$ $\phi 12 \sim 6$
		DD、HDD、KD45、M10、HM10	YA、HA、YK4.5、YM10、HM10		$\phi 12 \sim 5$
		M4（L=42、25）	YM4（L=42、52）		
		M4（L<32）	YM4（L<32）		$\phi 12 \sim 3$
	S2 S1	M6~11、HM6~11	YM6~11、HM6~11	$\phi 12$	$\phi 12 \sim 2$
		M6~20、HM6~20	YM6~20、HM6~20		$\phi 112 \sim 1$
		KD	YK		$\phi 12$
		HTD	HT		

② 使用射钉枪的人员必须经过培训，按规定程序操作，不得乱用。

③ 基体必须稳定、坚实、牢固。在薄墙、轻质墙上射钉时，基体的另一面不得有人，以防射钉穿透基体伤人。

④ 射击时，握紧射钉枪，枪口与被固件应成垂直状态。

⑤ 在操作时才允许将钉、弹装入枪内。装好钉、弹的枪，严禁将枪口对人。

⑥ 发现射钉枪操作不灵时，必须及时将钉、弹取出，切不可随意敲击。

⑦ 射钉枪每天用完后，必须将枪机用煤油浸泡，然后擦上油存放，射击满1000发射弹后应进行全面清洗。

6. 金属胀锚螺栓

金属胀锚螺栓是一种替代地脚螺栓及混凝土预埋螺栓的新型连接件。其优点是工效高，劳动强度低，施工周期短。

（1）使用要求（表 2-5-15）

金属胀锚螺栓的使用要求　　　　　表 2-5-15

规格	M6	M8	M10	M12	M16	备注
钻孔直径（mm）	φ10.5	φ12.5	φ14.5	φ19	φ23	左列数值为胀锚螺栓与 C15 混凝土固结后允许的数值
钻孔深度（mm）	40	50	60	75	100	
允许拉力（N）	2400	4400	7000	10300	19400	
允许剪力（N）	1800	3300	5200	7400	14400	

（2）连接方法

① 施工程序：

钻孔→清除灰碴、放入螺栓→锤入套管→套管张开、上端与地坪齐→设备就位后紧固螺母。

② 注意事项：

钻孔后必须清除灰碴，再放入螺栓。

螺栓与混凝土边缘的最小距离，应为螺栓直径的 12 倍。

7. 塑料胀锚螺栓

塑料胀锚螺栓一般多采用聚乙烯、聚丙烯塑料加工而成。

（1）特点

塑料胀锚螺栓质轻、机械强度高。采用它能提高工效，减轻劳动强度，缩短施工周期。

（2）用途

在装饰工程中代替预埋螺栓，主要用于各种轻型结构构件固结之用，如窗帘轨等。

（3）施工方法

① 先钻孔，再植入塑料胀锚螺栓。钻孔时钻孔杆刀头中心必须与钻杆中心轴线对准，否则所钻之孔就不规则，影响胀锚螺栓的抗拉强度。

② 钻孔直径大小对胀锚螺栓锚固强度有直接影响，应按产品说明书规定执行。

③ 钻孔时，电钻应与作业面垂直，且不得摇晃，否则钻孔不规则，影响锚固力。

8. 石材干挂件

石材干挂件是石材干挂施工的重要紧固连接件。传统的干挂件为插销式调节板，材质为不锈钢。施工方法为：用冲击钻在石材的上下端侧面打直径为 6mm、深为 30mm 的孔，将插销式调节板插入孔内，再与墙壁面固定。

现在有了改进式干挂件，即不锈钢材质的 LT 型插片式挂件，由 L 型的直角板和 T 型的调节板两部分组成，见图 2-5-2。机具利用率高，操作简便灵活。整个施工工艺为：基层打孔→安装胀管→安装 LT 挂件→石材切槽安装→槽位填实。石材干挂件还有多种形式，施工中可以任选。

9. 抽芯铆钉

抽芯铆钉是建筑装饰工程中最常用的连接件，其品种规格非常多，主要品种有：开口型抽芯铆钉、封闭型抽芯铆钉、双鼓型抽芯铆钉、沟槽型抽芯铆钉、环槽铆钉和击芯铆钉。

（1）开口型抽芯铆钉

开口型抽芯铆钉是一种单面铆接的新颖紧固件。各种不同材质的铆钉能适应不同强度的铆接，广泛适用于各个紧固领域。施工中必须采用拉铆枪进行铆接，在拉铆力的作用下，铆钉体逐渐膨胀直至钉芯被拉断，铆接工序完成。开口型抽芯铆钉具有操作方便、效率较高、噪声较低等优点。其规格尺寸见表2-10-16,示意图如图2-10-3所示。

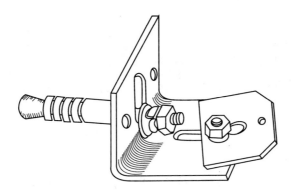

图2-5-2 石材干挂件示意图

开口型抽芯铆钉(K)规格尺寸(mm)及材料　　　　表2-5-16

D	L	推荐铆接板厚度	D_1	H	α	d	钻孔直径	材料	抗拉力(N/只)	抗剪力(N/只)
3	9	4.5~6.5	6	1		1.8	3.1	纯铝	310	240
	12	7.5~9.5						5号防锈铝	810	600
3.2	7	2.5~4.5	6	1		1.8	3.2	纯铝	370	285
	9	4.5~6.5						2号防锈铝	670	530
	11	6.5~8.5						5号防锈铝	985	760
	13	8.5~10.5						不锈铝	2350	1870
4	6	1.0~3.0	8	1.4		2.2	4.1	纯铝	590	450
	8	3.0~5.0						2号防锈铝	1020	840
	10	5.0~7.0						5号防锈铝	1560	1160
	13	8.0~10			120°			不锈铝	3650	2890
	16	10~12								
	18	11~13								
4.8	7	1.5~3.5	9.5	1.5		2.6	4.9	纯铝	860	660
	9	3.5~5.5						2号防锈铝	1420	1150
	11	5.5~7.5						5号防锈铝	2230	1690
	13	7.5~9.5						不锈钢	5330	4230
	14	8.5~10.5								
	16	10.5~12.5								
	18	12.5~14.5								
5	6	0.5~2.5						纯铝	920	710
	8	2.5~4.5						2号防锈铝	1500	1200
	11	5.5~7.5						5号防锈铝	2590	1670
	13	7.5~9.5								
	16	10.5~12.5								
	18	12.5~14.5								

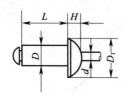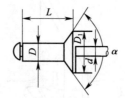

图 2-5-3　开口型抽芯铆钉

（2）封闭型抽芯铆钉

封闭型抽芯铆钉也是一种单面铆接的新颖紧固件。不同材质的铆钉，适用于不同场合的铆接，广泛用于客车、航空、机械制造、建筑工程等。其规格尺寸见表 2-5-17，示意图如图 2-5-4 所示。

封闭型抽芯铆钉（F）规格尺寸（mm）及材料　　　表 2-5-17

D	L	推荐铆接板厚	D_1	H	α	d	钻孔直径	材料	抗拉力（N/只）	抗剪力（N/只）
3.2	7	1~2.5	6	1		1.7	3.3	纯铝	490	445
	9	3~4.5						5号防锈铝	1240	1070
	11	5~6.5								
	13	7~8.5								
	16	10~11.5								
4.0	6	0.5~1.5	8	1.4	120°	2.2	4.1	纯铝	720	580
	8	2.0~3.5						5号防锈铝	2140	1560
	10	4.0~5.5								
	13	7.0~8.5								
	16	10~11.5								
4.8	8	0.5~3.0	9.5	1.5		2.64	4.9	纯铝	1120	935
	10	4.0~5.0						5号防锈铝	3070	2230
	13	7.0~8.0								
	15	9.0~10								
	16	10~11								
	18	12~13								
	23	16~18								
	25	19~20								

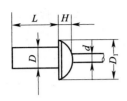 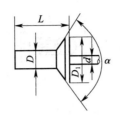

安装示意图

图 2-5-4　封闭型抽芯铆钉（F）

（3）双鼓型抽芯铆钉（S）

双鼓型抽芯铆钉是一种盲面铆接的新颖紧固件。这种铆钉具有对薄壁构件进行铆接不松动、不变形等优良特点，铆接完毕后两端均呈鼓形，由此称为双鼓型抽芯铆钉，广泛应用于各种铆接领域。其规格尺寸见表 2-5-18，示意图如图 2-5-5 所示。

双鼓型抽芯铆钉规格尺寸（mm）　　表 2-5-18

D	L	推荐铆接板厚	D_1	d	钻孔直径	抗拉力（N/只）	抗剪力（N/只）
3.2	8	≤1	6.0	1.80	3.4	670	530
	10	1.0～3.0					
	12	3.0～5.0					
	14	5.0～7.0					
	16	7.0～9.0					
4.0	10	≤1.5	8.0	2.20	4.2	1020	845
	12	1.5～3.5					
	14	3.5～5.5					
	16	5.5～7.5					
	18	7.5～9.5					
4.8	10	≤1	9.5	2.65	5.0	1425	1160
	12	1.0～3.0					
	14	3.0～5.0					
	16	5.0～7.0					
	18	7.0～9.0					
	20	9.0～11					
	22	11～13					
	24	13～15					

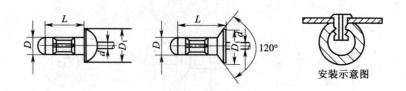

图 2-5-5 双鼓型抽芯铆钉（S）

(4) 沟槽型抽芯铆钉

沟槽型抽芯铆钉也是一种盲面铆接的新颖紧固件，适用于硬质纤维、胶合板、玻璃纤维、塑料、石棉板、木材等非金属构件的铆接。它与其他铆钉的区别在于表面带槽形，在盲孔内膨胀后，沟槽嵌入被铆构件的孔壁内，从而起到铆接作用。其规格尺寸见表2-5-19，示意图如图2-5-6所示。

沟槽型抽芯铆钉规格尺寸（mm）　　表 2-5-19

D	L	D_1	钻孔直径	钻孔深度
4.2	12	8.0	4.4	15
	14			17
5.0	10	9.5	5.2	13
	12			15
	15			18
	19			22
	25			28

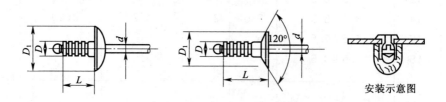

图 2-5-6 沟槽型抽芯铆钉（G）

(5) 环槽铆钉（H）

环槽铆钉为一种新颖的紧固件，采用优质碳素结构钢制成，机械强度高，其最大的特点是抗震性好，能广泛用于各种车辆、船舶、航空、电子工业、建筑工程、机械制造等紧固领域。铆接时必须采用专用拉铆工具，先将铆钉放入钻好孔的工件内，套上套杆，铆钉尾部插入拉铆枪内，枪头顶住套环，在力的作用下，套环逐渐变形，直至钉子尾部在槽口断裂，拉铆工序完成。这种铆钉操作方便、生产效率高、噪声较低、铆接牢固。其规格尺寸及材料见表2-5-20，示意图如图2-5-7所示。

环槽铆钉（H）规格尺寸（mm）及材料　　　　表 2-5-20

D	L	推荐铆钉板厚	D_1	α	h	L_1	d	H	材料	抗拉力(N/只)	抗剪力(N/只)
5.0	4	2.5~4.5	9.50	120°	3.0	35	4.5	6.0	优质碳素结构钢	7840	5880
	6	5.5~6.5									
	8	7.5~8.5				37					
	10	9.5~10.5									
	12	11.5~12.5									
	14	13.5~14.5									
6.5	4	3.5~4.5	12.5		4.0	39	6.0	8.0		8820	6760
	6	5.5~6.5				41					
	8	7.5~8.5									
	10	9.5~10.5				43					
	12	11.5~12.5									
	14	13.5~14.5				45					
	16	15.5~16.5									

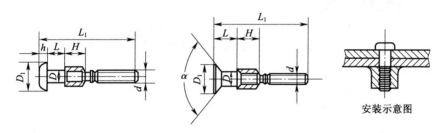

图 2-5-7　环槽铆钉（H）

（6）击芯铆钉（JX）

击芯铆钉是一种单面铆接的紧固件，广泛用于各种客车、航空、船舶、机械制造、电讯器材、铁木家具等紧固领域。铆接时，将铆钉放入钻好的工件内，用手锤敲击钉芯至帽檐端面，钉芯敲入后，铆钉的另一端即刻朝外翻成四瓣，将工件紧固。其操作简单、效率较高、噪声较低。其规格尺寸见表 2-5-21，示意图如图 2-5-8 所示。

击芯铆钉（JX）规格尺寸（mm）及材料　　　　表 2-5-21

D	L	推荐铆接板厚	D_1	H	D	α	钻孔直径	材料	抗拉力(N/只)	抗剪力(N/只)
5.0	4	3.50~4.50	10	1.8	2.8	120°	5.1	5号防锈铝	4900	2940
	6	5.50~6.50								
	8	7.50~8.50								
	10	9.50~10.5								
	12	11.5~12.5								
	14	13.5~14.5								

续表

D	L	推荐铆接板厚	D_1	H	D	α	钻孔直径	材料	抗拉力 (N/只)	抗剪力 (N/只)
6.5	4	3.50~4.50	13	3.0	3.8	120°	6.5	5号防锈铝	7640	4760
	6	5.50~6.50								
	8	7.50~8.50								
	10	9.50~10.5								
	12	11.5~12.5								
	14	13.5~14.5								
	16	15.5~16.5								

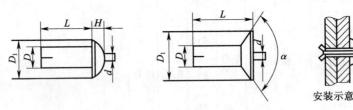

图 2-5-8 击芯铆钉（JX）

第三节 胶粘结合技术

在装饰施工中，有些饰面材料是无法用金属连结件来固定的，如壁纸只能采用胶粘法。胶粘法的主要连结物是胶粘剂。

一、胶粘剂的组成与分类

胶粘剂一般多为有机合成材料，主要由粘结料、固化剂、增塑剂、稀释剂及填充剂（填料）等原料配制而成。有时为了改善胶粘剂的某种性能，还需要加入一些改性材料。对于某一种胶粘剂而言，不一定完全含有这些组分，同样也不限于这几种成分，而取决于其性能和用途。胶粘剂的分类如下：

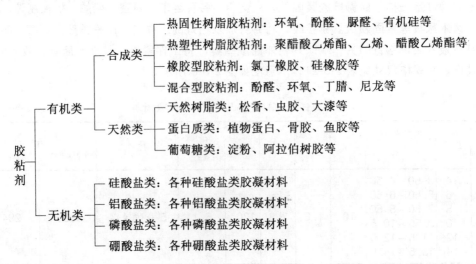

二、常用胶粘剂的特性

1. 环氧树脂类胶粘剂

俗称万能胶，这类胶粘剂具有粘结强度高，收缩率小，耐腐蚀、耐水、耐油，且电绝缘性好，具有良好的粘结能力。其常见品种及特点见表2-5-22。

环氧树脂胶粘剂品种及特点　　　　表2-5-22

产品型号	名　　称	特　　点
AH-03	大理石胶粘剂	耐水、耐候、使用方便
EE-1	高效耐水建筑胶	耐热、不怕潮湿
EE-2	室外用界面胶粘剂	耐候、耐水、耐久
EEI-3	建筑胶粘剂	
SG-792	装修建筑胶粘剂	
WH-1	万能胶	耐热、耐油、耐水、耐蚀
YJ-I-IV	建筑胶粘剂	耐水、耐湿热、耐蚀
601	建筑装修胶粘剂	粘结力强、耐湿耐腐
621F	胶粘剂	无毒、无味、耐水、耐湿热
6202	建筑胶粘剂	粘结力好，耐腐
4115	建筑胶粘剂	粘结力好、耐湿、耐污
4115	装饰胶粘剂	粘结力强、胶膜柔韧
4115	地板胶粘剂	粘结力强、耐水、耐油污

2. 聚醋酸乙烯酯类胶粘剂

又称白乳液或白乳胶，这类胶粘剂呈酸性，具有亲水性、流动性好、耐水性差，装饰性能较差。其常用品种及特点见表2-5-23。

聚醋酸乙烯酯类胶粘剂的品种及特点　　　　表2-5-23

型　　号	名　　称	特　　点
KFT841	建筑胶水	
SG701	建筑轻板胶粘剂	无毒、无臭、耐久、耐火
SJ-801	建筑用胶	无毒、无味、耐酸、耐碱
17-88	聚乙烯醇	白色絮状
108	108胶	粘结力强
424A	地板胶	干燥快、耐湿热、防潮

续表

型　号	名　称	特　点
801	建筑胶水	
8402	多功能建筑用胶	无毒、无味、不燃、耐冻
中南牌	墙布胶粘剂	无毒、无味、耐酸、耐碱
	白乳胶	粘结力强
中南牌	陶瓷锦砖胶粘剂	无毒、无味
SG8104	壁纸胶粘剂	粘结力强，对温度、湿度变化引起的胀缩适应性能好，不开胶
水性10号	塑料地板胶	无毒、无味、快干、粘结力强
4115	塑料地板胶	粘结力强、防水、抗冻

3．合成橡胶胶粘剂

简称氯丁胶，具有弹性好、柔性好、耐水、耐燃、耐油、耐溶剂和耐药物性，耐寒性较差，贮存时稳定性欠佳等特点。其常用品种及特点见表2-5-24。

氯丁胶品种、性能及特点　　　　　表2-5-24

型　号	名　称	特　点
CX401	氯丁胶粘剂	
LDN-1-5	硬材料胶粘剂	耐湿、耐老化
长城牌202	氯丁胶粘剂	干燥快、初粘强度大，胶膜柔软
XY401	胶粘剂	无毒、粘性强
804-S	PVC地板胶粘剂	无毒、无味、耐湿、不燃
801	强力胶	初粘强度高，耐冲击、耐油
CBJ-84	胶粘剂	初粘强度高，耐酸、耐碱
JY-7	胶粘剂	耐水、耐老化、耐酸碱
8123	PVC地板胶粘剂	无毒、无味、不燃、粘性好
	塑料地板胶	无毒、耐热、耐低温
	家用胶粘剂	耐燃、耐气候、耐油

4．其他种类胶粘剂（表2-5-25）

其他种类胶粘剂　　　　表2-5-25

型　号	名　称	特　点
BA-01	建筑胶粘剂	
SA-101	建筑密封膏	色浅、耐老化、弹性好
SC-01	高弹性建筑胶	高弹性、耐水
WL-2	塑料地板胶	不燃、耐水、耐弱酸碱
WH-3	过氯乙烯胶粘剂	耐油、耐水、耐弱酸碱
506	胶粘剂	耐湿、耐腐、耐磨
845	塑料地板砖胶粘剂	油溶性胶
841	胶粘剂	无味、耐温、防火、防霉
8404	墙布胶粘剂	无毒、无味、不燃、不霉
8123	胶粘剂	不燃、无毒、无味
MD-157	木地板胶粘剂	粘结力强、耐久、耐水、无毒、无味
JD-502-508	通用瓷砖胶粘剂	耐水、耐久、价格低廉
SF-1	双组分石材胶粘剂	粘结性好
AH-05	建筑装饰用胶粘剂	粘结性好、耐水、耐气候
SG-8407	内墙瓷砖胶粘剂	粘结性好、耐水、耐气候
	粉状建筑胶粘剂	耐水、耐湿热、无毒、抗冻融
BEA-02	膏头瓷砖胶粘剂	粘结强、耐酸碱
ZB-103	大理石胶	无毒、不燃、耐油、耐碱
903-A	超级瓷砖胶	粘结力强、耐水、耐碱、耐老化

三、胶粘剂选用方法（表2-5-26）

按相粘材质选用胶粘剂　　　　表2-5-26

	酚醛	酚醛缩醛	酚醛聚酰胺	酚醛氯丁橡胶	酚醛丁腈橡胶	环氧树脂	环氧聚酰胺	过氯乙烯	聚酯树脂	聚氨酯	聚酰胺	聚醋酸乙烯酯	聚乙烯醇	聚丙烯酸酯	天然橡胶	丁苯橡胶	氯丁橡胶	丁腈橡胶
木材-木材	○				○	○			○		○							
木材-皮革											○					○	○	○
木材-织物								○							○	○		

续表

	酚醛	酚醛缩醛	酚醛聚酰胺	酚醛氯丁橡胶	酚醛丁腈橡胶	环氧树脂	环氧聚酰胺	过氯乙烯	聚酯树脂	聚氨酯	聚酰胺	聚醋酸乙烯酯	聚乙烯醇	聚丙烯酸酯	天然橡胶	丁苯橡胶	氯丁橡胶	丁腈橡胶
木材-纸												○				○		
尼龙-木材					○	○	○			○								
ABS-木材				○	○													
玻璃钢-木材					○													
PVC-木材					○							○						
橡胶-木材		○	○						○						○	○		
玻璃陶瓷-木材			○	○					○	○								
金属-木材	○	○																

四、胶粘剂的性能

1．工艺性能

胶粘剂的工艺性能系指其有关粘结操作方面的性能。如胶粘剂调制、涂胶、晾置、固化条件等，是有关粘结操作难易的总的评价。

2．粘结强度

粘结强度是评价粘结优劣的主要物理力学性能指标。

3．稳定性

粘结试件在指定介质中于一定温度下浸渍一段时间后其强度变化称为稳定性。稳定性可用实测强度表示，或用强度保持率表示。

4．耐久性（耐老化性能）

粘结层随着时间的延长，其性能会逐渐老化，直接失去粘结强度的时间，这种性能称为耐久性。

5．耐温性

耐温性系指胶粘剂在规定温度范围内的性能变化情况，包括耐热性、耐寒性及耐高低温交变性能。

6．耐候性

暴露于室外的粘结件，能够耐气候，如雨水、阳光、风雪及水湿等性能，称为耐候性。耐候性也是粘结件在自然条件长期作用的情况下，粘结层性能耐老化和表面品质老化的性能。

7．耐化学性

大多数合成树脂胶粘剂及某些天然树脂胶粘剂，抵抗在化学介质的影响下发生溶解、膨胀、老化或腐蚀等不同变化的性质。

8．其他性能

此外，还有胶粘结剂的颜色、刺激性气味、毒性大小、贮藏稳定性及价格等多方面的性能。

五、粘合操作技术

胶粘剂的品种繁多，性能各异，但施工工艺基本相同。施工时，一定要严格按照施工要求进行操作方能达到最佳效果。

1．粘合操作施工

粘合质量主要取决于粘合操作技术。不论使用多么好的胶粘剂，如果不是按规定进行粘结操作，最终也不会得到最好的粘结效果。

粘合操作施工工序：粘前技术准备→表面处理→胶粘剂配制→涂胶→装配贴合→压紧固化。

2．被粘物表面处理

表面处理对粘结质量是至关重要的。为了得到最好的粘结强度，减少各种不利因素的影响，通常要求粘结面必须清洁新鲜、平整光洁、接缝密合、干燥等，以保证粘结面浸润性良好，粘结层厚度均匀。

（1）木材表面处理

木材的含水率应控制在8%～12%。

被粘表面必须平整光洁。一般经刨削的表面，具有良好的粘结性。

被粘表面必须清洁新鲜。陈旧的和不洁净的表面必须用刨削和砂纸打磨等方法处理。除掉表面的木屑，可用刷子刷，压缩空气吹，或用干净的布擦等。

对于木材端面、斜面或对疏松多孔的材质要预先涂以防渗剂或底层胶。

为保护已加工完毕的表面不被弄脏，应尽可能减少操作次数，或将粘结面的加工放在其他工序之后。

脱脂处理。对油脂、糖分和蜡等含量多的木材，为改善其湿润性和粘结性，可用10%的苛性钠（NaOH）水溶液或用丙酮、甲苯等溶剂刷洗粘结面，或用浸过上述溶剂的棉布擦粘结面，进行脱脂、脱粘、脱蜡处理。处理后的木材的粘结强度比未处理的有所提高，但对油脂含量少的树种无明显改善。处理后的表面，待洗液挥发干燥后，即可进行涂胶粘结。同时，处理完的表面也不宜存放过久。

（2）其他材料的表面处理（表2-5-27）

各种材料粘结表面处理　　　　表2-5-27

材料名称	处理方法和步骤
玻璃	表面喷砂→除尘→用洗涤水溶液清洗→热水洗→完全干燥
混凝土	1）用钢丝刷子刷→除尘 2）用钢丝刷子刷→除尘→用洗涤水溶液清洗→热水洗→完全干燥 3）酸洗：用15% HCl溶液，约按0.9L/m^2的用量，用硬毛刷子刷约3遍，5min，至无气泡时为止。然后用细的喷嘴喷高压水→完全干燥

续表

材料名称	处理方法和步骤
石棉布	用洗涤水溶液清洗→热水洗→完全干燥→用砂布、砂纸打磨粘接面→除尘
皮革	吊起来用三氯化乙烯蒸汽浴脱脂→干燥→用砂布、砂纸打磨粘接面→除尘
低碳钢	1）用浸过三氯化乙烯等有机溶剂的棉布擦→干燥→用砂布、砂纸打磨粘结面→除尘 2）用浸过三氯化乙烯等有机溶剂的棉布擦→干燥→酸洗。酸洗用下述洗液配比：正磷酸（88%）：工业甲醇 =5:9。用上述洗液在60℃浸渍10min→在冷水流下用硬毛刷子除掉黑皮→120℃，加热1h
铝及铝合金	1）用洗涤水溶液清洗→热水洗→完全干燥→表面喷砂→除尘 2）用浸过三氯化乙烯等有机溶剂的棉布擦→干燥→酸洗。酸洗配比：用容量为50L的容器，一边搅拌一边徐徐加入下述物质：水170份，浓硫酸（比密度1.82）50份，重铬酸钠30份。洗液温度60~65℃，处理5~15min，水洗→干燥
三聚氰胺、脲醛、尼龙	吊起来用三氯化乙烯蒸汽浴脱脂→干燥→用砂布、砂纸打磨粘结面→除尘→洗涤水溶液清洗→热水洗→完全干燥
聚氯乙烯	用浸过三氯化乙烯等有机溶剂的棉布擦→干燥→用砂布、砂纸打磨粘结面→除尘→用浸过三氯化乙烯等有机溶剂的棉布擦拭→干燥
玻璃钢	用洗涤剂水溶液清洗→热水洗→完全干燥→用砂布、砂纸打磨粘结面→除尘
天然橡胶	用浓 H_2SO_4 处理表面 2~10min→冷水洗净→热水洗净→干燥（如果将橡胶弯曲，能看到有细的裂纹，即说明已经处理好）
合成橡胶	处理方法同天然橡胶，但是处理时间比天然橡胶要长（在弯曲时看不到细的裂纹，最好再用浓硝酸处理）

3. 涂胶施工

涂胶方法较多，但常用的有以下几种：

（1）刷涂法

用毛刷把胶粘剂涂刷在粘结面上，这是最简单易行也是最常用的方法。此法适用于单件或小批量生产和施工。

（2）喷涂法

对于低黏度的胶粘剂，可以采用普通油漆喷枪进行喷涂。对于那些活性期短、清洗困难的高黏度胶粘剂，可以采用增强塑料工业中用的特制喷枪。喷涂法的优点是涂胶均匀，工效高；缺点是胶液损失大（约20%~40%），溶剂散失在空气中污染环境。

（3）自流法

采用淋雨式自动装置。此法非常适用于扁平的板状零件，工效甚高，适用于大批量生产。为使胶液不至于堵塞喷嘴，所用胶液必须有适当的黏度和流动性。

（4）滚涂法

将胶辊的下半部浸入胶液中，上半部露在外面直接或通过硬胶辊间接与工作面接触，通过工件等带动胶辊转动胶液涂在粘结面上。欲达到不同的涂胶效果，胶辊表面可以开出不同的沟槽和花纹，也可以用改变胶辊压力或用刮板控制涂胶量。胶辊可以用橡胶、木材、毛毡或金属制造。

(5) 刮涂法

对于高黏度的胶体状和膏状胶粘剂和对于像地板类的粘结件等，可利用刮胶板进行涂胶。刮胶板可用1~1.5mm厚弹性钢板、硬聚氯乙烯板等材料制作。

(6) 其他涂胶法

如浸渍涂胶法、注胶法等。

4. 晾置和陈放

将胶粘剂涂刷在粘结面上以后，为使胶粘剂易于扩散、浸润、渗透和使溶剂蒸发，任其暴露在空气中静置一段时间。从涂胶完了开始，直到将两个粘结面贴合时为止的这段静置工艺过程叫晾置。

两个粘结面在经涂胶、晾置之后，将其互相贴合，但不加压紧力，而令其静置存放一段时间。从粘结面互相贴合（装配）时开始，直至人为加上预定压紧力为止的这段静置存放的工艺过程叫作陈放（或称闭合陈放、闭锁堆积）。在陈放时间内胶粘剂内的水分（或溶剂）基本停止蒸发。但是，扩散、浸润和渗透作用还在缓慢进行。

晾置和陈放的时间根据胶粘剂的各类而异，一般有以下三种情况。

(1) 不需要晾置和陈放，涂胶后立即粘合并压紧。属于这一类的胶粘剂有皮胶、骨胶和热熔剂。

(2) 涂胶后需要晾置，也允许陈放。属于这一类的有溶剂型、乳胶型和含有有机溶剂的化学反应型胶粘剂。

(3) 两面涂胶，晾置达接触干燥程度（即用指尖接触涂膜，达到似粘非粘程度），贴合后立即压紧，不需要陈放。属于这一类的有溶液型橡胶类胶粘剂。

表2-5-28是胶粘剂在正常条件下典型的晾置和陈放时间。这一时间在实际操作时，应根据温度、湿度和被粘时含水率的不同稍作调整。

各种胶粘剂的晾置、陈放时间　　　　　　表2-5-28

胶粘剂名称	晾置时间（min）	陈放时间（min）
聚醋酸乙烯溶液	5	10
聚醋酸乙烯溶液	10	20
脲醛类	20	30
酚醛类配固化	20	30
酚醛类单组分型	20	30
环氧类	10	10
氯丁橡胶类	10~60	—
丁腈橡胶类	5~30	—
热熔粘合剂	5（s）	—
皮胶、骨胶	1	1

5. 压紧

(1) 压紧的必要性

胶粘剂在固化的同时产生粘结作用，所以在胶粘剂的固化过程中，确保粘结表面之间密合，是保证产生粘结作用的重要条件。这就要求在胶粘剂开始固化之前，必须向粘结面施加压紧力，至少要施加接触压力。如果在固化过程中，粘结面之间不能保持密合，就必然在粘结层中产生空隙，影响粘结质量。适当施加压紧力，可以改善胶粘剂的浸润性和向表面不规则处的渗透性，有助于形成完整的薄而均匀的粘结层。

(2) 压紧力大小

压紧力大小与胶粘剂的种类和被粘材料的种类等因素有关，一般在 0.2~1.5MPa 的较宽范围内。压紧时间取决于胶粘剂的种类和固化温度。施加压紧力一般是以贴合或陈放之后开始，直至胶粘剂完全固化或基本固化之后才卸除压力。

(3) 压紧操作要求

一般对压紧操作的要求是：压紧力大小适当，压力分布均匀，压紧时间足够，不可使被粘体受压变形（特殊情况例外）等。

(4) 加压方法

加压方法有多种形式，选择时要根据被粘体的种类、形状特点和粘结特点进行选择。一般常用的压紧方法有杠杆重锤压紧、弹簧夹压紧、多块重物压紧、砂袋压紧、气袋垫、弹簧垫、热压釜、钉压紧、螺旋夹压紧、板材类叠层压紧等方法（图2-5-9）。

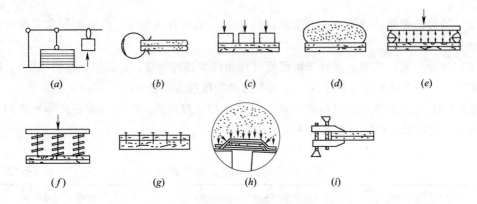

图 2-5-9 常用压紧方法

(a) 杠杆重锤；(b) 弹簧夹；(c) 多块重物；(d) 砂袋压紧；
(e) 气袋垫；(f) 弹簧垫；(g) 钉压紧；(h) 热压釜；(i) 螺旋夹

6. 固化

固化是胶粘剂通过溶剂蒸发或化学反应由胶态转变为固态，同时产生粘结作用的物理化学过程。固化质量与固化条件（温度、时间性和压紧力等）有重要关系。常用胶粘剂的固化条件见表 2-5-29。操作时，必须满足各胶粘剂所要求的固化条件，这是保证粘结质量重要的一环。

固化温度对固化速度和固化质量起决定性的作用。即使是常温固化的胶粘剂，提高固化温度（在100℃以内）也是有利的。表 2-5-30 是常用胶粘剂的最低固化温度和乳液型胶粘剂的最低成膜温度。在温度低于此值时，固化过程便不能进行。

常用胶粘剂的固化条件　　　　　　　　　　表2-5-29

胶粘剂名称	压紧力（MPa）	固化温度（℃）	固化时间（h）	备注
脲醛类	0.5~1.5 0.5~1.5 0.5~1.5	20~30 100~110 20~30	4~12 每1mm厚40~60s 12~24	冷预压30~60min
酚醛类	0.5~1.5	120~130	每1mm厚60~120s	冷预压12~30min
间苯二酚甲醛类	0.2~1.5	20~30	4~12	
三聚氰胺甲醛类	0.5~1.5	20~30	6~12	
环氧类	0.1~0.2 0.1~0.2	20~30 80~100	2~24 0.5~1	
聚醋酸乙烯类	0.2~0.5	20~30	3~4	
氯丁橡胶	接触压	20~30	瞬间	两面涂胶
皮胶、骨胶	0.2~0.5	20~30	6~12	
酪素胶	0.5~1.5	20~30	6~12	

常用胶粘剂的最低固化温度或成膜温度　　　　　　表2-5-30

胶粘剂种类	最低固化（或成膜）温度（℃）	胶粘剂种类	最低固化（或成膜）温度（℃）
聚醋酸乙烯乳液 冬用型 夏用型 四季型	 1~2 9~10 0~2	聚氨酯 聚醋酸乙烯溶液型 纤维素类溶液型 环氧类	0 0 0 10
酪素胶	0	酚醛类	5
合成橡胶类	0	乙烯-醋酸乙烯共聚物乳液类	0

由于装饰材料的材质品种复杂，有些材料可以将金属紧固和胶粘同时使用，使装饰结构更加牢固。

第六章 装饰装修施工机具

装饰装修施工机具是提高装饰速度，保证工程质量，适应科技发展的重要手段。装饰施工机具的种类很多，并且随着技术的进步，还会出现一些更加科学的机具。装饰施工机具根据不同的动力，可分为气动机具、电动机具和手动机具 3 类，每一类都有不同的使用功能。

第一节 气动类机具

气动类机具是指以高压空气为动力的一类装修装饰机具的总称。

一、空气压缩机

空气压缩机又称"气泵"，它以电动机作为源动力，以空气为媒质向气动类机具传递能量，即通过空气压缩机来实现压缩空气、释放高压气体，驱动机具的运转。以空气压缩机作为动力的装修装饰机具有：射钉枪、喷枪、风动改锥、手风钻及风动磨光机等。

（一）分类和选择

1. 分类

空气压缩机有以下几种分类方法：

（1）按空气压缩机体积，可以分为大、中、小、微型。大型一般用于集中供气的泵站等；中、小型一般用于现场移动式供气；微型多用于实验室或用气量很少的操作，如绘画用喷笔配套使用的气泵。

（2）按空气压缩机气缸个数多少，可分为单缸、双缸、多缸等。装修装饰工程施工中机具的工作压力一般不太大，多采用单缸、双缸空气压缩机。

（3）按传动方式，可分为皮带传动和直接传动。皮带传动方式当压缩机过载时对电机损坏较少，但传递功率低；直接传动方式传递功率高，但压缩机过载会影响电机寿命。两种传动方式的空气压缩机外观如图 2-6-1 所示。

2. 选择

选择空气压缩机的主要依据是，空气压缩机的功率应与其需要带动机具每分钟所需排气

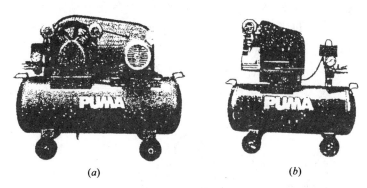

图 2-6-1 空气压缩机外形及传动方式
（a）皮带传动；（b）直接传动

量的总和相匹配。装修装饰机具使用的空气压缩机多为中小型，以排气量在 200～900L/min、压力在 0.4～1MPa 范围内为宜。

（二）结构及工作原理

1. 结构

空气压缩机因厂家设计要求和规格不同，在外形上存在着一定差异，但构造基本相同。空气压缩机一般由电动机、压缩机、储气罐 3 大部分组成。3 部分通过胶带、排气管相互连接，并配备气压自动开关、安全阀、压力表、放气阀、放水阀、消声器、防护罩带、放油孔带等零部件。其结构如图 2-6-2 所示。

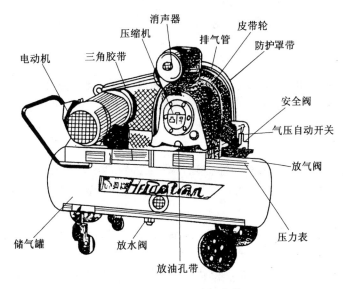

图 2-6-2 空气压缩机结构

（1）气压自动开关又称"压力继电器"或"压力调节阀"。其结构如图 2-6-3 所示。它可根据空气压缩机储气罐内气压变化情况，自动断开或闭合电路，使储气罐内气体压力保持在一定范围内连续供气。

（2）安全阀是空气压缩机必不可少的安全装置。当气压自动开关出现故障时，空气压缩机达到额定工作压力后仍能继续工作；当气压增大至设计压力时，安全阀自动排气，此时操作者应及时切断电源。安全阀如图2-6-4所示。

（3）压力表是直观反映储气罐内气压大小的设备，要求准确而有效，并在储气罐放气后指针应回零。压力表如图2-6-5所示。

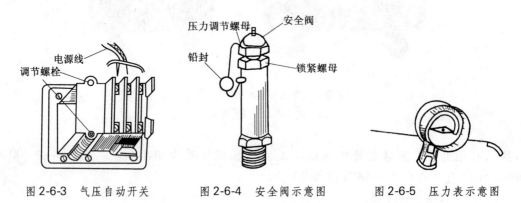

图2-6-3 气压自动开关　　图2-6-4 安全阀示意图　　图2-6-5 压力表示意图

2．工作原理

空气压缩机的运动机构由曲轴、连杆、活塞等零件组成。连杆安装在曲轴上，曲轴的两端由两个滚动轴承支承。电动机经皮带传动，使压缩机的曲轴作旋转运动，带动连杆使活塞作往复直线运动，导致气缸内压力变化。空气经过滤器，在气缸端部的吸排气组合阀的控制下进入气缸，在活塞作用下成为压缩空气，经排气管路通过单向阀进入储气罐。装修装饰气动机具即可通过空气压缩机排气口的减压阀和油水分离器，获得相应的恒压气体。

（三）安全使用

1．使用环境

应选择温度较低（40℃以下）、环境清洁、通风良好、地面平整的场所安置，并避免露天暴晒。为了保证机具能正常使用与维护，空气压缩机应距墙壁30cm以上。空气压缩机使用环境如图2-6-6所示。

2．开机前的检查

（1）开机前应首先检查润滑油油标油位是否达到要求，如无油或油位到达下限，应及时按空气压缩机要求的牌号加入润滑油，防止润滑不良造成故障。油标油位如图2-6-7所示。

（2）接通电源前应首先核对说明书中所要求电源与实际电源是否相同，只有符合要求时才可使用。

（3）空气压缩机运转前需用手转动皮带轮，如转动无障碍，打开放气阀，接通电源使压缩机空转，确认风扇皮带轮转动方向与所示方向一致。正式运转前应检查气压自动开关、安全阀、压力表等控制系统是否开启，自动停机是否正常。确认无误后方可投入使用。

3．使用中的检查

使用中应随时观察压力表的指针变化。当储气罐内压力超过设计压力仍未自动排气时，应停机并将储气罐内气体全部排出，检查安全阀。注意：切勿在压缩机运转时检查。

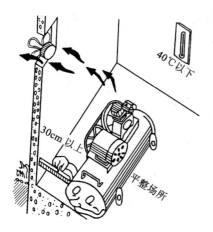
图 2-6-6 空气压缩机使用环境示意图

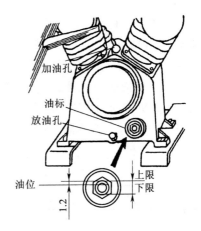
图 2-6-7 油标油位示意图

空气压缩机在正常运转时不得断开电源,如因故障断电时,必须将储气罐中空气排空后再重新启动。

(四) 维护与保养

1. 检查

空气压缩机的维护与保养应由专人负责。为了保证正常使用和延长使用寿命,应定期检查。检查内容如表 2-6-1 所列。

空气压缩机定期检修表　　表 2-6-1

检查周期 内容 项目	每日	每月 (每200h)	每3个月 (每600h)	每6个月 (每1200h)	每1年 (每2400h)
润滑油	○				
排放储气罐里的积水	□				
过滤器或消声器		△			
气压自动开关	○				
安全阀	○				
异常振动	○				
三角皮带		○			
各紧固件		○			
储气罐有无损伤					○

注:○—检查;□—排出;△—清洗。

2. 调整

(1) 调整气压自动开关，是通过调节套于弹簧内的螺栓实现的，顺时针拧动自动开关压力调小，逆时针拧动调大。调整时，应严格遵循调整后气压低于储气罐额定工作压力的原则。非管理维修人员不得随意调整气压自动开关。

(2) 调节时应使安全阀压力高于额定压力，低于设计压力。调节螺套，顺时针拧动调大压力，逆时针拧动调小压力。调整好后将下面的锁紧螺母锁紧即可。

3. 常见故障原因及排除方法（表 2-6-2）

空气压缩机常见故障原因及排除方法　　　　表 2-6-2

故障现象	故障原因	排除方法
压缩机不运转	① 电源开关熔断器烧坏 ② 电器线路断线 ③ 电动机发生故障 ④ 气压自动开关失灵 ⑤ 电压下降 ⑥ 压缩机损坏	① 更换熔断器 ② 更换配线 ③ 修理或更换 ④ 修理或更换 ⑤ 安装稳压器 ⑥ 检修压缩机
压力不上长或上长缓慢	① 压力表失灵 ② 转速降低 ③ 空气泄漏 ④ 吸排气阀片或弹簧片断裂 ⑤ 消声器被脏物堵塞	① 更换压力表 ② 张紧皮带 ③ 检查管路和连接部位 ④ 更换 ⑤ 清除脏物，清洗滤片
异常声响振动	① 压缩机放置不稳 ② 紧固件松动 ③ 压缩机零件严重磨损	① 调整轮脚使其平稳触地 ② 紧固 ③ 更换零件
耗油量大	① 漏油 ② 活塞环、刮油环、扭曲环、活塞磨损	① 检查密封 ② 更换磨损零件
排气温度超规定	① 排气阀泄漏 ② 吸入温度过高 ③ 气缸冷却效果不良	① 检查消除 ② 改善吸气口环境，降温 ③ 检查风扇转向是否正常
功率耗量大	① 空气泄漏 ② 吸气压力过低 ③ 皮带过紧	① 检查管路 ② 检查吸气是否正常，气温是否过高，排除 ③ 调节皮带轮中心距，使其松紧适当

二、气动射钉枪

气动射钉枪是与空气压缩机配套使用的气动紧固机具。它的动力源是空气压缩机提供的高压空气,通过气动元件控制机械和冲击气缸实现撞针往复运动,高速冲击钉夹内的射钉,达到发射射钉紧固木质结构的目的。气动射钉枪外形如图 2-6-8 所示。

图 2-6-8 气动射钉枪外形图

(一) 用途及分类

1. 用途

气动射钉枪用于装修装饰工程中在木龙骨或其他木质构件上紧固木质装饰面或纤维板、石膏板、刨花板及各种装饰线条等材料。使用气动射钉枪安全可靠,生产效率高,装饰面不露钉头痕迹,高级装饰板材可最大限度得到利用,且劳动强度低、携带方便、使用经济、操作简便,是装修装饰工程常用工具。

2. 分类

气动射钉枪射钉的形状,有直形、U 形(钉书钉形)和 T 形几种。与上述几种射钉配套使用的气动射钉枪有气动码钉枪、气动圆头射钉枪和气动 T 形射钉枪。以上几种气动射钉枪工作原理相同,构造类似,使用方法也基本相同,在允许工作压力、射钉类型、每秒发射枚数及钉夹盛钉容量等方面有一定区别。气动码钉枪外形见图 2-6-9,技术指标见表 2-6-3;气动圆头射钉枪外形见图 2-6-10,技术指标见表 2-6-4;气动 T 形射钉枪外形见图 2-6-11,技术指标见表 2-6-5。普通标准圆钉长度为 25~51mm,U 形钉钉宽10mm,长度 6~14mm。

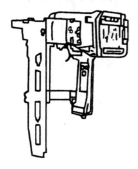

图 2-6-9 气动码钉枪外形

气动码钉枪规格及技术指标　　表 2-6-3

空气压力 (MPa)	每秒射钉枚数 (枚/s)	盛钉容量 (枚)	重量 (kg)
0.40~0.70	6	110	1.2
0.45~0.85	5	165	2.8

图 2-6-10 气动圆头射钉枪外形

气动圆头射钉枪规格及技术指标　　表 2-6-4

空气压力 (MPa)	每秒射钉枚数 (枚/s)	盛钉容量 (枚)	重量 (kg)
0.45~0.70	3	64 (70)	5.5
0.40~0.70	3	64 (70)	3.6

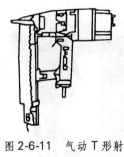

图 2-6-11 气动 T 形射钉枪外形

气动 T 形射钉枪规格及技术指标　表 2-6-5

空气压力（MPa）	每秒射钉枚数（枚/s）	盛钉容量（枚）	重量（kg）
0.40～0.70	4	120（104）	3.2

（二）结构和工作原理

气动射钉枪主要由气缸和控制元件组成，利用压缩空气冲击缸中活塞，通过活塞往复运动，推动活塞杆上的冲击片，将钉子钉入到工件中。

（三）使用

1. 使用方法

（1）装钉。一只手握住机身，另一只手水平按下卡钮，并用中指打开钉夹一侧的盖，将钉推入钉夹内，合上钉夹盖，接通空气压缩机。

（2）将气动射钉枪枪嘴部位对准、贴住需紧固构件部位，并使枪嘴与紧固面垂直，否则容易出现钉头外露等问题，如图 2-6-12 所示。如果按要求操作仍出现钉头外露的情况，则应先调整空气压缩机气压自动开关，使空气压缩机排气气压满足气动射钉枪工作压力。如非空气压缩机排气压力的问题，则应对气动射钉枪的枪体、连接管进行检查，看是否有元件损坏或连接管漏气。

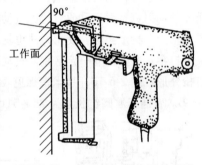

图 2-6-12 气动射钉枪使用示意图

2. 使用注意事项

（1）使用前应先检查并确定所有安全装置完整可靠，才能投入使用。使用过程中，操作人员应佩戴保护镜，切勿将枪口对准自己或他人。

（2）当停止使用气动射钉枪或需调整、修理气动射钉枪时，应先取下气体连接器，并卸下钉夹内钉子，再进行存放、修理。

（3）气动射钉枪适用于纤维板、石膏板、矿棉装饰板、木质构件的紧固，不可用于水泥、砖、金属等硬面。

（4）气动射钉枪只能使用由空气压缩机提供的、符合钉枪正常工作压力（一般不大于 0.8MPa）的动力源，而不能使用其他动力源。

（四）维护与保养

（1）应随时保持机具清洁，每次使用之后要擦拭干净。

（2）各紧固螺栓、调节螺栓、蝶形螺母及转动轴要保证灵活，定期上油，以防生锈，确保运行可靠。

（3）使用后应将各螺栓等紧固部件放松，防止螺栓疲劳变形，同时应有专门机架存放，

第六章 装饰装修施工机具

以免挤压、磕碰，使零部件损坏。

（4）及时更换易损部件，枪嘴部位要保持通畅，遇到卡钉应用镊子等尖嘴工具取出。

三、喷枪

（一）用途及分类

1. 用途

喷枪是装修装饰工程中面层装饰施工常用机具之一，主要用于装饰施工中面层处理，包括清洁面层、面层喷涂、建筑画的喷绘及其他器皿表面处理等。

2. 分类

由于工程施工中饰面要求不同，涂料种类不同，工程量大小各异，所以喷枪也有多种类型。按照喷枪的工作效率（出料口尺寸）分，可分为大型、小型两种；按喷枪的应用范围分，可分为标准喷枪、加压式喷枪、建筑用喷枪、专用喷枪及清洗用喷枪等。

（1）标准喷枪。主要用于油漆类或精细类涂料的表面喷涂。因涂料不同，喷涂的要求不同，出料口径不同，可根据实际需要选择。一般对精细料、表面要求光度高的饰面，口径选择应小些，反之应选择较大口径。标准喷枪外形如图2-6-13所示，其型号及技术指标见表2-6-6。

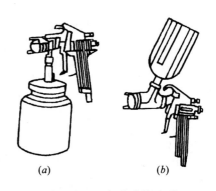

图2-6-13 标准喷枪外形
（a）吸上式；（b）重力式

标准喷枪技术指标　　　　表2-6-6

型号	涂料供给方式	喷涂距离(mm)	喷嘴口径(mm)	喷涂空气压力(MPa)	空气使用量(l/min)	涂料喷出量(ml/min)	喷涂宽度(mm)	电动机功率(kW)	标准涂料容器(l)	应用范围	重量(g)
K-67S	吸上式	250	1.5	0.35	170	260	200	0.75	1.2	喷漆表面完成处理	610
		250	1.8	0.35	225	310	210	0.75	1.2	中层高级表面处理	
		250	2.0	0.35	240	360	230	1.5	1.2	光漆底层，中层喷涂	
		250	2.5	0.35	310	420	250	1.5	1.2	中层、底层、高黏度喷涂	

续表

型号	涂料供给方式	喷涂距离(mm)	喷嘴口径(mm)	喷涂空气压力(MPa)	空气使用量(l/min)	涂料喷出量(ml/min)	喷涂宽度(mm)	电动机功率(kW)	标准涂料容器(l)	应用范围	重量(g)
K-80S	吸上式	200	1.0	0.30	85	100	110	0.75	1.0	精细物件高级喷涂	
		200	1.3	0.30	90	140	130	0.75	1.0	表面清漆喷涂	
		250	1.5	0.35	155	200	180	0.75	1.0	中型物件高级喷涂	
		250	1.8	0.35	170	220	190	0.75	1.0	表面、中层一般油漆喷涂处理	
KL-63S	吸上式	200	1.0	0.30	85	100	110	0.75	1.0	精细物件表面清漆喷涂	450
		200	1.3	0.30	90	140	130	0.75	1.0	中型物件高级喷涂	
		250	1.5	0.35	170	220	200	0.75	1.0	中层、底层喷涂	
		250	1.8	0.35	175	220	210	0.75	1.0	最底层、中层及一般喷涂处理	
		250	2.0	0.35	175	240	210	0.75	1.0		
K-67A	重力式	250	2.5	0.35	310	460	260	1.5	0.5	高黏度漆喷涂	640
K-80A	重力式	200	1.0	0.30	85	130	110	0.75	0.3	精细物件高级喷涂	510
		200	1.3	0.30	90	160	150	0.75	0.3	表面层修补喷涂	
		250	1.5	0.35	155	220	200	0.75	0.3	表面层清漆喷涂	
KL-63A	重力式	200	1.0	0.30	85	140	110	0.75	0.5	精细物件表面层喷涂	450
		200	1.3	0.30	90	170	150	0.75	0.5	高级表面处理	
		250	1.5	0.35	170	240	200	0.75	0.5	表面层喷漆处理	
KP-7S	吸上式	200	1.2	0.30	85	120	130	0.75	0.7	精细物件中层一般喷涂	480

（2）加压式喷枪。加压式喷枪与标准式喷枪的不同之处在于，其涂料属于高黏度物料，需在装料容器内加压，使涂料顺利喷出。加压式喷枪外形如图 2-6-14 所示。

(3) 建筑用喷枪（喷斗）。主要用于喷涂如珍珠岩等较粗或带颗粒物料的外墙涂料。其出料口的口径为 20~60mm 不等，可根据物料的要求和工程量的大小随时更换。供料为重力式，直通给料，只有气管一个开关调节阀门。其外形如图 2-6-15 所示。

(4) 专用喷枪。主要以油漆类喷涂为主。美术工艺型用于装饰设计中效果图的喷绘使用。其外形如图 2-6-16 所示，型号及技术指标见表 2-6-7。

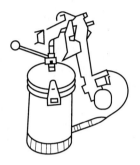
图 2-6-14 加压式喷枪外形

图 2-6-15 建筑用喷枪外形

图 2-6-16 专用喷枪外形（美术工艺型）

专用喷枪技术指标　　　　表 2-6-7

型号	涂料供给方式	喷涂距离(mm)	喷嘴口径(mm)	喷涂空气压力(MPa)	空气使用量(l/min)	涂料喷出量(ml/min)	喷涂宽度(mm)	电动机功率(kW)	标准涂料容器(l)	应用范围	重量(g)
KL-63AS	重力式	200	1.0	0.30	175	132	140	0.75	0.5	清漆、汽车细部底漆油喷涂	450
		200	1.3	0.30	185	160	190	0.75	0.5	清漆、汽车底漆油喷涂	
		250	1.5	0.35	210	190	220	0.75	0.5	清漆、汽车底漆油全喷涂	
KP-5A		200	1.2	0.30	85	130	130	0.75	0.3	精细物、表面层、中层喷涂	480
K-10A	重力式	200	0.8	0.30	40	50	40	0.4	0.3	玩具、装饰品、搪瓷、高级表面处理	410
K-3A		200	0.5	0.30	35	30	30	0.4	0.15		200
KH-2	重力式	100	0.2	0.25	15	节省量	圆形及点状效果	0.2	0.001	美术、工艺用	50
KH-3			0.3						0.007		90
KH-4			0.65						0.05		150

续表

型号	涂料供给方式	喷涂距离(mm)	喷嘴口径(mm)	喷涂空气压力(MPa)	空气使用量(l/min)	涂料喷出量(ml/min)	喷涂宽度(mm)	电动机功率(kW)	标准涂料容器(l)	应用范围	重量(g)
KL-63SS	吸上式	200	1.3	0.30	185	145	170	0.75	1.0	清漆、汽车银底漆油喷涂	450
		250	1.5	0.35	210	175	210	0.75	1.0	清漆、汽车银底漆油全面喷涂	
		250	1.8	0.35	220	180	220	0.75	1.0	全面一致的清漆喷涂	

（5）清洁用喷枪。有清洗枪、吹尘枪等喷枪，它们不是处理表面涂层而是清洁表面，采用高压气流或有机溶剂，清洗难以触及部位的污垢。其外形如图 2-6-17 所示。

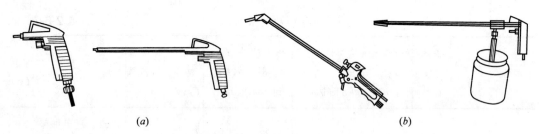

图 2-6-17　吹尘枪与清洗枪外形
（a）吹尘枪；（b）清洗枪

（二）结构和工作原理

1. 结构

喷枪种类繁多，结构大同小异，主要包括喷枪主体、喷射器、储料罐、空气调节钮、涂料调节钮、空气入口、涂料入口等几部分。喷枪的料斗一般分为上吸式和重力式两种。喷枪调节钮一般有两个，上钮调整气量大小；下钮调整喷出料的多少。两个钮相互影响，协同调整，以达到最佳喷涂效果。两钮调节喷枪见图 2-6-18。目前新型喷枪采用了三个调节钮，把手下边进气管增加一个调整供气量大小和压力大小的调节钮，头部两个调节钮，上钮调节喷出面的大小和涂料的稀稠，下钮调节料量。三钮调节喷枪见图 2-6-19。

2. 工作原理

当手指扣紧扳手时，压缩空气由进气管经进气阀进入喷射器头部的气室中，控制喷料输出量的顶针也随着扳手后退，气室的压缩空气流经喷嘴，使喷嘴部位形成负压，储料罐内的涂料就被大气压力带进涂料上升管而涌向喷嘴，在喷嘴出口处遇到喷嘴两侧另一气室中喷出的气体，使涂料的粒度变得更细。

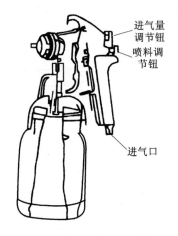 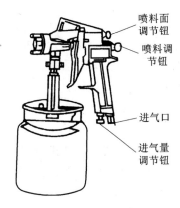

图 2-6-18　两钮调节喷枪　　　　图 2-6-19　三钮调节喷枪

（三）使用

因目前市场上喷枪的规格、型号各不相同，此处只选取具有代表性的喷枪加以说明，其他型号喷枪的使用大同小异。

（1）喷枪的空气压力一般为 0.3~0.35MPa，如果压力过大或过小，可调节空气调节旋钮。向右旋转气压减弱，向左旋转气压增强。

（2）喷口距附着面一般为 20cm。喷涂距离与涂料黏度有关，涂料加稀释剂与不加稀释剂，喷涂距离有 ±5cm 的差别。

（3）喷涂面大小的调整，有的靠喷射器头部的刻度盘，也有的靠喷料面旋钮，原理是相同的。用刻度盘调节：刻度盘上刻度"0"与喷枪头部的刻度线相交，即把气室喷气孔关闭，这时两侧喷气孔中无空气喷出，仅从气室中间有空气喷出，涂料呈柱形；刻度"5"与刻度线相交，两侧喷气孔有空气喷出，此时喷口喷出的涂料呈椭圆形；刻度"10"与刻度线相交，则可获得更大的喷涂面。

用喷涂面调节钮来调节喷出涂料面的大小，顺时针拧动调节钮喷出面变小，逆时针拧动调节钮喷出面变大。

（4）有些喷枪的喷射器头可调节，控制喷雾水平位置喷射或垂直位置喷射。

（5）除加压式喷枪之外，喷枪可不用储料罐，而在涂料上升管接上一根软管，软管的另一端插在涂料桶下端，把桶放在较高位置上，不用加料可连续使用较长时间，适用于大面积喷涂工作。

（四）维护与保养

（1）使用前检查各部分连接处是否安装完好。

（2）安装前将各部件擦净，不得有污垢，尤其是出料通气口要擦干净。安装后先扳动扳机喷气，冲净内通道和通道口，保证枪内空气通道畅通。

（3）使用中若因涂料颗粒堵住喷孔而使出料不畅，要清洗孔口，并重新过滤涂料。

（4）使用完毕应将通道内涂料全部喷出并用稀释剂（俗称稀料）清洗干净，将料斗和喷枪等涂料通过的部位也用稀料清洗干净。

（5）调节钮等转动部位，应经常加少量润滑油，以免锈蚀。

四、风镐

风镐（图2-6-20）是直接利用压缩空气作介质，通过气动元件和控制开关，冲击气缸活塞，带动矸头（工作部件），实现矸头机械往复和回转运动，对工作面进行作业。由于风镐冲击力较大，被广泛用于修凿、开洞等作业。

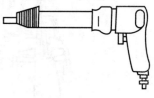

图2-6-20 风镐

1. 构造

风镐主要由气缸、活塞、进排气机构、工作装置和壳体等部件组成。外接压缩空气胶管连接空气压缩机。

2. 技术性能

部分风镐技术性能见表2-6-8。

3. 使用要点

（1）使用前，要检查风镐的完好情况，螺栓有无松动，卡套和弹簧是否完整，压缩空气胶管连接是否良好等。

风镐技术性能表　　　　　表2-6-8

项　目	GJ-7	G-7 （03-07）	G-7A	G-11 （03-11）
冲击频率（次/min）	1300	1250~1400	1100	1000
钻眼直径（mm）	40	44	34	38
锤体行程（mm）	135	80	153	155
使用气压（MPa）	0.4	0.5	0.5	0.4
耗气量（m³/min）	1	1	0.8	1
重（kg）	6.7	7.5	7.5	10.5

（2）操作中，必须精力集中，在指定修凿部位作业，通过眼看耳听，发现不正常声响和振动时，应立即停钻进行检查，排除故障。

（3）要保证风镐需要的压缩空气的气量和气压符合风镐的使用要求，保证其工作效率发挥。

（4）操作时，风镐要扶稳，施压均匀。

（5）工作现场要有足够的照明。高处施工时，要有坚固可靠的工作架子。同时，做好碎块溅落伤人的防护措施。

4. 维修保养

风镐工作环境较为恶劣，承受冲击和振动很大，因此需要经常维修和保养及更换矸头，要按照使用说明书及时进行维修保养。

五、打钉机

打钉机（图2-6-21）用于木龙骨上钉各种木夹板、纤维板、石膏板、刨花板及线条的作业。所用钉子有直形和U形（钉书针式）等几种，打钉机动力有电动和气动。用打钉机安全可靠，生产效率高，劳动强度低，高级装饰板材可以最大充分利用，是建筑装饰常用机具。

1．构造

气动打钉机由气缸和控制元件等组成。使用时，利用压缩空气（>0.3MPa）冲击缸中的活塞，实现往复运动，推动活塞杆上的冲击片，冲击落入钉槽中的钉子钉入工件中去。电动打钉机，接上电源直接就可使用。

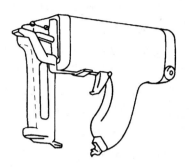

图2-6-21 打钉机

2．技术性能

（1）普通标准圆钉。直径$\phi 25 \times 51$mm；专用枪钉，常用10mm、15mm、20mm、25mm四种，使用气压0.5~0.7MPa，冲击次数60次/min；

（2）U形钉。博世PTK14型，U形钉宽度10mm，长度6~14mm，冲击频率30次/min，机重1.1kg。

六、罐式喷涂机

罐式喷涂机是一种新型涂料喷涂设备，它由特制压力罐和喷枪组成。使用时，涂料装于罐内，压缩空气同时作用于喷枪和压力罐。罐内的高压空气起到压缩涂料作用。当喷枪出气阀打开时，涂料在两个方向气流作用下喷出。罐式喷涂机适于大面积建筑装饰施工，生产率高，喷涂质量好。

PYG-20型罐式喷涂机（北京市建筑工程研究所研制）（图2-6-22）的技术性能为：压力罐容积20l，最高喷涂压力0.7MPa，压力罐额定压力0.5MPa，喷涂规格$\phi 2 \sim 9$mm，涂料粒径0.3~3mm，输送距离水平10m，垂直15m，整机重35kg。

（一）吸声天花板喷涂机械

吸声天花板喷涂机（图2-6-23）主要包括贮料桶、气动球阀泵、输气管、输料管、喷枪及空气压缩机。

气动球阀泵正常工作所需供气压力为0.3~1.2MPa，每升湿料需0.045~0.060m^3压缩空气，每分钟需0.43~0.71m^3。空压机应有25%以上的供气贮备能力，以适应负荷高峰之需。每台国产9m^3。柴油空压机可供两套喷涂机具工作。空压机能力大，喷涂系统作业稳定，施工效果好。

立柱式球阀泵具有气路与料路两个系统，有回流装置，当喷枪暂停作业时，泵仍然运行，材料自动排回桶

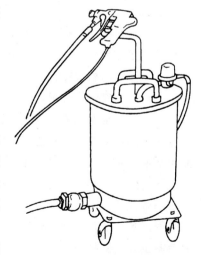

图2-6-22 PYG-20罐式喷涂机

中。泵头上安装有压力表和气料调节器,可依据施工需要及气源情况进行调节,实现正常作业。

喷枪有两种形式,手枪式和长杆式。前者喷嘴口径6.4~7.9mm,适应气压0.2~0.3MPa。后者用于高压力情况下,喷嘴口径亦为6.4~7.9mm,但空气压力为0.4~0.6MPa,每分钟湿料流量5.7~9.6L。

所用气、料软管均为耐压防腐胶管。供气管直径为3/4in,接枪气管直径1/2in,接枪料管直径3/4in。每段管两端有金属螺母接口,借助接管器可加长线路,接口严密可靠。

图 2-6-23 吸声天花板喷涂机

(二) 喷漆枪

喷漆枪是油漆作业的常用工具,根据结构不同有小型和大型两种(图2-6-24)。

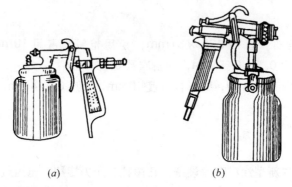

图 2-6-24 喷漆枪
(a) 小型喷漆枪;(b) 大型喷漆枪

小型喷漆枪在使用时一般以人工充气,也可以用机械充气,人工充气是把空气压入贮气筒内,供产品面积不大、数量较小的喷漆时使用。它包括贮气筒与喷漆枪两个部分,中间用输气胶管连接。

大型喷漆枪的内部构造比小型喷漆枪复杂得多,不能用手工打气来进行工作,它必须用空气压缩机的空气作为喷射的动力。

大型喷漆枪由贮漆罐、握手柄、喷射器、罐盖与漆料上升管所组成。盖上面有弓形扣一只及三翼形的紧定螺母一只。借三翼形紧定螺母的左转,将弓形扣顶向上方,于是弓形扣的缺口部分将贮漆罐两侧的铜桩头拉紧,使喷漆枪盖在贮漆罐上盖紧。使用时,用中指和食指扣紧扳手,压缩空气就可从进气管经由进气阀进入喷射器头部的气室中。控制喷漆输出量的顶针也随着扳手后退,气室的压缩空气流经喷嘴,使喷嘴部分形成负压。贮漆罐内的漆料就被大气压力压进漆料上升管而涌向喷嘴,在喷嘴出口处遇着压缩空气,就被吹散成雾状。漆雾一出喷嘴又遇到喷嘴两侧另一气室中喷出的空气,使漆雾的粒度变得更细。

喷射器的头部有可以调整喷射面积大小的刻度盘,刻度盘与喷枪头部的刻线相交时,就是把气室的喷气孔关闭,这时两侧的喷气孔中没有空气喷出,仅从气室的中间有空气喷出,所以漆雾呈圆柱形;若将刻度5与刻线相交时,两侧的喷气孔就有空气喷出,所以这时的漆雾呈椭圆形。如将刻度 10 与刻线相交,则可获得更大的喷漆面积。由于喷射器头可调节,还可使椭圆形的漆雾成水平位置喷射或垂直位置喷射。其空气压力约为 0.5MPa,贮漆罐可盛漆 1kg。这种喷漆枪如果不用贮漆罐,而在漆料上升管上接一根软管,软管一端接在较大的漆桶上,把漆桶放在较高位置,即可连续使用,适用于大面积喷漆面工作。

国内部分喷漆枪规格见表 2-6-9。

喷漆枪规格　　　　　　　　表 2-6-9

型号	喷嘴口径(mm)	供漆形式	额定空气压力(Pa)	喷涂效率(kg/min)	涂料黏度(S)	喷涂雾幅 (mm)			贮漆容量(kg)	枪净重(kg)	外形尺寸(mm)
						有效距	扇形宽	圆柱直径			
64型	1.2	压下式	$(5\sim6)\times10^5$	0.15	15~25	250~300	≥150	≤60	0.6	0.9	157×89×365
	1.5	压下式	$(5\sim6)\times10^5$	0.18	15~25	250~300	≥150	≤60	0.6	0.9	157×89×365
	1.8	压下式	$(5\sim6)\times10^5$	0.21	15~25	250~300	≥150	≤60	0.6	0.9	157×89×365
FPQ 2A	1.8	吸上式	$(3\sim4)\times10^5$	≥0.36	15~25	200~210	≥140	≤60	1	1	170×115×300
	2.1	吸上式	$(3\sim4)\times10^5$	≥0.38	15~25	200~210	≥140	≤60	1	1	170×115×300
	2.4	吸上式	$(3\sim4)\times10^5$	≥0.40	15~25	200~210	≥140	≤60	1	1	170×115×300
FQ-1	1.7	吸上式	$(2.8\sim3.5)\times10^5$	0.07	15~25	250	宽	38	0.6	0.45	220×87×180

注：表中产品为沈阳喷漆工具厂生产。

第二节　电动类机具

一、木工雕刻机

（一）特点及用途

木工雕刻机是一种对木质构件进行铣削加工的小型电动机具。它具有运用灵活、速度快、质量好、工效高等特点。其外形如图 2-6-25 所示。

木工雕刻机可以对条形工件边缘进行加工,也可以在加工件的表面开槽、雕刻等,还能镂空工件。如果将木工雕刻机固定安装在台板上,还可以加工中、小规格木装饰线。

（二）结构与工作原理

1. 结构

木工雕刻机大致可分为两类：普通木工雕刻机和电子木工雕刻机。普通木工雕刻机由滑动标尺、标尺指针、止动杆、螺钉、蝶形头螺栓、可调节手柄等组成，如图2-6-26所示。其型号及技术指标如表2-6-10所列。

图2-6-25 木工雕刻机外形

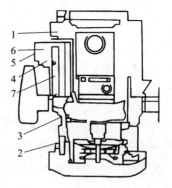

图2-6-26 普通木工雕刻机结构
1—止动机；2—螺钉；3、4—蝶形头螺栓；
5—可调节手柄；6—滑动标尺；7—标尺指针

木工雕刻机常见型号及主要技术指标　　　　表2-6-10

型号	能力（套爪夹头）(mm)	输入功率（W）	无负载旋转数（r/min）	全高（mm）	重量（kg）	标准附件
M8	8	800	25	240	2.7	直导杆1，模板导杆1，扳手1
M12SA	12	1600	22	280	5.2	直导杆1，模板导杆1，扳手1，夹头套管1，钻头1

电子木工雕刻机除具有普通木工雕刻机的操作和控制装置外，还有电子反馈控制可变速装置。电子木工雕刻机常见型号及主要技术数据见表2-6-11。

电子木工雕刻机常见型号及主要技术指标　　　　表2-6-11

型号	能力（套爪夹头）(mm)	输入功率（W）	无负载旋转数（r/min）	全高（mm）	重量（kg）	标准附件
M8V	8	800	10~25	255	2.8	直导杆1，模板导杆1，扳手1
M12V	12	1850	8~20	300	53	直导杆1，模板导杆1，扳手1，夹头套管1

2．工作原理

木工雕刻机相当于小型铣床，它利用电动机带动各种特制刀头，对木制构件进行铣削加工。同时运用止动杆、可调节手柄、多重滑动标尺等调节系统调节切削深度。

（三）使用

1．操作方法

（1）首先使刀头与工件接触，然后使连动杆紧靠切削深度设定螺钉，并用蝶形头螺栓3将其锁紧。

（2）松开蝶形头螺栓4，拉出手柄并转动手柄调节标尺，使得止动杆上的标尺指针对准标尺上的"0"位置，然后松开手柄并旋紧蝶形头螺栓4。

（3）松开蝶形头螺栓3，使止动杆能自由滑动，然后转动手柄使止动杆的标尺指针与在滑动标尺上示出的切削深度一致。完成调节后，旋紧蝶形头螺栓3，再次锁紧止动杆。

（4）利用此机具加工木线时，将可调底面板紧固在台面下，将台面挖一孔使刀头露出并能上下移动，台面上附以定位和压扶装置，即可根据需要加工木线。

2．注意事项

（1）确认所使用的电源电压与工具铭牌上的额定电压是否相符。

（2）操作中要双手握住两侧手柄。

（3）作业中，手不可碰振动的刀头，作业后勿触刀头，以免烫伤。

（4）如有异常现象应立即停机，切断电源后方可检查维修，严禁带电维修。

（5）电源线应挂放在安全的地方，而不要随地拖拉或接触油及锋利之物。如放在地上，最好穿在塑胶管内加以保护。

（四）维护与保养

（1）经常调节滑动标尺、标尺指针及可调节手柄，保持调节系统的灵活自如。

（2）床身和端架的滑动部分要经常加滴机械润滑油。

（3）要经常检查安装螺钉是否紧固妥善，如有松动应立即紧固，以免导致严重事故。

（4）要注意保护电动机，定期清洁，擦拭灰尘。

（5）当炭刷磨损至5~6mm时，应同时更换两个炭刷。经常保持炭刷清洁，保证其在夹内自由滑动。

（6）定期做绝缘检查。如发现绝缘不良，应立即排除。在潮湿环境下作业时，应定期对电动机做干燥处理。

二、木工多用机床

（一）特点及用途

木工多用机床是装修装饰工程中必备的装修机具之一。它具备强大的加工能力，一机多用，一机多能，使用方法简单，维修方便。随着科技的发展，木工多用机床也向着数控方向发展，甚至可完成各种手工难以达到的开槽、出棱等工作，并可连续加工相同尺寸的工件，达到较高的自动化程度，大大提高劳动效率和工件精度。

木工多用机床可用于木料的平刨、压刨、锯、开榫、裁口、裁口倒棱、钻孔、榫方孔等加工，换上相应的工作头还可完成磨锯齿、磨刨刀、平削等工作。其主要技术参数如表2-6-12所列。

木工多用机床主要技术参数（mm）　　　表2-6-12

刨削	工作台面（长×宽）	985×254
	刨削深度	0.10~10
	刨刃	200×25×3
	一次刨削宽度	200
锯削	锯割工作台面（长×宽）	650×148
	锯片直径	φ250
	最大锯割厚度	78
裁口	一次裁口最大深度	10
开榫	开榫台面（长×宽）	190×107
	开榫长度	85
裁口、倒棱	裁口刀宽	15
	倒棱	30
钻削	最大钻削直径	φ13
	钻削榫孔长度	任意长
	钻削深度	根据钻头深度不限
榫方孔	方孔类型	任意方孔
车削	最大车削直径	φ30
	最大车削长度	200
刃磨	砂轮直径	φ100 φ50
压刨	最大压刨宽度	150 120
	最大压刨厚度	—
电动机	功率	1.1kW/220V
	频率	50Hz

（二）结构及工作原理

木工多用机床由电动机、锯工作台、锯靠标、锯护罩、钻方孔座、钻支架体、刃磨架、压料支架、升降手轮、横滑台搬把、纵滑台搬把等部件组成，同时配备电压保护装置，如图2-6-27所示。

木工多用机床用单相电动机作动力，通过倒顺开关控制电动机的旋转方向，带动刨轴、锯片、夹头旋转，进行多种作业。

（三）使用

1. 使用方法

（1）平刨。用手操作升降手轮，达到所需要的刨削深度后，拧紧升降手轮，如图2-6-28所示。

（2）压刨。使用压刨时，按加工木料规格，调整工作台面与压架平面距离，用手推动进行刨削，如图2-6-29所示。

图 2-6-27　木工多用机床结构

1—锯工作台；2—锯靠标；3—锯护罩；4—钻方孔座；5—钻支架体；6—刃磨架；7—压料支架

图 2-6-28　平刨

图 2-6-29　压刨

（3）断肩。将锯工作台调到所需尺寸，推动木料即可，如图 2-6-30 所示。

（4）钻孔。将木料放在钻工作台上压紧，操作纵滑台搬把即成圆孔，操作纵、横滑台搬把即成长圆孔，如图 2-6-31 所示。

（5）榫方孔。装上方孔钻及大皮带轮即可榫方孔，如图 2-6-32 所示。

（6）车削。车削时，顶尖装在钻夹头上，木料装在两顶尖之间，刀架固定在支架体上，然后将刀放在刀架上进行车削，如图 2-6-33 所示。

（7）磨锯齿。将锯工作台掀起，把锯片放在割榫工作台上，依次磨出锯齿，如图 2-6-34 所示。

（8）磨刨刃。将钻夹头卸掉，把小砂轮安装在夹头方向轴径上，用锁母锁紧可磨刨刃，如图 2-6-35 所示。

图 2-6-30　断肩

图 2-6-31　钻孔

图 2-6-32 榫方孔

图 2-6-33 车削

图 2-6-34 磨锯齿

图 2-6-35 磨刨刃

(9) 锯料。锯不同厚度木料,可以上下掀动工作台,调整至所需位置紧固即可,如图 2-6-36 所示。

(10) 开榫。将锯工作台掀到最高位置,调整制榫靠标至所需位置,如图 2-6-37 所示。

图 2-6-36 锯料

图 2-6-37 开榫

(11) 裁口倒瓣。卸掉锯片,安装好铣刀块,调整好靠标位置,调整锯工作台高度,即可完成一次裁口倒瓣,如图 2-6-38 所示。

(12) 裁口。裁口时将工作台降到所需位置后紧固即可,如图 2-6-39 所示。

图 2-6-38 裁口倒瓣

图 2-6-39 裁口

2．注意事项

(1) 工作前应首先根据木工多用机床铭牌上的工作电压,检查电源电压是否符合要求。

(2) 检查各种保护盖、罩是否完好,螺钉等紧固零件是否紧固妥当,必须装配齐全方可启用。

(3) 按说明书正确安装锯片、钻头或其他工作头,务必安装紧固,以免在运行中飞离而酿成事故。

(4) 机具工作时,切勿用手触及运行中的部分,防止造成意外伤害。

(5) 锯割、刨削、开榫前应检查确认工件上无铁钉或其他硬物,以免损坏机具和导致事故。

(6) 工作头开始旋转时应远离机具,待工作头达到全速旋转后,方可操作工件,开始工作。

(7) 操作中务必双手握住工件,平稳、匀速地推动工件,以免发生意外。

(8) 经常检查锯片、钻头等工作头的磨损情况,应及时打磨或更换。

（四）维护与保养

(1) 经常保持机具清洁。每次工作完毕,都应及时清扫机具缝隙中的木屑、锯末等杂物,使机具经常保持良好的工作状态。

(2) 机具使用完毕,应妥善存放在干燥的环境中,以防锈蚀。锯片、钻头等工作头应取下,以防挤压、磕碰造成变形、损坏。

(3) 机床的各个转动结合部位,如轴、轴承等,要定期上油,保持其转动灵活。

(4) 对于易磨损部件,应及时检修、更换,以免造成机具损伤。

(5) 定期对机具做绝缘检查,发现绝缘不良应立即排除。在潮湿环境下作业,要定期对电动机做干燥处理。

（五）常见故障原因与排除方法

木工多用机床的常见故障及排除方法见表 2-6-13。

木工多用机床常见故障及排除方法　　　　表 2-6-13

故障现象	故障原因	排除方法
电动机不转	① 外电源无电压或保险丝熔断 ② 电源接线不牢 ③ 开关接触不良	① 检查电源,更换保险丝 ② 检修各接线点、开关和电动机 ③ 检修开关触点
轴承过热或有杂音	① 轴承磨损 ② 轴承内过脏或缺油	① 更换轴承 ② 清洗轴承或更换新油
刨削质量下降	① 刀刃变钝或者缺口 ② 刀片安装与台面不平行	① 修磨刨刃 ② 调整刀片
转速不足	① 电源电压不足 ② 皮带打滑	① 恢复电源电压 ② 调整皮带松紧和电动机位置
电动机过热	① 电动机内部短路 ② 电动机超载	① 检修电动机开关 ② 减少加工负荷
机床及电动机带电	① 导线损坏与机体接触 ② 电气绝缘受潮漏电	① 更换或包缠绝缘胶布 ② 修理或干燥处理

三、木工修边机

1. 特点及用途

木工修边机是对木制构件的棱角、边框、开槽进行修整的机具。它操作简便,效果好,速度快,适合各种作业面使用,且深度可调,是一种先进的木制构件加工工具。木工修边机的外形如图 2-6-40 所示。

2. 使用注意事项

(1) 工作前检查所有安全装置,务必完好有效。

(2) 确认所使用的电源电压与工具铭牌上的额定电压是否相符。

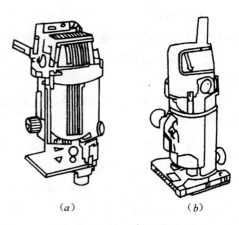

图 2-6-40 木工修边机外形
(a) TR-6 型;(b) TR-6A 型

(3) 作业中应双手同时握住手柄。双手要远离旋转部件。

(4) 闭合开关前要确认刀头没有和工件接触,闭合开关后要检查刀头旋转方向和进给方向。

(5) 如有异常现象,应立即停机,切断电源,及时检修。

(6) 电源线应挂在安全的地方,不要随地拖拉或接触油和锋利物件。

3. 维护与保养

(1) 应注意保持机具清洁,每次工作完毕,应擦拭机具。

(2) 机具使用完毕,要在专用机架上存放,不得乱丢、乱放。

(3) 各紧固调节螺栓、蝶形螺母及转动轴要保持转动灵活,定期上油,以防锈蚀。

(4) 定期做绝缘检查,发现绝缘不良,应立即排除。在潮湿环境下作业,应定期对电动机作干燥处理。

(5) 安装刀头应将刀头完全插入套爪夹盘孔内,再用扳手拧紧套爪夹盘。如未拧紧,容易损坏套爪夹盘。拆卸刀头时,先用扳手松开套爪夹盘,再卸刀头。

(6) 木工修边机有多种配件,应按照作业类型和加工尺寸选择相应配件。

四、曲线锯

(一) 特点及用途

1. 特点

曲线锯既能做直线锯割,又能做曲线锯割,还可以按各种不同的角度进行锯割。曲线锯的加工精度高,省工、省力,且体积小,操作灵活,维修简便,是装修装饰工程中常用机具之一。其外形如图 2-6-41 所示。

2. 用途及选择

曲线锯主要用于在金属板材、木料、塑料板、

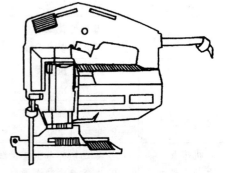

图 2-6-41 曲线锯外形

橡胶板上，按设计好的图形锯割出各种曲率半径小、不太规则的图形和简单图案花饰。

曲线锯有多种规格，使用时可依据加工工件的厚度、材质和加工要求，选择曲线锯的规格和锯片的类型。

表 2-6-14 列出了常用曲线锯的型号与技术性能，表 2-6-15 列出了曲线锯锯片的规格和适用范围，供选择时参考。

曲线锯的型号与技术性能　　　　　　　　　　表 2-6-14

型号	最大锯割厚度（mm）		额定电压（V）	输入功率（W）	锯割次数（次/min）	锯条行程（mm）	整机重量（kg）
	钢材	木材					
回 MIQZ-40	3	40	220	250	1600	25	1.7
回 MIQP-50	6	50	220	280	3700	16	1.8
回 MIQP-55	6	55	220	390	3100	26	3.6
回 MIQP-60	6	60	220	350	3400	20	1.9

常用曲线锯锯片规格及适用范围　　　　　　　　表 2-6-15

型号	零件号码	每25.4mm齿数	总长（mm）	用途
1号	792145-5	24	82	超细齿锯片，适于对厚度3mm以下的木材薄片、轻铁合金和有色金属使用
	792144-7			
2号	792136-6	14	82	能够迅速地锯断木材薄片、绝缘纤维板、塑料和胶木等
	792135-8			
3号	792139-0	9	82	锯割木材的理想工具，粗齿，适用厚度达50mm
	792138-2			
4号	792142-1	9	82	对厚度3~6mm的木材或金属进行粗锯最为合适
	792141-3			
5号	792133-2	24	58	另一种超细齿锯片，适于对厚度3mm以下的轻铁合金或有色金属板进行净割
	792132-4			

续表

型　号	零件号码	每25.4mm齿数	总长(mm)	用　途
6号	792152-8	9	82	极适于对木材进行曲线锯割
	792151-0			
7号	792272-8	14		适于对木材薄片、层积材和碎料板进行曲线锯割
	792268-9			
8号	792273-6	8		木材的理想切割工具。适于进行车间的研磨净锯割
	792269-7			
9号	792327-9	8		木材的理想锯割工具。适于进行车间的研磨净锯割,特别是净锯断
	792288-3			
10号	792328-7	9		极适于木材锯割。锯割面特别细致平滑,不必锉平
	792320-3			

（二）结构与工作原理

1. 结构

曲线锯主要由电动机、变速箱（小模数齿轮和偏心斜齿轮）、曲柄滑块机构、平衡机构、锯条及装夹装置、可调节底板等组成，如图 2-6-42 所示。

2. 工作原理

电动机的转子轴上装有小模数齿轮，与偏心斜齿轮相吻合，从而带动装有锯条的曲柄滑块机构做上下往复运动。锯片装在曲柄滑块机构的下端，锯齿朝上，即上行做锯割运行，下行为空程运行。在曲线锯的下部装有可调节锯割斜度的底板，可在左、右 45°范围内调节。底板上还装有保护滚轮，用以防止锯片折断。曲线锯电动机的转子轴上还装有排风扇叶。它排出的风能通过空隙直接吹向锯片，既可对电动机和锯条起到冷却作用，还能吹去锯割行程中产生的锯屑，使划痕清晰可见，便于锯割。

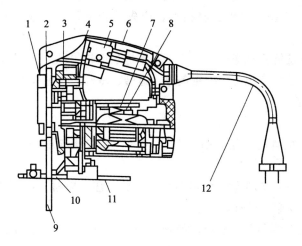

图 2-6-42　曲线锯结构图

1—头盖组合件；2—曲柄滑块机构；3—偏心斜齿轮；4—中间盖组合件；5—电源开关；6—手柄；
7—定子；8—转子；9—锯条；10—保护滚轮；11—底板；12—电源线

（三）使用

1．使用方法

（1）使用前要检查电源电压与曲线锯的额定电压是否相符，开关是否灵敏，锯片是否完好、紧固。

（2）接通电源后，应等锯条运行正常后方可靠近被锯工件进行锯割。锯割时应匀速、缓慢向前推进，避免左右晃动，切忌操之过急，以免折断锯片，损坏工件。

（3）若作镂空加工，应先用电钻在加工线上钻一个能容下锯片的孔，再开始锯割。

（4）锯割材料越厚，推进应越缓慢。加工较薄材料时如出现工件弹跳现象，说明选用锯条齿距过大，应换用细齿锯条。

（5）若加工薄板困难，可将多层薄板同时加工，也可垫较厚废料，并与工件夹紧进行加工。

（6）锯割精确直线、圆或圆弧，应使用导尺或圆形导件。

（7）为保证锯割线光滑，锯割过程应尽可能一次完成，不可随意拿起曲线锯。如遇异常情况，应先停机再检查。

（8）如需锯割斜面，可调节底板上的调节螺钉，使底板倾斜达到要求，再将调节螺钉紧固即可。

（9）锯片磨损严重，会降低工效，需及时更换。更换时先断开电源，松开定位环上的锯片固定螺钉，将新锯片齿朝上装好，拧紧前面、侧面紧固螺钉即可。

（10）曲线锯工作时会产生较多热量，为便于锯割并延长锯条使用寿命，在锯割木材时要加少量水，锯割金属时应加入少量润滑油，以利散热。

2．注意事项

（1）工作前应检查所有安全装置。

（2）锯割前应先清理锯条行程之内的杂物，以免损坏锯条。

(3) 锯割较小工件时，应设法将工件夹紧，切勿手持。

(4) 锯割顶棚、墙壁、地板上材料时，应先检查是否有电线等其他物件，以免出现事故。

(5) 操作时，手应握紧绝缘把手，不可随意提起运转的机具。

(6) 工作完毕，应切断电源，待锯条停止运转、冷却后方可取下锯条，以免伤人。

(四) 维护与保养

1. 作业内容

(1) 应注意保持机具的清洁，每次使用完毕，都应清除缝隙间杂物，保持良好工作状态。

(2) 机具使用完毕，应有专门机架存放，以免挤压、磕碰，损坏零件。取下锯条，安置妥当，避免挤压、变形、折断。

(3) 机具的运动部件和调节装置，如轴、轴承、调节螺钉等，要定期上油，以保证其运转灵活。

(4) 定期做绝缘检查，如发现漏电应立即排除。长期不用或在潮湿环境下作业，要定期做防潮处理。

(5) 定期检查更换炭刷，当炭刷磨损到 5~6mm 时要及时更换。

2. 常见故障及排除方法（表 2-6-16）

电动曲线锯常见故障及排除方法　　　表 2-6-16

故障现象	故障原因	排除方法
通电后机器不运转	① 电源断线 ② 接头松脱 ③ 开关失灵 ④ 炭刷与整流子表面未接触	① 接通电源 ② 紧固接头 ③ 修理或更换开关 ④ 调整炭刷弹簧弹力使之接触
外壳带电	① 转子或定子绝缘损伤 ② 导体部分碰触壳体	① 检查修理损伤部位 ② 找出碰壳处进行修理
通电后声音不正常且不运转或转速很慢	① 开关触点烧坏 ② 机械部位松脱或卡住	① 修理或更换开关 ② 拆开检查并进行紧固调整
锯片振动	① 保护滚轮没有紧靠锯条背部 ② 底板没有贴平工件表面	① 使保护滚轮靠紧锯条背部 ② 将底板贴平工件表面
电动机外壳发烫	① 推进速度过快或作用力过大致使负荷增加 ② 绕组受潮 ③ 电源电压下降	① 减少推进力，降低推进速度 ② 对绕组进行干燥 ③ 调整电压

续表

故障现象	故障原因	排除方法
变速箱外壳发烫	① 润滑脂不足或变脏 ② 传动齿轮卡滞	① 添加或更换润滑脂 ② 拆开进行检修
转子磨损有轴向窜动和声响	含油轴承端部磨损	更换轴承或加垫调整垫片
电动机含油轴衬部位有异常声响	① 含油轴衬缺油 ② 装配不当,有卡滞现象 ③ 内孔磨损松动	① 适量加添润滑油 ② 重新调整装配 ③ 更换含油轴衬
整流子上有环火或火花很大	① 转子发生短路 ② 炭刷与整流子接触不良,整流子变脏 ③ 整流子铜片磨损,片间云母片凸出 ④ 含油轴承磨损松动,使整流子跳动或轴向窜动	① 检修转子 ② 调整弹簧弹力,清理整流子,使两者接触良好 ③ 检修整流子,并将云母片修齐 ④ 更换含油轴承

五、往复锯

(一) 特点及用途

往复锯最大特点是小巧、轻便,在狭小的施工场地,大型机具不能发挥效力的地方,往复锯都可从容操作;对于已经固定不能取下加工的工件,使用往复锯也可轻而易举解决。如加工装饰在墙或顶棚上的材料,在顶棚上开洞,镂空暖气罩等。它的不足之处是加工精度较低。其外形如图 2-6-43 所示。

往复锯可对木材、金属、塑料、橡胶等各种材料进行锯割加工。

目前往复锯的规格种类不多,现介绍两种产品供参考。一种是日本产牧田牌大型往复锯。其规格为:冲程长度 30mm;额定输入功率 590W;额定输出功率 300W;锯割速度为高速 2500 次/min,低速 1900 次/min;重量 3.8kg。另一种是国产 J_1FH 型往复锯。其锯割能力为:管材外径 100mm,最大厚度 10mm;输入功率 430W;锯割速度 1400 次/min;重量 3.6kg。

往复锯使用的锯片有多种,锯片的选择主要根据加工工件的材质、厚度来确定。表 2-6-17 列举几种锯片性能,供选用时参考。

图 2-6-43 往复锯外形图

往复锯锯片性能 表 2-6-17

型式	零件号码	每 25.4mm 齿数	总长	用 途
21 号	792146.3	24	120mm	适用于厚度 3mm 以下的钢板及直径 50mm 以下的铁管
22 号	792147.1	18	160mm	适用于厚度 3mm 以下的钢板、铝质框格及直径 90mm 以下的铁管
23 号	792148.9	9		适用于厚度 90mm 以下的成材
24 号	792149.7	24		适用于厚度 3mm 以下的钢板及直径 50mm 以下的铁管

(二) 使用

1. 操作方法

(1) 使用前应检查电源电压与往复锯额定电压是否相符,开关是否灵活,锯割要求与锯条是否匹配,并检查锯条是否完好。

(2) 将锯条紧固在滑杆上。调节滑杆,使滑杆长度与锯割加工厚度相适应。

(3) 开始锯割时,双手握紧机具把手,将锯条紧靠在工件上,不要留有缝隙,以免损坏锯片。

(4) 要等锯条正常运转后,方可靠近工件加工,严禁带负载开机。

(5) 锯割材质坚硬工件时应使用冷却剂,以免锯条过热。

(6) 锯条磨损严重时应及时更换。更换前要切断电源,待锯条冷却后再更换。

2. 注意事项

(1) 工作前检查所有安全装置,务必完好有效。

(2) 锯割时,锯条行程范围内严禁有其他杂物。

(3) 锯割小工件,应将工件夹牢,不能用手持工件加工。不要锯割超过加工范围的工件。

(4) 双手握紧机具把手,双脚站稳,不可触摸运动部件。

(5) 在墙、地、棚顶上施工时,要事先查清是否有电线等异物。

(6) 操作过程中,手不得离开机具。使用后要关上开关,等机具停止运转、冷却后才可触摸锯条,以免伤人。

(三) 维护与保养

(1) 应注意保持机具的清洁,每次工作完毕,要擦拭干净,清除杂物,保持良好工作状态。

(2) 使用完毕后,要在固定机架上存放,以免受到挤压、磕碰,使零件变形或损坏。

(3) 锯条取下后,应保持干燥,存放妥当,以免挤压,防止变形、断裂。

(4) 机具的运动部件及调节紧固部位要定期上油,保证运动灵活。

(5) 及时更换磨短(小于 6mm)的炭刷,并保持炭刷清洁。

(6) 定期做绝缘检查,以防漏电。长期不用或在潮湿环境下作业,应定期做防潮处理。

六、转台式斜断锯

(一) 特点及用途

转台式斜断锯具有刀架式台面回转机构,改变刀轴与工件夹角可获得±45°间任意角度的切口,且切口平整、光滑。转台式斜断锯具有加工效率高、精度高、操作简单、使用安全、携带方便等特点。其外形如图2-6-44所示。

转台式斜断锯适用于木材、合成物、塑料、各类有色金属型材的锯割加工。对于提高装饰施工水平和工作效率起着很重要作用,是装修装饰施工中常用机具之一。

选择斜断锯以加工工件的宽度为主要依据,同时参考工件的厚度、材质和加工要求。表2-6-18列出了几种转台式斜断锯的规格与技术性能,可供选择时参考。

图 2-6-44 转台式斜断锯外形图

转台式斜断锯的规格与技术性能　　表 2-6-18

锯片直径 (mm)	最大加工能力(厚×宽)(mm)		转速 (r/min)	输入功率 (kW)	外形尺寸(长×宽×高)(mm)
	90°	45°			
255	70×122	70×90	4100	1.38	496×470×475
255	70×126	70×89	4600	1.38	470×485×510
355	122×152	122×115	3200	1.38	530×596×435
380	122×185	122×137	3200	1.34	678×590×720

从表中数据可知,斜断锯转台的回转机构在不同角度时,最大加工能力的厚度、宽度是不同的。选择时应注意,使被加工工件的宽度和厚度略小于斜断锯的最大加工能力。

与转台式斜断锯配套使用的锯片有多种,常用的有:复合锯片、横截锯片、斜切锯片、凿形齿复合锯片、硬质合金锯片等。其外形如图2-6-45所示。各种锯片的适用范围和加工特点是:

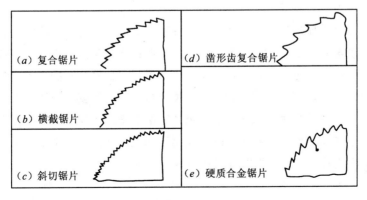

图 2-6-45 转台式斜断锯锯片外形

(1) 复合锯片（图 2-6-45 a）：主要供纵锯和横锯作业之用，为提高作业速度，锯齿比一般横截锯片少。

(2) 横截锯片（图 2-6-45 b）：能使斜断锯作业进行得更为顺利，而且锯割面比复合锯片的更为细致光滑。

(3) 斜割锯片（图 2-6-45 c）：可对铝材或木材进行细致、光滑的锯割。锯片上有"十"标记的为木材割断用，有"十十"标记的为铝材割断用。

(4) 凿形齿复合锯片（图 2-6-45 d）：供纵锯和横锯之用，加工精度较低。

(5) 硬质合金锯片（图 2-6-45 e）：能够最快、最平顺地完成作业，而且经久耐用，无需进行磨削。适用于锯割一般木材或阔叶材、清水墙、塑料等。锯片上有"十"标记的为塑料割断用，有"十十"标记的为铝材割断用。

选择锯片的主要依据是，锯割工件的材质和加工要求。

（二）结构和工作原理

转台式斜断锯由电动机、变速箱（图中未画出）、锯片、安全罩、转动台等部分组成，如图 2-6-46 所示。

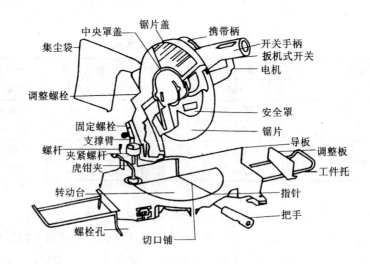

图 2-6-46 转台式斜断锯结构

转台式斜断锯的工作原理是：电动机通过罩壳内的齿轮带动锯片转动。携带柄是起携带作用的，当机具需要移动时，放下开关手柄，按下制动栓，用夹紧把手将旋转基座扣紧，钩上防护链，握住携带柄，就可拿走。锯片盖和安全罩起保护锯片和操作者安全的作用，放下开关手柄，安全罩自动收起；锯割完，抬起开关手柄，安全罩就会恢复原来位置。收尘袋起收集灰尘作用，它插在锯屑喷口的弯头上，锯片锯割下来的碎屑被它吸收起来。当收尘袋半满时应及时倒出、拍净。虎钳夹和夹紧螺杆是用来固定工件的。把手是调整转台用的，可使转台在 0°~45°间旋转，拧紧把手即可固定转台。

（三）使用

1. 操作方法

（1）利用开在工具底板上的螺栓孔，用 4 颗螺栓将其拧紧在水平稳固的表面上。

（2）开机前应检查锯片是否符合要求，如有裂纹、变形应更换；锯片盖是否紧固，安全罩是否转动灵活；电源是否符合要求，机具开关是否灵活、有效；电动机是否运转正常。

（3）按所需角度调整好转动台，将锯割工件固定好。

（4）检查无误后，即可开始锯割。锯割时应右手握住开关手柄，按动开关，使锯片旋转，当电动机转速稳定后慢慢放下开关手柄，锯片与工件缓慢接触，匀速加力进行锯割。工作后，关上开关，等锯片停止运动再提起开关手柄，以免提起过早，旋转锯片带动杂物伤人。

（5）锯片的调整。锯片经过多次锯割，直径会逐渐变小，这时要重新调整，可用套筒扳手旋转调整螺栓进行调节，逆时针方向转动螺栓锯片降低；顺时针方向转动螺栓锯片升高。调节标准为：将手柄完全放下时导板前面的锯片进入割缝部分的距离为最大锯宽；拔下电源插头，开关手柄抬起，用手转动锯片，应触及不到底座任何部位。

（6）开关手柄灵活性的调整。开关手柄应操作灵活，过紧和过松都会影响锯割质量。过松时锯割精度下降，过紧时上下移动费力，还会增加机具磨损。使用一段时间后，如果锯片盖和手把臂连接处松动，可用一个扳手固定住螺栓，用另一个扳手拧紧六角防松螺母。调整后，应保证开关手柄可从任何位置恢复到最初抬起的位置上。

（7）直角的调准。长时间的使用、多次搬动，就可能使转动台上的直角失准，需要调整。调准时先拧松把手，将转动台固定在 0 位置上，拧紧把手并松开导板上 4 个六角螺栓，用三角板或直角尺，一边靠住锯片，移动导板靠住另一边，然后依次拧紧导板上的螺栓。

（8）为了保护工件，防止工件裂碎，可装上木制导板。将木制导板用螺栓固定在原导板上，螺栓头部要埋进木板里面。木制导板尺寸如图 2-6-47 所示。加装木制导板后，不要在锯片处于原位置时转动平台，以免损坏木板。同时，计算加工宽度时要减去导板的厚度。

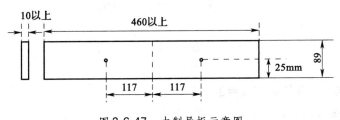

图 2-6-47　木制导板示意图

（9）锯割长工件时，应使用与转动台上表面等高的支持物，如图 2-6-48 所示。

（10）锯割铝挤压材料时，为防止铝材变形，要使用垫板。垫板和铝挤压材料的位置如图 2-6-49 所示。为了防止铝材的锯割物聚积在锯片上，锯割铝挤压材料要使用锯割用润滑油。

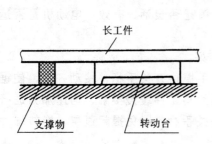
图 2-6-48　用转台式斜锯机加工长工件示意图

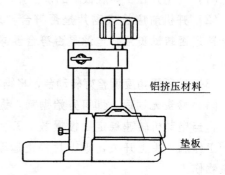
图 2-6-49　使用垫板加工铝挤压材料示意图

（11）重复锯割。多次锯割同一长度工件时，可以使用调整板来辅助进行，但锯割长度不得超出调整板所能调整的长度范围。具体方法是：用割缝左边或右边调准工件锯割线，抓住工件以防移动，移动调整板使之与工件边缘平齐，然后将调整板固定住，即可多次完成同一长度工件的锯割。

（12）锯片的拆装。拆装锯片时要拔下电源插头，首先松开处于最低位置手柄，按动轴的锁定位置，使刀具不能旋转，再用套口扳手松开六角螺栓，取下外法兰盘及锯片，装锯片时逆向操作即可。锯片拆装如图 2-6-50 所示。安装时锯片上箭头方向应与锯片盖上箭头方向一致，如图 2-6-51 所示。

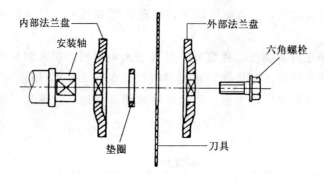

图 2-6-50　锯片拆装示意图

（13）有的转台式斜断锯在转台的切口铺上无切下槽口，应在使用此工具前先用锯片在切口铺上开出切下槽口。

2. 注意事项

（1）开机前要检查锯片有无断裂、变形，开关安全罩是否紧固，主轴锁定装置是否处于非锁状态，机具的开关是否灵敏有效。各部位确认无误后方可开机。

（2）检查工件锯割部位有无铁钉等坚硬物

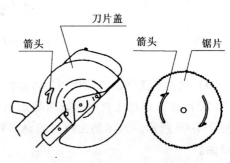

图 2-6-51　锯片安装方向示意图

件，以免回弹和损坏锯片，同时要将工件紧固在转台上。

（3）作业时一手握住手柄，另一手可起辅助作用，最好不要单手作业。严禁身体接触或接近锯片部位。

（4）作业时要先启动机具，锯片运转稳定后，方可开始锯割。锯割完毕，应等锯片完全停止转动才能提起把手。

（5）禁止锯割厚的或圆形的铝挤压材料。厚的铝挤压材料在锯割时可能会变松，圆形的铝挤压材料在转台上不能紧固。

（6）如有异常情况应立即停机，但不能将高速旋转锯片抬起，以免伤人。

（7）移动机具或拆装锯片前均应将电源插头拔下。

（8）使用时现场不能有易燃、易爆气体或物品。

（9）严禁在拆除防护罩情况下操作。

（10）操作时应戴防护目镜。

（四）维护与保养

（1）注意保持机具清洁，每次工作完毕，要擦拭机具，清除沟槽和零件缝隙间的杂物，以保持机具处于良好工作状态。

（2）机具要在固定位置存放，以免挤压、磕碰，使机具零件变形、损坏。

（3）锯片取下后，应在固定位置存放，以免挤压，发生变形、断裂。

（4）机具的转动部位及紧固处，要定期上油，保持转动灵活。

（5）定期检查更换电动机炭刷，当炭刷磨损到 5~6mm 时要及时更换。经常保持炭刷的清洁，并且使其在夹内能自由滑动。

（6）定期做绝缘检查，如有漏电应立即排除。在潮湿环境下作业或长期不用，要定期对电动机作干燥处理。

七、型材切割机

（一）特点及用途

型材切割机作为切割类电动机具，具有结构简单、操作方便、功能广泛、易于维修与携带等特点，是现代装修装饰工程施工常用机具之一。其外形如图 2-6-52 所示。

型材切割机用于切割各种钢管、异型钢、角钢、槽钢以及其他型材钢，配以合适的切割片，适宜切割不锈钢、轴承钢、合金钢、淬火钢和铝合金等材料。

目前国产型材切割机大多使用三相电，切割片以 400mm 为主。进口产品一般使用单相电，切割片直径在 300~400mm。表 2-6-19 中列举了几种常用型材切割机的规格与技术性能，供用户选择时参考。

图 2-6-52 型材切割机外形图

常用型材切割机的规格与技术性能　　　　表 2-6-19

切割深度 （mm）	额定电压 （V）	输入功率 （W）	空载转速 （r/min）	整机重量 （kg）
100	220	1450	3800	21.0
100	220	2000	4200	16.5
110	380	2200	2290	86.0
110	380	3700	2430	96.0
115	220	1430	2300	25.5
130	220	2000	3700	17.5
135	220	2000	3500	22.5

切割片根据型材切割机的型号、轴径以及切割能力选配。更换不同的切割片可加工钢材、混凝土和石材等材料。图 2-6-53 为加工型材与石材的专用切割片。

（二）构造及工作原理

型材切割机主要由电动机、底盘、可转夹钳、切割片、安全罩、操作手柄等几大部分组成，如图 2-6-54 所示。

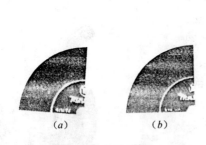

图 2-6-53　型材切割机专用切割片
（a）型材专用；（b）石材专用

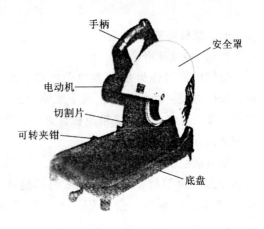

图 2-6-54　型材切割机构造

型材切割机由电动机通过齿轮变速带动切割片旋转，实现切割加工。安全罩由铝合金板制成，重量轻，坚固美观。大型底座由钢板制成，以橡胶垫缓冲。导板与带握柄的夹钳组合，用于夹牢工件，可安全而稳定地进行切割工作。

（三）使用

1. 操作方法

（1）工作前应检查电源电压与切割机的额定电压是否相符，机具防护是否安全有效，开关是否灵敏，电动机运转是否正常。

（2）工作时应按照工件厚度与形状调整夹钳的位置，将工件平直地靠住导板，并放在所需切割位置上，然后拧紧螺杆，紧固好工件。

（3）切割时，应使材料有一个与切割片同等厚度的刀口，为保证切割精度，应将切割线对准切割片的左边或右边。

（4）若工件需切割出一定角度，则可以用套筒扳手拧松导板固定螺栓，把导板调整到所需角度后，拧紧螺栓即可。

（5）要待电动机达到额定转速后再进行切割，严禁带负荷启动电动机。切割时把手应慢慢地放下，当锯片与工件接触时，应平稳、缓慢地向下施加力。

（6）切割完毕，关上开关并等切割片完全停下来后，方可将切割片退回到原来的位置。因为切下的部分可能会碰到切割片的边缘而被甩出，这是很危险的。

（7）加工较厚工件时，可拧开固定螺栓，将导板向后错一格再将导板紧固。加工较薄工件时，在工件与导板间夹一垫块即可。

（8）拆换切割片时，首先要松开处于最低位置的手柄，按下轴的锁定位置，使切割片不能旋转，再用套口扳手松开六角螺栓，取下切割片。装切割片时按其相反的顺序进行。安装时，应使切割片的旋转方向与安全罩上标出的箭头方向一致。

（9）如需搬运切割机时，应先将挂钩钩住机臂，锁好后再移动，见图2-6-55。

2. 注意事项

（1）每次使用前必须检查切割片有无裂纹或其他损坏，各个安全装置是否有效，如有问题要及时处理。

（2）必须按说明书的要求安装切割片，用套口扳手紧固。切割片的松紧要适当，太紧会损坏切割片，太松有可能发生危险，也会影响加工精度。

（3）工作时必须将调整用具及扳手移开。

（4）切割机一定要放在地上使用，且工件必须夹紧。如工件较长，应在工件另一端用与底盘同高的物体垫起。

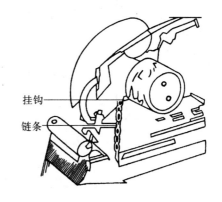

图2-6-55 型材切割机挂钩位置示意图

（5）作业时人的手和身体不能离切割片太近，以免被飞溅的火花灼伤。操作者应站在机具后部左侧。

（6）工作场所要清洁，严禁存放易燃、易爆物品。室外作业必须使用专用延长线。在潮湿环境下作业应保持工具干燥。

（7）刚切断工件部位和锯割片温度很高，严禁触摸，以免烫伤。

（8）只能在工具设计范围内工作，勿勉强利用工具加工设计范围以外的工件。

(9) 操作时要戴防护目镜。在产生大量尘屑的场合，应戴防护面罩。

(10) 维修或更换切割片一定要切断电源。切割机的盖罩与螺钉不可随便拆除。

（四）维护与保养

1. 作业内容

(1) 每次工作完毕要擦拭机具，清除缝隙间杂物，以保持机具处于良好工作状态。

(2) 要有固定机架存放机具，以免挤压、磕碰造成机具损坏。

(3) 切割片取下后，要妥善存放，以免挤压、防止发生变形和断裂。防止因潮湿而降低强度。

(4) 定期检查更换电动机炭刷，当炭刷磨损到 5~6mm 时应及时更换。保持炭刷清洁，并使其能在夹内自由滑动。

(5) 经常检查机具转动轴、法兰盘和螺钉有无缺损，紧固情况是否良好，并定期上油，防止锈蚀。

(6) 定期做绝缘检查，有漏电现象立即排除。在潮湿环境下作业或长期不使用时，要定期对电动机作干燥处理。

2. 常见故障及排除方法（表2-6-20）。

切割机常见故障及排除方法　　　　表2-6-20

故障现象	故障原因	排除方法
接通电源后电动机不转动	① 电源短路 ② 开关接触不良或不动作 ③ 炭刷与换向器表面不接触 ④ 转子或定子绕组烧坏 ⑤ 定子绕组断路	① 修复电路 ② 修理或更换开关 ③ 更换炭刷 ④ 调换电枢或定子绕组 ⑤ 如断在出线处，可重焊后复用，否则重新绕制
机壳表面发热	① 负荷过大 ② 绕组潮湿 ③ 电源电压不正常	① 减轻负荷 ② 对绕组作干燥处理 ③ 调整电源电压
换向器上产生环火或较大火花	① 转子绕组短路或断路 ② 炭刷与换向器接触不良 ③ 换向器表面不光洁	① 修复转子 ② 更换炭刷 ③ 清除杂物及抛光换向器表面
电动机转而切割片不转或切割片不平稳	夹紧用六角螺栓松脱	拧紧螺栓

八、电剪刀

（一）特点及用途

电剪刀作为金属板剪切工具，具有小巧、灵活、使用方便、不受场地限制，维修、携带方便等特点。使用电剪刀可大大提高工作效率和加工精度。其外形如图 2-6-56 所示。

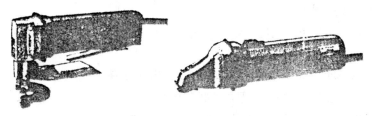

图 2-6-56　电剪刀外形

电剪刀适用于裁剪金属薄板材料，并可按施工要求裁剪曲线工件。

电剪刀有多种规格，不同规格的电剪刀剪切能力不同，最小剪切半径也有所区别。选择电剪刀主要根据材料的厚度、硬度和加工要求确定。表 2-6-21 列举了几种常用电剪刀的规格和性能参数，供读者选择时参考。

常用电剪刀规格和性能参数　　　　表 2-6-21

材料	最大剪切厚度（mm）	最小剪切半径（内）（mm）	剪切速度（次/min）	额定输入功率（W）	重量（kg）
软钢板	1.6	30	4000	300	1.7
不锈钢板	1.6	250	4500	260	1.4
	3.2	50	1600	660	3.5

（二）结构与工作原理

电剪刀主要由电动机、齿轮变速机构、偏心轴连杆、上下刀片及刀架等部件组成。上刀片固定在连杆上，下刀片固定在刀架上。

电动机的旋转运动，经过二级齿轮变速后，由偏心轴带动连杆做往复运动，使随连杆运动的上刀片与相对固定的下刀片之间作剪切运动。

（三）使用

1. 操作方法

（1）工作前应检查电源电压与电剪刀的额定电压是否相符，开关是否灵敏有效，剪切刀片是否完好无损等，确认无误后方可使用。

（2）根据剪切工件的厚度，调整好刀头间隙量。表 2-6-22 为钢板厚度与刀头间隙量的关系，供调节时参考。

钢板厚度与刀头间隙量（mm）　　　　　　　表 2-6-22

钢板厚	0.8	1	1.5	2
刀头间隙量	0.15	0.2	0.3	0.6~0.7

（3）使用前在往复运动部分添加润滑油。打开开关后，应空转1min，以使电动机达到额定转速。严禁带负荷启动。

（4）剪切时不能用力过猛，应平稳缓慢地向前推进，同时使电剪刀与切割面保持一定角度。

（5）剪刀片的拆装与间隙量调整。首先拔下电源插头，用内六角扳手取下固定上、下刀片的六角螺栓和螺母。将两片剪刀片各旋转90°，使刀片未磨损部分转到剪切面上，或换上新刀片。先装上剪刀片，用内六角扳手拧紧固定上剪刀片的六角螺栓和螺母。装好剪刀片后要检查上剪刀片与刀片夹之间是否紧密。装下剪刀片的方法与装上剪刀片相同（图2-6-57）。

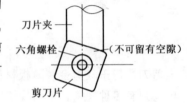

图 2-6-57　剪刀片拆装

（6）上下剪刀片装好后要调节上下剪刀片的空隙。调节时，上剪刀片应处于较低的位置。首先稍微松动固定下剪刀片的六角螺母，按加工工件规定的间隙选择厚度尺（塞规）的厚度，然后将塞规插入间隙，调节下剪刀片上的六角螺母，以调节间隙，直至塞规不能移动为止。再拧紧固定下剪刀片的六角螺母。

2．注意事项

（1）工作前应检查所有安全装置，确认无误，方可使用。

（2）操作中不得用力过猛，遇到转速急剧下降时，应立即减小推力，防止过载。电剪刀突然停止运动，必须先拔下电源插头，再进行检修。

（3）剪切比较厚的板材时，必须将工件固定在工作台上，使工件不能移动。

（四）维护与保养

（1）机具使用完毕，擦拭干净，在工作面上涂油保护。

（2）保持变速器、轴承等部位润滑脂的清洁，要定期添加或更换润滑脂。

（3）机具不用时，要在固定机架上存放，避免挤压、磕碰造成损坏。

（4）定期检查、更换炭刷。当炭刷磨损至5~6mm时应更换。保持炭刷清洁，使其能在夹内自由滑动。

（5）定期做绝缘检查，如发现漏电应立即排除。在潮湿环境下作业或长期不用时，应对电动机做干燥处理。

九、电冲剪

（一）特点及用途

电冲剪作为剪切与冲剪功能的电动机具，具有小巧、灵活，操作简便，加工效率高，精度高，加工中不会使材料变形以及维修、携带方便等特点。其外形如图2-6-58所示。

电冲剪的用途与电剪刀相似，可以用来剪切金属薄板，同时又具有冲剪波纹钢板、塑料板及冲开各种孔的功能，并能保证在冲剪过程中材料不变形。与电剪刀不同的是，电冲剪只适合于加工窄条材料或加工离边角比较近的孔。

一般根据材料厚度来选择电冲剪，应使材料厚度在电冲剪最大加工能力范围之内。表2-6-23列举了几种常用电冲剪的规格与技术参数，供选择时参考。

图 2-6-58　电冲剪外形

常用电冲剪的规格与技术参数　　　　表 2-6-23

	最大剪切厚度（mm）	额定电压（V）	输入功率（W）	剪切次数（次/min）	整机重量（kg）
国内产品	1.3	220	230	1260	2.2
	2.0	220	480	900	
	2.5	220	430	700	4.0
	3.2	220	650	900	5.5
进口产品	1.2	220	240	1900	2.4
	2.3	220	335	950	3.5
	3.2	220	670	900	5.8
	4.5	220	1000	850	7.3
	6.0	220	1200	720	8.3

（二）结构及工作原理

电冲剪的结构与电剪刀类似，由电动机、变速箱、偏心轴、导向杆、连杆、上下冲模、模座及开关等组成。上冲模用螺钉固定在连杆上，下冲模固定在冲模座上，上、下冲模用导向杆定位。连杆和冲模套在同一导向杆中。导向杆的上端用定位螺钉与罩壳连接，冲模座用定位螺母锁紧在导向杆另一端。上冲模与下冲模之间的间隙是固定的，不能调节。

电冲剪的作业原理与电剪刀也基本相似，但它是用上下冲模代替电剪刀的刀片。电动机的旋转运动经过二级齿轮变速后由偏心轴带动连杆及上冲模，使上冲模对固定在模座上的下冲模作往复高速的冲剪运动。

（三）使用

1．操作方法

（1）使用前，检查电源电压与电冲剪的额定电压是否相符，开关是否灵敏有效，上、下冲模定位是否正常，确认无误后方可开机。

（2）开机前应在往复运动机构中添加润滑油。开机后应空行程运转1min。检查传动部位有无阻碍,并使电动机达到额定转速。

(3) 冲剪时要匀速前进。

(4) 使用时若发现上、下冲模配合位置不当,可调整定位螺钉、定位螺母,从而调整下冲模位置。

(5) 上、下冲模损坏应及时更换。

2．注意事项

(1) 工作前应检查所有安全装置。

(2) 经常检查上下冲模磨损情况,及时更换。

(3) 严禁带负荷启动电动机。

(4) 根据工件厚度和材料选择相应的电冲剪,不得超负荷作业。

(5) 工作时必须站稳,严禁伸手越过机具取物。

(6) 电冲剪突然停止工作,必须拔下电源插头,再进行检修。

(四) 维护与保养

电冲剪的维护保养方法与电剪刀基本相同。

十、电锯

电锯是对木材、纤维板、塑料和软电缆切割的工具。便携式木工电锯(图2-6-59)重量轻,效率高,是装饰施工最常用的。

1．构造

手提式圆锯由电机、锯片、锯片高度定位装置和防护装置组成。选用不同锯片切割相应材料,可以大大提高效率。

2．技术性能

电圆锯规格及部分国内外产品性能见表 2-6-24 ~ 表 2-6-27。

图 2-6-59　电圆锯

电圆锯规格(ZB K64 003—87)　　　表 2-6-24

规格（mm）	额定输出功率（W）	额定转矩（N·m）	最大锯割深度（mm）	最大调节角度
160×30	≥450	≥2.00	≥50	≥45°
200×30	≥560	≥2.50	≥65	≥45°
250×30	≥710	≥3.20	≥85	≥45°
315×30	≥900	≥5.00	≥105	≥45°

注：表中规格指可使用的最大锯片外径×孔径。

部分国产电圆锯规格 表2-6-25

型号	锯片尺寸（mm）	最大锯深（mm）	额定电压（V）	输入功率（W）	空载转速（r/min）	重量（kg）	生产厂
回M1Y-200	200×25×1.2	65	220	1100	5000	6.8	上海中国电动工具联合公司
回M1Y-250	250×25×1.5	85	220	1250	3400		石家庄电动工具厂
回M1Y-315	315×30×2	105	220	1500	3000	12	上海人民工具五厂
回M1Y-160	160×20×1.4	55	220	800	4000	2.4	上海人民工具五厂

博士牌电圆锯性能表 表2-6-26

型号	锯片直径（mm）	最大锯深（mm） 90°	最大锯深（mm） 45°	输入功率（W）	空转速率（rpm）	重（kg）
PKS54	160	54	35	900	5000	3.6
GKS6	165	55	44	1100	4800	4.1
GKS7	184	62	49	1400	4800	4.1
GKS85S	230	85	60	1700	4000	3.6

日本牧田牌电圆锯规格 表2-6-27

型号	锯片直径（mm）	最大锯深（mm） 90°	最大锯深（mm） 45°	空载转速（r/min）	额定输入功率（W）	全长（mm）	净重（kg）
5600NB	160	55	36	4000	800	250	3
5800NB	180	64	43	4500	900	272	3.6
5007B	185	61.5	48	5800	1400	295	5.2
5008B	210	74	58	5200	1400	310	5.3
5900B	235	84	58	4100	1750	370	7
5201N	260	97	64	3700	1750	445	8.3
SR2600	266	100	73	4000	1900	395	8
5103N	335	128	91	2900	1750	505	10
5402	415	157	106	2200	1750	615	14

3. 使用要点

（1）使用圆锯时，工件要夹紧，锯割时不得滑动。在锯片吃入工件前，就要启动电锯，转动正常后，按画线位置下锯。锯割过程中，改变锯割方向，可能会产生卡锯、阻塞，甚至损坏锯片。

（2）切割不同材料，最好选用不同锯片，如纵横组合式锯片，可以适应多种切割；细齿锯片能较快地锯割软、硬木的横纹；无齿锯片还可以锯割砖、金属等。

（3）要保持右手紧握电锯，左手离开。同时，电缆应避开锯片，以免妨碍作业和锯伤。

（4）锯割快结束时，要强力掌握电锯，以免发生倾斜和翻倒。锯片没有完全停转时，人手不得靠近锯片。

（5）更换锯片时，要将锯片转至正确方向（锯片上右箭头表示）。要使用锋利锯片，提高工作效率，也可避免钝锯片长时间摩擦而引起危险。

4. 维修保养

由于电锯生产厂家很多，构造和类型不尽相同，所以，要按各自的使用说明书规定的维修程序进行保修工作。

十一、电刨

手提式电刨（图2-6-60）是用于刨削木材表面的专用工具，体积小，效率高，比手工刨削提高工效10倍以上，同时刨削质量也容易保证，携带方便，广泛应用于木装饰作业。

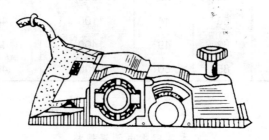

图 2-6-60 电刨

1. 构造

手提电刨由电机、刨刀、刨刀调整装置和护板等组成。

2. 技术性能

电刨规格和部分国内外电刨技术性能见表2-6-28～表2-6-30。

电刨规格（ZB K64 004—87） 表 2-6-28

刨削宽度（mm）	刨削深度（mm）	额定输出功率（W）	额定转矩（N·m）
60	1	≥180	≥0.16
80	1	≥250	≥0.22

续表

刨削宽度（mm）	刨削深度（mm）	额定输出功率（W）	额定转矩（N·m）
80	2	≥320	≥0.30
80	3	≥370	≥0.35
90	2	≥370	≥0.35
90	3	≥420	≥0.42
100	2	≥420	≥0.42

部分国产电刨性能表　　　　表2-6-29

型号	刨削宽度（mm）	最大刨削厚度（mm）	额定电压（V）	额定功率（W）	转速（r/min）	重量（kg）
回M1B-60/1	60	1	220	430	>9000	
回M1B-80/1	80	1	220	600	>8000	
回M1B-90/2	90	2	220	670	>7000	
回M1B-80/2	80	2	220	647	10000	5
回M1B-80/2	80	2	220	480	7400	2.8

注：本表产品规格系上海、南方等厂产品规格。

日本牧田牌电刨性能表　　　　表2-6-30

型号	刨削宽度（mm）	最大刨深（mm）	空载转速（r/min）	额定输入功率（W）	全长（mm）	净重（kg）
1100	82	3	16000	750	415	4.9
1901	82	1	16000	580	295	2.5
1900B	82	1	16000	580	290	2.5
1923B	82	1	16000	600	293	2.9
1923H	82	3.5	16000	850	294	3.5
1911B	110	2	16000	840	355	4.2
1804N	136	3	16000	960	445	7.8

3．使用要点

（1）使用前，要检查电刨的各部件完好和电绝缘情况，确认没有问题后，方可投入使用；

（2）根据电刨性能，调节刨削深度，提高效率和质量；

(3) 双手前后握刨,推刨时平稳均匀地向前移动,刨到端头时应将刨身提起,以免损坏刨好的工作面。

(4) 刨刀片用钝后即卸下重磨或更换。

(5) 按使用说明书及时进行保养与维修,延长电刨使用寿命。

十二、手电钻

手电钻（图2-6-61）是装饰作业中最常用的电动工具,用它可以对金属、塑料、木材等进行钻孔作业。根据使用电源种类的不同,手电钻有单相串激电钻、直流电钻、三相交流电钻等,近年来更发展了可变速、可逆转或充电电钻。在形式上也有直头、弯头、双侧手柄、枪柄、后托架、环柄等多种形式。

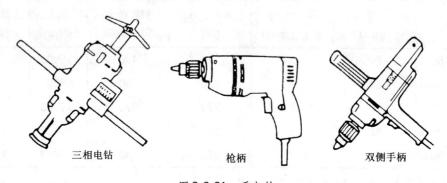

图 2-6-61 手电钻

1. 构造

手电钻结构简单,一般为单相电机直接带动钻卡头。直流电钻则配置电池盒。

2. 技术性能

国内外生产手电钻厂家很多,部分国内厂家生产的手电钻技术性能见表2-6-31。

部分国产手电钻技术性能　　　　表2-6-31

型　号	最大钻孔直径（mm）	额定电压（V）	输入功率（W）	空载转速（r/min）	净重（kg）	形式
J1Z-6	6	220	250	1300		枪柄
J1Z-13	13	220	480	550		环柄
J1Z-ZD2-6A	6	220	270	1340	1.7	枪柄
J1Z-ZD2-13A	13	220	430	550	4.5	双侧柄
J1Z-ZD-10A	10	220	430	800	2.2	枪柄
J1Z-ZD-10C	10	220	300	1150	1.5	枪柄
J1Z2-6	6	220	230	1200	1.5	枪柄

续表

型　号	最大钻孔直径（mm）	额定电压（V）	输入功率（W）	空载转速（r/min）	净重（kg）	形式
J1Z–SF2–6A	6	220	245	1200	1.5	枪柄
J1Z–SF3–6A	6	220	280	1200	1.5	枪柄
J1Z–SF2–13A	13	220	440	500	4.5	双侧柄
J1Z–SF1–10A	10	220	400	800	2	环柄
J1Z–SF1–13A	13	220	460	580	2	环柄

十三、带式砂光机

1．用途及选择

带式砂光机同平板式砂光机一样也用于对工件的打磨，具有体积小、重量轻、使用简单、维修携带方便、能大大提高工作效率和施工精度等特点。其外形如图2-6-62所示。

带式砂光机适用于磨砂和磨光木制品以及金属表面除锈和油渍等污物。

表2-6-32列举了几种常用带式砂光机的规格和技术性能，以供用户选择参考，根据工件的材质及平面尺寸选用适当功率的带式砂光机。

图2-6-62　带式砂光机外形

带式砂光机的规格和技术性能　　　　表2-6-32

型号	砂带尺寸（mm）	砂带速度（m/min）	额定输入功率（W）	长度（mm）	净重（kg）
9900B	76×533	360	850	316	4.6
9901	76×533	380	740	328	3.5
9924B	76×610～76×620	400	850	355	4.6

续表

型号	砂带尺寸 （mm）	砂带速度 （m/min）	额定输入 功率（W）	长度 （mm）	净重 （kg）
9924DB	76×610～ 76×620	400	850	355	4.8
9401	100×610	350	940	374	7.3
9402	100×610	高速350 低速300	1040	374	7.3

砂带的选择。首先根据带式砂光机的型号确定砂带尺寸，然后根据打磨的材质和加工精度结合砂带的粒度选定砂带的型号。打磨木材、钢材时选 AA 型砂带，打磨石材或塑料时选 CC 型砂带；粗磨时选粒度为 40、60 的砂带，细磨时选粒度为 150、180、240 的砂带，中度打磨选粒度为 80、100、120 的砂带。

2. 结构与工作原理

带式砂光机由电动机、机壳传动装置、工作头（鞋形底板、砂带、驱动轮、从动轮）等主要部分构成。

带式砂光机工作原理与平板式砂光机不同，它不是利用偏心轮带动底板运动，而是利用电动机驱动传动装置，使驱动轮带动砂带旋转来达到打磨的目的。其主要区别也就是带式砂光机砂纸朝一个方向转动，而平板式砂光机是砂纸不规则摆动。

3. 使用方法

（1）使用前要调好砂带位置，方法是：按下开关键，把砂带置于检测位置，向左或向右调节螺丝，使砂带边缘与驱动轮边缘有 2～3mm 空隙，然后固定好砂带。其做法如图 2-6-63 所示。如果砂带固定得太靠里，在操作时会产生磨损。操作中砂带有位移，可用同样方法调节。

（2）使用时用一手握住手柄，另一手调节速度旋钮，启动机器保证机具与工件表面轻轻接触。机具本身自重已足以高效磨光工件，无需施加外力，否则会使电动机过载，损坏电动机，缩短砂带使用寿命，降低研磨效率。

（3）应以缓慢、恒定的速度和平衡度来回移动工具。

（4）针对不同工作面、不同的加工要求，选择合适的砂纸。

（5）边角打磨时，使用如图 2-6-64 所示附件来辅助完成。

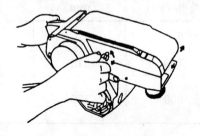

图 2-6-63 调节砂带位置

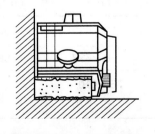

图 2-6-64 边角打磨附件

带式砂光机的使用注意事项及维护保养与平板式砂光机基本相同,不再赘述。

十四、盘式砂光机

1. 用途及选择

盘式砂光机适用于木材、石材、钢材及塑料表面的修整、磨光、清理等工作,换上工作头(如羊毛抛光球),还可以完成工件的抛光。其外形如图2-6-65所示。

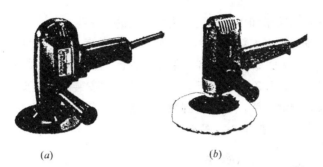

图2-6-65 盘式砂光机外形
(a) 磨料圆盘工作头;(b) 羊毛抛光球工作头

表2-6-33列举了几种常用盘式砂光机的规格及技术性能,供用户参考。

常用盘式砂光机的规格及技术性能　　　　表2-6-33

型号	最大能力 (直径)(mm)	回转数 (r/min)	额定输入 功率(W)	长度 (mm/min)	主轴螺纹	净重(kg)
GV5000	磨料圆盘125	4500	405	180	—	1.2
GV6000	磨料圆盘150	4500	405	180	—	1.2
9218SB	磨料圆盘180	4000	570	225	M16×2	2.7
9207B	磨料圆盘180	4500	1100	455	M16×2	3.9
9207SPB	磨料圆盘180	低速2000 高速3800	700	455	M16×2	3.4
9207SPC	磨料圆盘180	1500~2800	810	470	M16×2	3.5
9218PB	羊毛抛光球180	2000	570	235	M16×2	2.9

与盘式砂光机配套使用的工作头,有磨料圆盘、橡胶垫上固定感应砂纸、杯形钢丝刷、羊毛抛光球等几种。选择时,首先应根据加工工件的材质及光洁度的要求选择工作头的类型

和直径，再根据工作头的需要选择合适的盘式砂光机型号。如需选用磨料圆盘，首先确定其直径，然后根据加工所需精度，选择粒度较大或较小的磨料圆盘。

2．结构和工作原理

盘式砂光机由电动机、机壳、工作头（磨料盘或抛光球等）、手柄等部分组成。由于盘式砂光机的工作头是由电动机直接驱动，因此，盘式砂光机与平板式和带式砂光机相比，其结构相对简单。

3．使用方法

（1）根据不同加工要求和工件材质，选择适当的工作头。

（2）工作头的安装。以磨料圆盘为例，先拔下电源插头，把塑料垫放在主轴上，接着把磨料圆盘、橡胶垫、紧固螺钉按顺序放在塑料垫上，然后捏住塑料垫的边端，用备用的六角扳手紧固螺钉即可，如图2-6-66所示。卸下砂轮时与安装顺序相反操作即可。

（3）握紧机具，启动开关，当其达到最高转速后，缓慢将其放在工件上，使磨料圆盘与工件表面保持10°左右的夹角，如图2-6-67所示。

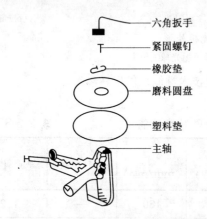

图2-6-66　盘式砂光机工作头安装示意图

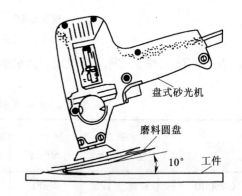

图2-6-67　磨料圆盘加工角度示意图

盘式砂光机的操作注意事项及维护保养要求与平板式和带式砂光机基本相同，在此不再赘述。

十五、自攻钻

（一）用途及性能

自攻钻改变了传统的用手动螺丝刀紧固螺钉的操作工艺，配上相应的螺丝刀头，即可对各种工作件上的自攻螺钉进行紧固操作。同时，它具有正、反转功能，可以快速拆装螺钉。自攻钻作为新型紧固螺钉的电动机具，具有体积小、重量轻、可单手操作，使用灵活，便于维修、携带，可大大提高工效，施工质量好，速度快等特点。其外形如图2-6-68所示。

图2-6-68　自攻钻外形

自攻钻有多种型号规格，表2-6-34列举了几种常用自攻钻的技术性能参数，供用户选择时参考。

常用自攻钻的技术性能参数　　　　　表 2-6-34

型号	工作能力	钻柄尺寸（六角）(mm)	回转数（次/min）	额定输入功率（W）	长度（mm）	净重（kg）
6701B	大螺钉 8mm、小螺钉 5.5mm、螺母 6mm	6.4	500	230	270	1.8
6801N	自攻螺钉 6mm、六角螺栓 6mm	6.4	2500	500	285	1.9
6800BD	干面板螺钉第 6 号、自攻螺钉 5mm	6.4	2500	540	280	1.3
6800DBV	干面板螺钉第 6 号、自攻螺钉 5mm	6.4	2500	540	280	1.3
6801DB	干面板螺钉第 6 号、自攻螺钉 5mm	6.4	4000	540	280	1.5
6801DBV	干面板螺钉第 6 号、自攻螺钉 5mm	6.4	4000	540	280	1.5
6802BV	自攻螺钉 6mm	6.4	2500	510	265	1.7
6806BV	小螺钉 6.2mm、小螺丝 8mm、螺母 8mm、自攻螺钉 6mm	6.4	2500	510	267	1.9
6820V	干面板螺钉第 5 号、自攻螺钉 6mm	6.4	4000	570	268	1.3

（二）结构和工作原理

自攻钻主要由电动机、机壳、离合器、减速器、工作头等部分构成，如图 2-6-69 所示。电动机通过传动装置驱动工作头转动，从而达到紧固、拆卸螺钉的目的。

工作头由定位器、固定套筒、花键等组成，如图 2-6-70 所示。

（三）使用

1．操作方法

（1）在接通电源前，应先检查电源电压与机具额定电压是否相符，机具开关是否灵敏有效。

（2）使用前，先在相似材质或不影响加工精度的工作面上试转，检查钻入深度是否恰当，加以调节。

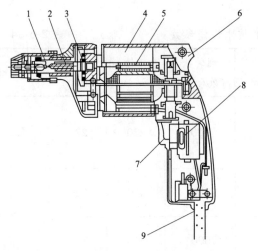 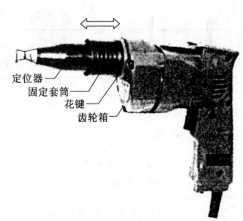

图 2-6-69 自攻钻的结构
1—工作头；2—离合器；3—减速器；4—定子；
5—转子；6—机身；7—扳机开关；
8—反转开关；9—电缆接头

图 2-6-70 自攻钻工作头结构

（3）深度调节。将固定套筒向前拉，使其离开齿轮箱上的花键部分，如图 2-6-71 中箭头 1；然后转动固定套筒，直到定位器到达选定位置，如图 2-6-71 中箭头 2，固定套筒每转 1/6 圈相当于 0.25mm 的深度变化；当定位器达到需要位置后，轻轻将固定套筒退回到齿轮箱的位置，如图 2-6-71 中箭头 3。要慢慢地转动，以便吻合花键，然后用力推紧，以将其固定在原来位置。

（4）装卸螺丝刀。从齿轮箱上拉下固定套筒并拧下定位器，然后用钳子捏紧螺丝刀头，用另一只手紧握螺丝刀头夹，将螺丝刀头拉出螺丝刀头夹。安装新螺丝刀头顺序与卸下螺丝刀头相反。

（5）扳机式开关的操作。启动自攻钻只需扣紧扳机式开关，放松扳机式开关机具即停止转动。要使其连续工作，扣紧扳机式开关后压下锁钮即可。再扣扳机式开关，再放松锁钮即可消除连续转动，如图 2-6-72 所示。通常离合器处于分离状态，即使按下启动开关，螺丝刀头也不会转动。只有在螺丝刀头上施加一定压力时，离合器才会齿合，螺丝刀头随之转动。

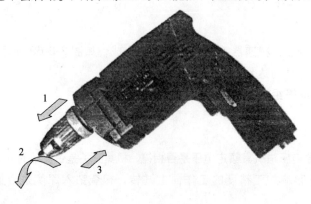 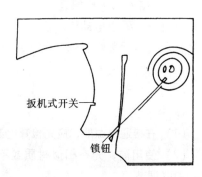

图 2-6-71 自攻钻深度调节示意　　图 2-6-72 开关的操作

(6) 反转。反转开关位于把手的根部（图2-6-69）。反转开关置于"F"向右转，置于"R"向左转。

2．注意事项

（1）工作前检查所有安全装置，务必完好有效。电源电压应与机具的额定电压相符。

（2）保持工作场地清洁，避免机具受潮。工作场地周围不得存放易燃易爆液体、气体。

（3）螺丝刀头的选用必须与螺钉相匹配。

（4）工作时身体不能接触到接地金属体，避免触电。

（5）变更转向，要等自攻钻完全停下来之后再操作，否则很容易损伤螺丝刀头。

（6）工具不用时，要拔下插头。禁止拖着导线移动机具，或拉导线拔出插头，还要避免让导线接触高温、尖锐物或湿油脂。

（四）维护与保养

（1）在维护保养之前，一定要关掉开关并拔下插头。

（2）及时更换易损件。

（3）各紧固螺栓、螺母压紧要适中，转动轴要经常保持灵活。

（4）机具应保持清洁，工作后擦去机具表面的灰尘。定期上油，以防锈蚀。定期做绝缘检查，发现有漏电现象，应立即排除。

十六、电锤

电锤（图2-6-73）是装饰施工常用机具，它主要用于混凝土等结构表面剔、凿和打孔作业。作冲击钻使用时，则用于门窗、吊顶和设备安装中的钻孔，埋置膨胀螺栓。国产电锤一般使用交流电源。国外已有充电式电源，电锤使用更为方便。

图2-6-73　电锤

1．构造

电锤由交直两用或单项串激式电机、传动系统、曲轴连杆、活塞及壳体等部分组成，具有冲击和旋转两种功能。冲击运动是由电机旋转、经齿轮减速、带动曲轴连杆机构，使压气活塞在气缸内往复运动，从而冲击锤杆，使锤头向前冲击。

2．技术性能

电锤国家标准和部分国内外产品规格见表2-6-35～表2-6-37。

电锤规格（GB 7443—2007）　　　　　表2-6-35

电锤规格（mm）	16	18	22	26	32	38	50
钻削率（cm³/min）	≥15	≥18	≥24	≥30	≥40	≥50	≥70

注：电锤规格指在C30混凝土上作业时的最大钻孔直径。

部分国产电锤规格　　　　　表 2-6-36

型　号	最大钻孔直径（mm）	额定电压（V）	额定输入功率（W）	额定转速（r/min）	冲击次数（1/min）	重量（kg）
Z1C-16	16	220	400	680	2900	3.5
Z1C-18	18	220	470	800	3680	2.5
Z1C-22	22	220	520	370	2800	5.5
Z1C-22	22	220	520	330	2830	6.5
Z1C-26	26	220	560	350	2900	6.5
Z1C-26	26	220	560	350	3000	6.5
Z1C-38	38	220	780	330	3200	6.6

注：表内为上海、南方、长春电动工具厂电锤规格。

3．使用要点

（1）保证使用的电源电压与电锤铭牌规定值相符。使用前，电源开关必须处于"断开"位置。电缆长度、线径、完好程度，要保证安全使用要求；如油量不足，应加入同标号机油；

（2）打孔作业时，钻头要垂直工作面，并不允许在孔内摆动；剔凿工作时，扳撬不应用力过猛，如遇钢筋，要设法避开；

（3）电锤为断续工作制，切勿长期连续工作，以免烧坏电机；

（4）电锤使用后，要及时保养维修，更换磨损零件，添加性能良好的润滑油。

博世（BOSCH）电锤规格　　　　　表 2-6-37

规格型号	交流电源				充电式	
	GBH5/40	GBH8/65	GBH5	GBH10	GBH12	GBH24
最大钻头直径（mm）	40	65				
输入功率（W）	950	1050	950	1450	250	270
空载速率（rpm）	180~360	120~245				
空载冲击率（rpm）	1600~3200	1300~2650	1300~2000	900~1890		
冲击力（J）			2~8	6~23		
满载速率（rpm）					730	650
满载冲击率（rpm）					3900	3000
电池电压/充电时间					12V/1h	24V/2h
重（kg）	5.9	8	5.2	9.9	2.5	3.5

4．故障排除

电锤工作时常见的故障与排除方法见表 2-6-38。

电锤使用常见故障及排除方法　　　　表 2-6-38

现　象	故障原因	排除方法
电机负载不能低启动或转速	1. 电源电压过低 2. 定子绕组或电枢绕组匝间短路 3. 电刷压力不够 4. 整流子片间短路 5. 过负荷	1. 调整电源电压 2. 检修或更换定子电枢 3. 调整弹簧压力 4. 清除片间碳粉，下刻云母 5. 设法减轻负荷
电动机过热	1. 电动机过负荷或工作时间太长 2. 电枢铁芯与定子铁芯相摩擦 3. 通风口阻塞，风流受阻 4. 绕组受潮	1. 减轻负荷，按技术条件规定的工作方式使用 2. 拆开检查定转子之间是否有异物或转轴是否弯曲、校直或更换电枢 3. 疏通风口 4. 烘干绕组
电机空载时不能启动	1. 电源无电压 2. 电源断线或插头接触不良 3. 开关损坏或接触不良 4. 碳刷与整流子接触不良 5. 电枢绕组或定子绕组断线 6. 定子绕组短路，换向片之间有导电粉末 7. 电枢绕组短路，换向片之间有导电粉末 8. 装配不好或轴承过紧卡住电枢	1. 检查电源电压 2. 检查电源线或插头 3. 检查开关或更换弹簧 4. 调整弹簧压力或更换弹簧 5. 修理或更换定子绕组 6. 检查修理或更换定子绕组 7. 检修或更换电枢，清除片间导电粉末 8. 调换润滑油或更换轴承
机壳带电	1. 接地线与相线接错 2. 绝缘损坏致绕组接地 3. 刷握接地	1. 按说明书规定接线 2. 排除接地故障或更换零件 3. 更换刷握
工作头只旋转不冲击	1. 用力过大 2. 零件装配位置不对 3. 活塞环磨损 4. 活塞缸有异物	1. 用力适当 2. 按结构图重新装配 3. 更换活塞环 4. 排除缸内异物
工作头只冲击不旋转	1. 刀夹座与刀杆四方孔磨损 2. 钻头在孔中被卡死 3. 混凝土内有钢筋	1. 更换刀夹座或刀杆 2. 更换钻孔位置 3. 调换地方避开钢筋
电锤前端刀夹处过热	1. 轴承缺油或油质不良 2. 工具头钻孔时歪斜 3. 活塞缸运动不灵活 4. 活塞缸破裂 5. 轴承磨损过大	1. 加油或更换新油 2. 操作时不应歪斜 3. 拆开检查，清除脏物调整装配 4. 更换缸体 5. 更换轴承
运转时碳刷火花过大或出现环火	1. 整流子片间有碳粉、片间短路 2. 电刷接触不良 3. 整流子云母突出 4. 电枢绕组断路或短路 5. 电源电压过高	1. 清除换向片间导电粉末，排除短路故障 2. 调整弹簧压力或更换碳刷 3. 下刻云母 4. 检查修理或更换电枢 5. 调整电源电压

十七、冲击电钻

冲击电钻是一种可调节式旋转带冲击的特种电钻（图 2-6-74）。当利用其冲击功能，装上硬质合金冲击钻头时，可以对混凝土、砖墙等进行打孔、开槽作业；若利用其纯旋转功能，可以当作普通电钻使用。因此，冲击电钻广泛地用于建筑装饰工程以及水、电等安装工程方面。充电式冲击电钻使用更为方便。

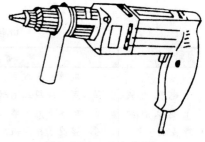

图 2-6-74　冲击电钻

1．构造

冲击电钻由单相串激电机、传动机构、旋冲调节机构及壳体等部分组成。充电式冲击电钻在操作手柄下端。有一个电池盒。

2．技术性能

冲击电钻规格及部分国内外产品性能见表 2-6-39～表 2-6-42。

冲击电钻规格（ZBK64 006—88）　　　　表 2-6-39

冲击电钻规格（mm）	10	12	16	20
额定输出功率（W）	≥160	≥200	≥240	≥820
额定转矩（N·m）	≥1.4	≥2.2	≥3.2	≥4.5
额定冲击次数（min^{-1}）	≥17600	≥13600	≥11200	≥9600

注：1．冲击电钻规格是指加工砖石、轻质混凝土等材料的最大规格。
　　2．对双速冲击电钻，表中的基本参数系指低速档时的参数。

部分国产冲击电钻规格　　　　表 2-6-40

型号	最大钻孔直径（mm）		输入功率（W）	额定转速（r/min）	冲击次数（min^{-1}）	重（kg）
	混凝土	钢				
回 Z1J-12	12	8	430	870	13600	2.9
回 Z1J-16	16	10	430	870	13600	3.6
回 Z1J-20	20	13	650	890	16000	4.2
回 Z1J-22	22	13	650	500	10000	4.2
回 Z1J-16	16	10	480	700	12000	
回 Z1J-20	20	13	580	550	9600	
回 ZIJ-20/12	20	16	640	双速 850/480	17000/9600	3.2
回 Z1JS-16	10/16	6/10	320	双速 1500/700	30000/14000	2.5
回 Z1J-20	20	13	500	500	7500	3
回 Z1J-10	10	6	250	1200	24000	2
回 Z1J-12	12	10	400	800	14700	2.5
回 Z1J-16	16	10	460	750	11500	2.5

注：表中产品为中国电动工具联合公司、上海电动工具厂等厂家生产。

喜利得牌冲击电钻规格 表2-6-41

项目	TE12S	TE22	TE42	TE52	TE72	TE92
功率（W）	480	520	700	780	800	1100
工作电流（A）	2.4~4.4	2.2~5.0	3.5	3.6~7.0	4.0~7.2	5.4
电压（V）	110,220,240	110,220,240	220	220,240,110	220,110,240	220,110
电源频率（Hz）	50~60	50~60	50~60	50~60	50~60	50~60
负载转速（rpm）	0~700	0~440	340	380	250	200
负载锤击速度（次/min）	0~3500	3150	2340	2580	2810	2640
机具体积（mm）	330×83×184	400×215×100	440×106×230	440×106×230	485×120×256	576×106×278
边心距（mm）	28	31	35	35	28	
机重（kg）	3.1	5.7	6.5	6.5	8.2	9.8
钻孔直径（mm）						
砖、石、混凝土（硬合金钻头）	5~20	5~25	8~28	8~32	10~36.5	16~36.5
混凝土（十字型钻头）			32.5~52	32.5~52	32.5~66	32.5~80
混凝土（空心冲击钻头）			43.5~80	43.5~80	43.5~90	43.5~90
混凝土（旋转空心钻头）			66~90	66~90	66~120	
单次冲击功率（N·m）			4	4.8	6.0	8.6

注：该产品除配用各种硬质合金钻头、各种空心钻头外，尚可配用尖凿、窄扁凿、宽扁凿、空心凿、沟凿以及其他多种辅助工具，从而具有多种功能。

博世（BOSCH）冲击电钻性能 表2-6-42

项目	交流电源				充电式	
	PSB400-2	PSB420	GSB550RE	GSB16RE	GSB9.6	GSB12
输入功率（W）	400	420	550	550		
空载速率（rpm）	2200~2800	0~2600	0~3000	0~1600	600~1350	750~1700
空载冲击率（rpm）	44800	41600	48000	0~25600		
钻孔直径（mm）						
钢	10	10	10	10	10	10
混凝土	10	10	15	16	10	10
木	20	20	25	25	15	15
电池电压/充电时间					9.6V/1h	12V/1h
重量（kg）	1.3	1.3	1.65	1.7	1.8	1.9

3．使用要点

(1) 使用前，检查电钻完好情况，包括机体、绝缘、电线、钻头等有无损坏；

(2) 操作者应戴绝缘手套；

(3) 根据冲击、旋转要求，把调节开关调好，钻头垂直于工作面冲转；

(4) 使用中发现声音和转速不正常时，要立即停机检查；使用后，及时进行保养；

(5) 电钻旋转正常后方可作业，钻孔时不能用力过猛；

(6) 使用双速电钻，一般钻小孔时用高速，钻大孔时用低速。

十八、混凝土钻孔机

钢筋混凝土钻孔机是通过空心钻头直接切削钢筋混凝土块，完成在墙面或地面的打孔工作。钻孔尺寸准确，孔壁光滑，特别是对孔周围的钢筋及混凝土无伤害，同时，大大减轻人工开孔的劳动强度，是机电管线安装开孔的理想机具，见图2-6-75。

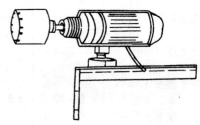

图 2-6-75 混凝土钻孔机

1．构造

钻孔机由动力马达、钻头、底座和机身等部分组成。电机（马达）通过齿轮减速并驱动钻头，更换不同直径钻头，可以钻出不同直径的孔。

2．技术性能

日本涉谷牌 TS-160 型钻孔机技术性能见表2-6-43。

TS-160 钻孔机性能表　　　　　表2-6-43

项目	钻孔直径	电机功率	电机转速	机座面积	机重
单位	(mm)	(kW)	(rpm)	(mm^2)	(kg)
数量	100~160	1.7	800	200×225	17

国内制造的 Z1ZS 型金刚石钻机的技术性能达到国际同类产品技术水平，可以使用220V、110V 电源，F 级绝缘。钻头规格齐全，连续钻削，速度快，每分钟可钻深 20~120mm。钻机可钻垂直和水平孔，使用延伸杆，深度达1m 左右，适用于设备安装的管道开口。其钻头规格和主要技术性能见表2-6-44 和表2-6-45。

Z1ZS 型钻机常用钻头规格（单位：mm）　　　表2-6-44

规格	16	23	27	30	36	46	56	76	90	108	125	160	200
有效长度	100	100	100/200	100/200	200/400	200/400	200/400	400	400	400	400	400	400
钻头外径	φ16	φ23	φ27	φ30	φ36	φ46	φ56	φ76	φ90	φ108	φ125	φ160	φ200

Z1ZS 型钻机主要性能　　　　表 2-6-45

项目	型号			备注
	Z1ZX-200	Z1Z-100	Z1Z-50	
特点	双速 配标准机架	单速 配轻型机架	单速 手持式	
空载转速（r/min）	900/450	1200	3000	
输出转矩（N·m）	≥18（高速档） ≥36（低速档）	≥12	≥5	
额定钻孔 直径范围（mm）	φ36~φ200 （可扩展至φ250）	φ36~φ108 （可扩展至φ120）	φ14~φ56 （可扩展至φ76）	
重量（kg）	12.4	9.5	9.5	不计钻头
装机架后 重量（kg）	32	22		不计钻头

注：本机为航空航天部飞行研究院重型电动工具厂生产。

3. 使用要点

（1）按照钻孔位置，固定机座。用膨胀螺栓把机座安装牢固，接连电源及冷却润滑水管；

（2）选取钻头，调正位置，根据孔深度情况，备好附加延长棒；

（3）打开润滑水管，开动钻机，自动完成钻孔进刀。一般厚 110mm 钢筋混凝土板 1h 即可钻完；

（4）工作中，冷却润滑水管（细流）要保持供水，防止钻头过热损坏；

（5）不得强制施加外力，迫使钻头快进，以免马达过载；

（6）钻头及机件定期保养，见使用说明书。

十九、混凝土顶棚磨光机

混凝土顶棚磨光机是对现浇钢筋混凝土楼板底面进行表面修整、磨光的机具，见图 2-6-76。通过对混凝土楼板表面的磨光处理，能达到精装修的基层要求。磨光机的磨削速度和质量都大大优于手工作业，减少工人的劳动强度。

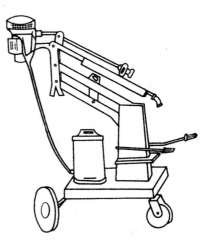

图 2-6-76　顶棚磨光机

1. 构造

顶棚磨光机由磨头、连杆机构、支承架及底座等部分组成。磨头由一个立式高速电机带动,上部为砂轮片,外围是吸尘罩,磨下的灰尘通过塑料管被下部的吸尘器收集起来。

支撑磨头的是一个四连杆机构,通过液压千斤顶作用,调整磨头高度。

活动底座上装有移动胶轮,可以任意行走和转向。

2. 技术性能

法国生产的顶棚磨光机技术性能为:

磨削工作高度　2.8~3.3m

磨头直径　180~230mm

电机功率　800W

电机转速　3000rpm

磨光速度　200~300m^2/d

3. 使用要点

(1) 检查被磨光混凝土表面,除去残留钉子、木块等杂物。

(2) 均匀移动磨光机,在保证磨光质量的基础上,提高磨削速度。

(3) 对边角等难以磨到的地方,用人工进行补磨。

(4) 注意观察磨削面质量,及时更换摩擦片。

(5) 每班结束,清除磨削废料,保养机械。

二十、角向钻磨机

电动角向钻磨机(图2-6-77)主要用于金属件的钻孔和磨削两用的工具。换上不同的工具头,可以实现钻、磨两种作业。同时,由于钻头与驱动电机轴线垂直,还可以完成一般电钻难以完成的工作。

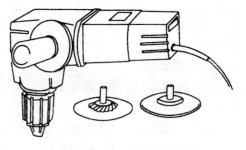

图2-6-77　电动角向钻磨机

1. 构造

该机主要由电机、钻头和壳体组成。电机一般为交流单相。

2. 技术性能

电动角向钻磨机技术性能见表2-6-46。

电动角向钻磨机性能表　　　　表2-6-46

型号	钻孔直径(mm)	抛布轮直径(mm)	电压(V)	电流(A)	输出功率(W)	负载转速(r/min)
J1DJ-6	6	100	220	1.75	370	1200

3. 使用要点

电动角向钻磨机的使用要点同手电钻。

二十一、打砂纸机

打砂纸机（图2-6-78）用于对高级木装饰表面进行磨光作业。由电力和压缩空气作动力，由马达带动砂布转动，使工件表面达到磨削效果。

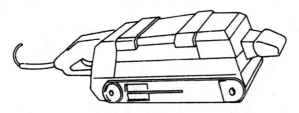

图2-6-78　打砂纸机

砂纸机已经形成系列产品，机底座有不同规格，砂带宽度从28～120mm，砂纸速度从350～1000m/min，并配有吸尘装置，可以适应不同砂磨要求。

意大利马首牌打砂纸机技术性能见表2-6-47。

马首牌打砂纸机技术性能　　　　　表2-6-47

序	型号	规格（mm）	输入功率（W）	无负载转速（rpm）
1	L190	93×190	130	21000
2	L130	80×130	170	12000
3	LOM10B	120×210	300	9000
4	LRT115	φ115	200	23000
5	LN75	75×457	600	200m/min

博世（BOSCH）砂磨机技术性能见表2-6-48。

博世砂磨机技术性能　　　　　表2-6-48

序	名称型号		磨面规格（mm）	输入功率（W）	空载转速（rpm）	重（kg）
1	平板型	GSS-14	115×140	150	24000	1.3
2		PSS-23	93×230	150	24000	1.7
3		GSS-28	115×280	500	20000	2.8
4	偏心型	PEX115A	φ115	190	11000	1.35
5		PEX125AE	φ125	250	11000	1.65
6		PEX150AE	φ150	420	2500～8000	1.9
7	三角型 PDA120E		94	120	6500～13000	0.9

二十二、磨腻子机

磨腻子机（图2-6-79）以电动或压缩空气作动力，适用于木器等行业产品外表腻子、涂料的磨光作业，特别适宜于水磨作业。将绒布代替砂布则可进行抛光、打蜡作业。

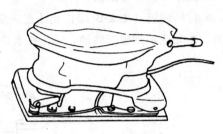

图2-6-79 磨腻子机

1. 构造

当压下上盖时气门即开启，压缩空气经气门进入底座内腔，推动腔内钢球沿导轨作高速圆周运动，产生离心力，带动底座作平面有规则高速运动。底座下部装有由夹板夹持住的砂布，因而产生磨削效果。

2. 技术性能

磨削压力20~50N；使用气压0.5MPa；空载耗气量0.24m³/min；机重0.70kg；气管内径8mm；体积（长×宽×高）：166mm×110mm×97mm（N07型）。

二十三、地板刨平机和磨光机

地板刨平机（图2-6-80）用于木地板表面粗加工，保证安装的地板表面初步达到平整，是进一步磨光和装饰的机具。地板精磨由磨光机（图2-6-81）完成。

1. 构造

地板刨平机和磨光机分别由电动机、刨刀滚筒、磨削滚筒、刨刀、机架等部分组成。

2. 技术性能

部分国内生产的地板刨平机和磨光机技术性能见表2-6-49。

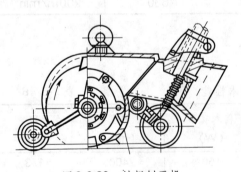

图2-6-80 地板刨平机

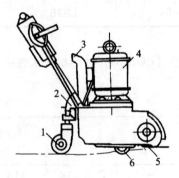

图2-6-81 地板磨光机
1—后滚轮；2—托座；3—排泄管；
4—电动机；5—磨削滚筒；6—前滚轮

地板刨平机和磨光机性能表　　　　表 2-6-49

型号 指标	刨平机		磨光机	
	0-1 型	北京型	25m²/h	32.5m²/h
工作能力（m²/h）	17～28	12～15	20～30	30～35
刨刀数量（片）	3	4		
加工宽度（mm）	326	325	200	
滚筒转速（rpm）	2900	2880	720	1100
切削厚度（mm）	3			
电动机功率（kW）	1.9	3（HP）	2（HP）	1.7（HP）
转速（rpm）	2900	1400	1440	1420
机重（kg）	107	108		

3．使用要点

（1）使用前要检查机械各部紧固润滑等情况，尤其是工作机构滚筒、刨刀完好情况，保证刨刀完好锋利。

（2）刨平工作一般分两次进行，即顺刨和横刨。第一次刨削厚度 2～3mm，第二次刨削为 0.5～1mm 左右。

（3）操作磨光机要平稳，速度均匀。高级硬木地板磨光时，先用带粗砂纸的磨光机打磨，后用较细的砂纸磨削，最后用盘式磨光机研磨。机械难以磨削的作业面，应使用手持磨光机进行打磨。

（4）每班工作结束后，要切断电源，擦拭保养机具。

二十四、电动打蜡机

电动打蜡机（图 2-6-82）用于木地板、石材或锦面地板的表面打蜡。它由电机、圆盘棕刷（或其他材料）、机壳等部分组成。工作开关安装在执手柄上，使用时靠把手的倾、抬来调节转动方向。

地板打蜡分三遍进行，首先是去除地板污垢，用拖布擦洗干净，干透；接着上一遍蜡，用抹布把蜡均匀涂在地板上，并让其吃透；稍干后，用打蜡机来回擦拭，直至蜡涂后均匀、光亮。

意大利马首牌电动打蜡机（手提式）性能为：输入功率 800～1200W；无负载转速 1800～3000rpm；规格 φ170mm。

图 2-6-82　打蜡机

二十五、石材切割机

（一）固定石材切割机

固定石材切割机（图2-6-83）用于切割大理石、花岗石等板材。小型切割机放置在板材粘贴现场，根据安装尺寸要求，随时切割半成品板、条料。较大型切割机，一般安在室外，可以切割大块材料。

1. 构造

石材切割机由电动机、传动机构、切割头（锯片）和机架等部分组成。板材固定在移动平台上，通过自动或手动，达到板材平动，完成切割。

大块板材切割时，则把板材固定，切割机头平移切割。

2. 使用要点

（1）使用前，要检查机械各部完好情况，尤其是电气绝缘情况，因为切割时要用水冷却锯片，周围潮湿，必须绝缘良好；

（2）切割开始时，首先打开冷却水管，并保证水源不中断；

（3）随时注意切割口情况和板材紧固情况；

（4）工作结束后，对机器进行清扫保养。

（二）手提电动石材切割机

手提电动石材切割机（图2-6-84）适用于瓷片、瓷板及水磨石、大理石等板材的切割，换上砂轮锯片，可做其他材料的切割，是装饰作业的常用机具。

1. 构造

手提式切割机的构造与一般电锯基本相同，仅锯片不同，国内外均有定型产品。

2. 技术性能

国产回 ZIQ-12S 型切割机技术性能如下：输入功率280W，刀片空载转速7300rpm，最大切割深度25mm，额定电源电压220V，刀片规格ϕ125mm，全机净重2kg。

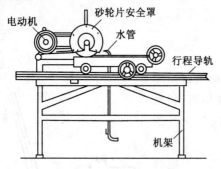
图 2-6-83 固定石材切割机

图 2-6-84 手提电动石材切割机

博世牌 GMS34 切割机技术性能为：金钢石砂轮直径110mm，最大切割深度34mm，输入功率800W，空载速率12000rpm，机重2.7kg。

3. 使用要点

手提式电动切割机的切割刀片分为干湿两种，选用湿型刀片时需用水作冷却剂，为此，在切割工作开始前，要先接通水管，给水到刀口后才能按下开关，并匀速推进切割。

二十六、磨石机

磨石机（图 2-6-85）是修整石材地面的主要机械。根据不同的作业对象和要求，使用多种不同型式的磨石机，其中，盘式机主要用于大面积水磨石地面的磨平和磨光；小型侧卧式主要用于踢脚、踏步等小面积地方；手提式则对较难施工的角落等处磨光。

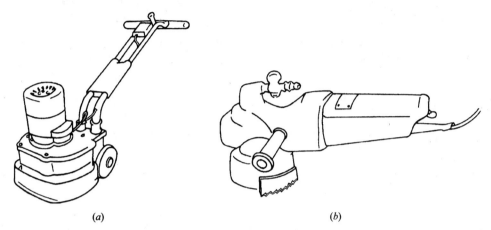

图 2-6-85　水磨石机
（a）双盘式；（b）手提式

1. 构造

盘式磨石机由驱动电机、减速机构、转盘和机架组成。转盘转动时，磨石随转盘旋转，给水管喷注清水进行助磨和冷却，完成地面磨光作业。

2. 技术性能

国产部分水磨石机技术性能见表 2-6-50～表 2-6-53。

手提式水磨石机主要技术性能　　　　　表 2-6-50

型　号	功率（kW）	电压（V）	电流（A）	砂轮空载转速（r/min）	砂轮规格（mm）	外形尺寸 长×宽×高（mm）	重量（kg）	生产厂
ZIMJ100	0.566	220	2.71	250	φ100×40	415×100×205	4.4	冷水江电动工具厂
ZIMJ100A	0.57	220	2.71	2500	φ100×40	415×100×250	4	
ZIMJ80	0.28	220	1.57	2900	φ80×40	315×110×130	2.4	

单盘式水磨石机主要技术性能　　　　　表 2-6-51

型号	磨盘转数(r/min)	磨削直径(mm)	效率(m²/h)	电动机 型号	电动机 功率(kW)	电动机 转速(r/min)	外形尺寸 长×宽×高(mm)	重量(kg)	生产厂
SF-D-A	282	350	3.5~4.5		2.2		1040×410×950	150	北方建筑机械厂
DMS350	294	350	4.5	Y100L1-4	2.2	1430	1040×410×950	160	兰溪建筑机械厂
SM-5	340	360	6~7.5	JO2-32-4	3	1430	1160×400×980	160	岳西建筑机械厂
MS	330	350	6	JO2-32-4	3	1430	1250×450×950	145	福州建筑机械厂
HMP-4	294	350	3.5~4.5	JO2-31-4	2.2	1420	1140×410×1040	160	中原机械厂
HMP-8		400	6~8	Y100L2-4	3	1420	1062×430×950	180	中原机械厂
HM4	294	350	3.5~4.5	JO2-31-4	2.2	1450	1040×410×950	155	湖北振动器厂
MD-350	295	350	3.5~4.5	JO2-32-4	3	1430	1040×410×950	160	冷水江电动工具厂

双盘式水磨石机主要技术性能　　　　　表 2-6-52

型号	磨盘直径(mm)	磨盘转速(r/min)	磨削宽度(mm)	效率(m²/h)	电动机 电压(V)	电动机 功率(kW)	电动机 转速(r/min)	外形尺寸 长×宽×高(mm)	重量(kg)	生产厂
2MD350	345	285	600	14~15	380	2.2	940	700×900×1000	115	东沟电动工具厂
650-A		325	650	60	380	3	1430	850×700×900		安平建筑机械厂
SF-S		345		10	380	4		1400×690×1000	210	北方建筑机械厂

续表

型号	磨盘直径(mm)	磨盘转速(r/min)	磨削宽度(mm)	效率(m²/h)	电动机 电压(V)	电动机 功率(kW)	电动机 转速(r/min)	外形尺寸 长×宽×高(mm)	重量(kg)	生产厂
DMS350		340		14~15	380	3			210	兰溪建筑机械厂
SM2-2	360	340	680	14~15	380	4		1160×690×980	200	岳西建筑机械厂
HMP-16	360	340	680	14~16	380	3	1420	1160×660×980	210	中原机械厂
2MD300	360	392		10~15	380	3	1430	1200×563×715	180	冷水江电动工具厂

小型侧卧式水磨石机主要技术性能　　表 2-6-53

型号	单盘回转直径(mm)	磨盘个数	磨盘转速(r/min)	最大磨高(m)	效率(m²/h)	功率(kW)	电压(V)	外形尺寸 长×宽×高(mm)	重量(kg)	生产厂
SWM2-310	180	2	415	1.2	2~3	0.55	380	390×330×1050	36	如皋建筑机械厂
DSM2-2A	180	2	370	1.2	2~3	0.55	380	470×340×1410	60	岳西建筑机械厂

3．使用要点

（1）当混凝土强度达到设计强度的70%~80%时，为水磨石机最适宜的磨削时机；强度达到100%时，虽能正常有效工作，但磨盘寿命会有所降低。

（2）使用前，要检查各紧固件是否牢固，并用木槌轻击砂轮，应发出清脆声音，表明砂轮无裂纹，方能使用。

（3）接通电源、水源，检查磨盘旋转方向应与箭头所示方向相同。

（4）手压扶把，使磨盘离开地面后启动电机，待运转正常后，缓慢地放下磨盘进行作业。

（5）作业时必须有冷却水并经常通水，用水量可调至工作面不发干为宜。

（6）更换新磨块应先在废水磨石地坪上或废水泥制品表面先磨1~2h，待金钢石切削刃磨出后再投入工作面作业，否则会有打掉石子现象。

4．维护、保养

（1）每班作业后关掉电源开关，清洗各部位的泥浆，调整部位的螺栓涂上润滑脂。

（2）及时检查并调整三角皮带的松紧度。

（3）使用100h后，拧开主轴壳上的油杯，加注润滑油；使用1000h后，拆洗轴承部位并加注新的润滑脂。

5．故障排除

水磨石机常见故障及排除方法见表2-6-54。

水磨石机常见故障及排除方法　　　　　　　表2-6-54

故　障	原　因	排除方法
效率降低	三角带松弛，转速不够	调整三角带松紧度
磨盘振动	磨盘底面不水平	调整后脚轮
磨块松动	磨块上端缺皮垫或紧固螺帽缺弹簧垫	加上皮垫或弹簧垫后拧紧紧固螺帽
磨削的地面有麻点或条痕	1．地面强度不够70% 2．磨盘高度不合适	1．待强度达到后再磨削 2．重新调整高度

二十七、涂料喷涂机具

涂料饰面是现代高级装饰运用较多的饰面装饰。采用机械喷涂，能够提高喷涂质量，加快施工速度。完成喷涂施工的主要机具有涂料搅拌器和喷涂器等。

（一）涂料搅拌器

涂料搅拌器（图2-6-86）是通过搅拌头的高速转动，使涂料（或油化）拌合均匀，满足涂料时稠度和颜色的一致。

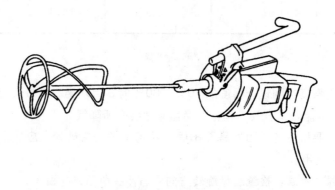

图2-6-86　搅拌器

搅拌器构造简单，单相电机通过减速机构，带动长柄搅拌头。使用时，开动电机，将搅拌工作头插入涂料桶内，几分钟内就可达到搅拌均匀效果。

国外不少厂家已有定型产品。博世 GRW9 型搅拌器技术性能为：输入功率 900W，空转速率 400rpm，夹头 5/8″，轴环直径 43mm，机重 3kg。

（二）高压无气喷涂机

高压无气喷涂机（图 2-6-87）是利用高压泵直接向喷嘴供应高压涂料，特殊喷嘴把涂料雾化，实现高压无气喷涂工艺的新型设备。其动力分为气动、电动等。高压泵有活塞式、柱塞式和隔膜式三种。隔膜式泵使用寿命长，适合于喷涂油性和水性涂料。

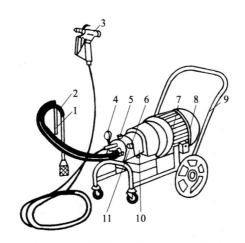

图 2-6-87　PWD8 型高压无气喷涂机
1—排料管；2—吸料管；3—喷枪；4—压力表；5—单向阀；6—卸压阀；
7—电动机；8—开关；9—小车；10—柱塞油泵；11—涂料泵（隔膜泵）

1．构造

PWD8 型高压无气喷涂机由高压涂料泵、输料管、喷枪、压力表、单向阀及电机等部分组成。吸料管插入涂料桶内，开动电机，高压泵工作，吸入涂料，达到预定压力时，就可以开始喷涂作业。

2．技术性能

部分高压无气喷涂机技术性能见表 2-6-55。

高压无气喷涂机主要技术性能　　　　表 2-6-55

型号	PWD-8	PWD-8L	DGP-1	PWD-1.5	PWD-1.5
最大压力（MPa）	25	25	18.3	25.5	25
最大流量（l/min）	8.3	8.3	1.8	1.5	1.4
最大喷涂黏度（Pa·s）	500	800			
涂料最大粒径（mm）	0.3	0.3			
最大接管长度（m）	90	90			
同时喷涂枪数（把）	2	2	1	1	1

续表

型 号	PWD-8	PWD-8L	DGP-1	PWD-1.5	PWD-1.5
电动机功率（kW）	2.2	2.2	0.4	0.49	0.37
电压（V）	380	380	220	220	220
外形尺寸（mm）	1300×460×760	794×420×980	400×370×240		
整机重量（kg）	75	85	30	25	22

3．操作要点

（1）机器启动前要使调压阀、卸压阀处于开启状态。首次使用的待冷却后，按对角线方向，将涂料泵的每个内六角螺栓拧紧，以防连接松动。

（2）喷涂燃点在21℃以下的易燃涂料时，必须接好地线。地线一头接电机零线位置，另一头接铁涂料桶或被喷的金属物体。泵机不得和被喷涂物放在同一房间里，周围严禁有明火。

（3）喷涂时遇喷枪堵塞，应将枪关闭，把喷嘴手柄旋转180°，再开枪用压力涂料排除堵塞物。如无效，可停机卸压后拆下喷嘴，用竹丝疏通，然后用硬毛刷彻底清洗干净。

（4）不许用手指试高压射流。喷涂间歇时，要随手关闭喷枪安全装置，防止无意打开伤人。

（5）高压软管的弯曲半径不得小于25cm，更不得在尖锐的物体上用脚踩高压软管。

（6）作业中停歇时间较长时，要停机卸压，将喷枪的喷嘴部位放入溶剂里。每天作业后，必须彻底清洗喷枪。清洗过程，严禁将溶剂喷回小口径的溶剂桶内，防止静电火花引起着火。

4．故障及排除方法

高压无气喷涂机常见故障及排除方法见表2-6-56。

高压无气喷涂机常见故障及排除方法　　表2-6-56

故　障	原　因	排除方法
电动机转，不吸料	1．吸入阀、排料阀密封不良 2．液压油不足或过滤器堵塞 3．卸压阀未关或关不严	1．清洗阀口，重新密封 2．补充油液，清洗过滤器 3．关闭卸压阀或更换新阀
能吸涂料，但压力上不去	1．调压阀、吸入阀密封不好 2．单向阀不密封或弹簧失效 3．涂料少了，吸进空气	1．清洗或更换 2．清洗或更换钢球及弹簧 3．添加涂料，开启卸压阀排净空气

续表

故障	原因	排除方法
打开喷枪，压力显著下降	1. 喷嘴孔径太大或涂料太稠 2. 单向阀密封不好	1. 更换合适喷嘴，释稀涂料 2. 清洗单向阀或更换钢球
液压油明显减少	1. 隔膜连接处漏油 2. 隔膜坏了	1. 按对角线方向依次拧紧连接螺栓 2. 更换隔膜
喷涂过程经常发生堵嘴现象	1. 涂料太稠或喷嘴孔径太小 2. 喷嘴里有干涂料或异物	1. 适当稀释涂料或更换合适喷嘴 2. 在溶剂里浸泡喷嘴，认真清洗干净

二十八、电焊机

（一）分类及用途

电焊机作为焊接机具，具有结构简单、价格低廉、加工能力强、使用和维护方便等特点，在建筑装饰行业中应用非常广泛。在装饰装修施工中，电焊机主要用于连接钢铁构件，使之成为所需要的整体结构。电焊机包括电阻焊机和电弧焊机两大类。电阻焊机又称接触式焊机，如点焊机、对焊机等。电弧焊机又分为直流和交流两种。其中交流弧焊机使用最为普遍。本节重点介绍交流弧焊机。

（二）交流弧焊机的结构及技术性能

目前，交流弧焊机的种类很多，常用的有动铁芯漏磁式、同体组合电抗器式和动圈式三种。

1. 动铁芯漏磁式交流弧焊机

这是目前使用较为广泛的一种电焊机。它有三个铁芯柱，两边为固定的主铁芯，中间为可动的主铁芯。变压器的初级线圈绕在一个主铁芯柱上，次级线圈分为两部分，一部分绕在另一个主铁芯柱上，另一部分绕在初级线圈所绕的主铁芯柱上。电焊机的两侧装有接线板，一侧为初级接线板，供接入市电网路用，另一侧为次级接线板，供接往焊接回路。图2-6-88为 BX_1-330 型动铁芯漏磁式交流弧焊机的电原理图。

BX_1-330 型交流弧焊机焊接电流的调节有粗调和细调两种，粗调改变线圈的匝数，细调改变活动铁芯的位置。在次级线圈的接线板上有两种接线位置供选择，当接线片接在Ⅰ位置时，焊接电流调节范围为 50～180A；当接线片接在Ⅱ位置时，焊接电流调节范围为 160～450A。在 BX_1-330 型交流弧焊机上装有手柄，转动手柄可改变活动铁芯的位置，从而改变漏磁的大小，达到调节焊接电流（细调）的目的。当活动铁芯向外移动时，磁阻增大，漏磁减少，焊接电流增大；反之，当铁芯向内移动时，焊接电流减小。

2. 同体组合电抗器式交流电弧焊机

此种电焊机铁芯呈"日"字形，上面为活动铁芯，活动铁芯上装有电抗线圈，初级线圈和次级线圈分别绕在两侧的固定铁芯上，次级线圈与电抗线圈串联。图 2-6-89 是 BX_2-500型交流弧焊机电原理图。

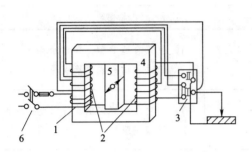
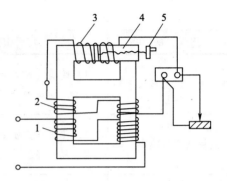

图 2-6-88　BX₁-330 型交流弧焊机电原理图　　图 2-6-89　BX₂-500 型交流弧焊机电原理图
1—初级线圈；2—次级线圈；3—次级接线板；　　　1—初级线圈；2—次级线圈；3—电抗线圈；
4—固定铁芯；5—活动铁芯；6—初级接线板　　　　　　　4—活动铁芯；5—手柄

同体组合电抗式交流电弧焊机只有一种调节焊接电流的方法，即转动手柄，改变活动铁芯与固定铁芯的间隙。顺时针转动手柄，间隙增大，焊接电流增加；反之，焊接电流减小。

3. 动圈式交流电弧焊机

这种焊机常用两个或 4 个铁芯装在一起，通过改变初级线圈与次级线圈的距离 L，调节焊接电流的大小，如图 2-6-90 所示。

由于这种电焊机没有活动铁芯，因此，避免了焊接时活动铁芯振动造成的电流不稳和噪声，这类电焊机的型号为 BX₃ 系列。

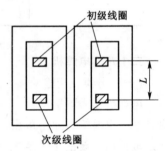

图 2-6-90　动圈式交流电弧焊机结构示意图

交流电弧焊机常用型号及主要技术性能如表 2-6-57 所列。

交流电弧焊机的型号和主要技术性能　　　　表 2-6-57

型　号		BX₁-135	BX₁-330	BX₂-500
结构形式		动铁芯式	动铁芯式	同体式
额定焊接电流（A）		135	330	120
额定初级电压（V）		220/380	220/380	220/380
电流调节范围（A）	接法Ⅰ	25~85	50~180	200~600
	接法Ⅱ	50~150	160~450	
次级空载电压（V）	接法Ⅰ	70	70	80
	接法Ⅱ	60	60	
工作电压（V）		30	30	45.5
额定负载率（%）		65	65	60
频率（Hz）		50	50	50
额定输入容量（kV·A）		8.7	21	42
焊条直径（mm）		φ1.5~4	φ2~7	
重量（kg）		100	185	445
外形尺寸　长×宽×高（mm）		680×480×580	882×577×786	

(三) 电弧焊工具

电弧焊工具包括：电焊钳、电焊软线、电焊条烘干箱及保温筒、面罩及其他防护用具、清理工具、夹具、胎具和量具等。本节重点介绍电焊钳、电焊软线和电焊面罩。

1．电焊钳

电焊钳是夹持电焊条并传导焊接电流的操作器具，常用规格有300A和500A两种。前者能夹持$\phi 2 \sim \phi 5 mm$焊条，连接电焊软线的最大截面为$50 mm^2$；后者能夹持$\phi 4 \sim \phi 8 mm$焊条，连接电焊软线最大截面为$95 mm^2$。

2．电焊软线

是焊机与焊钳的连接线，并传导焊接电流。目前使用的主要有YHH和YHHR两种型号。工作时焊接软线应有足够的截面积，软线截面积主要依据焊接电流的大小选取。软线截面积与焊接电流关系如表2-6-58所列。

电焊软线　　　　　　　　　表2-6-58

电弧焊机型号	BX_1-135	BX_1-330	BX_3-500	BX_6-120
软线截面（mm^2）	25	50	70	25
软线最大允许电流（A）	140	225	280	140

3．电焊面罩

主要作用是保护操作者的眼睛和面部不受电弧光辐射和不被飞溅的金属熔滴灼伤。电焊面罩有手持式和头戴式两种。面罩中部镶有护目玻璃，尺寸为$50 mm \times 70 mm$。根据颜色深浅，面罩分三个牌号：9号为较浅颜色，供电流小于100A时使用；10号为中等色，供电流$100 \sim 350A$时使用；11号色最深，供电流大于350A时使用。在电焊玻璃外还必须加装普通玻璃，以防金属熔滴飞溅玷污护目玻璃。

4．电焊手套和脚盖

用于防止弧光和熔滴灼伤皮肤。其主要由帆布和皮革缝制而成。

(四) 电焊条

电焊条的种类很多，应根据不同的使用要求，选用相应的电焊条。建筑装饰行业中常用的是结构钢电焊条，常用结构钢电焊条的适用范围见表2-6-59。焊条直径和焊接电流的对应关系见表2-6-60。

常用结构钢电焊条的适用范围　　　　　　表2-6-59

牌号	名　称	抗拉强度（MPa）	焊接电流	主　要　用　途
结421	钛型低碳钢电焊条	420	交流电	焊接一般低碳钢结构，尤其适用于薄板小件
结422	钛钙型低碳钢电焊条	420	交流电	焊接较重要的低碳钢结构和强度等级低的普通低碳钢

续表

牌号	名称	抗拉强度（MPa）	焊接电流	主要用途
结426	低氢型低碳钢电焊条	420	交流电	焊接重要的低碳钢和某些低合金钢结构
结502	钛钙型普通低合金钢电焊条	500	交流电	用于16锰等低合金钢结构的焊接
结503	钛铁矿型普通低合金钢电焊条	500	交流电	用于16锰等普通低合金钢一般结构的焊接
结506	低氢型普通低合金钢电焊条	500	交流电	用于重要低碳、中碳及某些普通低合金钢如16锰等的焊接
结553	钛铁矿型普通低合金钢电焊条	550	交流电	用于相应强度的普通低合金高强度钢一般结构，如15锰钒、15锰钛等
结556	低氢型普通低合金钢电焊条	550	交流电	焊接中碳钢和15锰钒、15锰钛等普通低合金钢结构
结606	低合金高强度钢电焊条	600	交流电	用于焊接中碳钢及相应强度的低合金高强度钢结构

焊条直径和焊接电流的对应关系　　　　表2-6-60

		搭接焊、帮条焊						坡口焊			
钢筋直径（mm）		10~12	14~22	25~32	36~40	钢筋直径（mm）		10~12	14~22	25~32	36~40
焊条直径（mm）	平焊	3.2	4	5	5	焊条直径（mm）	平焊	3.2	4	4	5
	立焊	3.2	4	4	5		立焊	3.2	4	4	5
焊接电流（A）	平焊	90~130	130~180	180~230	190~240	焊接电流（A）	平焊	140~170	170~190	190~220	200~230
	立焊	80~110	110~150	120~170	170~220		立焊	120~150	150~180	180~200	190~210

（五）使用与维护

（1）电焊机操作工必须经过专业训练，持证上岗。

（2）电焊机应放在清洁、干燥、通风、无腐蚀性介质、不靠近高温和粉尘的地方。现场应设有防雨、防潮、防晒的机棚。施工现场内不得堆放氧气瓶、乙炔罐、木材等易燃物。

（3）当现场条件必须采用较长的电焊软线时，则需加大电焊软线截面，否则电弧将不稳定，影响焊接质量。焊接电流、电焊软线长度和导线截面的关系见表2-6-61。

焊接电流、电焊软线长度和导线截面的关系　　　表2-6-61

导线截面（mm²）　软线长（m）　电流（A）	20	30	40	50	60	70	80	90	100
100	25	25	25	25	25	25	25	28	35
150	35	35	35	35	50	50	60	70	70
200	35	35	35	50	60	70	70	70	70
300	35	50	60	60	70	70	70	85	85

（4）工作中不允许用铁板搭接等来代替焊接件的电缆线，否则将因接触不良或降压过大而使电弧不稳，影响焊接质量。

（5）电焊软线与焊机的接头应采用镀锡的紫铜接头，接头处必须拧紧，接头表面应保持清洁，否则将造成电能损耗，导致焊机过热，甚至烧毁接线板。

（6）启动电焊机时，电焊钳和焊件不能接触，以防短路。在焊接过程中，也不能长时间短路。

（7）经常清扫焊机内部灰尘和铁屑等物，定期清洁调节手柄和丝杠，保持转动灵活。

（六）操作焊机的安全保护

（1）初级绕组的接法和电压必须与电焊机铭牌的规定相符，并装有保险丝和铁壳开关，保险丝的额定电流及铁壳开关额定容量应与焊接电流相适应。

（2）焊机的外壳必须可靠接地，以保证安全，接地电线导体的截面积，铜线不得小于$6mm^2$，铝线不得小于$12mm^2$。

（3）注意电源线、电焊软线、电焊钳等的绝缘性能是否良好，如有破损，则应予修理或更换。

（4）工作完毕或临时离开施工现场时必须切断电源。

（5）焊工在进行焊接工作之前，必须穿戴整套电焊安全防护用具，否则不能进行工作。

（6）调节焊接电流或改变次级绕组接法，应在空载条件下进行。

（7）工作场所应用护板与其他人员隔开，并警告附近人员不得目视弧光。

（8）焊机不用时应存放在 −20～40℃、相对湿度≤85%的环境中，且通风良好，无有害气体和介质侵蚀。未涂漆部分及不带电部分应涂上保护油脂。新安装和闲置已久的电焊机，启用前必须做绝缘检查，符合要求才能启用。

（七）焊机常见故障及排除方法

交流电弧焊机常见故障及排除方法见表2-6-62所列。

交流电弧焊机常见故障及排除方法　　　　表 2-6-62

故 障 现 象	故 障 原 因	排 除 方 法
焊机过热	① 超负载工作 ② 铁芯螺杆绝缘损坏 ③ 绕组短路	① 按规定负载工作 ② 恢复绝缘 ③ 排除短路
焊机罩壳带电	① 初级或次级绕组碰壳 ② 电源线碰壳 ③ 焊接电缆碰壳 ④ 外壳接地不良或未接地	① 排除碰壳 ② 排除碰壳 ③ 排除碰壳 ④ 妥善接地
焊机强烈嗡响和保险丝熔断	① 初级绕组短路 ② 次级绕组短路	① 排除短路 ② 排除短路
保险丝熔断	① 电源接头处相碰 ② 电源接头碰壳 ③ 电源线破损碰铁板	① 排除短路 ② 排除碰壳 ③ 更换或修理电源线
焊接过程中电流忽大忽小	① 电焊软线和焊件接触不良 ② 活动铁芯随焊机振动产生位移	① 使其接触良好 ② 消除铁芯移动现象
活动铁芯在焊接过程中有强烈振动声	① 活动铁芯的制动螺钉或弹簧松动 ② 活动铁芯的移动机构损坏	① 旋紧螺钉，调整弹簧的拉力 ② 修理移动机构
焊接电流过小	① 电焊软线过长，降压太大 ② 电焊软线卷成盘形，电感大 ③ 电焊机接线柱与电焊软线接触不良	① 缩短软线长度或加大截面 ② 放开软线，使之不成盘形 ③ 保持接触良好
焊机电压不足不能引弧	① 电源电压不足 ② 次级绕组部分线匝短路 ③ 电源线或电焊软线过细，压降太大 ④ 电焊软线与电焊机接线柱接触不良 ⑤ 初、次级绕组接法与电焊机铭牌规定的接法不符	① 调整电压至额定值 ② 排除短路 ③ 加大截面 ④ 使其接触良好 ⑤ 按规定连接

第三节　手动类机具

一、手动拉铆枪

拉铆枪主要有手动拉铆枪、电动拉铆枪和风动拉铆枪三种。电动和风动拉铆枪铆接拉力大，适合于较大型结构件的预制及半成品制作。其结构复杂，维修相对困难，且必须具备气源。在装饰工程施工中最常用的是手动拉铆枪。其外形如图 2-6-91 所示。

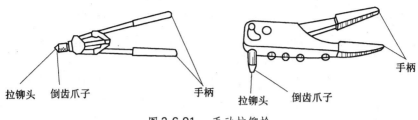

图 2-6-91　手动拉铆枪

在装修装饰施工中，拉铆枪广泛应用于吊顶、隔断及通风管道等工程的铆接作业。

1. 结构与工作原理

手动拉铆枪主要由移动导杆机构和头部工作机构等组成。其中头部工作机构由爪子（图中未标出）、拉铆头、调节螺母、调节螺套组成，如图 2-6-92 所示。

拉铆枪通过两手柄张开和闭合，使拉杆张开和闭合，带动滑芯进行往复运动。头部工作机构在滑芯向上运动时爪子夹紧铆钉，拉铆头进行铆接；向下运动时，爪子松开，脱去钉芯，为下一次铆接作准备。

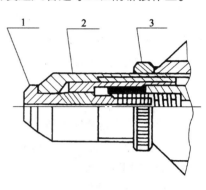

图 2-6-92　拉铆枪头部工作机构
1—拉铆头；2—调节螺母；3—调节螺套

2. 使用方法及注意事项

手动拉铆枪的使用方法如图 2-6-93 所示。

（1）拉铆枪头有 φ2、φ2.4、φ3 3 种规格，适合不同直径的铆钉使用。使用时先选定所用的铆钉，根据选定的铆钉尺寸，再选择拉铆枪枪头，将枪头紧固在调节螺套上。选择时，铆钉的长度与铆件的厚度要一致，铆钉轴的断裂强度不得超过拉铆枪的额定拉力，并以钉芯能在孔内活动为宜。

（2）将枪头孔口朝上，张开拉杆，将需用的铆钉芯插入枪头孔内，钉芯应能顺利插入

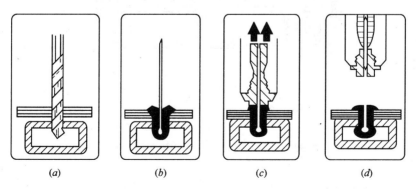

图 2-6-93　手动拉铆枪的使用方法
（a）在被铆固构件上打孔；（b）将抽芯式铝铆钉放在孔内；
（c）用拉铆枪头套紧铆钉，并反复开合手柄；（d）抽出铆钉芯完成紧固工作

爪子内。若过紧或过松，可调节拉铆枪头。调节方法是：松开调节螺母2，根据需要调节调节螺套3，向外伸长，爪子变紧，反之则变松，调整完毕拧紧调节螺母。

（3）铆钉头的孔径应与铆钉轴滑动配合。需要紧固的构件必须严格按铆钉直径要求钻孔，所钻孔必须同构件垂直，这样才能取得理想的铆接效果。

（4）操作时将铆钉插入被铆件孔内，以拉铆枪枪头全部套进铆钉芯并垂直支紧被铆工件，压合拉杆，使铆钉膨胀，将工件紧固，此时钉芯断裂。如遇钉芯未断裂可重复动作，切忌强行扭撬，以免损坏机件。

（5）对于断裂在枪头内的钉芯，只要把拉铆枪倒过来，钉芯会自动从尾部脱出。

（6）在操作过程中，调节螺母、拉铆头可能松动，应经常检查，及时拧紧，否则会影响精度和铆接质量。

3．维护与保养

（1）移动导杆机构、头部工作机构滑动部位应注意清洁，保持润滑。

（2）爪子属易损件，当齿锋磨钝、断裂时，应及时调换。

二、手动式墙地砖切割机

手动式墙地砖切割机作为电动切割机的一种补充，广泛应用于装修装饰施工。它适用于薄形墙地砖的切割，且不需电源，小巧、灵活，使用方便，效率较高。

1．结构与工作原理

手动式墙地砖切割机主要由手柄、导轨、刀轮（在手柄头与底板之间，图中未标出，可参考图2-6-94）、可调标尺、固定标尺底板、压脚等组成，如图2-6-94所示。它的工作原理是，用刀轮在材料上划一道痕，然后用压脚压开，起到切割的作用。

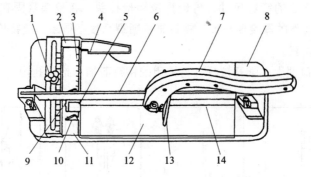

图2-6-94 手动式墙地砖切割机结构
1—标尺蝶形螺母；2—可调标尺；3—凸台固定标尺；4—标尺靠山；
5—塑料凹坑；6—导轨；7—手柄；8—底板；9—箭头；10—挡块；
11—塑料凸台；12—橡胶板；13—手柄压脚；14—铁衬条

2．使用及注意事项

（1）将标尺蝶形螺母拧松，移动可调标尺，让箭头所指标尺的刻度与被切落材料尺寸一致，再拧紧螺母，如图2-6-95所示。也可直接由标尺上量出要切落材料的尺寸。注意：被切落材料的尺寸不宜小于15mm，否则压脚压开困难。

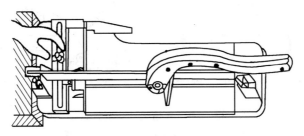

图 2-6-95 调节标尺刻度

（2）应将被切材料正反面都擦干净，一般情况是正面朝上，平放在底板上。让材料的一边靠紧标尺靠山，左边顶紧塑料凸台的边缘，还要用左手按紧材料，如图 2-6-96 所示。在操作时底板左端最好也找一阻挡物顶住，以免在用力时机身滑动。对表面有明显高低花纹的刻花砖，如果正面朝上不好切，可以反面朝上切。

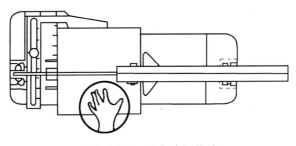

图 2-6-96 固定被切材料

（3）右手提起手柄，让刀轮停放在材料右侧边缘上。为了不漏划右侧边缘，而又不使刀轮滚落，初试用者可在被切材料右边靠紧边缘放置一块厚度相同的材料，如图 2-6-97 所示。

（4）操作时右手要略向下压，平稳地向前推进，让刀轮在被切材料上从右至左一次性地滚压出一条完整、连续、平直的割线，如图 2-6-98 所示。然后让刀轮悬空，而让两压脚既紧靠挡块，又原地压在材料上（到此时左手仍不能松动，使压痕线与铁衬条继续重合）。最后用右手四指勾住导轨下沿缓缓握紧，直到压脚把材料压断。

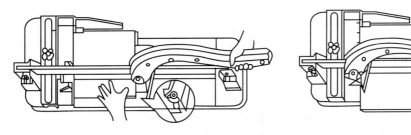

图 2-6-97 放置厚度相同的辅助材料　　图 2-6-98 在被切材料上划切割线

3. 维护与保养

（1）应避免使刀轮刃口受到不必要硬物的撞击。搬动时要使刀轮停在凹坑里。提拎时只能提导轨（图 2-6-99a），而不能提拎手柄（图 2-6-99b）。

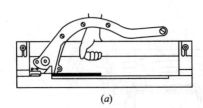 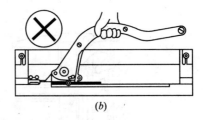

图 2-6-99 手动式墙地砖切割机提拎姿势

(a) 正确提拎姿势；(b) 错误提拎姿势

(2) 刀轮是作滚压切割用的，绝不可只压不推进，而企图用刀轮直接压开材料。

(3) 经常清理工具凹坑和空隙里的杂物，擦掉沾到导轨和刀轮上的污物，以免卡阻或锈蚀，影响手柄的滑动和刀轮的滚动。使用前用手指拨动刀轮，看其是否转动灵活，一旦卡阻应立即排除，同时滴加少许润滑油。

(4) 平时可经常竖起底板，从手柄与导轨槽孔间隙处往头部小轴承上滴加少量润滑油进行润滑，如图 2-6-100 所示。当加油不能恢复轴承的灵活转动时，应及时拆洗或更换轴承。

(5) 刀轮的更换。其方法如下：卸下刀架上刀轮轴螺栓和刀轮，换上新刀轮，将螺栓涂少许润滑油后拧入。注意，拧入时一定要将螺栓大头全部旋入刀轮孔内，使刀架侧面成一个平面，如图 2-6-101 所示。装毕，检查刀轮是否转动灵活而无窜动，否则应重装。最后在另一端装上螺母。

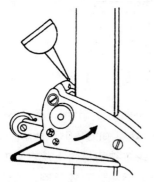 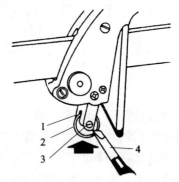

图 2-6-100 给轴头小轴承加注润滑油

图 2-6-101 刀轮的更换

1—刀架；2—刀轮；3—刀轮轴螺栓；4—螺丝刀

三、地毯铺设工具

室内铺设地毯需要一套专用工具，主要有：顶撑、裁剪刀、齐边机、电熨斗和地毯接缝带等。使用地毯专用铺设工具，可以提高铺设的质量和效率。

1. 地毯顶撑

地毯顶撑有大顶撑和小顶撑两种，如图 2-6-102 所示。大顶撑主要用于房间内大面积铺毯，如会议厅、大堂等部分。通过可伸的顶撑撑头及撑脚将地毯张拉平整，使用时用撑脚顶住一面墙脚，撑头与撑脚之间可任意接装连接管，以适应房间尺寸。小顶撑用于墙角或操作面窄小处，操作者用膝盖顶住撑子尾部的空心橡胶垫，两手可自由操作。地毯顶撑的扒齿长短可调，以适应不同厚度的地毯材料。不用时将扒齿缩回以免伤人。

2. 地毯裁剪刀

地毯裁剪刀主要用于地毯裁剪，也可代替壁纸刀。其外形如图 2-6-103 所示。

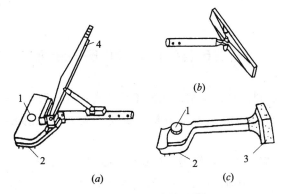

图 2-6-102 地毯顶撑

（a）大顶撑撑头；（b）大顶撑撑脚；（c）小顶撑

1—扒齿调节钮；2—扒齿；3—空心橡胶垫；4—杠杆压把

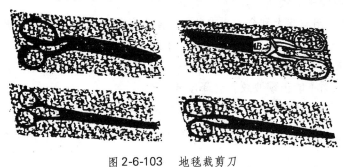

图 2-6-103 地毯裁剪刀

3. 地毯齐边器

地毯齐边器主要用于将裁剪的地毯边角推剪整齐。其外形如图 2-6-104 所示。

4. 地毯电熨斗和地毯接缝带

地毯接缝处铺上地毯接缝带，然后再用专用地毯熨斗烫整，会取得令人满意的接缝效果。地毯电熨斗和地毯接缝带分别如图 2-6-105 和图 2-6-106 所示。

图 2-6-104 地毯齐边器

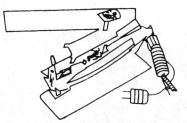

图 2-6-105 地毯电熨斗

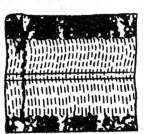

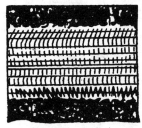

图 2-6-106 地毯接缝带

附：(6磨头) 石材打磨翻新机

这是一种专门针对石材磨损、破损、高低不平等情况进行翻新修整使用的机器，它配合其他工艺，可以使旧的石材地面或新铺石材地面进行翻新和无接缝处理，具体施工工艺如下：

1. 清理石材拼缝　用石材与钩缝刀，清理安装时所用的水泥等填缝材料及缝里的污渍和尘灰等；用钩刀方法将钩干净的地方再用石材专用切割机，配上专用薄片进行清理，然后用吸尘器将装拼缝里的尘灰清理干净。

2. 无接缝处理　用石材云石胶调色，调匀后用石材专用填缝刀填补石材拼缝，填补胶时一定要饱满，不能有漏胶现象。

3. 整体打磨　用与意大利合作生产的六个磨头的石材打磨翻新机（附图2-6-1）、配钻石磨碟，从粗至细磨、精磨，石材表面逐步打磨（50号、150号、300号、500号、1000号、2000号、3000号、5000号），打磨时一定要均匀，掌握石材平整度，划线也要得到完全修复，磨好后表面不能出现波纹，光泽度要一致。

4. 抛光处理　对打磨后的石材进行抛光处理，用针对微晶石材的抛光粉、美国KARKE石材加重抛光机（附图2-6-2），采用3M抛光垫均匀地抛磨石材表面，增加石材的密度、硬度及光泽度。

5. 防护处理　用美国亮石石材防护剂均匀涂刷石材表面，此防护剂能渗入石材表面3mm，该产品能让石材表面不受污染，防止表面脏东西渗入石材内，以达到长期保护石材材质不受侵害。

6. 晶面处理　用美国进口晶面剂或西班牙进口大理石晶面剂、美国KARKE石材加重机、3M抛光垫钢丝棉均匀将晶面剂喷洒在石材表面，再用加重机器均匀抛磨石材表面，通过高压低速产生物理热化反应在石材表面形成致密的保护层，此施工方案进一步增加石材的光度、硬度及耐磨度。

附图2-6-1　与意大利合作生产的
6磨头石材打磨翻新机

附图2-6-2　美国KARKE
石材加重抛光机

第七章 绿色环保知识

第一节 建筑装饰装修材料与绿色环保的关系

建筑装饰装修材料必须符合国家标准,达到环保要求,这是国家的一项重要技术政策。《中华人民共和国清洁生产促进法》第二十四条规定:建筑工程应当采取节能、节水等有利于环境与资源保护的建筑设计方案。建筑和装修材料必须符合国家标准。禁止生产、销售和使用有毒、有害物质超过国家标准的建筑和装修材料。第三十八条:违反本法第二十四条第二款规定,生产、销售有毒、有害物质超过国家标准的建筑和装修材料的,依照产品质量法和有关民事、刑事法律的规定,追究行政、民事、刑事法律责任。

我国加入 WTO 以后,必须面对许多新的机遇和挑战。在世贸组织的协议中,有很多关于保护环境、保护人类安全、人类健康和动植物生命和健康的条款。也就是人们所说的"绿色条款"。比如在《关于建立世贸组织协议》的前言中:"成员国应按照可持续发展的目标使世界资源得到最优利用,并以与处于不同经济发展水平的成员方的各自需要相适应的方式,求得既保护和保存环境,又增强保护和保存环境的手段"。

建筑装饰装修与保护环境,保护人类健康有着密切的联系。因为许多装饰装修材料给室内环境带来不健康因素,所以首先应该提倡生产和使用绿色建材。

建筑材料是建筑工程中所使用的各种材料及其制品的总称。它是一切建筑工程的物质基础。建筑材料的种类繁多,有金属材料,如钢铁、铝材、铜材;非金属材料,如砂石、砖瓦、陶瓷制品、石灰、水泥、混凝土制品、玻璃、矿物棉;植物材料,如木材、竹材;合成高分子材料,如塑料、涂料、胶粘剂等。另外还有许多复合材料。

装饰材料是指用于建筑物表面(墙面、柱面、地面及顶棚等)起装饰效果的材料,也称饰面材料,一般它是在建筑主体工程(结构工程和管线安装等)完成后,在最后进行装饰阶段所使用的材料。用于装饰的材料很多,例如地板砖、地板革、地毯、壁纸、挂毯等。随着建筑业的发展以及人们审美观的提高,各种新型的建筑材料和装饰材料不断涌现。人们的居住环境是由建筑材料和装饰材料所围成的与外环境隔开的微小环境,这些材料中的某些成分对室内环境质量有很大影响。例如,有些石材和砖中含有放射性很强的氡,能引起肺癌。很多有机合成材料可向室内空气中释放许多挥发性有机物。例如，甲醛、苯、甲苯、醚类、酯类等污染室内空气，有人已在室内空气中检测出 500 多种有机化学物质，其中有 20 多种有致癌或致突变作用。这些物质的浓度有时虽不是很高，但在它们的长期综合作用下，可使居住在被这些挥发性有机物污染的室内的人群出现不良建筑物综合症、建筑物相关疾患等疾病。尤其是在装有空调系统的建筑物内，由于室内污染物得不到及时清除，就更容易使人出现这些不良反应及疾病。下面介绍几种常用建筑材料和装饰材料对室内环境空气质量的影响，以及对人体健康的危害。

1. 无机材料和再生材料

无机建筑材料以及再生的建筑材料比较突出的健康问题是辐射问题。有的建筑材料中含有超过国家标准的 γ 辐射。由于取材地点的不同，各种建筑材料的放射性也各不相同，调查表明，我国大部分建筑材料的辐射量基本符合标准，但也发现一些灰渣砖放射性超标。有些石材、砖、水泥和混凝土等材料中含有高本底的镭，镭可蜕变成氡，通过墙缝、窗缝等进入室内，造成室内空气氡的污染。

建材因产地不同放射性有很大差异，通常花岗岩、页岩等建材放射性高，砂子、水泥、混凝土次之，石灰、大理石、石膏较低，工业废渣制砖因富集放射性污染，故粉煤灰砖、磷石膏板放射性有所增强。

泡沫石棉是一种用于房屋建筑的保温、隔热、吸声、防震的材料。它是以石棉纤维为原料制成的。在安装、维护和清除建筑物中的石棉材料时，石棉纤维就会飘散到空气中，随着人的呼吸进入体内，对居民的健康造成严重的危害。

2. 合成隔热板材

隔热材料一般可分为无机和有机两大类。无机隔热材料中通常含有石棉，合成隔热板材是一类常用的有机隔热材料。合成隔热板材材料是各种树脂为基本原料，加入一定量的发泡剂、催化剂、稳定剂等辅助材料，经加热发泡而制成的，具有质轻、保温等性能。主要的品种有聚苯乙烯泡沫塑料、聚氯乙烯泡沫塑料、聚氨酯泡沫塑料、脲醛树脂泡沫塑料等。这些材料在合成过程中的一些未被聚合的游离单体或某些成分，在使用过程中会逐渐逸散到空气中。另外，随着使用时间的延长或遇到高温，这些材料会发生分解，产生许多气态的有机化合物质释放出来，造成室内空气的污染。这些污染物的种类很多，主要有甲醛、氯乙烯、苯、甲苯、醚类、二异氰酸甲苯酯（TDI）等。例如，有人研究发现，聚氯乙烯泡沫塑料在使用过程中，能挥发 150 多种有机物。

3. 壁纸、地毯

装饰壁纸是目前国内外使用最为广泛的墙面装饰材料。壁纸装饰对室内空气质量的影响主要是壁纸本身的有毒物质造成的。由于壁纸的成分不同，其影响也是不同的。天然纺织壁纸尤其是纯羊毛壁纸中的织物碎片是一种致敏源，可导致人体过敏。一些化纤纺织物型壁纸可释放出甲醛等有害气体，污染室内空气。塑料壁纸在使用过程中，由于其中含有未被聚合以及塑料的老化分解，可向室内释放各种有机污染物，如甲醛、氯乙烯、苯、甲苯、二甲苯、乙苯等。

地毯是另一种有着悠久历史的室内装饰品。传统的地毯是以动物毛为原材料，手工编制而成的。目前常用的地毯都是用化学纤维为原料编制而成的。用于编制地毯的化纤有聚丙烯酸胺纤维（锦纶）、聚酯纤维（涤纶）、聚丙烯纤维（丙纶）、聚丙烯腈纤维（腈纶）以及粘胶纤维等。地毯在使用时，会对室内空气造成不良的影响。纯羊毛地毯的细毛绒是一种致敏源，可引起皮肤过敏，甚至引起哮喘。化纤地毯可向空气中释放甲醛以及其他一些有机化学物质如丙烯腈、丙烯等。地毯的另外一种危害是其吸附能力很强，能吸附许多有害气体如甲醛、灰尘以及病原微生物，尤其纯毛地毯是尘螨的理想滋生和隐藏场所。

4. 人造板材及人造板家具

人造板材及人造板家具是室内装饰的重要组成部分。人造板材在生产过程中需要加入胶粘剂进行粘结，家具的表面还要涂刷各种油漆。这些胶粘剂和油漆中都含有大量的挥发性有机物。在使用这些人造板材和家具时，这些有机物就会不断释放到室内空气中。含有聚氨酯泡沫塑料的家具在使用时还会释放出二异氰酸甲酯（TDI），造成室内空气的污染。例如，许多调查都发现，在布置新家具的房间中可以检测出较高浓度的甲醛、苯等几十种有毒化学物质。居室内的居民长期吸入这些物质后，可对呼吸系统、神经系统和血液循环系统造成损伤。另外，人造板家具中有的还加有防腐、防蛀剂。如五氯苯酚，在使用过程中这些物质也可释放到室内空气中，造成室内空气的污染。

5. 涂料

涂敷于表面与其他材料很好粘合并形成完整而坚韧的堡护膜的物料称为涂料。在建筑上涂料和油漆是同一概念。涂料的组成一般包括成膜物质、颜料、助剂以及溶剂。涂料的成分十分复杂，含有很多有机化合物。成膜材料的主要成分有酚醛树脂、酸性酚醛树脂、脲醛树脂、乙酸纤维剂、过氧乙烯树脂、丁苯橡胶、氯化橡胶等。这些物质在使用过程中可向空气中释放大量的甲醛、氯乙烯、苯、酚类等有害物气体。涂料所使用的溶剂也是污染空气的重要来源。这些溶剂基本上都是挥发性很强的有机物质。这些溶剂原则上不构成涂料，也不应留在涂料中，其作用是将涂料的成膜物质溶解分散为液体，以使之易于涂抹，形成固体的涂膜。但是，当它的使命完成以后就要挥发在空气中。因此涂料的溶剂是室内重要的污染源。例如刚刚涂刷涂料的房间空气中可检测出大量的苯、甲苯、乙苯、二甲苯、丙酮、醋酸丁酯、乙醛、丁醇、甲酸等50多种有机物。涂料中的颜料和助剂还可能含有多种重金属，如铅、铬、镉、汞、锰以及砷、五氯酚钠等有害物质，这些物质也可对室内人群的健康造成危害。

6. 胶粘剂

胶粘剂是具有良好粘结性能，能将两种物质牢固胶结在一起的一类物质。胶粘剂主要分为两大类：天然的胶粘剂和合成的胶粘剂。天然胶粘剂包括胶水（由动物的皮、蹄、骨等熬制而成）、酪蛋白胶粘剂、大豆胶粘剂、糊精、阿拉伯树胶、胶乳、橡胶水和粘胶等。合成胶粘剂包括环氧树脂、聚乙烯醇缩甲醛、聚醋酸乙烯、酚醛树脂、氯乙烯、醛缩脲甲醛、合成橡胶胶乳、合成橡胶胶水等。胶粘剂在建筑、家具的制作以及日常生活中都有广泛的应用。天然胶粘剂中的胶水有轻度的变应原性质。合成胶粘剂对周围空气的污染是比较严重的。这些胶粘剂在使用时可以挥发出大量有机污染物，主要种类有：酚、甲酚、甲醛、乙醛、苯乙烯、甲苯、乙苯、丙酮、二异氰酸盐、乙烯醋酸酯、环氧氯丙烷等。长期接触这些有机物会对皮肤、呼吸道以及眼黏膜有所刺激，引起接触性皮炎、结膜炎、哮喘性支气管炎以及一些变应性疾病。

7. 吸声及隔声材料

常用的吸声材料包括无机材料如石膏板等；有机材料如软木板、胶合板等；多孔材料如泡沫玻璃等；纤维材料如矿渣棉、工业毛毯等。隔声材料一般有软木、橡胶、聚氯乙烯塑料板等。这些吸声及隔声材料都可向室内释放多种有害物质，如石棉、甲醛、酚类、氯乙烯等，可造成室内人员闻到不舒服的气味，出现眼结膜刺激、接触性皮炎、过敏等症状，甚至更严重的后果。

由此可见，建筑材料和装饰材料都含有种类不同、数量不等的各种污染物。其中大多数是具有挥发性的，可造成较为严重的室内空气污染，通过呼吸道、皮肤、眼睛等对室内人群的健康产生很大的危害。另有一些不具挥发性的重金属，如铅、铬等有害物质。当建筑材料受损后，剥落成粉尘后也可通过呼吸道进入人体，甚至儿童用手抠挖墙面而通过消化道进入人体内，造成中毒。随着科技水平和人民生活水平的进一步提高，还将出现更多的建筑材料和室内装饰材料，会出现更多新的问题，应引起充分的重视。

第二节　绿色建材知识

1. 绿色建材定义

绿色建材（Green Building Materials）是指采用清洁生产技术，少用天然资源的能源，大量使用工业或城市固态废弃物生产的无毒害、无污染、有利于人体健康的建筑材料。它是对人体、周边环境无害的健康、环保、安全（消防）型建筑材料，属"绿色产品"大概念中的一个分支概念，国际上也称之为生态建材（Ecological Building Materials）、健康建材（Healthy Building Materials）和环保建材（Re-cyclic Building Materials）。1992年，国际学术界明确提出绿色材料的定义：绿色材料是指在原料采取、产品制造、使用或者再循环以及废料处理等环节中对地球环境负荷为最小和有利于人类健康的材料，也称之为"环境调和材料"。绿色建材就是绿色材料中的一大类。

从广义上讲，绿色建材不是单独的建材品种，而是对建材"健康、环保、安全"属性的评价，包括对生产原料、生产过程、施工过程、使用过程和废弃物处置五大环节的分项评价和综合评价。绿色建材的基本功能除作为建筑材料的基本实用性外，就在于维护人体健康、保护环境。

2. 绿色建材的基本特征

与传统建材相比，绿色建材可归纳出以下5方面的基本特征。

（1）其生产所用原料尽可能少用天然资源，大量使用尾矿、废渣、垃圾、废液等废弃物。

（2）采用低能耗制造工艺和不污染环境的生产技术。

（3）在产品配制或生产过程中，不使用甲醛、卤化物溶剂或芳香族碳氢化合物；产品中不得含有汞及其化合物，不得用含铅、镉、铬及其化合物的颜料和添加剂。

（4）产品的设计是以改善生活环境、提高生活质量为宗旨，即产品不仅不损害人体健康，而且应有益于人体健康，产品具有多功能化，如抗菌、灭菌、防雾、除臭、隔热、阻燃、防火、调温、调湿、消声、消磁、防射线、抗静电等。

（5）产品可循环或回收再生利用，无污染环境的废弃物。

第三节　绿色建筑知识

  绿色建筑是综合运用当代建筑学、生态学及其他现代科学技术的成果，把建筑建造成一个小的生态系统，为人类提供生机盎然、自然气息浓厚、方便舒适并节省能源、没有污染的使用环境。这里所讲的"绿色"并非一般意义的立体绿化、屋顶花园，而是对环境无害的一种标志，是指这种建筑能够在不损害生态环境的前提下，提高人们的生活质量及保障当代与后代的环境质量。其"绿色"的本质是物质系统的首尾相连、无废无污、高效和谐、开发式闭合性良性循环。通过建立起建筑物内外的自然空气、水分、能源及其他各种物资的循环系统，来进行"绿色"建筑的设计，并赋予建筑物以生态学的文化和艺术内涵。

  生态环境保护专家们一般又称绿色建筑为环境共生建筑。绿色建筑物在设计和建造上都具有独特的一些特点，主要有：① 这种建筑对所处的地理条件有特殊的要求，土壤中不应该存在有害的物质，地温相宜，水质纯净，地磁适中；② 绿色建筑通常采用天然材料如木材、树皮、竹子、石头、石灰来建造，对这些建筑材料还必须进行检验处理，以确保无毒无害，具有隔热保温功能、防水透气功能，有利于实行供暖、供热水一体化，以提高热效率和充分节能，在炎热地区还应减少户外高温向户内传递；③ 绿色建筑将根据所处地理环境的具体情况而设置太阳能装置或风力装置等，以充分利用环境提供的天然再生能源，达到既减少污染又节能的目的；④ 绿色建筑内要尽量减少废物的排放。可见，绿色建筑的诞生，标志着世界建筑业正面临着一场新的革命，这一革命是以有益于生态、有益于健康、有益于节省能源和资源、方便生活和工作、有利于人类社会发展为宗旨，对建筑的设计、材料、结构等方面提出了新的思路。它已不再是生态环境专家们的美好设想，现已在一些国家变成现实。

一、"绿色建筑"的概念

（1）建筑物的环境要有洁净的空气、水源与土壤；
（2）建筑物能够有效地使用水、能源、材料和其他资源；
（3）回收并重复使用资源；
（4）建筑物的朝向、体形与室内空间布置合理；
（5）尽量保持和开辟绿地，在建筑物周围种植树木，以改善景观，保持生态平衡；
（6）重视室内空气质量；一些"病态建筑"就是由于油漆、地毯、胶合板、涂料及胶粘剂等含有挥发性造成对室内空气的污染；
（7）积极保护建筑物附近有价值的古代文化或建筑遗址；
（8）建筑造价与使用运行管理费用经济合理。

总之，绿色建筑归纳起来就是"资源有效利用（Resource Efficient Buildings）"的建筑。有人把绿色建筑归结为具备"4R"的建筑，即"Reduce"，减少建筑材料、各种资源和不可再生能源的使用；"Renewable"，利用可再生能源和材料；"Recycle"，利用回收材料，设置废弃物回收系统；"Reuse"，在结构允许的条件下重新使用旧材料。因此，绿色建筑是资源和能源有效利用、保护环境、亲和自然、舒适、健康、安全的建筑。

二、装饰带来的后患

近年来兴起了装修热，生活水平提高了，居所已从简陋走向从美学角度审视自己的住宅，要求舒适、美观，但殊不知在进行不合理的装修和没有认清各类石材、涂料、板材等的品质就大量使用时，就会在装修的同时带来后患，将污染引进了家。

一些不当之举，例如装顶棚，挂天花板，房屋周围嵌镶墙裙，所有这些减少了室内的空间和人活动的场所，且有些是易燃的，存在不安全的隐患。四周光滑的墙壁反射效应强，各种声音相互干扰形成了噪声、超声波和低频噪声，不规范的装修砸毁了建筑物的整体框架，无疑会缩短建筑物的寿命。

不合格的建材中释放甲醛、苯、氨气、氡气、挥发性有机物等多种污染物。北京市化学物质毒物鉴定中心报道，北京市每年由建材引起室内污染事件多起，中毒达万人，故因装修而引起的室内污染，已引起人们关注，不可等闲视之。

三、建材与室内主要污染物

1. 各不同建材排放的污染物（表2-7-1）。
2. 涂料中排放VOC的种类

涂料的填料中不同成分的VOC有74种，详见表2-7-2。

不同建材排放的污染物　　　　表2-7-1

室内污染物	建材名称
甲醛	酚醛树脂、脲醛树脂、三聚氰胺树脂、涂料（含醛类消毒、防腐剂水性涂料）、复合木材、（纤维板、刨花板、大芯板、榉木、曲柳等各种贴面板、密度板）
	壁纸、壁布、家具、人造地毯、泡沫塑料、胶粘剂、市售903胶108胶
VOC（沸点50~250℃）化合物（使用中缓慢释放）	涂料中的溶剂、稀释剂、胶粘剂、防水材料、壁纸和其他装饰品
氨	高碱混凝土膨胀剂（含尿素混凝土防冻剂）
氡气	土壤岩石中铀、钍、镭、钾的衰变产物，花岗岩，砖石，水泥，建筑陶瓷，卫生洁具

涂料填料中 VOC 种类数　　　　　表 2-7-2

VOC 种类	烷烃	烯烃	芳香烃	醇	醚	醛酮	脂肪烃
数量	14	11	17	7	5	13	7

3．装潢材料产生的污染物（表 2-7-3）。

装潢材料散发气体污染物种类及发生量（$\mu g/m^3$）　　　表 2-7-3

污染物	胶粘剂	胶水	油毡	地毯	涂料	油漆	稀释剂
烷烃	1200						
丁醇	7300						760
葵烷	6800						
甲醛			44	150			
甲苯	250	750	110	160	150		310
苯乙烯	20						
三甲苯	7300	120					
十一烷						280	
二甲苯	28						310

第四节　室内主要污染及其对人体健康的影响

目前，我国的民用建筑的数量、质量不断提高，住宅的保温、气密性增强，加之空调的使用及室内装修材料的污染，致使室内空气质量恶化。据文献报道，世界范围的流行病发现，随着居住条件的改善，各类呼吸系统等疾病大量增加，特别是老人、婴幼儿，这些在室内居住时间相对较长的人群。北京近期发生多起因有毒建材急性中毒事件。室内污染已引起人们高度重视，因而认识室内主要污染物及其对人体健康的影响，并积极采取措施预防，保障人体健康是当前不可怠慢的问题。

一、污染与人体健康

1．室内主要污染物的名称

按照污染源散发污染物及典型室内空气调查结果归纳出室内主要污染物有：

（1）挥发性有机化合物（VOC）；

（2）甲醛；

（3）氨气；

（4）颗粒污染物（悬浮粒子和微生物，主要指空气动力当量直径≤10μm 的粒子，包括香烟、人为活动产生尘埃、细菌和花粉等）；

(5) 氡及其衰变子体；

(6) CO 和 CO_2；

(7) NO_x、SO_x 及 O_3。

2. 环境中污染气体、有毒物对人体健康的影响（表2-7-4）

环境中污染气体、有毒物对人体健康的影响　　　表2-7-4

污染物名称	来源与产量	分布	对人体的主要影响
甲醛	建材、胶粘剂	空气	刺激眼睛、呼吸道可疑致癌物
氨	建筑用防冻剂、水泥早强剂	空气	头痛、疲劳、厌食
苯	油性涂料、胶粘剂	空气	致癌
氡	石材	空气	肺癌
TVOC	建材	空气	大多有毒性部分列为致癌物
硫氧化合物	含硫燃料 全球总量 1.5×10^8 t/a	大气和水	心肺疾病、呼吸系统疾病
氮氧化合物	燃烧过程 全球总量 5.3×10^7 t/a	局部空气	急性呼吸道病症
臭氧	汽车尾气 光化学反应	局部大气	刺激眼睛、哮喘病
一氧化碳	燃烧不完全 全球总量约 7.5×10^8 t/a	局部大气	血红蛋白降低、缺氧、煤气中毒
硫化氢	工业过程 燃料燃烧	局部空气	影响呼吸中枢、烦恼、疲劳
粉尘（飘尘）	燃料、工业过程 灰化、运输等	空气	影响肺间经组织、支气管炎等
氟化物	炼铝、炼钢、制磷肥、氟化烃等	空气、水、土壤、食物	过量主要使骨骼、造血和神经系统、牙齿等受损害
汞（Hg）	氯碱工业、造纸工业、汞催化剂等	食物、水域、土壤、局部大气	影响神经系统、脑、肠
铅（Pb）	汽车尾气、铅冶炼、化工农药等	空气、水、食物	影响神经系统、红血球
镉（Cd）	有色冶炼、化工电镀等	空气、水、土壤、食物	骨痛病、心血管病等

续表

污染物名称	来源与产量	分布	对人体的主要影响
酚类化合物	炼焦、炼油、煤气工业	水	影响神经中枢、刺激骨髓
硝酸盐	污水、石棉燃料、硝酸盐肥料工业	水、食物	可在体内合成致癌物亚硝胺
有机氯	农药、自来水消毒剂、工业废弃物等	土壤、食物、水、大气	影响脂肪组织、肝等
多氯联苯（PCB）	电力工业、塑料工业、润滑剂等污水	水	使皮肤及肝脏损害
石棉	采矿、石棉、水泥工业、汽车制动系统	空气、水	慢性肺尘病、肺癌
真菌毒素	食物及动物饲料	染有黄曲霉素的食物	损害肝脏，是肝的致癌物
多环芳香烃（RAH）	有机物、汽油、煤油、香烟、冶炼、化工等	空气、水、食物	引起皮肤癌、肺癌、胃癌

3. 自然环境与人体健康

（1）自然环境与人的关系　自然环境与人体的关系包含两方面的内容：一方面是机体从空气、土壤、水、岩石、阳光等自然环境因素和其他动植物体中摄取生命活动所必需的物质，包括氧气、水、醣、蛋白质、脂肪、无机盐、维生素等营养成分，经体内分解和同化作用，组成机体的细胞、体液、组织和器官中的各种成分，并产生热能，以维持机体的正常生长、发育和活动；另一方面，在代谢过程中，机体又产生各种体内不需要的代谢产物，通过各种途径排泄到环境中。这些排泄物以及生物尸体，再通过土壤中微生物的分解与合成，转化为无机质与有机质营养物质，为花草、树木、庄稼等植物提供新的养料。

（2）自然环境和人的统一性　环境与机体的统一性的依据是两者都是由物质组成的。人体血液中有60多种化学元素，它们和地壳岩石中相应的这些元素含量的分布规律是一致的，两者呈明显的相关性。

当某些元素在自然界含量过高或偏低时，人体通过饮水、空气和食物对其摄入量也会过高或偏低，进而引起某些地方病。如果环境遭受某些元素污染，侵入人体达一定剂量时，就会破坏体内原有的平衡，招致疾病或死亡，以致贻害后代。

人体内的每一个机能都受中枢神经系统最高级的大脑皮质调解，不论作用到机体的哪个部位，大脑皮质都能做出相应的调解，以维持机体与环境的统一性。但是，机体对外界环境的适应能力是有一定限度的。各种化学污染物作用于人体，并超过一定剂量时，就会破坏机体的统一性。

二、室内主要污染物及其控制办法

1. 甲醛

随着化学工业的发展和生活设施的现代化,我国甲醛及甲醛树脂的产量逐年增加,应用范围越来越广。由燃料燃烧及建筑装修材料等生产工艺的途径排入空气中的甲醛逐年增加,尤其在室内装修热的当今,室内甲醛的污染已引起人们的极大关注。

甲醛是具有强烈刺激性的气体,是一种挥发性有机化合物,对人体健康影响表现在刺激眼睛和呼吸道,造成肺、肝、免疫功能异常。国外报道,浓度为 $0.12mg/m^3$ 的甲醛,使儿童易发生气喘。在 1995 年,甲醛被国际癌症研究机构(IARC)确定为可疑致癌物。

(1)甲醛的理化特征

甲醛(HCHO)又称蚁醛,是无色有强烈刺激性气味的气体,对空气的相对密度为 1.06,略重于空气,易溶于水、醇和醚,其 30%~40% 的水溶液为福尔马林液。甲醛易聚合成多聚甲醛,其受热易发生解聚作用,并在室温下可缓慢释放甲醛。甲醛的嗅阈值为 $0.06~1.2mg/m^3$,眼刺激阈值为 $0.01~1.9mg/m^3$。

(2)甲醛的来源

甲醛是一种来源广泛的空气污染物,自然界中的甲醛是甲烷循环中的一个中间产物,背景值低,一般 $<0.03mg/m^3$,城市空气中甲醛年均浓度约为 $0.005~0.01mg/m^3$。

① 室外空气中的甲醛 室外空气中的甲醛主要来自石油、煤、天然气等燃料的燃烧,润滑油的氧化分解,汽车排放,大气光化学反应。燃烧 1000 加仑石油可产生 $0.272~0.908kg$ 甲醛。汽车废气中含甲醛 70mg/kg 左右。烧 1t 煤可产生 2.3g 甲醛,燃煤烟气中含甲醛 4~6mg/kg。空气中烯烃被氧化时亦可生成甲醛,有光化学烟雾污染的地区,空气中甲醛浓度较高。美国洛杉矶 1962 年甲醛典型浓度为 $0.02~0.19mg/kg$。大气中的甲醛还来自生产甲醛、尿醛树脂、化学纤维、染料、橡胶制品、塑料、墨水、喷漆、涂料的工厂。

甲醛因其化学反应强烈,价格低廉,100 年前就广泛用于工业生产,主要用于生产各种人造板粘合剂原料的脲醛树脂、三聚氰胺甲醛树脂、酚醛树脂等,生产过程中均有甲醛排入大气。

② 室内甲醛来源 室内甲醛主要来源于建筑材料、家具、各种胶粘剂涂料、合成织物等。

a. 人造板。胶合板、细木工板、中密度纤维板、刨花板的胶粘剂就是以甲醛为主要成分的脲醛树脂。脲醛树脂还可作为建筑中的保温、隔热材料。极中残留的和未参与反应的甲醛会逐渐向周围环境释放,最长释放期可达十几年,是形成室内空气中甲醛的主体。有人测定,$100cm^2$ 的胶合板,1h 可以释放 $3~18\mu g$ 甲醛。用脲甲醛泡沫绝缘材料建造的房屋中甲醛最高浓度可达 8.2mg/kg。用木制刨花板覆盖的地板经常释放甲醛,这类居室中甲醛浓度可达 0.6mg/kg。用木屑纤维板较多的新建住宅内甲醛浓度比已使用 5 年的住宅高 2~5 倍。新添置家具的居室空气中甲醛浓度也较高,家具多时可达 0.1mg/kg。

b. 地毯等合成织物。地毯中的胶粘剂及贴墙布、贴墙纸、泡沫塑料等室内装饰材料散发甲醛。

　　合成织物释放出来的甲醛对居室环境的污染也不可忽视。为了改善合成纤维的性能，通常要用含有甲醛树脂的整理剂进行整理。因而在整理后的织物上常常含有少量未参加反应的树脂整理剂。这些经过树脂整理的化纤织品，在使用和保存过程中会释放出游离甲醛。据估算，1kg 合成织物可释放 750mg 甲醛。

　　c. 燃料、烟叶的不完全燃烧及藏书的释放。燃料燃烧可产生大量甲醛，厨房内若同时使用煤炉和液化石油气，则甲醛浓度大于 $0.4mg/m^3$。厨房内甲醛浓度日变化出现的峰型与做饭时间相关。另外香烟烟气中含甲醛 $14\sim24mg/m^3$。人们每吸一口烟（约40mL）最多可吸入 $81\mu g$ 甲醛。有人吸烟时室内甲醛浓度比无人吸烟时高 3 倍左右。有人测定，一本 2cm 厚的新书，一小时可释放出 $1\mu g$ 甲醛。藏书多、通风不好的图书馆甲醛浓度明显高于室外，有的高达 0.08mg/kg。有人发现，无碳的复写纸能释放大量的甲醛。

　　d. 化妆品、清洁剂、杀虫剂、防腐剂的使用中能释放出甲醛。

　　(3) 甲醛对人体健康的危害

　　① 甲醛对人的眼睛、鼻子、呼吸道有刺激性。空气中含有 $0.6mg/m^3$ 时就会对眼睛产生刺激反应。人在含甲醛 1×10^{-7} 的空气环境里停留几分钟就会流泪不止。低浓度甲醛对人体影响主要表现在皮肤过敏、咳嗽、多痰、失眠、恶心、头痛等。刚住进用刨花板做地板的居室的人，有厌恶气味、头痛、头晕和咳嗽的反应。这样的居室内甲醛浓度有时高于 $0.5mg/m^3$。甲醛对中枢神经系统的影响是明显的。对使用尿甲醛树脂较多的家庭和不使用合成纤维板材的家庭成员进行流行病学调查表明，生活在甲醛浓度为 $0.01\sim3.1mg/m^3$ 的人群，有头痛、头晕、失眠症状的人明显多于测不出甲醛的家庭。甲醛对人体皮肤有很强的刺激作用，空气中浓度为 $0.5\sim10mg/m^3$ 时，会引起肿胀、发红。低浓度甲醛能抑制汗腺分泌，使皮肤干燥。

　　② 当甲醛浓度在 $0.12\sim1.2mg/m^3$ 时能致使肝功能、肺功能异常，免疫功能异常，当浓度为 $0.06\sim0.07mg/m^3$ 时，儿童发生气喘病。

　　③ 甲醛与空气中离子形成氯化物反应生成致癌物——二氯甲基醚，已引起人们警觉。

　　④ 甲醛的刺激、致敏、致突变作用。根据大量文献记载，甲醛对人体健康的影响主要表现在嗅觉异常、刺激、过敏、肺功能、免疫功能异常等方面，而个体差异很大。大多数报道其作用浓度均在 $0.12mg/m^3$ 以上。个别报道其作用浓度在 $0.06\sim0.07mg/m^3$ 时，儿童发生气喘。甲醛对健康危害主要有以下几个方面：

　　a. 刺激作用：甲醛的主要危害表现为对皮肤黏膜的刺激作用，甲醛是原浆毒物质，能与蛋白质结合，高浓度吸入时出现呼吸道严重的刺激和水肿、眼刺激、头痛。

　　b. 致敏作用：皮肤直接接触甲醛可引起过敏性皮炎、色斑、坏死，吸入高浓度甲醛时可诱发支气管哮喘。

　　c. 致突变作用：高浓度甲醛还是一种基因毒性物质。实验动物在实验室高浓度吸入的情况下，可引起鼻咽肿瘤。目前一般认为，非工业性室内环境甲醛浓度水平还不至于导致人体的肿瘤和癌症。

　　(4) 甲醛污染控制

① 室内装修采用低甲醛含量和不含甲醛的装修、装饰材料，选用符合国家标准、高质量的健康环保建材。

② 使用人造板的锯口处，应涂以涂料，使其充分固化，这可形成稳定的保护层，以防止板材内甲醛的散发。

③ 装修后不宜立即入住，应开窗、通风，让室内污染空气散发，一般说装修数个月，室内甲醛浓度可降至 $0.08mg/m^3$ 以下，达到室内合格的标准。

④ 室内装修材料中甲醛的释放与室内温度、湿度、通风程度及材料的使用年限、装载度，即 $1m^3$ 室内空间能发散甲醛的材料的表面积有关，高温、高湿、负压会加快甲醛的散发力度，加强通风频率有利于甲醛的散发和排出。

⑤ 室内绿化：室内种植吊兰、芦荟等植物会降低室内有害气体浓度。

(5) 甲醛在室内的限值　我国公共场所卫生标准规定空气中甲醛最高容许浓度 $0.12mg/m^3$。居室空气中甲醛的卫生标准 $0.08mg/m^3$（GB/T 16127—1995）。

2. 氨

氨（NH_3）是人们所关注的室内主要污染物之一，其特性、来源及对人体的影响如下：

(1) 氨的物理性质　氨（NH_3）为无色而有强烈刺激气味的气体。分子量 17.03；沸点 -33.5℃；熔点 -77.8℃；对空气的相对密度 0.5962（空气 =1），1L 气体在标准状况下，质量为 0.7708g，室温时在 6~7 大气压下可以液化（临界温度 132.4℃，临界压力 112.2 大气压），也易被固化成雪状的固体，液态氨的相对密度（0℃时）为 0.638。氨极易溶于水、乙醇和乙醚，当 0℃时每 1L 水中能溶解 1176L，即 907g 氨。

(2) 氨的化学性质　氨的水溶液由于形成氢氧化铵而呈碱性。氨可燃，燃烧时，其火焰稍带绿色；与空气混合氨含量在 16.5%~26.8%（按体积）时，能形成爆炸性气体。氨在高温时会分解成氮和氢，有还原作用。有催化剂存在时可被氧化成一氧化氮。

(3) 氨的存在与用途　氨以游离态或以其盐的形式存在于大气中。大气中氨主要来源于自然界或人为的分解过程，氨是含氮有机物质腐败分解的最后产物，一般情况下，氨和硫化氢共存。氨是化学工业的主要原料，应用于化肥、炼焦、塑料、石油精炼、制药等行业中。氨还广泛用于合成尿素、合成纤维、燃料、塑料等。

(4) 氨的室内来源　室内空气中的氨主要有 3 个来源。

① 在建筑施工中为了加快混凝土的凝固速度和冬期施工防冻，在混凝土中加入了高碱混凝土膨胀剂和含尿素与氨水的混凝土防冻剂等外加剂，这类含有大量氨类物质的外加剂在墙体中随着温度、湿度等环境因素的变化而还原成氨气从墙体中缓慢释放出来，造成室内空气中氨的浓度大量增加，特别是夏季气温较高，氨从墙体中释放速度较快，造成室内空气中氨浓度严重超标。

② 室内空气中的氨来自于木制板材。家具使用的加工木制板材在加压成型过程中使用了大量胶粘剂，此胶粘剂主要是甲醛和尿素加工聚合而成，它们在室温下易释放出气态甲醛和氨，造成室内空气中氨的污染。

③ 室内空气中的氨也可来自室内装饰材料，譬如家具涂饰时所用的添加剂和增白剂大部分都用氨水，氨水已成为建材市场中必备的商品，它们在室温下易释放出气态氨，造成室内空气中氨的污染。但是，这种污染释放期比较快，不会在空气中长期大量积存，对人体的

危害相对小一些。

(5) 氨对人体的健康效应　人对氨的嗅阈为：$0.5 \sim 1.0 mg/m^3$，对口、鼻黏膜及上呼吸道有很强的刺激作用，其症状根据氨的浓度、吸入时间以及个人感受性等而有轻重。轻度中毒表现有鼻炎、咽炎、气管炎、支气管炎。

氨是一种碱性物质，它对接触的皮肤组织都有腐蚀和刺激作用。氨可以吸收皮肤组织中的水分，使组织蛋白变性，并使组织脂肪皂化，破坏细胞膜结构。氨对上呼吸道有刺激和腐蚀作用，可麻痹呼吸道纤毛和损害黏膜上皮组织，使病原微生物易于侵入，减弱人体对疾病的抵抗力。浓度过高时除腐蚀作用外，还可通过三叉神经末梢的反射作用而引起心脏停搏和呼吸停止。氨的溶解度极高，所以常被吸附在皮肤黏膜和眼结膜上，从而产生刺激和炎症。氨通常以气体形式吸入人体，进入肺泡内的氨，少部分为二氧化碳所中和，余下被吸收至血液，少量的氨可随汗液、尿或呼吸排出体外。

氨被吸入肺后容易通过肺泡进入血液，与血红蛋白结合，破坏运氧功能。短期内吸入大量氨气后可出现流泪、咽痛、声音嘶哑、咳嗽、痰带血丝、胸闷、呼吸困难，可伴有头晕、头痛、恶心、呕吐、乏力等，严重者可发生肺水肿、成人呼吸窘迫综合症，同时可能发生呼吸道刺激症状。所以碱性物质对组织的损害比酸性物质深而且严重。

为了证明空气中低浓度的氨对人体健康的危害和影响，专家们监测了在接触$3 \sim 13 mg/m^3$浓度的氨的室内环境中工作的工人们，历时8h，每组10人，与不接触氨的健康人比较，发现接触$13 mg/m^3$的人，尿中尿素和氨含量均增加，血液中尿素则明显增加。专业分析，出现这一情况对人体肯定是有害的。

有人调查，大型理发店中，因烫发水中的氨挥发到空气中，可使室内氨含量达$28.8 mg/m^3$，以致使工作人员普遍反映，有胸闷、咽干、咽疼、味觉和嗅觉减退、头痛、头昏、厌食、疲劳等感觉，部分人出现面部皮肤色素沉着、手指有溃疡等反应。

(6) 氨污染的防治　为减少室内氨污染对健康的影响，应采取以下措施：

① 冬期建筑施工时，应严格限制使用含尿素的防冻剂。针对室内氨污染，北京市建委专门下文，从2000年3月1日起严格限制含尿素防冻剂的使用。

② 装修时应减少采用人工合成板型材，如胶合板、纤维板等，选用无害化材料，特别是涂料，如油漆、墙面涂料、胶粘剂应选择低毒型材料。使用装饰材料时，尽量少用或不用含添加剂和增白剂的涂料，因为添加剂和增白剂中含有大量氨水。目前西方发达国家对建材的毒型已有明确分类并加以标注。美国产品采用"警告标签"制，要求厂家对毒害加以明示。德国于1978年发布使用环境标志——"蓝色天使"。

③ 氨气是从墙体中释放出来的，室内主体墙的面积会影响室内氨的含量，居住者应根据房间污染情况合理安排使用功能。如污染严重的房间尽量不要用做卧室，或者尽量不要让儿童、病人和老人居住。

④ 消除室内空气污染，最有效的方式是通风换气。条件允许时，可多开窗通风，以尽量减少室内空气的污染程度。现在专家们已经研究出了一种空气新风机，可以在不影响室内温度和不受室外天气影响的情况下，进行室内有害气体的清除。

⑤ 利用光催化技术净化室内空气。光催化技术，是光化学和催化剂两者的有机结合。20多年前，科学家发现二氧化钛如果受到太阳光的照射时，再遇到水，水就会被分解为两

个氢原子和一个氧原子,其他一些物质如有机物,在一定条件下,遇到它也会不断起化学反应而分解。二氧化钛之所以有这种功能,是因为它受紫外光照射,其中的钛原子上的电子被光激发,其运行轨道出现变化,从而产生极强的氧化能力,这种氧化能力,能使有机物分解成二氧化碳和水分子,也能降解部分无机化合物。这就说明,二氧化钛是一种非常优越的光催化剂。一般的建筑材料、装饰材料及家庭所用的化学品等会释放出种类繁多的挥发性有机和无机化合物,如苯、甲醛、丙酮、氨、二氧化氮、硫化氢等。这些有害气体,绝大多数经过二氧化钛的催化作用,被完全分解破坏,达到无机化,而不形成中间产物,最终留下的是清净的空气。二氧化钛化学性质稳定,对人体和环境无害,光催化作用持久。如果将 TiO_2 附着在建筑材料表面,可利用太阳光和室内照明灯照射,从而消除室内包括氨在内的多种有害气体成分。

(7)氨在空气中的浓度限值 我国理发店、美容店卫生标准规定,空气中氨的浓度 $\leq 0.5mg/m^3$,在《室内空气质量卫生规范》中规定空气中氨的浓度限值为 $0.2mg/m^3$。

3. 氡

氡(Rn)气是世界卫生组织确认的主要环境致癌物之一。氡是天然存在的无色无味、不可挥发的放射性惰性气体,不易被觉察地存在于人们的生活和工作的环境空气中。放射性是自然界中的原子核,能自发地放出不可见射线或粒子而转变成另一种原子核称为衰变,这种现象称为放射现象。

(1)氡(Rn)污染的来源 Rn污染的来源很多,主要有以下几方面:

① 地基、地层间隙及地质断裂带和Rn的高本底地区中析出;
② 铀矿、非铀矿开采过程的释放;
③ 核能的开发、利用过程中释放;
④ 从土壤、岩石表面析出;
⑤ 燃煤、燃气燃烧过程中产生;
⑥ 地下水中析出;
⑦ 地下建筑、设施、高本底地区黏土、砖、水泥、矿石、石料中;
⑧ 使用矿渣水泥和灰渣砖的建筑;
⑨ 使用不合格的板材、石材、水泥等建筑装修材料。

室内氡浓度水平的高低主要取决于房屋地基地质结构和建筑、装修材料中镭含量的高低、房屋的密封性、室内外空气的交换率、气象条件等。

室内氡的来源见图2-7-1。

通常,在上述来源中只有前三个来源重要,由于水及天然气中进入室内的氡,只有在其含量非常高时才予以考虑。

室内空气中不同来源的氡的比体积进入速率见表2-7-5。

(2)氡对人体健康的影响 天然核素对人体的危害有内照射与外照射之分。

内照射是核以食物、水、大气为媒介,摄入人体后自发衰变,放射出电离辐射。

外照射是核素在衰变过程中,放射出电离辐射 α、β、γ 射线直接照射人体。

图 2-7-1 室内氡的来源

(图片资料来源美国环保局)

1—从底层土壤中析出的氡;2—由于通风从户外空气中进入室内的氡;

3、4—从建材中析出的氡;5、6、7—从供水及用于取暖和厨房设备的天然气中释放出的氡

预计平均值和正常变化范围(不包括极值)   表 2-7-5

来源	比进入速率 [Bq/(m³·h)]		室内浓度(Bq/m³)	
	平均值	范围	平均值	范围
建筑材料				
砖和混凝土房屋	2~20	1~50	3~30	0.7~100
木制房屋	<1	0.05~1	≤1	0.03~2
土壤	1~40	0.5~200	2~60	0.5~500
室外空气	2~5	0.3~15	3~7	1~10
其他来源(水,天然气)	≤0.1	0.01~10	≤0.1	0.01~10
所有来源	6~60	2~200	10~100	2~500

注:室内浓度指平均通风率 0.7/h (正常范围为 0.3~1.5/h)。

Rn 及其子体对人体的危害是通过内照射进行的。Rn 本身虽然是惰性气体,但其衰变的子体极易吸附在空气中的细微粒上,Rn 及其子体被吸入人体后,由于氡的半衰期为 3.825d 之长,且在体内停留的时间较短,例如在高氡工作场所测试时,经过半小时,人体吸入的氡与呼出的氡达到平衡,体内含氡不再增加,且离开现场 1h 后,人体内氡浓度可被排除 90%,故在呼吸道内氡的剂量很小,危害会相对小些。然而氡的子体——金属离子(同位素 Bb、Bi、Po)却不然,氡及其子体随呼吸吸进入人体后,氡子体会沉积在气管、支气管部位,部分深入到人体肺部,氡子体就在这些部位不断累积,并继续快速衰变产生很强的内照射,是大支气管上皮细胞剂量主要来源,大部分肺癌就在这个区段发生。氡子体在衰变的同时,放射出能量高的粒子,产生电离和激发杀死,杀伤人体细胞组织,被杀死的细胞可通过新陈代谢再生,但被杀伤的细胞就有可能发生变异,成为癌细胞,使人患有癌症。人类受电离辐射损伤致病,最早被记录的要算高氡及其子体照射下的矿工患肺癌。

科学研究表明,其诱发肺癌的潜伏期大多都在15年以上,世界上有1/5的肺癌患者与氡有关。所以说,氡是导致人类肺癌的第二大"杀手",是除吸烟以外引起肺癌的第二大因素,世界卫生组织把它列为使人致癌的19种物质之一。氡及其子体在衰变时还会同时放出穿透力极强的γ射线,对人体造成外照射。长期生活在γ辐射场的环境中,就有可能对人的血液循环系统造成危害,如白细胞和血小板减少,严重的还会导致白血病。

由于氡的危害是长期积累的,且不易被察觉,因此,必须引起高度重视。

4. 二异氰酸甲苯酯

TDI是二异氰酸酯类化合物中毒性最大的一种,它有特殊气味,挥发性大,它不溶于水,易溶于丙酮、醋酸乙酯、甲苯等有机溶剂中。

(1)室内TDI的来源

① 由于TDI主要用于生产聚氨酯树酯和聚氨酯泡沫塑料,且具有挥发性,所以一些新购置的含此类物质的家具、沙发、床垫、椅子、地板会释放出TDI。

② 一些家装材料会释放出TDI,如一些用做墙面绝缘材料的含有聚氨酯的硬质板材;用于密封地板、卫生间等处的聚氨酯密封膏;一些含有聚氨酯的防水涂料。

(2)TDI对人体健康的影响 TDI的刺激性很强,特别是对呼吸道、眼睛、皮肤的刺激,可能引起哮喘性气管炎或支气管哮喘。表现为眼睛刺激、眼结膜充血、视力模糊、喉咙干燥,长期低剂量接触时可能引起肺功能下降,长期接触可引起支气管炎、过敏性哮喘、肺炎、肺水肿,有时可能引起皮肤炎症。

这些途径释放的TDI都会通过呼吸道进入人体,尽管浓度不高,但是往往释放期比较长,故对人体是长期低剂量的危害。

(3)TDI的限值 国际上对于在漆内聚氨酯含量的标准是小于0.3%,而我国生产的漆料一般是5%或更高,即超出国际标准几十倍。根据中国涂料协会的统计,1997年此类涂料的年产量高达11万t,可见应用是相当广泛的,可是目前国内尚无有关此物质在居室内或居住区大气中的标准。

5. 酚类物质

(1)酚类物质在家装建材中的主要应用 由于一些酚具有可挥发性,所以室内空气中的酚污染主要是释放于家装建材。由于其可以起到防腐、防毒、消毒的作用,所以常被做为涂料或板材的添加剂;另外家具和地板的亮光剂中也有应用。

(2)室内酚类物质的化学性质及对人体危害 酚类物质种类很多,均有特殊气味,易被氧化,易溶于水、乙醇、氯仿等物质,分为可挥发性酚和不可挥发性酚两大类。酚及其化合物是中等毒性物质。

这种物质可以通过皮肤、呼吸道黏膜、口腔等多种途径进入人体,由于渗透性强,可以深入到人体内部组织,侵犯神经中枢,刺激骨髓,严重时可导致全身中毒。它虽然不是致突变性物质,但是它却是一种促癌剂。居住环境中多为低浓度和局部性的酚,长期接触这类酚会出现皮肤瘙痒、皮疹、贫血、记忆力减退等症状。

6．环氧树脂

（1）室内环氧树脂的来源　环氧树脂是指含有2个以上环氧基团的高分子聚合物，它的种类很多，具有很强的粘附力，所以是合成胶粘剂的重要成分，广泛应用于建材装修的各种板材及家居用品的粘合。

合成环氧树脂的主要单体是环氧氯丙烷，这种单体常有少量未被聚合。在使用过程中，未被聚合的游离单体会释放到空气中；或者当环氧树脂受热时也会释放出部分环氧氯丙烷，从而造成室内空气污染。

（2）环氧树脂对人体的危害　固化的环氧树脂一般认为是无毒的，但未被固化的环氧树脂中含有少量未被聚合的单体和添加剂等有毒物。另外，当环氧树脂被加热60～100℃时会释放出1%～10%的毒性产物。

环氧树脂对人体健康的影响以皮肤损害和黏膜刺激为主，它可以使眼结膜充血；另外它是一种致敏源，可以引起过敏性皮炎，长期吸入低浓度的环氧氯丙烷可以产生神经衰弱综合症及四肢乏力等症状，严重时可以引起周围神经炎。

三、室内装饰装修材料有害物质限量十个国家强制性标准

（国家质量监督检验检疫总局（自2002年7月1日起施行）

（一）内装饰装修材料溶剂型木器涂料中有害物质限量

本标准适用于室内装饰装修用溶剂型木器涂料，其他树脂类型和其他用途的室内装饰装修用溶剂型涂料可参照使用。

本标准不适于水性木器涂料。

包装标志

产品包装标志除应符合GB/T 9750—1998的规定外，按本标准检验合格的产品可在包装标志上明示。

对于由双组分或多组分配套组成涂料，包装标志上应明确各组分配比。对于施工时需要稀释的涂料，包装标志上应明确稀释比例。

项　　目		限　量　值		
		硝基漆类	聚氨酯漆类	醇酸漆类
挥发性有机化合物（VOC）[a]（g/L）≤		750	光泽（60°）≥80，600	550
			光泽（60°）<80，700	
苯[b]		0.5		
甲苯和二甲苯总和[b]（%）≤		45	40	10
游离甲苯二异氰酸酯（TDI）[c]（%）≤		—	0.7	—
重金属（限色漆）（mg/kg）≤	可溶性铅	90		
	可溶性镉	75		

续表

项　目		限　量　值		
		硝基漆类	聚氨酯漆类	醇酸漆类
重金属（限色漆）(mg/kg) ≤	可溶性铬	60		
	可溶性汞	60		

a. 按产品规定的配比和稀释比例混合后测定。如稀剂的使用量为某一范围时，应按照推荐的最大稀释量稀释后进行测定。

b. 如产品规定了稀释比例或产品由双组分或多组分组成时，应分别测定稀释剂和各组分中的含量，再按产品规定的配比计算混合后涂料中的总量。如稀释剂的使用量为某一范围时，应按照推荐的最大稀释量进行计算。

c. 如聚氨酯漆类规定了稀释比例或由双组分或多组分组成时，应先测定固化剂（含甲苯二异氰酸预聚物）中的含量，再按产品规定的配比计算混合后涂料中的含量。如稀释剂的使用量为某一范围时，应按照推荐的最小稀释量进行计算。

安全涂装及防护

涂装时应保证室内通风良好，并远离火源。

涂装方式尽量采用刷涂。

涂装时施工人员应穿戴好必要的防护用品。

涂装完成后继续保持室内空气流通。

涂装后的房间在使用前应空置一段时间。

（二）室内装饰装修材料内墙涂料中有害物质限量

本标准规定了室内装饰装修用墙面涂料中对人体有害物质容许限值的技术要求、试验方法、检验规则、包装标志、安全涂装及防护等内容。

本标准适用于室内装饰装修用水性墙面涂料。

有害物质限量要求

项　目			限　量　值
挥发性有机化合物（VOC）(g/L)		≤	200
游离甲醛（g/kg）		≤	0.1
重金属（mg/kg）	可溶性铅	≤	90
	可溶性镉	≤	75
	可溶性铬	≤	60
	可溶性汞	≤	60

本标准不适用于以有机物作为溶剂的内墙涂料。

包装标志

产品包装标志除应符合 GB/T 9750—1998 的规定外，按本标准检验合格的产品可在包装标志上明示。

安全涂装及防护

涂装时应保证室内通风良好。

涂装方式尽量采用刷涂。

涂装时施工人员应穿戴好必要的防护用品。

涂装完成后继续保持室内空气流通。

入住前保证涂装后的房间空置一段时间。

(三) 室内装饰装修材料胶粘剂中有害物质限量

本标准规定了室内建筑装饰装修用胶粘剂中有害物质限量及其试验方法。

本标准适用于室内建筑装饰装修用胶粘剂。

溶剂型胶粘剂中有害物质限量值

项 目	指 标		
	橡胶胶粘剂	聚氨酯类胶粘剂	其他胶粘剂
游离甲醛（g/kg）≤	0.5	—	—
苯[①]（g/kg）≤	5		
甲苯+二甲苯（g/kg）≤	200		
甲苯二异氰酸酯（g/kg）≤	—	10	—

① 苯不能作为溶剂使用，作为杂质其最高含量不得大于表的规定。

水基型胶粘剂中有害物质限量值

项 目	指 标			
	缩甲醛类胶粘剂	聚乙酸乙烯酯胶粘剂	橡胶类胶粘剂	其他胶粘剂
游离甲醛（g/kg）≤	1	1	1	1
苯（g/kg）≤	0.2			
甲苯+二甲苯（g/kg）≤	10			
总挥发性有机物（g/L）≤	50			

用于室内装饰装修材料的胶粘剂产品，必须在包装上标明本标准规定的有害物质名称及其含量。

(四) 室内装饰装修材料

人造板及其制品中甲醛释放限量

本标准规定了室内装饰装修用人造板及其制品（包括地板、墙板等）中甲醛释放量的指标值、试验方法和检验规则。

本标准适用于释放甲醛的室内装饰装修用各类人造板及其制品。

人造板及其制品中甲醛释放量试验方法及限量值

产品名称	试验方法	限量值	使用范围	限量标志[b]
中密度纤维板、高密度纤维板、刨花板、定向刨花板等	穿孔萃取法	≤90mg/100g	可直接用于室内	E_1
中密度纤维板、高密度纤维板、刨花板、定向刨花板等	穿孔萃取法	≤30mg/100g	必须饰面处理后可允许用于室内	E_2
胶合板、装饰单板贴面胶合板、细木工板等	干燥器法	1.5mg/L	可直接用于室内	E_1
胶合板、装饰单板贴面胶合板、细木工板等	干燥器法	5.0mg/L	必须饰面处理后可允许用于室内	E_2
饰面人造板（包括浸渍纸层压木质地板、实木复合地板、竹地板、浸渍胶膜纸饰面人造板等）	气候箱法[a]	≤0.12mg/m³	可直接用于室内	E_1
饰面人造板（包括浸渍纸层压木质地板、实木复合地板、竹地板、浸渍胶膜纸饰面人造板等）	干燥器法	≤1.5mg/L	可直接用于室内	E_1

注：[a.] 仲裁时采用气候箱法。
[b.] E_1 为可直接用于室内的人造板，E_2 为必须饰面处理后允许用于室内的人造板。

（五）室内装饰装修材料木家具中有害物质限量

本标准适用于室内使用的各类木家具产品。

术语和定义

本标准采用下列术语和定义。

甲醛释放量

家具的人造板试件通过 GB/T 17657—1999 中 4.12 规定的 24h 干燥器法试验测得的甲醛释放量

可溶性重金属含量

家具表面色漆涂层中通过 GB/T 9758—1998 中规定的试验方法测得的可溶性铅、镉、铬、汞重金属的含量。

有害物质限量要求

项　　目		限　量　值
甲醛释放量（mg/L）		≤1.5
重金属含量（限色漆）(mg/kg)	可溶性铅	≤90
重金属含量（限色漆）(mg/kg)	可溶性镉	≤75
重金属含量（限色漆）(mg/kg)	可溶性铬	≤60
重金属含量（限色漆）(mg/kg)	可溶性汞	≤60

(六）室内装饰装修材料

聚氯乙烯卷材地板中有害物质限量

本标准适用于以聚氯乙烯树脂为主要原料并加入适当助剂，用涂敷、压延、复合工艺生产的发泡或不发泡的、有基材或无基材的聚氯乙烯卷材地板（以下简称为卷材地板），也适用于聚氯乙烯复合铺炕革、聚氯乙烯车用地板。

要求

氯乙烯单体限量

卷材地板聚氯乙烯层中氯乙烯单位含量应不大于 5mg/kg。

可溶性重金属限量

卷材地板中不得使用铅盐助剂；作为杂质，卷材地板中可溶性铅含量应不大于 200mg/m^2。卷材地板中可溶性镉含量应不大于 20mg/m^2。

挥发物的限量（g/m^2）

发泡类卷材地板中挥发物的限量		非发泡类卷材地板中挥发物的限量	
玻璃纤维基材	其他基材	玻璃纤维基材	其他基材
≤75	≤35	≤40	≤10

（七）混凝土外加剂中释放氨的限量

本标准规定了混凝土外加剂中释放氨的限量。

本标准适用于各类具有室内使用功能的建筑用、能释放氨的混凝土外加剂，不适用于桥梁、公路及其他室外工程用混凝土外加剂。

要求：混凝土外加剂中释放氨的量≤0.10%（质量分数）。

（八）室内装饰装修材料壁纸中有害物质限量

本标准规定了壁纸中的重金属（或其他）元素、氯乙烯单体及甲醛三种有害物质的限量、试验方法和检验规则。

本标准主要适用于以纸为基材的壁纸。主要以纸为基材，通过胶粘剂贴于贴面或顶棚上的装饰材料，不包括墙毡及其他类似的墙挂。

壁纸中的有害物质限量值（g/m^2）

有害物质名称		限量值
重金属（或其他）元素	钡	≤1000
	镉	≤25
	铬	≤60
	铅	≤90
	砷	≤8
	汞	≤20

续表

有害物质名称		限量值
重金属（或其他）元素	硒	≤165
	锑	≤20
氯乙烯单体		≤1.0
甲醛		≤120

（九）室内装饰装修材料

地毯中有害物质释放限量

有害物质释放限量（g/m²）

序号	有害物质测试项目	限量	
		A 级	B 级
1	总挥发性有机化合物（TVOC）	≤0.500	≤0.600
2	甲醛（Formaldehyde）	≤0.050	≤0.050
3	苯乙烯（Styrene）	≤0.400	≤0.500
4	4—苯基环己烯（4—Phenylcyclohexene）	≤0.050	≤0.050

地毯衬垫有害物质释放限量（g/m²）

序号	有害物质测试项目	限量	
		A 级	B 级
1	总挥发性有机化合物（TVOC）	≤1.000	≤1.200
2	甲醛（Formaldehyde）	≤0.050	≤0.050
3	苯乙烯（Styrene）	≤0.030	≤0.030
4	4—苯基环己烯（4—Phenylcyclohexene）	≤0.050	≤0.050

地毯胶粘剂有害物质释放限量（g/m²）

序号	有害物质测试项目	限量	
		A 级	B 级
1	总挥发性有机化合物（TVOC）	≤10.000	≤12.000
2	甲醛（Formaldehyde）	≤0.050	≤0.050
3	2—乙基己醇（2—ethy1—1—hexanol）	≤3.000	≤3.500

A级为环保型产品，B级为有害物质释放限量合格产品，在产品标签上口应标识产品有害物质释放限量的级别。

（十）建筑材料放射性核素限量

本标准规定了建筑材料中天然放射性核素镭—226、钍—232、钾—40放射性比活度的限量和试验方法。

本标准适用于建造各类建筑物所使用的无机非金属类建筑材料，包括掺工业废渣的建筑材料。

建筑材料

本标准中建筑材料是指：用于建造各类建筑物所用的无机非金属类材料。

本标准将建筑材料分为：建筑主体材料和装修材料。

建筑主体材料

用于建造建筑物主体工程所使用的建筑材料。包括：水泥与水泥制品、砖、瓦、混凝土、混凝土预制构件、砌块、墙体保温材料、工业废渣、掺工业废渣的建筑材料及各种新型墙体材料等。

装修材料

用于建筑物室内、外饰面用的建筑材料。包括：花岗石、建筑陶瓷、石膏制品、吊顶材料、粉刷材料及其他新型饰面材料等。

建筑主体材料放射性核素限量

当建筑主体材料中天然放射性核素镭—226、钍—232、钾—40的放射性比活度同时满足$I_{Ra} \leq 1.0$和$I_r \leq 1.0$时，其产销与使用范围不受限制。

对于空心率大于25%的建筑主体材料，其天然放射性核素镭—226、钍—232、钾—40的放射性比活度同时满足$I_{Ra} \leq 1.0$和$I_r \leq 1.3$时，其产销与使用范围不受限制。

装修材料放射性核素限量

本标准根据装修材料放射性水平大小划分为以下三类：

A类装修材料

装修材料中天然放射性核素镭—226、钍—232、钾—40的放射性比活度同时满足$I_{Ra} \leq 1.0$和$I_r \leq 1.3$要求的为A类装修材料。A类装修材料产销与使用范围不受限制。

B类装修材料

不满足A类装修材料要求但同时满足$I_{Ra} \leq 1.3$和$I_r \leq 1.9$要求的为B类装修材料。B类装修材料不可用于Ⅰ类民用建筑的内饰面，但可用于Ⅰ类民用建筑的外饰面及其他一切建筑的内、外饰面。

C类装修材料

不满足A、B类装修材料要求但满足$I_r \leq 2.8$要求的为C类装修材料。C类装修材料只可用于建筑物的外饰面及室外其他用途。

$I_r > 2.8$的花岗石只可用于碑石、海堤、桥墩等人类很少涉及的地方。

其他要求

使用废渣生产建筑材料产品时，其产品放射性水平应满足本标准要求。

当企业生产更换原料来源或配比时，必须预先进行放射性核素比活度检验，以保证产品满足本标准要求。

花岗石矿床勘查时，必须用本标准中规定的装修材料分类控制值对花岗石矿床进行放射性水平的预评价。装修材料生产企业按照本标准要求，在其产品包装或说明书中注明其放射性水平类别。

各企业进行产品销售时，应持具有资质的检测机构出具的，符合本标准规定的天然放射性核素检验报告。在天然放射性较高地区，单纯利用当地原材料生产的建筑材料产品，只要其放射性比活度不大于当地地表土壤中相应天然放射性核素平均本地水平的，可限在本地区使用。

以上标准由中华人民共和国国家质量监督检验检疫总局发布。

自2002年1月1日起，生产企业生产的产品应执行该国家标准，过渡期6个月；自2002年7月1日起，市场上停止销售不符合该国家标准的产品。

第八章 相关法律法规有关条文

第一节 中华人民共和国刑法

第一百三十四条 在生产、作业中违反有关安全管理的规定，因而发生重大伤亡事故或者造成其他严重后果的，处三年以下有期徒刑或者拘役；情节特别恶劣的，处三年以上七年以下有期徒刑。

强令他人违章冒险作业，因而发生重大伤亡事故或者造成其他严重后果的，处五年以下有期徒刑或者拘役；情节特别恶劣的，处五年以上有期徒刑。

第一百三十五条 安全生产设施或者安全生产条件不符合国家规定，因而发生重大伤亡事故或者造成其他严重后果的，对直接负责的主管人员和其他直接责任人员，处三年以下有期徒刑或者拘役；情节特别恶劣的，处三年以上七年以下有期徒刑。

第一百三十五条之一 举办大型群众性活动违反安全管理规定，因而发生重大伤亡事故或者造成其他严重后果的，对直接负责的主管人员和其他直接责任人员，处三年以下有期徒刑或者拘役；情节特别恶劣的，处三年以上七年以下有期徒刑。

第一百三十六条 违反爆炸性、易燃性、放射性、毒害性、腐蚀性物品的管理规定，在生产、储存、运输、使用中发生重大事故，造成严重后果的，处三年以下有期徒刑或者拘役；后果特别严重的，处三年以上七年以下有期徒刑。

第一百三十七条 建设单位、设计单位、施工单位、工程监理单位违反国家规定，降低工程质量标准，造成重大安全事故的，对直接责任人员，处五年以下有期徒刑或者拘役，并处罚金；后果特别严重的，处五年以上十年以下有期徒刑，并处罚金。

第一百三十九条 违反消防管理法规，经消防监督机构通知采取改正措施而拒绝执行，造成严重后果的，对直接责任人员，处三年以下有期徒刑或者拘役；后果特别严重的，处三年以上七年以下有期徒刑。

第一百四十六条 生产不符合保障人身、财产安全的国家标准、行业标准的电器、压力容器、易燃易爆产品或者其他不符合保障人身、财产安全的国家标准、行业标准的产品，或者销售明知是以上不符合保障人身、财产安全的国家标准、行业标准的产品，造成严重后果的，处五年以下有期徒刑,并处销售金额百分之五十以上二倍以下罚金;后果特别严重的,处五年以上有期徒刑,并处销售金额百分之五十以上二倍以下罚金。

第二节 中华人民共和国建筑法

第一条 为了加强对建筑活动的监督管理,维护建筑市场秩序,保证建筑工程的质量和安全,促进建筑业健康发展,制定本法。

第二条 在中华人民共和国境内从事建筑活动,实施对建筑活动的监督管理,应当遵守本法。本法所称建筑活动,是指各类房屋建筑及其附属设施的建造和与其配套的线路、管道、设备的安装活动。

第三条 建筑活动应当确保建筑工程质量和安全,符合国家的建筑工程安全标准。

第五条 从事建筑活动应当遵守法律、法规,不得损害社会公共利益和他人的合法权益。任何单位和个人都不得妨碍和阻挠依法进行的建筑活动。

第三十六条 建筑工程安全生产管理必须坚持安全第一、预防为主的方针,建立健全安全生产的责任制度和群防群治制度。

第三十九条 建筑施工企业应当在施工现场采取维护安全、防范危险、预防火灾等措施;有条件的,应当对施工现场实行封闭管理。施工现场对毗邻的建筑物、构筑物和特殊作业环境可能造成损害的,建筑施工企业应当采取安全防护措施。

第四十条 建设单位应当向建筑施工企业提供与施工现场相关的地下管线资料,建筑施工企业应当采取措施加以保护。

第四十一条 建筑施工企业应当遵守有关环境保护和安全生产的法律、法规的规定,采取控制和处理施工现场的各种粉尘、废气、废水、固体废物以及噪声、振动对环境的污染和危害的措施。

第四十二条 有下列情形之一的,建设单位应当按照国家有关规定办理申请批准手续:

(一) 需要临时占用规划批准范围以外场地的;

(二) 可能损坏道路、管线、电力、邮电通讯等公共设施的;

(三) 需要临时停水、停电、中断道路交通的;

(四) 需要进行爆破作业的;

(五) 法律、法规规定需要办理报批手续的其他情形。

第四十七条 建筑施工企业和作业人员在施工过程中,应当遵守有关安全生产的法律、法规和建筑行业安全规章、规程,不得违章指挥或者违章作业。作业人员有权对影响人身健康的作业程序和作业条件提出改进意见,有权获得安全生产所需的防护用品。作业人员对危及生命安全和人身健康的行为有权提出批评、检举和控告。

第四十九条 涉及建筑主体和承重结构变动的装修工程,建设单位应当在施工前委托原设计单位或者具有相应资质条件的设计单位提出设计方案;没有设计方案的,不得施工。

第五十五条 建筑工程实行总承包的,工程质量由工程总承包单位负责,总承包单位将建筑工程分包给其他单位的,应当对分包工程的质量与分包单位承担连带责任。分包单位应当接受总承包单位的质量管理。

第五十八条 建筑施工企业对工程的施工质量负责。建筑施工企业必须按照工程设计图纸和施工技术标准施工，不得偷工减料。工程设计的修改由原设计单位负责，建筑施工企业不得擅自修改工程设计。

第五十九条 筑施工企业必须按照工程设计要求、施工技术标准和合同的约定，对建筑材料、建筑构配件和设备进行检验，不合格的不得使用。

第七十条 违反本法规定，涉及建筑主体或者承重结构变动的装修工程擅自施工的，责令改正，处以罚款；造成损失的，承担赔偿责任；构成犯罪的，依法追究刑事责任。

第七十一条 （第二款）建筑施工企业的管理人员违章指挥、强令职工冒险作业，因而发生重大伤亡事故或者造成其他严重后果的，依法追究刑事责任。

第七十四条 建筑施工企业在施工中偷工减料的，使用不合格的建筑材料、建筑构配件和设备的，或者有其他不按照工程设计图纸或者施工技术标准施工的行为的，责令改正，处以罚款；情节严重的，责令停业整顿，降低资质等级或者吊销资质证书；造成建筑工程质量不符合规定的质量标准的，负责返工、修理，并赔偿因此造成的损失；构成犯罪的，依法追究刑事责任。

第三节　中华人民共和国安全生产法

第一条 为了加强安全生产监督管理，防止和减少生产安全事故，保障人民群众生命和财产安全，促进经济发展，制定本法。

第二条 在中华人民共和国领域内从事生产经营活动的单位（以下统称生产经营单位）的安全生产，适用本法；有关法律、行政法规对消防安全和道路交通安全、铁路交通安全、水上交通安全、民用航空安全另有规定的，适用其规定。

第三条 安全生产管理，坚持安全第一、预防为主的方针。

第六条 生产经营单位的从业人员有依法获得安全生产保障的权利，并应当依法履行安全生产方面的义务。

第十三条 国家实行生产安全事故责任追究制度，依照本法和有关法律、法规的规定，追究生产安全事故责任人员的法律责任。

第十六条 生产经营单位应当具备本法和有关法律、行政法规和国家标准或者行业标准规定的安全生产条件；不具备安全生产条件的，不得从事生产经营活动。

第二十八条 生产经营单位应当在有较大危险因素的生产经营场所和有关设施、设备上，设置明显的安全警示标志。

第二十九条 安全设备的设计、制造、安装、使用、检测、维修、改造和报废，应当符合国家标准或者行业标准。

生产经营单位必须对安全设备进行经常性维护、保养，并定期检测，保证正常运转。维护、保养、检测应当作好记录，并由有关人员签字。

第三十一条 国家对严重危及生产安全的工艺、设备实行淘汰制度。

生产经营单位不得使用国家明令淘汰、禁止使用的危及生产安全的工艺、设备。

第三十五条 生产经营单位进行爆破、吊装等危险作业，应当安排专门人员进行现场安全管理，确保操作规程的遵守和安全措施的落实。

第四十六条 从业人员有权对本单位安全生产工作中存在的问题提出批评、检举、控告；有权拒绝违章指挥和强令冒险作业。

生产经营单位不得因从业人员对本单位安全生产工作提出批评、检举、控告或者拒绝违章指挥、强令冒险作业而降低其工资、福利等待遇或者解除与其订立的劳动合同。

第八十三条 生产经营单位有下列行为之一的，责令限期改正；逾期未改正的，责令停止建设或者停产停业整顿，可以并处五万元以下的罚款；造成严重后果，构成犯罪的，依照刑法有关规定追究刑事责任：

（九）使用国家明令淘汰、禁止使用的危及生产安全的工艺、设备的。

第八十五条 生产经营单位有下列行为之一的，责令限期改正；逾期未改正的，责令停产停业整顿，可以并处二万元以上十万元以下的罚款；造成严重后果，构成犯罪的，依照刑法有关规定追究刑事责任：

（一）生产、经营、储存、使用危险物品，未建立专门安全管理制度、未采取可靠的安全措施或者不接受有关主管部门依法实施的监督管理的；

（二）对重大危险源未登记建档，或者未进行评估、监控，或者未制定应急预案的；

（三）进行爆破、吊装等危险作业，未安排专门管理人员进行现场安全管理的。

第九十一条 生产经营单位主要负责人在本单位发生重大生产安全事故时，不立即组织抢救或者在事故调查处理期间擅离职守或者逃匿的，给予降职、撤职的处分，对逃匿的处十五日以下拘留；构成犯罪的，依照刑法有关规定追究刑事责任。

生产经营单位主要负责人对生产安全事故隐瞒不报、谎报或者拖延不报的，依照前款规定处罚。

第四节 中华人民共和国消防法

第十八条 禁止在具有火灾、爆炸危险的场所使用明火；因特殊情况需要使用明火作业的，应当按照规定事先办理审批手续。作业人员应当遵守消防安全规定，并采取相应的消防安全措施。进行电焊、气焊等具有火灾危险的作业的人员和自动消防系统的操作人员，必须持证上岗，并严格遵守消防安全操作规程。

第二十一条 任何单位、个人不得损坏或者擅自挪用、拆除、停用消防设施、器材，不得埋压、圈占消火栓，不得占用防火间距，不得堵塞消防通道。

公用和城建等单位在修建道路以及停电、停水、截断通信线路时有可能影响消防队灭火救援的，必须事先通知当地公安消防机构。

第四十三条 机关、团体、企业、事业单位违反本法的规定，未履行消防安全职责的，责令限期改正；逾期不改正的，对其直接负责的主管人员和其他直接责任人员依法给予行政处分或者处警告。

营业性场所有下列行为之一的，责令限期改正；逾期不改正的，责令停产停业，可以并处罚款，并对其直接负责的主管人员和其他直接责任人员处罚款：

（一）对火灾隐患不及时消除的；

（二）不按照国家有关规定，配置消防设施和器材的；

（三）不能保障疏散通道、安全出口畅通的。

在设有车间或者仓库的建筑物内设置员工集体宿舍的，依照第二款的规定处罚。

第四十七条 违反本法的规定，有下列行为之一的，处警告、罚款或者十日以下拘留：

（一）违反消防安全规定进入生产、储存易燃易爆危险物品场所的；

（二）违法使用明火作业或者在具有火灾、爆炸危险的场所违反禁令，吸烟、使用明火的；

（三）阻拦报火警或者谎报火警的；

（四）故意阻碍消防车、消防艇赶赴火灾现场或者扰乱火灾现场秩序的；

（五）拒不执行火场指挥员指挥，影响灭火救灾的；

（六）过失引起火灾，尚未造成严重损失的。

第四十八条 违反本法的规定，有下列行为之一的，处警告或者罚款：

（一）指使或者强令他人违反消防安全规定，冒险作业，尚未造成严重后果的；

（二）埋压、圈占消火栓或者占用防火间距、堵塞消防通道的，或者损坏和擅自挪用、拆除、停用消防设施、器材的；

（三）有重大火灾隐患，经公安消防机构通知逾期不改正的。

单位有前款行为的，依照前款的规定处罚，并对其直接负责的主管人员和其他直接责任人员处警告或者罚款。

有第一款第二项所列行为的，还应当责令其限期恢复原状或者赔偿损失；对逾期不恢复原状的，应当强制拆除或者清除，所需费用由违法行为人承担。

第五十条 火灾扑灭后，为隐瞒、掩饰起火原因、推卸责任，故意破坏现场或者伪造现场，尚不构成犯罪的，处警告、罚款或者十五日以下拘留。单位有前款行为的，处警告或者罚款，并对其直接负责的主管人员和其他直接责任人员依照前款的规定处罚。

第五节　建设工程质量管理条例

第一条 为了加强对建设工程质量的管理，保证建设工程质量，保护人民生命和财产安全，根据《中华人民共和国建筑法》，制定本条例。

第二十六条 施工单位对建设工程的施工质量负责。

施工单位应当建立质量责任制，确定工程项目的项目经理、技术负责人和施工管理负责人。

建设工程实行总承包的，总承包单位应当对全部建设工程质量负责；建设工程勘察、设计、施工、设备采购的一项或者多项实行总承包的，总承包单位应当对其承包的建设工程或者采购的设备的质量负责。

第二十八条 施工单位必须按照工程设计图纸和施工技术标准施工，不得擅自修改工程设计，不得偷工减料。

施工单位在施工过程中发现设计文件和图纸有差错的，应当及时提出意见和建议。

第二十九条 施工单位必须按照工程设计要求、施工技术标准和合同约定，对建筑材料、建筑构配件、设备和商品混凝土进行检验，检验应当有书面记录和专人签字；未经检验或者检验不合格的，不得使用。

第三十一条 施工人员对涉及结构安全的试块、试件以及有关材料，应当在建设单位或者工程监理单位监督下现场取样，并送具有相应资质等级的质量检测单位进行检测。

第三十二条 施工单位对施工中出现质量问题的建设工程或者竣工验收不合格的建设工程，应当负责返修。

第六十四条 违反本条例规定，施工单位在施工中偷工减料的，使用不合格的建筑材料、建筑构配件和设备的，或者有不按照工程设计图纸或者施工技术标准施工的其他行为的，责令改正，处工程合同价款2%以上4%以下的罚款；造成建设工程质量不符合规定的质量标准的，负责返工、修理，并赔偿因此造成的损失；情节严重的，责令停业整顿，降低资质等级或者吊销资质证书。

第六十五条 违反本条例规定，施工单位未对建筑材料、建筑构配件、设备和商品混凝土进行检验，或者未对涉及结构安全的试块、试件以及有关材料取样检测的，责令改正，处10万元以上20万元以下的罚款；情节严重的，责令停业整顿，降低资质等级或者吊销资质证书；造成损失的，依法承担赔偿责任。

第六十九条 违反本条例规定，涉及建筑主体或者承重结构变动的装修工程，没有设计方案擅自施工的，责令改正，处50万元以上100万元以下的罚款；房屋建筑使用者在装修过程中擅自变动房屋建筑主体和承重结构的，责令改正，处5万元以上10万元以下的罚款。

有前款所列行为，造成损失的，依法承担赔偿责任。

第七十条 发生重大工程质量事故隐瞒不报、谎报或者拖延报告期限的，对直接负责的主管人员和其他责任人员依法给予行政处分。

第七十三条 依照本条例规定，给予单位罚款处罚的，对单位直接负责的主管人员和其他直接责任人员处单位罚款数额5%以上10%以下的罚款。

第六节 建设工程安全生产管理条例

第二十五条 垂直运输机械作业人员、安装拆卸工、爆破作业人员、起重信号工、登高架设作业人员等特种作业人员，必须按照国家有关规定经过专门的安全作业培训，并取得特种作业操作资格证书后，方可上岗作业。

第二十七条 建设工程施工前，施工单位负责项目管理的技术人员应当对有关安全施工的技术要求向施工作业班组、作业人员作出详细说明，并由双方签字确认。

第二十八条 施工单位应当在施工现场入口处、施工起重机械、临时用电设施、脚手架、出入通道口、楼梯口、电梯井口、孔洞口、桥梁口、隧道口、基坑边沿、爆破物及有害危险气体和液体存放处等危险部位，设置明显的安全警示标志。安全警示标志必须符合国家标准。

施工单位应当根据不同施工阶段和周围环境及季节、气候的变化，在施工现场采取相应的安全施工措施。施工现场暂时停止施工的，施工单位应当做好现场防护，所需费用由责任方承担，或者按照合同约定执行。

第三十六条 施工单位对因建设工程施工可能造成损害的毗邻建筑物、构筑物和地下管线等，应当采取专项防护措施。

施工单位应当遵守有关环境保护法律、法规的规定，在施工现场采取措施，防止或者减少粉尘、废气、废水、固体废物、噪声、振动和施工照明对人和环境的危害和污染。

在城市市区内的建设工程，施工单位应当对施工现场实行封闭围挡。

第三十七条 作业人员进入新的岗位或者新的施工现场前，应当接受安全生产教育培训。未经教育培训或者教育培训考核不合格的人员，不得上岗作业。

施工单位在采用新技术、新工艺、新设备、新材料时，应当对作业人员进行相应的安全生产教育培训。

第六十二条 违反本条例的规定，施工单位有下列行为之一的，责令限期改正；逾期未改正的，责令停业整顿，依照《中华人民共和国安全生产法》的有关规定处以罚款；造成重大安全事故，构成犯罪的，对直接责任人员，依照刑法有关规定追究刑事责任：

（一）未设立安全生产管理机构、配备专职安全生产管理人员或者分部分项工程施工时无专职安全生产管理人员现场监督的；

（二）施工单位的主要负责人、项目负责人、专职安全生产管理人员、作业人员或者特种作业人员，未经安全教育培训或者经考核不合格即从事相关工作的；

（三）未在施工现场的危险部位设置明显的安全警示标志，或者未按照国家有关规定在施工现场设置消防通道、消防水源、配备消防设施和灭火器材的；

（四）未向作业人员提供安全防护用具和安全防护服装的；

（五）未按照规定在施工起重机械和整体提升脚手架、模板等自升式架设设施验收合格后登记的；

（六）使用国家明令淘汰、禁止使用的危及施工安全的工艺、设备、材料的。

第六十四条 违反本条例的规定，施工单位有下列行为之一的，责令限期改正；逾期未改正的，责令停业整顿，并处5万元以上10万元以下的罚款；造成重大安全事故，构成犯罪的，对直接责任人员，依照刑法有关规定追究刑事责任：

（一）施工前未对有关安全施工的技术要求作出详细说明的；

（二）未根据不同施工阶段和周围环境及季节、气候的变化，在施工现场采取相应的安全施工措施，或者在城市市区内的建设工程的施工现场未实行封闭围挡的；

（三）在尚未竣工的建筑物内设置员工集体宿舍的；

（四）施工现场临时搭建的建筑物不符合安全使用要求的；

（五）未对因建设工程施工可能造成损害的毗邻建筑物、构筑物和地下管线等采取专项防护措施的。

施工单位有前款规定第（四）项、第（五）项行为，造成损失的，依法承担赔偿责任。

第六十五条 违反本条例的规定，施工单位有下列行为之一的，责令限期改正；逾期未改正的，责令停业整顿，并处10万元以上30万元以下的罚款；情节严重的，降低资质等级，直至吊销资质证书；造成重大安全事故，构成犯罪的，对直接责任人员，依照刑法有关规定追究刑事责任；造成损失的，依法承担赔偿责任：

（一）安全防护用具、机械设备、施工机具及配件在进入施工现场前未经查验或者查验不合格即投入使用的；

（二）使用未经验收或者验收不合格的施工起重机械和整体提升脚手架、模板等自升式架设设施的；

（三）委托不具有相应资质的单位承担施工现场安装、拆卸施工起重机械和整体提升脚手架、模板等自升式架设设施的；

（四）在施工组织设计中未编制安全技术措施、施工现场临时用电方案或者专项施工方案的。

第七节 安全生产许可证条例

第一条 为了严格规范安全生产条件，进一步加强安全生产监督管理，防止和减少生产安全事故，根据《中华人民共和国安全生产法》的有关规定，制定本条例。

第二条 国家对矿山企业、建筑施工企业和危险化学品、烟花爆竹、民用爆破器材生产企业（以下统称企业）实行安全生产许可制度。

企业未取得安全生产许可证的，不得从事生产活动。

第六条 企业取得安全生产许可证，应当具备下列安全生产条件：

（一）建立、健全安全生产责任制，制定完备的安全生产规章制度和操作规程；

（二）安全投入符合安全生产要求；

（三）设置安全生产管理机构，配备专职安全生产管理人员；

（四）主要负责人和安全生产管理人员经考核合格；

（五）特种作业人员经有关业务主管部门考核合格，取得特种作业操作资格证书；

（六）从业人员经安全生产教育和培训合格；

（七）依法参加工伤保险，为从业人员缴纳保险费；

（八）厂房、作业场所和安全设施、设备、工艺符合有关安全生产法律、法规、标准和规程的要求；

（九）有职业危害防治措施，并为从业人员配备符合国家标准或者行业标准的劳动防护用品；

（十）依法进行安全评价；

（十一）有重大危险源检测、评估、监控措施和应急预案；

（十二）有生产安全事故应急救援预案、应急救援组织或者应急救援人员，配备必要的应急救援器材、设备；

（十三）法律、法规规定的其他条件。

第九条 安全生产许可证的有效期为3年。安全生产许可证有效期满需要延期的，企业应当于期满前3个月向原安全生产许可证颁发管理机关办理延期手续。

企业在安全生产许可证有效期内，严格遵守有关安全生产的法律法规，未发生死亡事故的，安全生产许可证有效期届满时，经原安全生产许可证颁发管理机关同意，不再审查，安全生产许可证有效期延期3年。

第十九条　违反本条例规定，未取得安全生产许可证擅自进行生产的，责令停止生产，没收违法所得，并处10万元以上50万元以下的罚款；造成重大事故或者其他严重后果，构成犯罪的，依法追究刑事责任。

第八节　中华人民共和国合同法

第十六章　建设工程合同

第二百六十九条　建设工程合同是承包人进行工程建设，发包人支付价款的合同。

建设工程合同包括工程勘察、设计、施工合同。

第二百七十条　建设工程合同应当采用书面形式。

第二百七十一条　建设工程的招标投标活动，应当依照有关法律的规定公开、公平、公正进行。

第二百七十二条　发包人可以与总承包人订立建设工程合同，也可以分别与勘察人、设计人、施工人订立勘察、设计、施工承包合同。发包人不得将应当由一个承包人完成的建设工程肢解成若干部分发包给几个承包人。

总承包人或者勘察、设计、施工承包人经发包人同意，可以将自己承包的部分工作交由第三人完成。第三人就其完成的工作成果与总承包人或者勘察、设计、施工承包人向发包人承担连带责任。承包人不得将其承包的全部建设工程转包给第三人或者将其承包的全部建设工程肢解以后以分包的名义分别转包给第三人。

禁止承包人将工程分包给不具备相应资质条件的单位。禁止分包单位将其承包的工程再分包。建设工程主体结构的施工必须由承包人自行完成。

第二百七十三条　国家重大建设工程合同，应当按照国家规定的程序和国家批准的投资计划、可行性研究报告等文件订立。

第二百七十四条　勘察、设计合同的内容包括提交有关基础资料和文件（包括概预算）的期限、质量要求、费用以及其他协作条件等条款。

第二百七十五条　施工合同的内容包括工程范围、建设工期、中间交工工程的开工和竣工时间、工程质量、工程造价、技术资料交付时间、材料和设备供应责任、拨款和结算、竣工验收、质量保修范围和质量保证期、双方相互协作等条款。

第二百七十六条　建设工程实行监理的，发包人应当与监理人采用书面形式订立委托监理合同。发包人与监理人的权利和义务以及法律责任，应当依照本法委托合同以及其他有关法律、行政法规的规定。

第二百七十七条　发包人在不妨碍承包人正常作业的情况下，可以随时对作业进度、质量进行检查。

第二百七十八条 隐蔽工程在隐蔽以前，承包人应当通知发包人检查。发包人没有及时检查的，承包人可以顺延工程日期，并有权要求赔偿停工、窝工等损失。

第二百七十九条 建设工程竣工后，发包人应当根据施工图纸及说明书、国家颁发的施工验收规范和质量检验标准及时进行验收。验收合格的，发包人应当按照约定支付价款，并接收该建设工程。建设工程竣工经验收合格后，方可交付使用；未经验收或者验收不合格的，不得交付使用。

第二百八十条 勘察、设计的质量不符合要求或者未按照期限提交勘察、设计文件拖延工期，造成发包人损失的，勘察人、设计人应当继续完善勘察、设计，减收或者免收勘察、设计费并赔偿损失。

第二百八十一条 因施工人的原因致使建设工程质量不符合约定的，发包人有权要求施工人在合理期限内无偿修理或者返工、改建。经过修理或者返工、改建后，造成逾期交付的，施工人应当承担违约责任。

第二百八十二条 因承包人的原因致使建设工程在合理使用期限内造成人身和财产损害的，承包人应当承担损害赔偿责任。

第二百八十三条 发包人未按照约定的时间和要求提供原材料、设备、场地、资金、技术资料的，承包人可以顺延工程日期，并有权要求赔偿停工、窝工等损失。

第二百八十四条 因发包人的原因致使工程中途停建、缓建的，发包人应当采取措施弥补或者减少损失，赔偿承包人因此造成的停工、窝工、倒运、机械设备调迁、材料和构件积压等损失和实际费用。

第二百八十五条 因发包人变更计划，提供的资料不准确，或者未按照期限提供必需的勘察、设计工作条件而造成勘察、设计的返工、停工或者修改设计，发包人应当按照勘察人、设计人实际消耗的工作量增付费用。

第二百八十六条 发包人未按照约定支付价款的，承包人可以催告发包人在合理期限内支付价款。发包人逾期不支付的，除按照建设工程的性质不宜折价、拍卖的以外，承包人可以与发包人协议将该工程折价，也可以申请人民法院将该工程依法拍卖。建设工程的价款就该工程折价或者拍卖的价款优先受偿。

第二百八十七条 本章没有规定的，适用承揽合同的有关规定。

第九节 建筑内部装修设计防火规范

1 总 则

1.0.1 为保障建筑内部装修的消防安全，贯彻"预防为主、防消结合"的消防工作方针，防止和减少建筑物火灾的危害，特制定本规范。

1.0.2 本规范适用于民用建筑和工业厂房的内部装修设计。本规范不适用于古建筑和木结构建筑的内部装修设计。

1.0.3 建筑内部装修设计应妥善处理装修效果和使用安全的矛盾,积极采用不燃性材料和难燃性材料,尽量避免采用在燃烧时产生大量浓烟或有毒气体的材料,做到安全适用,技术先进,经济合理。

1.0.4 本规范规定的建筑内部装修设计,在民用建筑中包括顶棚、墙面、地面、隔断的装修,以及固定家具、窗帘、帷幕、床罩、家具包布、固定饰物等;在工业厂房中包括顶棚、墙面、地面和隔断的装修。

注:(1)隔断系指不到顶的隔断。到顶的固定隔断装修应与墙面规定相同;
　　(2)柱面的装修应与墙面的规定相同。

1.0.5 建筑内部装修设计,除执行本规范的规定外,尚应符合现行的有关国家标准、规范的规定。

2 装修材料的分类和分级

2.0.1 装修材料按其使用部位和功能,可划分为顶棚装修材料、墙面装修材料、地面装修材料、隔断装修材料、固定家具、装饰织物、其他装饰材料七类。

注:(1)装饰织物系指窗帘、帷幕、床罩、家具包布等;
　　(2)其他装饰材料系指楼梯扶手、挂镜线、踢脚板、窗帘盒、暖气罩等。

2.0.2 装修材料按其燃烧性能应划分为四级,并应符合表2.0.2的规定:

装修材料燃烧性能等级　　　　　表2.0.2

等　　级	装修材料燃烧性能	等　　级	装修材料燃烧性能
A	不燃性	B_2	可燃性
B_1	难燃性	B_3	易燃性

2.0.3 装修材料的燃烧性能等级,应按本规范附录A的规定,由专业检测机构检测确定。B_3级装修材料可不进行检测。

2.0.4 安装在钢龙骨上的纸面石膏板,可做为A级装修材料使用。

2.0.5 当胶合板表面涂覆一级饰面型防火涂料时,可做为B_1级装修材料使用。

注:饰面型防火涂料的等级应符合现行国家标准《防火涂料防火性能试验方法及分级标准》的有关规定。

2.0.6 单位重量小于300g/m²的纸质、布质壁纸,当直接粘贴在A级基材上时,可做为B_1级装修材料使用。

2.0.7 施涂于A级基材上的无机装饰涂料,可做为A级装修材料使用;施涂于A级基材上,湿涂覆比小于1.5kg/m²的有机装饰涂料,可做为B_1级装修材料使用。涂料施涂于B_1、B_2级基材上时,应将涂料连同基材一起按本规范附录A的规定确定其燃烧性能等级。

2.0.8 当采用不同装修材料进行分层装修时,各层装修材料的燃烧性能等级均应符合本规范的规定。复合型装修材料应由专业检测机构进行整体测试并划分其燃烧性能等级。

2.0.9 常用建筑内部装修材料燃烧性能等级划分,可按本规范附录B的举例确定。

3 民用建筑

3.1 一般规定

3.1.1 当顶棚或墙面表面局部采用多孔或泡沫状塑料时，其厚度不应大于15mm，面积不得超过该房间顶棚或墙面积的10%。

3.1.2 除地下建筑外，无窗房间的内部装修材料的燃烧性能等级，除A级外，应在本章规定的基础上提高一级。

3.1.3 图书室、资料室、档案室和存放文物的房间，其顶棚、墙面应采用A级装修材料，地面应采用不低于B_1级的装修材料。

3.1.4 大中型电子计算机房、中央控制室、电话总机房等放置特殊贵重设备的房间，其顶棚和墙面应采用A级装修材料，地面及其他装修应采用不低于B_1级的装修材料。

3.1.5 消防水泵房、排烟机房、固定灭火系统钢瓶间、配电室、变压器室、通风和空调机房等，其内部所有装修均应采用A级装修材料。

3.1.6 无自然采光楼梯间、封闭楼梯间、防烟楼梯间的顶棚、墙面和地面均应采用A级装修材料。

3.1.7 建筑物内设有上下层相连通的中庭、走马廊、开敞楼梯、自动扶梯时，其连通部位的顶棚、墙面应采用A级装修材料，其他部位应采用不低于B_1级的装修材料。

3.1.8 防烟分区的挡烟垂壁，其装修材料应采用A级装修材料。

3.1.9 建筑内部的变形缝（包括沉降缝、伸缩缝、抗震缝等）两侧的基层应采用A级材料，表面装修应采用不低于B_1级的装修材料。

3.1.10 建筑内部的配电箱不应直接安装在低于B_1级的装修材料上。

3.1.11 照明灯具的高温部位，当靠近非A级装修材料时，应采取隔热、散热等防火保护措施。灯饰所用材料的燃烧性能等级不应低于B_1级。

3.1.12 公共建筑内部不宜设置采用B_3级装饰材料制成的壁挂、雕塑、模型、标本，当需要设置时，不应靠近火源或热源。

3.1.13 地上建筑的水平疏散走道和安全出口的门厅，其顶棚装饰材料应采用A级装修材料，其他部位应采用不低于B_1级的装修材料。

3.1.14 建筑内部消火栓的门不应被装饰物遮掩，消火栓门四周的装修材料颜色应与消火栓门的颜色有明显区别。

3.1.15 建筑内部装修不应遮挡消防设施和疏散指示标志及出口，并且不应妨碍消防设施和疏散走道的正常使用。

3.1.16 建筑物内的厨房，其顶棚、墙面、地面均应采用A级装修材料。

3.1.17 经常使用明火器具的餐厅、科研试验室，装修材料的燃烧性能等级，除A级外，应在本章规定的基础上提高一级。

3.2 单层、多层民用建筑

3.2.1 单层、多层民用建筑内部各部位装修材料的燃烧性能等级，不应低于表3.2.1

的规定。

单层、多层民用建筑内部各部位装修材料的燃烧性能等级　表3.2.1

建筑物及场所	建筑规模、性质	装修材料燃烧性能等级							
		顶棚	墙面	地面	隔断	固定家具	装饰织物		其他装饰材料
							窗帘	帷幕	
候机楼的候机大厅、商店、餐厅、贵宾候机室、售票厅等	建筑面积>10000m²的候机楼	A	A	B_1	B_1	B_1	B_1		B_1
	建筑面积≤10000m²的候机楼	A	B_1	B_1	B_1	B_2*	B_2		B_2
汽车站、火车站、轮船客运站的候车（船）室、餐厅、商场等	建筑面积>10000m²的车站、码头	A	A	B_1	B_2	B_2	B_2		B_1
	建筑面积≤10000m²的车站、码头	B_1	B_1	B_1	B_2	B_2	B_2		B_2
影院、会堂、礼堂、剧院、音乐厅	>800座位	A	A	B_1	B_1	B_1	B_1	B_1	B_1
	≤800座位	A	B_1	B_1	B_1	B_2	B_1	B_1	B_2
体育馆	>3000座位	A	A	B_1	B_1	B_1	B_1	B_1	B_2
	≤3000座位	A	B_1	B_1	B_1	B_2	B_2	B_1	B_2
商场营业厅	每层建筑面积>3000m²或总建筑面积>9000m²的营业厅	A	B_1	A	A	B_1	B_1		B_2
商场营业厅	每层建筑面积1000~3000m²或总建筑面积为3000~9000m²的营业厅	A	B_1	B_1	B_1	B_2	B_1		
商场营业厅	每层建筑面积<1000m²或总建筑面积<3000m²营业厅	B_1	B_1	B_1	B_2	B_2	B_2		
饭店、旅馆的客房及公共活动用房等	设有中央空调系统的饭店、旅馆	A	B_1	B_1	B_1	B_2	B_2		B_2
	其他饭店、旅馆	B_1	B_1	B_1	B_2	B_2	B_2		

续表

建筑物及场所	建筑规模、性质	装修材料燃烧性能等级							
		顶棚	墙面	地面	隔断	固定家具	装饰织物		其他装饰材料
							窗帘	帷幕	
歌舞厅、餐馆等娱乐、餐饮建筑	营业面积>100m²	A	B₁	B₁	B₂	B₂	B₁		B₂
	营业面积≤100m²	B₁	B₁	B₁	B₂	B₂	B₂		B₂
幼儿园、托儿所、医院病房楼、疗养院、养老院		A	B₁	B₁	B₁	B₂	B₁		B₂
纪念馆、展览馆、博物馆、图书馆、档案馆、资料馆等	国家级、省级	A	B₁	B₁	B₂	B₂	B₁		B₂
	省级以下	B₁	B₁	B₂	B₂	B₂	B₂		B₂
办公楼、综合楼	设有中央空调系统的办公楼、综合楼	A	B₁	B₁	B₂	B₂	B₂		B₂
	其他办公楼、综合楼	B₁	B₁	B₂	B₂	B₂			
住宅	高级住宅	B₁	B₁	B₁	B₁	B₁	B₁		B₂
	普通住宅	B₁	B₂	B₂	B₂	B₂			

3.2.2 单层、多层民用建筑内面积小于100m²的房间,当采用防火墙和耐火极限不低于1.2h的防火门窗与其他部位分隔时,其装修材料的燃烧性能等级可在表3.2.1的基础上降低一级。

3.2.3 当单层、多层民用建筑内装有自动灭火系统时,除顶棚外,其内部装修材料的燃烧性能等级可在表3.2.1规定的基础上降低一级;当同时装有火灾自动报警装置和自动灭火系统时,其顶棚装修材料的燃烧性能等级可在表3.2.1规定的基础上降低一级,其他装修材料的燃烧性能等级可不限制。

3.3 高层民用建筑

3.3.1 高层民用建筑内部各部位装修材料的燃烧性能等级,不应低于表3.3.1的规定。

3.3.2 除100m以上的高层民用建筑及大于800座位的观众厅、会议厅,顶层餐厅外,当设有火灾自动报警装置和自动灭火系统时,除顶棚外,其内部装修材料的燃烧性能等级可在表3.3.1规定的基础上降低一级。

3.3.3 电视塔等特殊高层建筑的内部装修,均应采用A级装修材料。

3.4 地下民用建筑

3.4.1 地下民用建筑内部各部位装修材料的燃烧性能等级,不应低于表3.4.1的规定。

注：地下民用建筑系指单层、多层、高层民用建筑的地下部分，单独建造在地下的民用建筑以及平战结合的地下人防工程。

3.4.2 地下民用建筑的疏散走道和安全出口的门厅，其顶棚、墙面和地面的装修材料应采用A级装修材料。

高层民用建筑内部各部位装修材料的燃烧性能等级　　表3.3.1

建筑物	建筑规模、性质	装修材料燃烧性能等级					装饰织物				其他装饰材料
		顶棚	墙面	地面	隔断	固定家具	窗帘	帷幕	床罩	家具包布	
高级旅馆	>800座位的观众厅、会议厅、顶层餐厅	A	B_1	B_1	B_1	B_1	B_1	B_1		B_1	B_1
	≤800座位的观众厅、会议厅	A	B_1	B_1	B_1	B_2	B_1	B_1		B_2	B_1
	其他部位	A	B_1	B_1	B_2	B_2	B_1	B_2	B_1	B_2	B_1
商业楼、展览楼、综合楼、商住楼、医院病房楼	一类建筑	A	B_1	B_1	B_1	B_1	B_1	B_1		B_2	B_1
	二类建筑	B_1	B_1	B_2	B_2	B_2	B_1	B_2		B_2	B_2
电信楼、财贸金融楼、邮政楼、广播电视楼、电力调度楼、防灾指挥调度楼	一类建筑	A	A	B_1	B_1	B_1	B_1	B_1		B_2	B_1
	二类建筑	B_1	B_1	B_2	B_2	B_2	B_1	B_2		B_2	B_2
教学楼、办公楼、科研楼、档案楼、图书馆	一类建筑	A	B_1	B_1	B_1	B_1	B_1	B_1		B_1	B_1
	二类建筑	B_1	B_2	B_2	B_2	B_2	B_1	B_2		B_2	B_2
住宅、普通旅馆	一类普通旅馆 高级住宅	A	B_1	B_2	B_1	B_2	B_1		B_1	B_2	B_1
	二类普通旅馆 普通住宅	B_1	B_2	B_2	B_2	B_2	B_2		B_2	B_2	B_2

注：1. "顶层餐厅"包括设在高空的餐厅、观光厅等。
　　2. 建筑物的类别、规模、性质应符合国家现行标准《高层民用建筑设计防火规范》的有关规定。

地下民用建筑内部各部位装修材料的燃烧性能等级　　　表3.4.1

建筑物及场所	装修材料燃烧性能等级						
	顶棚	墙面	地面	隔断	固定家具	装饰织物	其他装饰材料
休息室和办公室等 旅馆的客房及公共活动用房等	A	B_1	B_1	B_1	B_1	B_1	B_2
娱乐场所、旱冰场等 舞厅、展览厅等 医院的病房、医疗用房等	A	A	B_1	B_1	B_1	B_1	B_2
电影院的观众厅 商场的营业厅	A	A	A	B_1	B_1	B_1	B_2
停车库 人行通道 图书资料库、档案库	A	A	A	A	A		

3.4.3 单独建造的地下民用建筑的地上部分，其门厅、休息室、办公室等内部装修材料的燃烧性能等级可在表3.4.1的基础上降低一级要求。

3.4.4 地下商场、地下展览厅的售货柜台、固定货架、展览台等，应采用A级装修材料。

附录A　装修材料燃烧性能等级划分

A.1　试　验　方　法

A.1.1 A级装修材料的试验方法，应符合现行国家标准《建筑材料不燃性试验方法》的规定。

A.1.2 B_1级顶棚、墙面、隔断装修材料的试验方法，应符合现行国家标准《建筑材料难燃性试验方法》的规定；B_2级顶棚、墙面、隔断装修材料的试验方法，应符合现行国家标准《建筑材料可燃性试验方法》的规定。

A.1.3 B_1级和B_2地面装修材料的试验方法，应符合现行国家标准《铺地材料临界辐

射通量的测定　辐射热源法》的规定。

A.1.4　装饰织物的试验方法,应符合现行国家标准《纺织织物　阻燃性能测试　垂直法》的规定。

A.1.5　塑料装修材料的试验方法,应符合现行国家标准《塑料燃烧性能试验方法　氧指数法》、《塑料燃烧性能试验方法　垂直燃烧法》、《塑料燃烧性能试验方法　水平燃烧法》的规定。

A.2　等级的判定

A.2.1　在进行不燃性试验时,同时符合下列条件的材料,其燃烧性能等级应定为A级:

A.2.1.1　炉内平均温度不超过50℃;

A.2.1.2　试样表面平均温升不超过50℃;

A.2.1.3　试样中心平均温升不超过50℃;

A.2.1.4　试样平均持续燃烧时间不超过20s;

A.2.1.5　试样平均失重率不超过50%。

A.2.2　顶棚、墙面、隔断装修材料,经难燃性试验,同时符合下列条件,应定为B_1级:

A.2.2.1　试件燃烧的剩余长度平均值≥150mm。其中没有一个试件的燃烧剩余长度为零;

A.2.2.2　没有一组试验的平均烟气温度超过200℃;

A.2.2.3　经过可燃性试验,且能满足可燃性试验的条件。

A.2.3　顶棚、墙面、隔断装修材料,经可燃性试验,同时符合下列条件,应定为B_2级;

A.2.3.1　对下边缘无保护的试件,在底边缘点火开始后20s内,五个试件火焰尖头均未到达刻度线;

A.2.3.2　对下边缘有保护的试件,除符合以上条件外,应附加一组表面点火,点火开始后的20s内,五个试件火焰尖头均未到达刻度线。

A.2.4　地面装修材料,经辐射热源法试验,当最小辐射通量大于或等于$0.45W/cm^2$时,应定为B_1级;当最小辐射通量大于或等于$0.22W/cm^2$时,应定为B_2级。

A.2.5　装饰织物,经垂直法试验,并符合表A.2.5中的条件,应分别定为B_1和B_2级。

装饰织物燃烧性能等级判定　　　　表A.2.5

级　　别	损毁长度（mm）	续燃时间（s）	阻燃时间（s）
B_1	≤150	≤5	≤5
B_2	≤200	≤15	≤10

A.2.6 塑料装饰材料，经氧指数、水平和垂直法试验，并符合表A.2.6中的条件，应分别定为 B_1 和 B_2。

塑料燃烧性能判定　　　　　　　　表 A.2.6

级别	氧指数法	水平燃烧法	垂直燃烧法
B_1	≥32	1级	0级
B_2	≥27	1级	1级

A.2.7 固定家具及其他装饰材料的燃烧性能等级，其试验方法和判定条件应根据材料的材质，按本附录的有关规定确定。

附录 B　常用建筑内部装修材料燃烧性能等级划分举例

表 B

材料类别	级别	材料举例
各部位材料	A	花岗石、大理石、水磨石、水泥制品、混凝土制品、石膏板、石灰制品、黏土制品、玻璃、瓷砖、马赛克、钢铁、铝、铜合金等
顶棚材料	B_1	纸面石膏板、纤维石膏板、水泥刨花板、矿棉装饰吸声板、玻璃棉装饰吸声板、珍珠岩装饰吸声板、难燃胶合板、难燃中密度纤维板、岩棉装饰板、难燃木材、铝箔复合材料、难燃酚醛胶合板、铝箔玻璃钢复合材料等
墙面材料	B_1	纸面石膏板、纤维石膏板、水泥刨花板、矿棉板、玻璃棉板、珍珠岩板、难燃胶合板、难燃中密度纤维板、防火塑料装饰板、难燃双面刨花板、多彩涂料、难燃墙纸、难燃墙布、难燃仿花岗岩装饰板、氯氧镁水泥装配式墙板、难燃玻璃钢平板、PVC塑料护墙板、轻质高强复合墙板、阻燃模压木质复合板材、彩色阻燃人造板、难燃玻璃钢等
	B_2	各类天然木材、木制人造板、竹材、纸制装饰板、装饰微薄木贴面板、印刷木纹人造板、塑料贴面装饰板、聚脂装饰板、复塑装饰板、塑纤板、胶合板、塑料壁纸、无纺贴墙布、墙布、复合壁纸、天然材料壁纸、人造革等
地面材料	B_1	硬PVC塑料地板、水泥刨花板、水泥木丝板、氯丁橡胶地板等
	B_2	半硬质PVC塑料地板、PVC卷材地板、木地板氯纶地毯等
装饰织物	B_1	经阻燃处理的各类难燃织物等
	B_2	纯毛装饰布、纯麻装饰布，经阻燃处理的其他织物等

续表

材料类别	级别	材料举例
其他装饰材料	B_1	聚氯乙烯塑料，酚醛塑性，聚碳酸酯塑料、聚四氟乙烯塑料。三聚氰胺、脲醛塑料、硅树脂塑料装饰型材、经阻燃处理的各类织物等。另见顶棚材料和墙面材料内中的有关材料
	B_2	经阻燃处理的聚乙烯、聚丙烯、聚氨酯、聚苯乙烯、玻璃钢、化纤织物、木制品等

第九章 与各相关单位沟通与协作

一、施工员应主动与室内设计师搞好关系

施工员与设计师两者之间是相辅相成、互相依存的关系。室内设计师是将业主的意图，通过考察，经大脑中酝酿、加工、提升，形成理想方案，反映在图纸上，达到业主满意为止。而这种理想方案可以通过效果图（也叫渲染图）表现出来。

设计师的这一过程，完成了他的设计阶段，余下的是如何实现这一理想设计。这就要靠施工员来完成。所以设计师离不开施工员。同样，施工员施工靠的是设计图纸。设计是否到位、是否合理，施工员的实践就是对设计的检验。发现问题，施工员要设计师来解决、遇到困难要请设计师来指导，甚至修改设计。所以说施工员离不开设计师，设计师也离不开施工员，两者必须保持良好的协作关系。正常情况下每周应请设计师到现场参加一次联系会，遇到特殊紧急情况，要随时联系，使问题尽快解决。

二、施工员要加强与监理员的联系

在施工项目经理部，有一条责任，就是要按照监理机构提供的"监理规划"和"监理实施细则"的要求，接受并配合监理工作。在项目部能够担当这个任务的，也就是施工员。施工员一方面要执行"监理规划"中对施工单位提出的要求，同时还要"接受并配合监理工作"。在日常施工中，图纸的不完善，设计的小修小改是常有的事，要及时与监理联系，作出决断，以免影响正常施工。

在施工技术、质量问题上，也常常会出现意见分歧，要及时与监理工程师沟通。

在材料检验上，施工单位也必须保持正常的会检制度。这些都会由施工员来沟通与协调。

分项工程的质量验收，隐蔽工程的验收，都必须由监理工程师的确认。施工单位有专职质检员，但施工员应从中沟通协调，避免引起冲突。

三、施工员必要时应与业主直接对话

特别是在业主需要认质的材料，施工员要认真按照批准的进度计划，力争业主按计划"认质"，避免拖延。

由业主供应的材料或暂估价材料，业主会进行"认质计价"，这可能会拖延供货时间。施工员应将此作为一项特殊任务来催促业主从速进行。材料的延误是对施工进度最大的影响。

四、施工员对专业分包单位搞好沟通与协作工作

专业分包单位是项目施工管理中的一个特殊形式，也造成了施工项目管理的不完整性，往往造成难以统一计划，统一协调而严重影响施工进度，甚至工程质量。专业分包一般有弱电系统，有时会有空调系统。这些项目直接与装饰施工交叉。配合不好，必然造成拖延进度或造成质量事故，施工员对此负担着重要的沟通与协调责任，因为专业承包与施工单位没有直接的合同关系。

五、施工员对内的协调

施工员除了对外搞好沟通与协调以外，对内也必须进行协调。
（1）劳务队伍的调度，工人的教育，工人技能的考察，也是施工员应承担的责任。
（2）对质检员、安全员、材料员要随时进行协调，加之对他们的工作指导。
（3）施工员还要配合（商务经理）造价员办理洽商鉴证工作。

除以上各项工作以外，施工员还必须坚持现场巡视，不能以交底代替检查监督。

附：工程质量控制管理

一、装饰装修施工的范围划分

根据建筑工程分部（子分部）工程划分，更能说明"建筑装饰装修"属于建筑工程的一个分部工程（附表2-9-1）。

建筑工程分部工程分项工程划分（装饰装修部分）　　附表2-9-1

分部工程代号	分部工程名称	子分部工程代号	子分部工程名称	分项工程名称
03	建筑装饰装修	01	地面	整体面层：基层、水泥混凝土面层、水泥砂浆面层、水磨石面层、防油渗面层、水泥钢（铁）屑面层、不发火（防爆的）面层；板块面层：基层、砖面层（陶瓷锦砖、缸砖、陶瓷地砖和水泥花砖面层）、大理石面层和花岗石面层、预制板块面层（预制水泥混凝土、水磨石板块面层）、料石面层（条石、块石面层）、塑料板面层、活动地板面层、地毯面层；木竹面层：基层、实木地板面层（条材、块材面层）、实木复合地板面层（条材、块材面层）、中密度（强化）复合地板面层（条材面层）、竹地板面层

续表

分部工程代号	分部工程名称	子分部工程代号	子分部工程名称	分项工程名称
03	建筑装饰装修	02	抹灰	一般抹灰，装饰抹灰，清水砌体勾缝
		03	门窗	木门窗制作与安装、金属门窗安装、塑料门窗安装、特种门窗安装、门窗玻璃安装
		04	吊顶	暗龙骨吊顶、明龙骨吊顶
		05	轻质隔墙	板材隔墙、骨架隔墙、活动隔墙、玻璃隔墙
		06	饰面板（砖）	饰面板安装、饰面砖粘贴
		07	幕墙	玻璃幕墙、金属幕墙、石材幕墙
		08	涂饰	水性涂性涂饰、溶剂型涂料涂饰、美术涂饰
		09	裱糊与软包	裱糊、软包
		10	细部	橱柜制作与安装，窗帘盒、窗台板和暖气罩制作与安装，门窗套制作与安装，护栏和扶手制作与安装，花饰制作与安装

二、装饰装修工程质量总目标

1．工能质量

"灵""通""严""实"。

2．观感质量

接不错位、拼不乱缝、交不起翘、镶不虚空、盖不露底、边不出斜、点匀线直、面平如镜。

3．时效质量

壁纸不开裂，瓷砖不脱落，轨道不变形，天花不塌陷，附件不松动，油漆不变色，涂料不起皮，管道不堵塞。

三、质量控制实例

（一）设计控制

设计由专业设计单位设计，也有由施工单位设计并经招标投标，业主认可后才交到施工单位。一般说，设计图纸已具备施工条件。但是，从施工角度审查，仍会有不足之处，并且会使工程的使用功能受到影响。审图是确保装饰施工质量的前提条件。审图的重点是它的合理性。

案例1：同一室内地面，采用不同材质的地面铺设。设计师只求艺术效果，忽略了不同材质对脚感引起的不舒适感。在同一间卧室内，外圈用花岗石，中间用木地板，内圈用地毯，在通往浴室之后又铺上鹅卵石。如果客人穿着拖鞋洗澡，其脚感肯定不适，而且在拼缝处还会留有高低差。

案例2：滥用文化石。文化石是起点缀作用的，有的工程在室内大面积采用文化石，还有采用平铺文化石做墙裙，使墙面露出锐角，造成不安全感。

案例3：会客室不设洗手间，客人要进入主人的卧室"方便"，这是极不礼貌的，应该在会客室设洗手间。

案例4：不分场合顶棚装满天星照明，电能损耗很大，照度达不到标准，照度弱，给人以沉闷阴暗之感。专家指出："设计师在做室内设计时，更多的应思考如何去处理"光"环境、"光"与造型及空间、"光"与色彩、光与表面材质等方面，"光"已经占据了室内设计的主宰地位。所以对"光"的运用要符合科学原理。

案例5：环保意识。从设计源头把住环境污染。最重要一点就是材料的选择。北京某22层大饭店，装饰两年，客房仍进不去人，主要是设计上大芯板使用过量。

设计控制还有尺寸的审查，不同专业设计的尺寸交叉。

电线管走向，喷淋水管走向，空调风管走向，顶棚灯位，风口、音响、喷淋头的位置，都应该在审图时核对清理。因为每个专业设计都是各自为政，设计尺寸难以统一。

以上问题得不到合理的协调，在施工中，必然会引起混乱，造成整体质量的偏差。

（二）基底控制

基底检验是确保装饰工程质量的基础，检验重点是它的可变性。所有建筑装饰都是直接与建筑主体相连结的，什么样的基底，什么样的装饰材料连结的方法都不一样。比如：原墙面抹的是混合砂浆，如果要重新粘贴面砖，必须将底灰铲除，重刷水泥砂浆。对原建筑的质量、表面平整，阴角、阳角垂直度都要进行检验，在可调范围内的，应该在装饰时调整。但会增加材料消耗，应办理洽商；如果偏差超过了可调范围，那要在一定的会议上提出，做好记录，免得交工时扯皮。

结构基底的质量直接影响装饰质量，同时，在装饰施工时，可能还会改变结构、墙体、增加荷载等。比如：风管要通过混凝土梁，门要移位，办公室或医院普通病房要增加卫生间，必定在楼板上打洞，一定要请专业结构设计师进行检查、设计，还要编制专项施工方案。结构控制是保证装饰工程质量，保护建筑主体的重要措施。

（三）施工方案控制

施工方案是施工企业在施工前的重要技术组织工作，整个施工过程将由施工方案作指导。施工方案的编写要符合科学性，编制施工方案是保证装饰工程质量的重要组织手段。施工方案的内容很广，包括施工的方方面面。

1. 排列施工顺序

施工顺序指先干什么，再干什么，后干什么，都要有安排。如有拆除，要编拆除方案。

2. 做样板间

工程未动，样板先行。做样板是确定施工方案的最好方式。通过样板可以发现在施工中可能产生的问题。如基底问题、材料问题、工具问题、具体操作问题、最后达到的质量标准，通过做样板可以一一检验出成功与不足。

3. 理顺施工项目

理顺施工项目是将加工项目分清外加工、现场加工。比如：门窗一般都为外加工，吧台、营业柜台、化妆台等都独立于墙面，又必须在现场加工，应该安排人员进行预做。

4. 加强协调工作

装饰施工是多工种合作，交叉施工。木作、吊顶、镶贴、涂裱之间有顺序关系，也有交叉关系；水、电、空调之间有争空间的问题，也有与装饰交叉的问题；消防、智能施工更是具有独立性。协调不好，会影响全局工程质量。所有以上这些问题，都应该在施工方案中详细规定，并经监理部门审查后实施。

（四）工艺控制

编制施工工艺要有针对性。装饰施工工艺不同于建筑主体施工。主体施工工艺相对稳定，有统一规范。装饰施工工艺由于装饰设计不断创新，装饰材料不断发展，新工艺不断涌现，所以，每项工程的施工工艺不可以照搬原工艺，必须针对本工程项目进行具体编制。现在一些企业在编制施工组织设计时，将工艺部分转辗抄袭，甚至在本工程中不发生的工艺也抄录过来，使施工工艺失去了针对性，同时，失去了对施工应有的指导作用。到了施工的时候，只能由工人自主决定工艺，质量也就无从保障了。

例如：墙面软包，靠外墙一面应该有防水措施，实际施工中几乎没有人做。再比如：贴墙纸，基底应该刷一道清油，现在执行得也不严格。比如，木制品表面油应该刷一道底油，有的也免了，造成漆面起皮。再比如：砂浆贴墙砖，砂浆中加108胶（以前加107胶），工人不遵守工艺规则，为了和易性，任意掺合108胶，严重超比例，不久，瓷砖就会脱落。

必须根据工程编制工艺书，必须要求工人严格执行工艺书，才能最终保证工程质量。

（五）技能控制

技能是衡量工人操作水平的基本内容。工人的技能高低直接关系到所操作的装饰品的最终质量。控制工人的技术水平在于考核，实行上岗证制度。目前，装饰工人主要来源于农民工，绝大部分是未经专业技能培训的，这是装饰工程质量无保证的一个重要原因。工人技能控制应该是装饰企业施工技术与质量管理部门的事，但是因为实行管理层与劳务层分离，施工企业很难控制工人的技能水平，只能消极地对质量实行事后"验尸"。

第三篇
建筑装饰装修施工员应了解的相关知识

第一章 室内设计常识

施工员学习室内设计的重要性

室内设计是建筑装饰装修的龙头和灵魂,没有室内设计便没有建筑装饰装修施工。一个合格的装饰装修施工员,首先要吃透室内设计。实际上室内设计师与施工员做的是同一件事情,前者是构思过程,他运用物质技术和艺术手段,对建筑物内部空间进行环境设计。他的职业属于艺术范畴。室内设计师的室内设计图不是美术作品,不是最终产品,而是建筑装饰的前期工作,真正实现建筑室内装饰的是施工员。施工员根据室内设计要求,调集装饰材料,通过施工技术手段,实现设计师的愿望(也是业主的愿望)。应该说,装饰装修施工是室内设计的继续、而室内设计是装饰施工的先导,两者缺一不可。这就凸显出施工员与室内设计在一项工程上相互连带关系。设计师不能不懂装饰材料和施工工艺;施工员不能不懂室内设计。所以施工员学习室内设计知识是理所当然的事。

第一节 人体工学(也叫人体工程学)

1. 室内人体工学的概念

"室内人体工学"是指人体在室内活动空间的各种适应条件。这些条件需要符合人类的生活机能。

"人体工学"涉及范围有人体的尺度、生理和心理需求、人体能力的感受、对物理环境的感受、人体能力的处理、相辅活动的能力、运动的能力、个人间的差距、学习的能力等。

室内设计主要目的是创造一个有利于人类身心健康的舒适空间环境,"人体工学"和室内空间环境有密切关系,所以从事室内设计必须研究"人体工学"。

2. "人体工学"的作用

"人体工学"为确定空间活动范围提供重要的依据,有① 人在空间活动所需的体积。② 人在空间活动所处的位置。③ 人在空间活动的方向。

"体积"指人体活动的三维空间范围。"人体工学"所采用的数值为平均值和偏差值,可供设计时参考或调节。

华北地区人体高度:男士为1690mm,女士为1550mm。

华北地区人体肩宽：男士为420mm，女士为357mm。

华北地区人体正坐时的眼高：男士为1203mm，女士为1140mm。

华北地区人体正立时男士眼高1612mm，女士眼高为1474mm。

华北地区人体臀部的宽：男士为307mm，女士为307mm。

华北地区人体坐高度：男士为893mm，女士为846mm。

人在室内活动所处位置指人体在室内相对的静态位置。两个以上活动时，相对位置可以是交接、邻接和分离接。

人在室内活动的方向指人体的活动"动线"。他受生理和心理两个方面制约，这种制约条件具有一定的科学性。

3．设计家具应注意事项

设计家具时，不论是支撑人体的家具或贮藏用家具，都要达到舒适、方便、安全、美观、满足生理特征要求。所以必须符合人体基本尺度和人从事各种活动范围活动的所需尺寸。

"人体工学"为确定人的感觉器官适应能力提供依据。他要测量人体对气候环境、湿度环境、声学环境、光学环境、重点环境、辐射环境、视觉环境等要求和参数，得出人的感觉能力受各种环境刺激后的适应能力。

坐的人体工学分座椅高度、压力分布和角度。

座椅高度根据工作面的高度来确定。决定座椅的高度最重要的因素是人的肘部与工作面之间有一个合适的高度差。这个差一般为（275±25）mm。

座椅的深度正常为380~800mm。

座椅的宽度最小为400mm，再加50mm（衣服和口袋装物距离）。有扶手的座椅两扶手间的最小距离为480mm。

人在椅子上坐着的时候，体重分布在两个坐骨的力范围内。人坐的时间久了，会随意改变坐姿，需备软坐垫，软坐垫高以12mm为宜。

"角度"是指从坐在有靠背的椅子或沙发上时的靠背斜度。一般办公和学习用椅，靠背斜度为950~1000mm，普通坐面前高后低倾斜度为30~50mm。

客厅常用双人沙发3人沙发尺寸：

① 双人沙发宽1570~1720mm，深450mm。

三人沙发宽2280~2440mm，深450mm。

② 沙发之间可通过宽度为760~910mm。

餐厅最小用餐单元宽度为3350~4110mm。

卧室衣柜与床的距离为1570~1820mm。

卧室壁橱男士高度1820~1930mm。

卧室壁橱女士可够高度1750~1820mm。

第二节　色彩知识

1．色彩的作用

在建筑装饰装修工程上，色彩是一个重要元素，他的作用对人的视觉神经引起的一种感觉反映。色彩使用得好坏，对视觉环境、人的情绪、心理都会产生影响，是一种最实际的装饰因素，有人称它为"最经济的奢侈品"。

色彩的美学功用就是在人的心理上产生反应，称为"心理影响"。色调处理得和谐，会提高环境的美度，使人的情绪变得积极起来。

2．色彩与个性

色彩的表现功用是指色彩可以表现不同的个性。爱好暖色调的人，个性开朗、热情，坦率而外向。爱好冷色调的人，个性平静、安祥、稳重而内向。

色彩的调节功用就是利用颜色本身具有的不同的反射率的特性来调节室内光线的强弱，以改善室内环境效果。

喜好色彩明度高的个性率直、开放。喜好明度低的个性深沉而内向。

3．色彩的距离感

色彩具有距离感可以调节空间的大小、高低、开敞、封闭等。因为高明度和暖色调色彩具有前进性（凸出色）的感觉。低明度、低彩度与冷色调具有后退性的错觉（后退色）。

色彩具有重量感，暗色感觉重，暖色感觉轻，彩色强的暖色感觉重，彩度弱的冷色感觉轻。

4．色彩的体量感

色彩具有体量感，暖色和明度高的色彩涂饰的物体显得大，称膨胀色；冷色、暗色涂饰的物体显得小，称收缩色。

红色给人以热情、热烈、美丽、吉祥的感觉，也可以使人想到危险。

黄色给人以高贵、华丽、光明、喜悦的感觉，也可使人觉得阻塞。

橙色给人以明朗、甜美、温情、活跃、成熟的感觉，也可以引起兴奋和烦躁。

绿色给人以青春、希望、文静、和平的感觉，也可使人有寂寞感。

蓝色给人以深远、安宁、沉静的感觉，也易激起阴郁、冷漠情绪。

紫色给人以庄重、神秘、高贵、豪华的感觉，也可使人有痛苦、不安之感。

白色给人以纯洁、明亮、纯朴、坦率的感觉，同时令人有单调、空虚之感。

黑色给人以坚实、庄严、肃穆、含蓄的感觉，同时可联想到黑暗、罪恶、死寂。

灰色给人以安静、柔和、质朴、抒情的感觉，也使人想到平庸、空虚、乏味。

色彩的生理作用表现在它对人的脉搏、心率、血压等的影响。

金、银色给人以金碧辉煌和高雅、华贵之感，是装饰性很强的颜色。另一面是给人以严肃、机械、古板之感。

玫瑰色有欢快、乐观情调，易产生华贵、富丽、高雅的表情。它的另一面是妖艳和奢华。室内设计不宜大面积使用。

色彩的色相、明度、纯度三种属性在任何一个物体上都同时显示出来，不可分离，故称色彩三要素，是区别和比较各种色彩的标准。

色彩呈现的相貌及不同色彩的面目称为色相。

色彩的明暗程度称为明度。接近白色的明度高，接近黑色的明度低。

色彩的纯净饱和程度称为纯度，也称色彩的彩度或饱和度。

5．三原色

色彩中大多数颜色可由红、黄、青三种颜色调配出来，这三种颜色称为"原色"或第一次色。

一种原色和另两种原色调配的间色互称"补色"或对比色。补色并列、相互排斥、对比强烈。

由三种原色按不定比例调配的颜色称为"复色"。

两种原色调配制成的颜色称为"间色"或第二次色。

第三节　室内设计风格与流派

装饰装修风格与流派是由历史发展形成的。总的流派有西方流派和东方流派之分。施工员应该对装饰装修的设计流派有所了解。当你承担了一项装饰装修工程项目以后，首先要在设计的风格与流派上把握准确，这对审核设计图纸，深化设计、选择技术工人等方面都会有帮助。

一、中国传统风格

中国的传统装饰风格讲究以对称和均衡表达稳健庄重；以字画、古玩、牌匾、题字创造一种含蓄、清新雅致的境界；以蓝、绿色为主色调，黑、白、金三色相间。

二、西洋传统风格

西洋传统装饰风格是以古希腊和古罗马为代表，它是西方文化的主要源头。

三、现代派风格

现代派风格主要特色是以理性法则强调实用功能因素，充分表现工业成就。现代派风格流派有平淡派、繁琐派、超现实主义派和重技派。

1. 平淡派

"平淡派"主张在室内设计中，空间的组织和材料的本性是最重要的，认为装饰是多余的。在色彩使用上强调淡雅和清新的统一。

2. 繁琐派

"繁琐派"也称新洛可可派，追求丰富和夸张的手法，装饰富于戏剧性，追求高贵华丽的动感气氛。他们主张利用现代科技和条件，大量使用光质材料，重视灯光效果，多用反光灯槽和反射灯，选用新式家具和艳丽的色彩。

3. 超现实主义派

"超现实主义派"追求现实主义纯艺术，以怪为美，出奇制胜。他们利用虚幻空间环境，创造室内气氛，空间形式奇形怪状，抽象而跃动，色彩浓重，以树皮、毛皮装饰墙面。

4. 重技派

"重技派"崇尚工业技术，强调表现"机械美"。将装饰内部结构、构件全部暴露出来，并以纯正色彩，显示强烈对比。

四、后现代主义风格

"后现代主义风格"认为"建筑就是装饰起来的遮掩物,他们有两种手法:一种是利用传统建筑元件(构件)通过新的手法加以组合;另一种是将传统建筑元件与新的建筑元件混合,既为行家欣赏,又为大众喜爱。

他们的具体手法是:多用夸张、变形、断裂、折射、叠加二元并列等。这种做法,在环境艺术的表现上更具有刺激性,使人有舞台美术的视觉感受。

第四节 室内空间设计知识

一、什么是室内空间

装饰装修施工大多是在建筑室内空间进行的。施工员首先要了解和把握室内空间的范围。所谓室内空间是指顶的界面、侧界面和底界面所限定的空间,如大堂、客房等。

室内空间可以分为实体空间和虚体空间。

1. 实体空间

实体空间是空间范围明确,各个空间有明确的界限,它和外部空间联系较少,封闭性和封密性较强。实体空间又称封闭空间。

2. 虚体空间

虚体空间是空间范围不太明确,空间界面不太清楚私密性较差,通过开敞面和外部空间联系较多。虚体空间又称为开敞空间。

二、空间界面的不同感受

空间界面给人的不同感受可以利用对界面的不同处理而获得。

利用界面线条或纹理走向划分的效果是:① 水平划分可使空间向水平方向"延伸",使空间高度有降低感;② 垂直划分可增加空间的高耸感。

利用色彩深浅、冷暖的效果:顶界面颜色深可使空间有降低的感觉;颜色浅淡,可使空间有提高之感。

冷色调可使空间向后退;暖色调则使空间界面有向前提进之感。

室内空间采用吸顶灯或嵌顶灯,顶界面有向上之感;吊灯使顶界面有向下降的感觉。

光亮的空间给人以扩大之感;黑暗的空间给人有缩小的感觉。

装饰材料质感对界面的效果:质地粗糙、使人感到空间往前靠拢而变小;材料质地光滑,界面使人感到后退,空间相应有扩大之感。

装饰效果给人的感受。在墙面上布置装饰性壁画或挂画、挂毯可增加空间的深度和亲切感。

三、不同空间形态对人的感受

空间形态不同对人的感受也不同。空间形态有矩形室内空间、折线形室内空间和圆拱形空间。

矩形空间平面有较强的单一性，立面无方向感，是一个较稳定的静态空间，也是良好的停留空间。

折线空间的平面有三角形、六角形等多边形空间，具有向外扩张之势，立面上有向上之感，整个空间富有一定的动感。

圆拱形空间有矩形平面拱形顶和圆球形顶两种。矩形平面拱形顶水平方向性较强，拱形顶有向心流动之感。

圆球形空间有稳定的向心性，给人以收缩、安全、集中的感觉。

四、室内空间划分方法

室内空间垂直划分方法有：① 软隔断划分；② 陈设划分；③ 绿化划分；④ 灯具划分；⑤ 列柱划分；⑥ 其他划分。

软隔断划分是使用上下带滑道织物或特制的折叠连接物、布帘划分室内空间。其常用于临时性使用房间。

陈设划分是通过家具、陈设对室内空间加以适当分隔。

绿化划分是通过花池和相应的家具构成对室内空间的虚划分。

灯具划分是利用吊挂或灯具的适当排列对空间进行轻划分。

列柱划分是创造特定空间气氛，把空间划分成既有区别又有联系的空间区域。

其他划分的方法很多，由设计者发挥自己的艺术构想对室内空间做出因地制宜的灵活划分。

室内空间水平划分的方法有：① 凸提划分；② 顶棚划分；③ 材质划分；④ 凹陷划分。

凸提划分就是将室内局部地面提高，做成地台形式，从而表示出两个不同室内功能区域。

顶棚划分是利用不同造型、顶棚高差以及灯光的不同配置作为不同功能空间的划分方法。

顶棚划分的优点是可以打破空间的单调感，使空间具有丰富真实感，使空间之间既有联系，又有分隔。

材质划分是利用地面使用材料的不同对空间进行划分。这是一种虚划分，它既不明显，又使人有所感受。

凹陷划分就是降低室内的局部空间，使之既产生不同心理联想空间形态，又不失去室内整体空间效果。

五、形体对装饰的影响

"形体"。形是物体的形状，如方形、圆形，为二维空间。体是物体的三位空间，如柱体、锥体、球体等。在同一室内空间过多地出现同一类型的形体，会使人产生呆板单调之感。

六、构图法则

构图基本法则是：① 协调和统一；② 比例和尺度；③ 均衡、稳定；④ 节奏与韵律。

1:1.618称为"黄金比例",是公认室内和谐美的比例关系,被广泛用于建筑艺术领域。

"交错"指室内空间的各种组成要素按一定规律交织穿插、一实一虚、一黑一白、一冷一暖、一长一短交错重复出现,产生自然生动的韵律美。

对室内空间进行分隔的造型形式设计叫"室内空间设计",了解和掌握空间造型对室内设计和装修起着决定性作用。

装饰造型既不靠贴在顶部,地面也没有固定点,四周也不靠墙面,是悬浮在半空中的一种造型,称"悬浮空间设计"。

不用实际形体和材料去分割空间,而靠色彩或造型的启示,去联想或感觉到空间的划分,称为"虚拟空间设计"。是一种以简化装饰而获得理想效果的手段。

将较大的房间,根据需要用隔墙或造型将其分割封闭起来,具有很强的隔离性,称为"封闭式空间设计"。

在设计隔断墙时,在墙上制作很多大小不同的同造型,似墙非墙,没有封闭感,这一类隔断设计称为"不定空间设计"。

室内地面的局部下沉,可限定出一个范围比较明确的空间,称为"下沉空间设计"。如舞池、售楼处的陈列台等。

将室内房间的地面局部抬高,从抬高部分的边缘划分出空间,称为"抬高空间设计"。

第二章　不同使用功能的工程项目专业知识

第一节　宾馆、饭店装饰装修

一、旅游饭店装饰是我国装饰装修业兴起与发展的先驱

（1）我国建筑装饰装修业的兴起与发展，首先是从旅游饭店装饰起步的。20世纪80年代初，尽管有部分楼堂馆所也进入现代装饰行列，从质与量上看，主要还是旅游饭店装饰。旅游饭店的发展速度与装饰装修发展同步（表3-2-1和表3-2-2）。

（1978～1990年）旅游饭店发展资料统计　　表3-2-1

开业时间	1978年	1979年	1980年	1981年	1982年	1983年	1984年	1985年	1986年	1987年	1988年	1989年	1990年
饭店个数（新开）		38	54	60	69	62	120	193	209	257	207	103	199
合计（%）	416	454	508	568	637	699	819	1012	1221	1478	1685	1788	1987
		9	12	12	12	9	17	23	21	21	14	6	11

从资料分析，自1978～1983年的5年间，旅游饭店发展（以座计算）递增11%左右。而从1984～1988年的5年间，每年递增21%左右，也正是装饰业走向全面发展的5年。旅游饭店的规模大小要看客房的多少。1978～1983年，全国客房年递增7%～11%。1984～1988年，每年递增15%～18%。按投资计算，1978～1983年5年共增加投资65.49%，而1984～1988年5年间，共增加投资近两倍。1978～1988年10年共增加投资近四倍。截止到2001年，全国共有星级饭店7358座，816200套客房。

（2）根据北京市资料表明，星级饭店占饭店、宾馆、招待所总数不到10%。北京市2001年星级饭店为502座，而无星级饭店、宾馆、招待所高达4840座。星级饭店仅占总

数的 9.3%，就全国而言，星级饭店的比例更小。根据这个比例测算，全国无星级饭店、宾馆、招待所数应达到 66222 座，每座按 50 间客房计算，则客房总数为 3111100 间，每间综合平方米按 50m² 计算，合计为 16555 万 m²。

依据以上数据，可以推算出每年旅游饭店装饰改造工作量。

星级饭店 4951 万 m²，每 5 年改造一次，年改造 990 万 m²，每平方米造价 2800 元计算，计算改造费用为 277 亿元。无星级饭店 16555 万 m²，每 8 年改造一次，年改造 2069 万 m²，每平方米造价按 1200 元计算，则改造费用为 248 亿元。每年新增旅游饭店按 20% 计算，则星级饭店约为 1500 座，每座饭店建筑面积平均 6000m² 计算，新建装饰按 3500 元/m² 计算，则每座饭店装饰费用达 2100 万，2100 万×1500 座 =315 亿元。以上三项，每年饭店、宾馆、招待所新建改造装饰费用为 840 亿。这里还未包括新增无星级饭店和招待所。如果按每年 10% 增长计算，则无星级饭店、招待房间可增 30 万间，每间 50m²，计 1500 万 m²，每 1200/m²，计 180 亿元。四项合计为 1020 亿元，约占公共装饰 30%。这个数字应该比较符合市场实际情况。

2002 年评选全国装饰工程奖送审资料中 33% 为宾馆饭店项目。

通过以上数字分析，说明旅游饭店装饰是装饰装修行业的重要市场资源。

装饰装修业发展统计表　　　　　　表 3-2-2

发展阶段	年代	年均产值	发展速度（%）
第一阶段	1978~1988 年	150 亿	25
第二阶段	1989~1990 年	70 亿	4
第三阶段	1991~1993 年	266 亿	71
第四阶段	1994~2000 年	4714 亿	35

二、饭店装饰在发展我国装饰行业中的作用

1. 先导作用

我国的装饰装修业起自 20 世纪 80 年代初。要由一个传统的简易建筑装修一下跨入现代装饰装修，无疑是一个很大难题。从室内设计、装饰材料、连结件到施工机具、操作技能完全要靠国外引进，这个任务就落在涉外旅游饭店身上。从北京装饰市场看，是旅游饭店引进了室内设计，进口了现代装饰材料（如：大芯板、饰面板、玻璃纤维板、大理石薄板、壁纸、金属龙骨等），从香港请进了技术工人，同时引入了手提式电动工具。所有这一切，无不是从涉外旅游饭店起步。当时国内的建筑装饰手工操作技能，应该说基础是良好的，但已经不能满足现代装饰的快速施工要求。比如木工的榫接技术、起线技术，已由粘结配件拼装所代替；抹灰工的起线造型也由构件代替。这一切，我们将从头学起。走出国门去学习，在那个年代是不现实的，旅游饭店为我们提供了这种条件，可以说是他们为我国的现代装饰装修业发展提供了学费。

2. 楷模作用

我国的装饰装修业前十年发展主要是旅游饭店。旅游饭店的装饰从内容看，对全社会的装饰装修具有普遍指导意义。看一个装饰施工企业的水平，主要看他能否承接旅游饭店的装饰工程。北京市建委在20世纪80年代末就提出奋斗目标，要"一年进客房，三年进大堂"。可见，旅游饭店装饰是全社会装饰的楷模。一座星级旅游饭店装饰内容是很全面的，从它的基本功能结构可以看出装饰比重。

旅游饭店按使用功能分为：

客房和出租部分：占总面积的45%~60%。

大堂及接待：占总面积的6%~9%。

商场及康乐：占总面积的8%~12%。

餐饮：占总面积的11%~18%。

行政后勤：占总面积的8%~13%。

机房维修：占总面积的7%~13%。

旅游饭店的具体项目有（以四星级饭店为例）：前厅、总服务台、客房、餐饮（中餐厅、西餐厅、风味餐厅、咖啡厅、大宴会厅）、酒吧、厨房、舞厅、健身房、按摩室、桑拿浴室、游泳池、商店、理发（美容）、商务中心、阅览处、书店、鲜花店、会议场所、多功能厅、银行、邮局、写字间、公寓、电梯厅。

设施有：卫生设备、中央空调、通讯设备、视听设备、防噪声和隔声、背景音乐、残疾人设施。

凡是社会需用的功能装饰，旅游饭店基本囊括。社会上一些装饰工程，无不以饭店装饰为标准。所以说旅游饭店的星级标准（装饰工程部分）已经成了装饰装修工程的标准。医院的高级病房除专业设备外，其他均按饭店客房标准装饰。

3. 普及作用

饭店装饰不仅对全社会的公共装饰起楷模作用，同时对居民的住宅装饰也起到了借鉴作用。改革开放以后，旅游饭店一改以往高不可攀的形象，由封闭式经营转向开放式经营，寻常百姓只要衣冠整洁，同样可以出入于高级饭店，饭店装饰同样成了家庭居室装饰的参照物。我国政府早在20世纪80年代末便提出要对百姓进行引导消费，继家电等耐消费品以后提倡家庭居室装饰，于是饭店装饰又成了家庭居室装饰的样板。早期的家居装饰无不模仿饭店客房的落地窗帘、铺地毯、高档洁具、豪华吊顶、包门窗套、装暖气罩、木墙裙等。经过十多年的实践，家庭居室装饰已经走上了与公共装饰有别的健康之路。目前家居装饰已经发展到产值超过公共装饰水平，这是我国装饰行业的一大特色。

三、不同使用功能空间的装饰特点

1. 客房

客房是酒店建筑的主要功能部分，一般占总面积45%~60%，是酒店建筑收入的主要来源，越是低标准的酒店建筑，客房所占比重越大。客房是建筑中最具私密性的空间，应创造出宁静、和谐的休息环境和"家"的气氛。酒店建筑的标准同客房的标准是相应的，客房有单间、套间、单幢别墅之别，有无卫生间之别，通常可从简陋的通铺、多人间、标准间、单人间、套房至总统套房分成若干档次。$280m^2$的总统套房有前厅、起居室、餐厅、两卧室、两浴室。所有客房采用英国传统榕木细作装修和陈设，配以酱色和浅黄色主调，体现出舒适、温暖、雅致、宽敞、安静的"旅客之家"的感觉，使客房成为纽约喧闹都市中的一个理想安静的避难所。三星级的北京大观园酒店,重点处理的总统套房以"贾母"为主题,另设"宝玉"、"黛玉"两套间,其余皆以舒适明快的空间格调,提供一个实际的休息空间。美国伍德森山高尔夫俱乐部饭店的设计风格,致力于使室内的布置产生一种让人过目不忘的强烈而又搭配和谐的效果。这种设计可以激发起住宿的旅客对未来旅程的向往和对未知旅途的好奇。它的设计思想是从历史文化的遗迹中获得的灵感。

客房的装饰重点在卫生间,其卫生设备的档次普通与高级相差甚大。在总统套间的水龙头有镀金,吊灯有用水晶串的,家具用红木,卫生间墙面贴高档薄板石材。这种装饰施工先不说工程质量,就是丢失了物品的赔偿也是很可观的。

2. 门厅(大堂)

门厅,或称大堂、中庭,规模大而贯穿多层者称共享大厅,是酒店建筑空间组织的核心,是给予旅客建筑内部空间环境印象的起点和焦点,具有使用功能和心理功能双重性。现代酒店建筑门厅包含许多功能部分,一般有:入口、服务总台、大堂值班经理、交通组织、休息区、零售商店、商务中心等辅助设施。现代酒店建筑尤其是大型建筑,已习惯于把各种零星的功能集中在大厅里,以创造新奇的空间尺度感,改善空间质量,营造出种种连续的生活场景。波特曼的"共享空间"所获得的巨大效应和贝聿铭的"到场空间"所带来的趣味都证明了现代酒店建筑门厅的这一特点。如日本福冈哈特区饭店的中庭设计充分体现出"共享空间"的功效。饭店的门廊位于圆形大厅的中央,整个大厅仿佛是一座金字塔式的剧院,从大厅客房的阳台上就能欣赏到它的风采。当然,一个酒店建筑的门厅是否设计成功,重要的是看它在合理满足该建筑多种使用功能的同时,面积又不至于浪费——恰到好处。现代酒店建筑的门厅虽在一步一步地扩大以满足多用途目的和未来的功能变化,但衡量门厅的空间环境质量并不应从规模和档次上看,而应看门厅是否适合该建筑的实际情况,在中庭空间成为时尚的今天,仍有一些中小型酒店建筑的门厅,如西班牙拉芒加俱乐部的门厅设计是古典风格和现代风格的结合,虽没有超常的尺度和堂皇的格调,但追求小巧亲切的空间尺度和宾至如归的空间氛围而同样使人们印象深刻。此外,门厅结合休息空间,满足旅客的多种生理、心理需要,增加空间魅力,形成旅游生活中理想的交往空间。

门厅(大堂)的装饰施工重点在地面和墙面及顶棚。地面一般是高级石材,还有柱子,大厅会显出一种富丽堂皇的气派。大厅内有总服务台,还可能有咖啡座,给人以舒适的感觉。大厅是显示施工员组织施工实力的重点,是显示一家施工企业实力的亮点,必须要挑选手艺娴熟的工人来施工,绝不能掉以轻心。

3. 餐饮

餐饮历来是酒店建筑最基本的组成部分。标准的餐饮空间内容极多,在建筑中占较大比重,要求比较便捷的交通路线,其收入占总收入的 1/3 以上,也就是说它直接关系到整个酒店建筑的布局和经济效益;另一方面,对外开放使餐饮空间在城市生活中起着联系和媒介的作用,推动了酒店建筑多功能、综合化发展的进程,也赋予空间自身更多的活力,室内设计师常在这里大做文章,以表现其独特的空间设计手法。餐饮空间面向社会,在人流组织上应作合理安排,既要与主门厅保持直接联系,又要设次入口和次门厅,方便外来顾客。内部空间必须有良好的导向性,以保证客人可达性,且内外客人在路线上互不干涉,如北京香格里拉饭店、成都岷山饭店的餐饮空间。热餐应集中布置,以便利用集中厨房,也可以设分厨房。不同的文化架构有着不同的餐饮习惯,进餐只是餐饮空间的表层功能,其深层功能是隐藏在内部的民族文化和气质的象征。那么,在空间环境上应反映饮食文化的历史背景的同时,也要超越时代,满足时代的要求,使每个空间富于独特性。如美国洛杉矶内大陆饭店的宴会大厅,设计新颖的顶棚板镶饰,适于会议厅和舞厅两种场合使用。

酒店建筑的功能空间泛指所有的多功能空间,它是酒店建筑公共空间中最能体现类型差别的功能系统。其项目构成、空间构成和规模构成都与酒店建筑类型直接有关,并很大程度地影响着其他公共空间的功能构成。本世纪以来,企业或公司团体的发展需要各种规模的空间举行各种会议和培训,如团体集会、宴会、会议、展览等用途,地方组织也常常使用酒店建筑的功能空间来进行各种如年会、招待会等,一些重大比赛有时也常常使用酒店建筑的功能空间来进行,功能空间是现代酒店建筑的新特征,是为酒店建筑更适应社会、更适应市场、更适应变化的未来而应运而生的空间形式。如湖南国际影视会展中心是具有地中海风情及文化的五星级酒店,它的多功能厅设计可以满足用途的要求。

4. 康乐空间

随着酒店建筑的不断完善和人们对健身娱乐要求的不断提高,康乐空间在酒店建筑中越来越显得重要,康乐设施已是衡量酒店建筑标准的重要依据之一。一般情况下,四星级以上的酒店几乎应具有全套康乐设施。康乐空间有较强的心理功能,现代而昂贵的设施能创造一种轻松和豪华的环境气氛,客人们都喜欢它们。酒店建筑中的康乐设施都面向社会(内部使用的私人、政府的豪华酒店建筑例外),也对一些体育协会提供服务或组织各种团体比赛,以实现其经济价值。康乐空间在使用功能上有一定的连续性,各部分应较集中布置,以求联系方便,较集中布置卫生间、更衣间、淋浴间等辅助空间,并可不需穿过主门厅而到达康乐空间;对外开放的康乐空间,应单独设出入口,以方便会员使用和不干扰酒店建筑的其他部分。如广东东莞三正半山酒店内的天鹅湖歌舞剧院,简直是一个歌舞的殿堂,绘满彩绘的圆形天顶,精致的细部装饰,带有受阿拉伯文化影响的东欧建筑的影子。对某些可能产生的噪声、振动等影响的康乐设施应作必要的空间安排和技术处理,如保龄球对地板会产生较大的振动,常设在地下层或不怕干扰的空间上层,否则必须作必要的减振处理。北京大观园酒店、达川市华川宾馆保龄球都设在地下层。

5. 商场

商场是酒店建筑必须具备的空间部分,一般出售报刊、杂志、礼品、药品、日常生活用品、地方纪念品和土特产品等,主要服务对象是酒店建筑的客人,因此,面积很小,如成都锦江饭店、九寨沟宾馆等,商店都设在过道边或大厅的一角,数十平方米左右。海口宾馆的商场较大,空间独立,对外开放,所经营商品大多是服装、电器等,是为城市服务。有些城市型酒店建筑,由于所处地段较好,从商业上考虑,设置较大的、面向城市社会的商场,但必须处理好人流对酒店建筑本身的干扰问题。

第二节　机场航站楼装饰装修

一、机场航站楼装饰规模

机场航站楼工程在整个建筑装饰工程中的比例是不大的，不像酒店那样遍地开花，但其装饰质量要求很高，它的使用功能比起酒店宾馆更有特色。

机场航站楼的重点区域有：出港大厅、联廊、出港通道、安检区、候机厅、进港通道、行李提取厅、迎客厅、多功能厅、登机桥固定端、旅客活动场所（商场、卫生间、餐厅）。

出港大厅及候机室均为开敞的大空间，旅客停留时间较长，玻璃幕墙或天窗，使室内采光良好，室内空间一般都较有特色。

公共空间的商业、服务区为大空间的房中房，需要有好的设备管道（主要是通风空调），也要注意立面的整体形象。

到港通道要下夹层通道。一般小形机场由于层高较低，设备管道要巧妙设计。室内设计会考虑其长度较长与高度低高的协调。

行李提取处一般位于底层。由于航站楼进深较大，需配以人工照明。这里的空间划分要考虑到旅客停留时间较长。

贵宾室一般划分为商务贵宾室和政务贵宾室两种，需要创造安静、舒适、豪华的空间氛围。

值机柜台一般为一字形或岛形布置，是出港大厅最为醒目的部分。

二、机场建设属于高档装饰装修工程

中国建筑装饰协会副秘书长黄白曾为航站楼装饰作过描述，此文对装饰装修施工员具有参考意义，摘录如下：

航站楼不同部位常用装饰材料：

1．地面

花岗石地面：主楼旅客活动场所大空间地区——出港厅、行李提取厅、迎客厅，用灰麻，花岗石。

橡胶地面：联廊安检区、候机厅、联廊出港通道。

橡胶地面或花岗石地面：进港通道。

抛光砖地面：弱电机房、弱电设备间。

防火防滑橡胶地面：登机桥固定端。

2．墙面

金属板、木纹石材或花岗石：旅客活动的大空间场所。

微晶石：旅客用卫生间。

乳胶漆：办公用房、业务用房、值班室、设备间、行李分拣厅、地下停车场。

3．顶棚

高档金属吊顶：旅客活动场所空间，灰色。

中档金属吊顶、石膏板或矿棉板：办公用房、业务用房、值班室。

乳胶漆饰面或不吊顶：设备间、行李分拣厅。

不装饰或粗装修：地下停车场。

4．模数

顶棚 3m　　　　　灯带 3m

地面 900mm×900mm×30mm、1000mm×1000mm×30mm、1200mm×1200mm×30mm

石材 900mm×900mm

墙面铝板 18000mm×200mm

航站楼装饰施工中应注意的几个问题：

1．照明

机场航站楼大空间以冷光照明为主。大空间桁架下弦高 20m 以上，如重庆的高 21m。机场照明是室内设计十分重要的环节，照度是必不可少的参数（表 3-2-3）。多用泛光，且注意 85°内的眩光。

机场航站楼平均照度（lx）　　　表 3-2-3

出发大厅	地面≥250　办票柜台等工作区域≥300
候机大厅	地面≥250　座位局部≥300
到达厅行李提取	≥250
通道	≥150
办公室	≥150
设备机房	≥100
弱电机房	≥300

2．技术细节

特殊设计：卫生间残障、绿色环保、母婴候机室。强化对弱势群体的人文关怀。

共享大厅栏杆高 1.1m，扶手高 1.2m。安检区验票玻璃档高 1.2m。柱子和墙体阳角处应有防撞击护栏。

《建筑施工场界噪声限值》（GB 12523—90）：白天（6:00~22:00）<65dB；夜间（22:00~6:00）<55dB。

花岗石开采后其内在应力半年后方能发散，故应提前半年以上开采。

石材完工后地面反潮，原因为石材加工时对其做六面防水时过快，残留在石材内的水分无法排出，故应在加工时注意检测控制。

第三节　医院装饰装修

一、医院是一种特殊消费场所

1．医院也是消费场所和物业

根据市场经济原理，人们上医院也是消费行为，医疗消费足够的高是为了提醒人们进行足够的身体锻炼。医院同其他建筑一样,也是一种物业,也应按物业管理规律经营。

2. 医院文化设计

在遵循医院通性的原则下,突出本医院的特殊性,体现简洁、高效、人文、环保。

3. 无障碍设计

残疾人厕位应独立设置,且专用。

楼梯应设双导线扶手,以方便成人和儿童。楼梯应有起止步盲人指示。电梯门及轿箱需考虑轮椅、担架车的撞击防护。

4. 照明

对病员而言,照明不应过于明亮,也不宜过于黯淡,应避免灯具的眩光,光色最好选择显色性好且略偏暖色的。

5. 供水及污水处理

从系统选择、管道布置、管材及配件统筹考虑防疫要求,保证水质,防止交叉感染,采用非手动开关。污水分类收集、处理与回用。

6. 管理智能化系统

标准版本包括 11 个基本模块:门诊、挂号、候诊、计费、住院、检验、查询、成本核算、病案及人事管理、护士站管理等。要求安放位置合理;设施颜色与周围环境相协调;医护人员、病员使用的用具统一设计,同环境协调;能隐蔽的尽量暗装。

7. 楼宇控制智能化

包括空调、计算机站、局域网、多媒体、远程医疗系统、总控制室、电梯、"五气"、呼叫对讲、综合布线、安全监控、消防、通讯、有线电视、垃圾及水处理系统等。要求装饰风格应与整体空间相协调;装饰材料与原设施材质相协调,无明显修饰感;如设施的外部暴露部分在造型、颜色、质感等方面与整体环境相差较大,确实需要更换但又不能隐蔽的,应在安装前与供货商调整,以尽量避免损失;各设备在装饰面外的暴露交叉要同装饰饰面造型、线条形成韵律,同时保证设备功能不受影响。

8. 专业标识设计

文字、图案、色彩标识应醒目、清晰、明确,不同科室可采用不同色彩。色彩应淡雅、和谐。注意中外文对照、款式、位置、颜色、造型、质感、装饰性等。标识可分三大类型。

户外类:一是医院整个区域各单体建筑的导向标识及楼牌;二是道路指引;三是医院服务设施导向。

楼层类:一是室内功能总平面及各层功能平面图;二是国家规范要求的标识(消防通道、出入口等)。

科室单元类:一是医疗单位的门、窗牌;二是公共服务设施标牌;三是行业规定的特殊标记。

二、医院空间的功能设置

1. 门诊大厅

门诊是医院多种流线的交叉点,人员最最密集的公众场所。按现行《综合医院建设标准》,就诊人数应是该医院床位数的 3 倍($60 \sim 64 m^2$/床),门诊部面积占医院总建筑面积的 15%。

安排几个相连的厅，且区分出交通与滞留空间——便于人流组织与疏导。

自然采光与通风，共享空间为宜，且为天窗形式。

挂号、交费、取药应设置栏杆，窗口比正常人使用低一些，以 1050mm 为宜。

可设置大屏幕，显示各种相关信息。将站立式服务改变为坐式服务。

业务办理台应安排足够数量的排椅，配备叫号服务器，结合声光实现叫号服务。排椅由硬质改变为软质，排椅向沙发转变。除现金交易台外，其他业务办理台应尽可能关注金属栅栏、大玻璃的分割。墙、柱可用石材或金属板。

2. 候诊室

应有直接外部采光与通风（大型综合医院病员通常在此地等候时间约为一个小时），最好不要采取走廊两侧面对面候诊方式，以减轻陌生病员相互对视引起的心理负担，最好有分诊台进行药品划价。

3. 公共卫生间

在解决视线干扰问题的前提下，提倡无门卫生间。设立专用清洁间，并使打扫工具从病员视线中消失。小便器，应避免上一步式。大便器，坐式更舒服，但要解决一次性自取垫纸；蹲式，要使便器与地面在同一平面。应有两个手纸套。洁具，在厕位隔断上安装扶手及挂钩，隔断要有一定的高度。手龙头、小便器、大便器应为感应式。净手以擦手纸为宜。应在视觉显著的地方设置在何种情况应洗手的提示牌。

墙面可选用光洁块材，尽量减少宽缝，宜用专门填缝剂。也可用背面烤漆的钢化玻璃。地面可用石材或地砖，尺寸以 500mm × 500mm 为佳，大块不宜排水。隔断可采用 MAX 板，现场组装。

4. 护理单元

活动人群基本上四类：病员、护士、医务人员、探视人员。护士站台面宜为 760mm 高，为方便医患坐着交谈，可部分保留 1100/760mm 双层台面。综合布线应与护士站密切配合。护士站台面可选用人造石材，内部胶板贴面。地面可用 PVC 橡胶块材，也可采用防污地毯。

设置病员独立卫生间，可坐式沐浴间。医护工作人员用房应与病房有一定分隔。

5. 急诊室

除有较强私密性的妇产科、污染物较多的外科创伤处置需设置单间外，其他科诊室均可设计为开放式的。科室之间用活动吊屏间隔，科室与候诊之间备有活动拉帘。电源应有地插孔，墙插座。材料应满足抗冲击、耐擦洗，护士站、服务台高 760mm，医患均可坐着交流。所有阳角均应安装防撞护角。

6. CT、X 光室

这类空间重要的是满足防辐射的要求，依据设备厂商提供的维护结构铅当量选用铅板，将铅板复合在铝板背面。所有墙面除门和铅门窗外，均可用色彩淡雅的铝板架空安装，注意固定螺钉孔导致防护漏洞，最好为粘贴式。铅板门宜采用胶板装饰面，垂直方向一般无防辐射要求，可用铝扣板吊顶。

7. 病房

一般医院多为一间病房有 2~3 个病床并配有卫生间，病房门入口净宽应为 1050mm，以保证单架车出入，门套应能抗冲击。壁柜按每床宽 600mm 即可。座便器选用后背悬挂式对清洁有利。床头柜可用悬挂式。顶棚不宜有多种造型，多用矿棉板或纸面石膏板。输液架预埋龙骨。灯光应多路控制。开窗为内倒开为宜，以满足通风、安全防护、方便清洁 3 种需要。入门口玻璃要选择透明无色。

卫生间应外开，门下端可包 200mm 高的铝板或不锈钢板。地面可用防滑地砖、橡胶块材等。

8．医用家具和环保装饰材料

座椅高度宜 90~420mm，家具材料应考虑耐用性、耐污染性、耐化学腐蚀等环保特点。装饰材料如环保型乳胶漆、地面铝制防静电地板、进口胶地板等。

病房——橡胶地板。卫生间、开水间、消防梯及通道——地砖。门诊楼、行政办公、科教室——防滑地砖。科研、检验——防静电地板、防腐蚀地砖。顶棚，除门诊大厅、电梯厅、过厅等公共空间外，可采用半隐式轻钢龙骨防水石膏板吊顶。墙面——杀菌彩色乳胶漆。

在楼层走廊、卫生间走廊、窗台板以下、病人床头、暖气面板等容易发生碰撞摩擦之地，装木扶手、木墙裙、贴 PVC 墙膜。所有墙阳角均应安装防撞护角。

三、手术室

1．整体要求

包括 ICU、MICU 及各类实验室、检验室等等特殊空间。手术室的准备区、隔离区和手术区——3 大区域，根据规模大小，按比例合理分割统筹考虑，包括房间设置、设施摆放、通道划分，医护人员与病员、家属之间的关系，要求高效有序。装修后的手术室不仅能很好地满足使用功能的要求，也为医护人员和患者营造一个良好的医疗环境。

2．专业要求

不产尘、不积尘、耐腐蚀、防潮、防霉、防火、易清洁。色彩要温和、淡雅，可为淡绿色、淡黄色。绿色与血液的红色互为补色，能减轻医护人员用眼疲劳，并对患者心理有平静作用。黄色有平衡情绪低落作用，避免与绿色墙面趋同。

电气设计、净化空调设计、医用气体管线及终端设计等均应按专业化要求进行室内设计与装修施工。

3．六面体要求

地面。应平整，采用耐磨、防滑、耐腐蚀、易清洗、易起尘及不开裂装饰材料，百级手术室可选用防静电、抗菌、防火、耐磨的橡胶地板、淡黄色 PVC 地板；千级、万级手术室可选用米黄色水磨石板或人造石地板。注意橡胶地板或人造石地板，连同地面联成一体的阴角处理。

地面不宜设地漏，如设地漏应有防室内空气污染措施——如设置高水封地漏。

墙面。宜采用轻钢龙骨隔墙，以利各种管线及墙上固定设备的暗装。面层应采用硬度较高、整体性好、拼缝少、缝隙严密的装饰材料。可用 1150 型彩色钢板，结合送风口、回风口、观察窗、嵌入式观片灯、器械柜、消毒柜、开关接口等，将墙面组合成整体，尽量减少凹凸面和缝隙。

墙面可内倾 3°，不仅可减少积尘，而且可使光线反射的角度有利于医护人员操作。可选用奥地利产的 WAX 抗培特板——强化木板。无菌区墙面可采用 600mm×60mm 淡绿色瓷砖一通到顶。踢脚板宜凹进墙面 1cm，并与地面成为一体，阴角半径为 40mm 圆角。通道两侧及转角处墙上应设两道防撞板。

顶棚。需布置、安装高效过滤送风口、照明灯具、烟感灭火器等，各种管线均应隐藏在顶棚内。可选用轻钢龙骨 600mm×600mm 乳白色彩钢净化板吊顶，接缝用密封胶压条处理。顶棚顶面无影灯为暗装，可为二级顶面，二级顶两侧采用电动轨道，自动开合，尽可能减少污染。顶棚也可用铝扣板吊顶。

门窗。应采用防尘密封隔声效果优良的中空双层窗，可选用不锈钢或塑料专用窗。门应采用自动感应式电动彩色钢板推拉门，并装有延时器，以避免手术中人员进行频繁而出现的"开着门做手术"的现象。

4．装修与医用设备的协调

每间洁净手术室的基本装备要求　　　　表 3-2-4

装备名称	必须配置数量	规格
计时器	1只/每间	
医用气体面盘	1套/每间	
观片灯	1个/每间	百级手术室为六联，其余为四联
组合多功能控制箱	1个/每间	
记录板	1个/每间	
药品柜（嵌入式）	1个/每间	90mm×1300mm×400mm
麻醉柜（嵌入式）	1个/每间	900mm×1300mm×400mm
器械柜（嵌入式）	1个/每间	900mm×1300mm×400mm
组合电源插座（嵌入式）	10个/每间	
吊塔、无影灯锚栓	各1个/每间	
输液导轨（含吊钩4个）	1套/每间	
吊塔	1套/每间	
无影灯	1套/每间	

（1）无影灯根据手术室尺寸和手术要求进行配置，采用多头型；调平板的位置在送风面之上，距离送风面不小于 5cm。

（2）手术台长向沿手术室长轴布置，台面中心点与手术室地面中心相对应。

（3）手术室计时采用兼有麻醉计时、手术计时和一般计时功能的计时器。手术室计时器有分、秒的清楚标识，并配置计时控制器，停电时能自动接通自备电池，自备电池供电时间不低于 10h。计时器设在患者不易看到的墙面上方，距地高度 2m。

（4）医用气源装置分别设置在手术台病人头右侧顶棚和靠近麻醉机的墙面下部，距地高度为 1.0~2.0m；麻醉气体排放装置也设置在手术台病人头侧。

（5）器械柜、药品柜宜嵌入病人脚侧墙内方便的位置；麻醉柜嵌入病人头侧墙内方便操作的位置。

（6）输液导轨（或吊钩）位于手术台上方顶棚内，与手术台长边平行，长度大于2.5m，轨道间距为1.2m。

（7）记录板为暗装翻板，小型记录板长500mm，宽400mm；大型记录板长800mm，宽400mm。记录板打开后离地1100mm，收折起来应与墙面齐平。

（8）嵌入墙内的设备与墙面齐平，缝隙涂胶，或其正面四边做不锈钢翻边。

表3-2-4为每间洁净手术室的基本设备要求。

第四节　剧场装饰装修

剧场的主体工程是演出舞台与观众席，是一个大空间装饰工程。它的核心问题是保证演出的音响效果，使用的一切装饰材料及施工工艺都要围绕着这一核心来进行。下面引用一项工程实例来说明剧场工程的特点，对装饰装修施工员有很高的参考价值。

一、蚌埠大剧院的设计与施工（本文摘自《中国建筑装饰》小标题略有改动）

蚌埠大剧院外观酷似一架钢琴，寓意丰富，建筑主体由澳大利亚PTW公司设计。剧院最核心的部分——舞台及观众厅装饰工程由合肥科大科苑装饰有限公司设计和施工。

（一）设计方案

1．设计原则

以剧院建筑图为基础，以声学为根本，以蚌埠人文为主题，结合古今中外大剧院精华，充分满足会议、演出、放映功能要求，用简洁明快的手法创意文化空间。

2．设计方案

整个厅堂的设计，采取大规模的双曲造型，烘托出严肃恢宏的艺术氛围。双曲造型细部的声学构造，选用蚌壳造型为基本型，进行组合变化，飞扬的曲线体现了极强的动态生命形式和音乐的韵律，既符合声学要求，又暗喻珠城的美誉。同时辅以各种光源组合运用控制，来达到对整个场景气氛的控制。

首创使用普通石膏板弯曲成双曲面板，用大块面、大起伏、高度统一的材质和形体组合，营造出一种恢宏的气势。极大限度地表达出材质的美感，以达到简约、纯粹的效果，整个大场景的营造与细节的着意刻画，予人以强烈的现代奋进气息。

首次使用新型材料——弯曲龙骨，使其造型流畅、操作方便的优点发挥得淋漓尽致，也使得钢结构顶棚负荷大大减小。

（二）最新装饰材料的选用

1．原则

绿色环保、阻燃（B1级）、符合声学要求。

2．具体方案

（1）吊顶及墙面内骨架主材选用刚面世的轻钢弯曲龙骨，其线条流畅，减轻屋面荷载，操作施工方便。

(2) 施工中首创用普通防水石膏板解决大波度双曲面饰面。

(3) 墙裙选用进口大理石,后墙选用刚面市的弹性吸声板材料。

(4) 走道地面采用防滑实木地板。

上述材料的应用,使该工程的装饰效果展示出强烈的时代气息与现代作品美感。

(三) 厅堂色彩

1. 原则

以热烈的暖色调为主色调。

2. 实现方法

饰面以防水石膏板为本色,简洁明快;走道下层饰以进口暖色大理石,局部点缀金属精美的装饰件,进行大面积体块同小尺寸变化的对比,用暖色灯光烘托出热烈气氛。在暖色灯光的映照下,整个厅堂富丽堂皇。

二、剧场的核心技术问题——声学处理

1. 科学选定声学技术标准

(1) 声学标准:厅堂扩声系统声学特征指标为Ⅰ级,混响时间为1.25s。声压级为94dB,本底噪声为35dB,信噪比为45dB,传声增益为-8dB,前次反射为30~50ms语言清晰度为90%。

(2) 灯光照明指数:舞台日光灯、成像灯2000~3000lx,观众厅英国索恩可调照明260~400lx。

(3) 选材方针:环保、阻燃(或不燃),选用Ⅰ级防火材质,材质应为现代材质。

(4) 施工工艺为半成品装配式施工,以确保施工工艺的先进性

2. 声学技术处理

本工程声学技术处理的难点主要是观众厅容积过大、空间耦合、声场不匀,因此存在严重的声学缺陷,易造成回声、共振、声聚焦等种种不良声学问题,从而导致:电影对白听不清,演员、主席团听不清,观众听不清。

为此公司在参照声学参数的基础上,运用了独家生产的三项专利,即中国专利42279吸中低频穿孔板,中国专利91976全频均吸收空腔共振体,中国专利75369隙缝吸声块,通过严密、科学的计算,一举解决了声学难题。

(1) 处理容积过大:剧院观众厅容积指标3.5~5.5m³/座(参见《建筑设计资料集》P118)。设计要想控制容积,关键在合理地分布观众。剧院观众厅11045m³,做顶棚后降为8800m³,容座比11m³/座。从本底混响时间9.3s降到1s,需吸声单位1440SB(赛宾)。按提供1000SB,平均吸声系数取0.5估计,需要吸声面积2000m²。剧院空间界面2832m²,能做吸声处理者:大顶棚485m²,挑台下顶棚120m²,两侧墙245m²,后墙140m³,总共990m³。经上述处理,满场混响时间1.43s,混响频率曲线呈低频高、高频低的倾斜,不能满足电影0.7s、会议1秒、混响频率曲线平直的需要。

解决办法:吸声做特殊处理。所谓特殊处理,是指不靠"贴"吸声产品,而要研制吸声装置,"对症下药"。技术要领是:针对厅堂混响频率曲线设计吸声峰,并通过实验室测

定，取得数据进行计算，实现"调频"。

（2）处理耦合效应：剧院舞台10930m²，观众厅8800m²，顶棚后2245m³。这3个空间联通叫空间耦合。前两空间19730m²，高于1000人影剧院的经验限值7000m³。在放映电影时，还音声源位于舞台中央，电声经舞台3.05s混响，再通过台口传出，使观众听不清对白。

解决办法：对舞台墙面等相关联的空间进行声学处理，做到混响时间相近，消除耦合效应。

第五节 银行装饰装修

一、银行装饰的特点

银行的装饰工程突出点在于营业大厅。这个大厅也是个大面积空间，但不同于酒店的大厅、航站大厅和剧场大空间。银行大厅展示出一幅高雅肃穆的姿态，人员流量虽多，但不紊乱，交易虽频，但无噪声。银行装饰对大堂的地面质地要求极高。

二、中国银行北京分行装饰实例

由北京市第六建筑工程公司承建最新竣工的中国银行北京分行，其大堂地面一色木纹石。铺贴以后经过净面处理，先清理石材拼缝，做无接缝处理。即在石材缝中填补云石胶，然后进行整体打磨，打磨用机械为意大利进口石材翻新机，由粗至细，最后精磨，磨片从50号到5000号逐步加精，直到无波纹，光泽度与原石材保持一致。之后再进行抛光处理，用进口微晶石材抛光粉，以美国石材加重抛光机抛磨表面，再做防护处理，最后还要用美国石材加重机3m抛光垫钢丝棉均匀将"晶面剂"（西班牙进口）喷洒在石材表面，再抛磨。通过高压低速产生物理热化反映在石材表面形成致密的保护层，以此来增加石材的光度、硬度及耐磨度。

银行的另一个装饰难点是营业柜台，其外表装饰要求与大堂协调。柜台本身要求绝对安全，属于从地面到顶面全封闭，正面透明材料一律为防弹玻璃。一般银行柜台为房中房，顶部可装饰成坡屋顶，材料为铅单板。台面营业口采用高档石材，并开有递物槽。

此外，专业装饰装修工程还有多种，如体育场馆、商场超市，各有特色，不一一赘述。

第四篇 建筑装饰装修工程施工常用速查资料

第一章 法定计量单位和文字表量符号

第一节 法定计量单位

1. 法定计量单位符号

法定计量单位在我国包括国际单位制（SI）的基本单位、国际单位制的辅助单位及国际单位制中具有专门名称的导出单位（见表4-1-1）。

表 4-1-1

	量的名称	单位名称	单位符号	其他表示式例
国际基本单位SI	长度	米	m	
	质量	千克（公斤）	kg	
	时间	秒	s	
	电流	安〔培〕	A	
	热力学温度	开〔尔文〕	K	
	物质的量	摩〔尔〕	mol	
	发光强度	坎〔德拉〕	cd	
辅助单位	平面角	弧度	rad	
	立体角	球面度	sr	
具有专门名称的导出单位	频率	赫〔兹〕	Hz	s^{-1}
	力；重力	牛〔顿〕	N	$kg \cdot m/s^2$
	压力；压强；应力	帕〔斯卡〕	Pa	N/m^2
	能量；功；热	焦〔耳〕	J	$N \cdot m$
	功率；辐射通量	瓦〔特〕	W	J/s
	电荷量	库〔仑〕	C	$A \cdot s$
	电位；电压；电动热	伏〔特〕	V	W/A
	电容	法〔拉〕	F	C/V

续表

	量的名称	单位名称	单位符号	其他表示式例
具有专门名称的导出单位	电阻	欧〔姆〕	Ω	V/A
	电导	西〔门子〕	S	A/V
	磁通量	韦〔伯〕	Wb	V·s
	磁通量密度，磁感应强度	特〔斯拉〕	T	Wb/m^2
	电感	亨〔利〕	H	Wb/A
	摄氏温度	摄氏度	℃	
	光通量	流〔明〕	lm	cd·sr
	光照度	勒〔克斯〕	lx	lm/m^2
	放射性活度	贝可〔勒尔〕	Bq	s^{-1}
	吸收剂量	戈〔瑞〕	Gy	J/kg
	剂量当量	希〔沃特〕	Sv	J/kg

2. 国家选定的非国际单位制单位

表 4-1-2

量的名称	单位名称	单位符号	换算关系和说明
时间	分	min	1min =60s
	〔小〕时	h	1h =60min =3600s
	天〔日〕	d	1d =24h =86400s
平面角	〔角〕秒	(″)	1″ = (π/648000) rad (π为圆周率)
	〔角〕分	(′)	1′ =60″ (π/10800) rad
	度	(°)	1° =60′ = (π/180) rad
旋转速度	转每分	r/min	1r/min = (1/60) s^{-1}
长度	海里	n mile	1n mile =1852m (只用于航程)
速度	节	kn	1kn =1n mile/h = (1852/3600) m/s (只用于航行)
质量	吨	t	1t =10^{3}kg
	原子质量单位	u	1u≈1.6605655 ×10^{-27}kg
体积	升	L, (l)	1L =1dm^3 =10^{-3}m^3
能	电子伏	eV	1eV≈1.6021892 ×10^{-19}J
级差	分贝	dB	
线密度	特〔克斯〕	tex	1tex =1g/km

3. 建筑用非法定计量单位与法定计量单位换算关系表

表 4-1-3

序号	量的名称	非法定计量单位 名称	非法定计量单位 符号	法定计量单位 名称	法定计量单位 符号	单位换算关系
1	力、重力	千克力	kgf	牛顿	N	1kgf=9.80665N
		吨力	tf	千牛顿	kN	1tf=9.80665kN
2	线分布力	千克力每米	kgf/m	牛顿每米	N/m	1kgf/m=9.80665N/m
		吨力每米	tf/m	千牛顿每米	kN/m	1tf/m=9.80665kN/m
3	面分布力（压强）	千克力每平方米	kgf/m²	牛顿每平方米（帕斯卡）	N/m²（Pa）	1kgf/m² = 9.80665N/m²（Pa）
		吨力每平方米	tf/m²	千牛顿每平方米（千帕斯卡）	kN/m²（kPa）	1tf/m² = 9.80665kN/m²（kPa）
		标准大气压	atm	兆帕斯卡	MPa	1atm=0.101325MPa
		工程大气压	at	兆帕斯卡	MPa	1at=0.0980665MPa
		毫米水柱	mmH$_2$O	帕斯卡	Pa	1mmH$_2$O = 9.80665Pa（按水的密度为1g/cm³计）
		毫米汞柱	mmHg	帕斯卡	Pa	1mmHg=133.322Pa
		巴	bar	兆帕斯卡	MPa	1bar=0.1MPa
4	体分布力、重力密度	千克力每立方米	kgf/m³	牛顿每立方米	N/m³	1kgf/m³=9.80665N/m³
		吨力每立方米	tf/m³	千牛顿每立方米	kN/m³	1tf/m³=9.80665kN/m³
5	力矩、弯矩、扭矩	千克力米	kgf·m	牛顿米	N·m	1kgf·m=9.80665N·m
		吨力米	tf·m	千牛顿米	kN·m	1tf·m=9.80665kN·m
6	双弯矩	千克力二次方米	kgf·m²	牛顿二次方米	N·m²	1kgf·m²=9.80665N·m²
		吨力二次方米	tf·m²	千牛顿二次方米	kN·m²	1tf·m²=9.80665kN·m²

续表

序号	量的名称	非法定计量单位		法定计量单位		单位换算关系
		名称	符号	名称	符号	
7	应力、材料强度	千克力每平方毫米	kgf/mm²	牛顿每平方毫米（兆帕斯卡）	N/mm² (MPa)	1kgf/mm² =9.80665 N/mm² (MPa)
		千克力每平方厘米	kgf/cm²	牛顿每平方毫米（兆帕斯卡）	N/mm² (MPa)	1kgf/cm² =0.0980665 N/mm² (MPa)
		吨力每平方米	tf/m²	千牛顿每平方米（千帕斯卡）	kN/m² (kPa)	1tf/m² = 9.80665kN/m² (kPa)
8	弹性模量、剪变模量、变形模量	千克力每平方厘米	kgf/cm²	牛顿每平方毫米（兆帕斯卡）	N/mm² (MPa)	1kgf/cm² =0.0980665 N/mm² (MPa)
9	地基抗力刚度系数	吨力每三次方米	tf/m³	千牛顿每三次方米	kN/m³	1tf/m³ =9.80665kN/m³
10	地基抗力比例系数	吨力每四次方米	tf/m⁴	千牛顿每四次方米	kN/m⁴	1tf/m⁴ =9.80665kN/m⁴
11	能、功	千克力米	kgf·m	焦耳	J	1kgf·m =9.80665J
		吨力米	tf·m	千焦耳	kJ	1tf·m =9.80665kJ
		立方厘米标准大气压	cm³·atm	焦耳	J	1cm³·atm =0.101325J
		升标准大气压	L·atm	焦耳	J	1L·atm =101.325J
		升工程大气压	L·at	焦耳	J	1L·at =98.0665J
12	功率	千克力米每秒	kgf·m/s	瓦特	W	1kgf·m/s =9.80665W

第二节 文字表量符号和化学元素符号

一、文字表量符号

表 4-1-4

中文意义	符号	中文意义	符号
（一）几何量值		（三）质量	
1. 长	L、l	1. 质量	m
2. 宽	B、b	2. 密度	ρ
3. 高	H、h	3. 惯性矩、转动惯量	I，(J)
4. 厚	d、δ	4. 原子量	A
5. 半径	R、r	5. 分子量	M
6. 直径	D、d	6. 价	n
7. 波长	λ	（四）力	
8. 行程、距离	s	1. 力	f、F、P、Q、R
9. 伸长度	ε		
10. 平面角	α、β、γ ϑ、θ、ϕ	2. 重、荷重	G（P、W）
		3. 力矩	M
11. 立体（空间）角	Ω、ω	4. 压力	p
12. 相角	φ	5. 切线应力	τ
13. 截面、表面、面积	A（F、S）	6. 垂直应力	σ
14. 体积	V（v）	7. 弹性系数	E
（二）时间		8. 硬度	H
1. 时间	t	9. 布氏硬度	HB
2. 周期	T	10. 洛氏硬度	HR
3. 频率	f、ν	11. 维氏硬度	HV
4. 每分钟转数	π	12. 肖氏硬度	HS
5. 线速度	v	13. 摩擦系数	μ（f）
6. 线加速度	a	14. 动力黏滞性系数	η（μ）
7. 角速度	ω	15. 运动黏滞性系数	ν
8. 角加速度	δ	（五）能	
9. 落体加速度	g	1. 功	W，(A)
10. 流量	q	2. 能	E，(W)

续表

中文意义	符号	中文意义	符号
3. 功率	P	10. 透射系数	τ
4. 效率	η	11. 光出射度	$M,(M_v)$
(六) 热		(八) 电磁	
1. 温度（摄氏）	t,θ	1. 电量	$Q、q$
2. 绝对温度	$T、\Theta$	2. 电荷	$q、e$
3. 线膨胀系数	α_l	3. 电场强度	E
4. 体积膨胀系数	α_v,γ	4. 电通〔量〕	Φ
5. 热量	Q	5. 电位移	D
6. 热流	Φ	6. 电动力	E
7. 热容量、比热	C	7. 电位，（电势）	$V、\varphi$
8. 导热系数	λ,k	8. 电流	I
9. 潜热	L	9. 电阻	R
10. 汽化热	γ	10. 电阻系数	ρ
11. 发热量	$H、Q$	11. 电导率	ν,σ
12. 压力系数	β	12. 电导系数	γ
13. 熵	S	13. 电流密度	$J,(S,\delta)$
14. 热流〔量〕密度	q,φ	14. 电容	C
15. 热含量	I	15. 介质常数	ε
16. 热扩散系数	α	16. 线圈数	$n、W$
17. 热传导系数	h,a,k,K	17. 感应	L
18. 热绝缘系数	M	18. 互感	M
(七)		19. 电抗	X
1. 光量	$Q,(Q_v)$	20. 阻抗	Z
2. 光通	$\Phi(\Phi_v)$	21. 导纳	Y
3. 折射系数	n	22. 电纳	B
4. 焦距	L	23. 磁场强度	H
5. 照度	$E,(E_v)$	24. 磁感	B
6. 发光强度	$I(I_v)$	25. 磁通〔量〕	Φ
7. 亮度	$L,(L_v)$	26. 磁阻	R_m
8. 光速	C	27. 磁导	G
9. 反射系数	γ	28. 导磁率	μ

注：HR可以根据具体情况，在R字母之后，再分别添A、B或C。

二、化学元素符号

表 4-1-5

名称	符号	名称	符号	名称	符号	名称	符号	名称	符号	名称	符号	名称	符号
氢	H	硫	S	镓	Ga	钯	Pd	钷	Pm	锇	Os	镤	Pa
氦	He	氯	Cl	锗	Ge	银	Ag	钐	Sm	铱	Ir	铀	U
锂	Li	氩	Ar	砷	As	镉	Cd	铕	Eu	铂	Pt	镎	Np
铍	Be	钾	K	硒	Se	铟	In	钆	Gd	金	Au	钚	Pu
硼	B	钙	Ca	溴	Br	锡	Sn	铽	Tb	汞	Hg	镅	Am
碳	C	钪	Sc	氪	Kr	锑	Sb	镝	Dy	铊	Tl	锔	Cm
氮	N	钛	Ti	铷	Rb	碲	Te	钬	Ho	铅	Pb	锫	Bk
氧	O	钒	V	锶	Sr	碘	I	铒	Er	铋	Bi	锎	Cf
氟	F	铬	Cr	钇	Y	氙	Xe	铥	Tm	钋	Po	锿	Es
氖	Ne	锰	Mn	锆	Zr	铯	Cs	镱	Yb	砹	At	镄	Fm
钠	Na	铁	Fe	铌	Nb	钡	Ba	镥	Lu	氡	Rn	钔	Md
镁	Mg	钴	Co	钼	Mo	镧	La	铪	Hf	钫	Fr	锘	No
铝	Al	镍	Ni	锝	Tc	铈	Ce	钽	Ta	镭	Ra	铹	Lr
硅	Si	铜	Cu	钌	Ru	镨	Pr	钨	W	锕	Ac		
磷	P	锌	Zn	铑	Rh	钕	Nd	铼	Re	钍	Th		

第二章 有关材料缩写代号和符号

一、塑料名称缩写代号

表 4-2-1

名　称	代　号	名　称	代　号
丙烯腈—丙烯醋酸—苯乙烯	AAS	二甲基乙酰胺	DMA
苯乙烯—丙烯腈—丁二烯	ABS	乙基纤维素	EC
苯乙烯—氯化聚乙烯—炳烯腈	ACS	环氧树脂	EP
醇酸树脂	ALK	醋酸乙烯	FVA
苯乙烯—丙烯腈—丙烯酸	ASA	玻璃增强塑料	FRP
醋酸纤维素	GA	玻璃增强热塑性塑料	FRTP
丁酸—醋酸纤维	CAB	玻璃纤维	GF
丙酸—醋酸纤维	CAP	玻璃纤维增强塑料	GFP
甲酸、甲醛	CF	苯乙烯—丁二烯—甲基炳烯酸甲酯共混树脂	MBS
羧甲基纤维	CMC	甲基炳烯酸甲酯	MMA
硝酸纤维	CN	密胺甲醛树脂	MF
丙酸纤维	CP	聚酰胺（尼龙）	PA
氯化聚醚	CPE	聚苯并咪唑	PBI
酪朊	CS	聚苯并噻唑	PBT
邻苯二甲酸二炳烯酯	DAP	聚碳酸酯	PC

续表

名　称	代　号	名　称	代　号
聚三氟氯乙烯	PCFFE	聚甲基丙烯酸甲酯（有机玻璃）	PMMA
聚邻苯二甲酸二丙烯酯	PDAP	聚烯烃	PO
聚乙烯	PE	聚甲醛	POM
聚酯	PES	聚丙烯	PP
聚对苯二甲酸乙二醇酯	PETP	聚苯醚	PPO
酚醛树脂	PF	聚苯乙烯	PS
聚酰亚胺	PI	苯乙烯—丙烯腈共聚物	PSB
聚异丁烯	PIB	聚砜	PSF（PSUL）

二、金属建材涂塑标记

表 4-2-2

普通碳素钢		金属结构钢	
牌　号	涂色标记	牌　号	涂色标记
#1 钢	白色+黑色	锰钢	黄色+蓝色
#2 钢	黄色	硅锰钢	红色+黑色
#3 钢	红色	锰钒钢	蓝色+绿色
#4 钢	黑色	铬钢	绿色+黄色
#5 钢	绿色	铬硅钢	蓝色+红色
#6 钢	蓝色	铬锰钢	蓝色+黑色
#7 钢	红色+棕色	钼钢	紫色
优质碳素结构钢：		钼铬钢	紫色+绿色
#0～15	白色	钼铬锰钢	紫色+白色
#20～25	棕色+绿色	铬钼钢	铝白色
#30～40	白色+蓝色	铬钼铝钢	黄色+紫色
#45	白色+棕色	硼钢	紫色+黑色
#15Mn～40Mn	白色二条		

三、钢筋符号

表 4-2-3

钢筋种类	新符号	钢筋种类	新符号
Ⅰ级钢筋	ϕ	冷拉Ⅳ级钢筋（光面）	Φ^l
冷拉Ⅰ级钢筋	ϕ^l	冷拉Ⅳ级钢筋（螺纹）	
Ⅱ级钢筋	Φ	Ⅴ级钢筋（光面）	Φ^l
冷拉Ⅱ级钢筋	Φ^l	Ⅴ级钢筋（螺纹）	
Ⅲ级钢筋	Φ		
冷拉Ⅲ级钢筋	Φ^l	冷拔低碳钢丝	ϕ^b
Ⅳ级钢筋（光面）	Φ	刻痕钢丝	ϕ^s
		碳素钢丝	ϕ^k
Ⅳ级钢筋（螺纹）		钢绞线	ϕ^j

四、薄钢板习惯用号数与厚度

表 4-2-4

习用号数	厚度 普通薄钢板		厚度 镀锌薄钢板		习用号数	厚度 普通薄钢板		厚度 镀锌薄钢板	
	in	mm	in	mm		in	mm	in	mm
8	0.1644	4.18	0.1681	4.270	21	0.0329	0.835	0.0366	0.930
9	0.1495	3.80	0.1532	3.900	22	0.0299	0.758	0.0336	0.855
10	0.1345	3.41	0.1382	3.510	23	0.0269	0.682	0.0306	0.778
11	0.1196	3.03	0.1233	3.130	24	0.0239	0.606	0.0276	0.700
12	0.1046	2.65	0.1084	2.742	25	0.0209	0.530	0.0247	0.627
13	0.0897	2.28	0.0934	2.370	26	0.0179	0.455	0.0217	0.552
14	0.0747	1.89	0.0785	1.990	27	0.0164	0.416	0.0202	0.513
15	0.0673	1.71	0.0710	1.800	28	0.0149	0.378	0.0187	0.475
16	0.0598	1.52	0.0635	1.610	29	0.0135	0.342	0.0172	0.437
17	0.0538	1.36	0.0575	1.460	30	0.0120	0.304	0.0157	0.399
18	0.0478	1.22	0.0516	1.310	31	0.0105	0.266	0.0142	0.361
19	0.0418	1.06	0.0456	1.155	32	0.0097	0.246	0.0134	0.340
20	0.0359	0.911	0.0396	1.000					

第三章　常用单位换算

一、长度单位换算

1. 各种长度单位换算

表 4-3-1

单位	公　制			
	毫米（mm）	厘米（cm）	米（m）	公里（km）
1mm	1	0.1	0.001	
1cm	10	1	0.01	0.00001
1m	1000	100	1	0.001
1km	1000000	100000	1000	1
1市尺	33.3333	33.3333	0.3333	0.0003
1市里	500000	50000	500	0.5000
1日寸	30.3030	3.0303	0.0303	
1日尺	303.0303	30.3030	0.3030	0.0003
1日间	1818.2	181.82	1.8182	0.0018
1日里	3927300	392730	3927.3	3.9273
1英寸（1in）	25.4	2.54	0.0254	
1英尺（1ft）	304.8	30.48	0.3048	0.0003
1码（1yd）	914.4	91.44	0.9144	0.0009
1英里（1mile）		160934	1609.34	1.6093

续表

单位	市制		日制			
	市尺	市里	日寸	日尺	日间	日里
1mm	0.003		0.033	0.0033	0.0006	
1cm	0.03	0.00002	0.33	0.033	0.0055	
1m	3	0.002	33.0033	3.3003	0.5499	0.0003
1km	3000	2	33000	3300.33	549.9945	0.2546
1市尺	1	0.0007	11.0011	1.0999	0.1833	0.0001
1市里	1500	1	16500	1650	274.95	0.1273
1日寸	0.0909	0.0001	1	0.1	0.0167	
1日尺	0.9091	0.0006	10	1	0.1667	0.0001
1日间	5.4546	0.0036	60	6	1	0.0005
1日里	11781.9	7.8545	129600.9	12960.09	2160.2937	1
1英寸（1in）	0.0762	0.0001	0.8382	0.0838	0.01397	
1英尺（1ft）	0.9144	0.0006	10.0584	1.0058	0.1676	0.0001
1码（1yd）	2.7432	0.0018	30.175	3.0175	0.5029	0.0002
1英里（1mile）	4828.02	3.2186	53108.22	5310.822	885.1124	0.4098

单位	英美制			
	英寸（in）	英尺（ft）	码（yd）	英里（mile）
1mm	0.03937	0.00328	0.00109	
1cm	0.3937	0.0328	0.0109	
1m	39.3701	3.2808	1.0936	0.0006
1km		3280.8398	1093.6132	0.6214
1市尺	13.1234	1.0936	0.3645	0.0002
1市里	19685.0	1640.4	546.8	0.3107
1日寸	1.1930	0.0994	0.0331	
1日尺	11.9303	0.9942	0.3314	0.0002
1日间	71.5825	5.9652	1.9884	0.0011
1日里	154617.8	12884.842	4294.9345	2.4404
1英寸（1in）	1	0.0833	0.0278	
1英尺（1ft）	12	1	0.3333	0.0002
1码（1yd）	36	3	1	0.0006
1英里（1mile）	63360	5280	1760	1

注：1俄尺=0.3048米（m）=0.9144市尺=0.3333码（yd）=1英尺（ft）=1.0058日尺。

2. 米（m）的倍数单位换算

表 4-3-2

名 称	符号	km	hm	dam	m	dm	cm	mm	μ
千米（公里）	km	1	10	10^2	10^3	10^4	10^5	10^6	10^9
百米	hm	10^{-1}	1	10	10^2	10^3	10^4	10^5	10^8
十米	dam	10^{-2}	10^{-1}	1	10	10^2	10^3	10^4	10^7
米	m	10^{-3}	10^{-2}	10^{-1}	1	10	10^2	10^3	10^6
分米	dm	10^{-4}	10^{-3}	10^{-2}	10^{-1}	1	10	10^2	10^5
厘米	cm	10^{-5}	10^{-4}	10^{-3}	10^{-2}	10^{-1}	1	10	10^4
毫米	mm	10^{-6}	10^{-5}	10^{-4}	10^{-3}	10^{-2}	10^{-1}	1	10^3
微米	μm	10^{-9}	10^{-8}	10^{-7}	10^{-6}	10^{-5}	10^{-4}	10^{-3}	1

二、面积单位换算

表 4-3-3

单 位	公 制			
	平方米（m^2）	公亩（a）	公顷（ha）	平方公里（km^2）
1 平方米（$1m^2$）	1	0.01	0.0001	
1 公亩（1a）	100	1	0.01	0.0001
1 公顷（1ha）	10000	100	1	0.01
1 平方公里（$1km^2$）		10000	100	1
1 平方尺	0.11111	0.00111	0.00011	
1 市亩	666.666	6.66667	0.06667	0.00067
1 日坪	3.30579	0.03306	0.00033	
1 日亩	99.1736	0.99174	0.00992	0.00009
1 平方英尺（$1ft^2$）	0.0929	0.00093	0.000093	
1 平方码（$1ya^2$）	0.83612	0.00836	0.00084	
1 英亩（1acre）	4046.85	40.4685	0.40469	0.00405
1 美亩	4046.87	40.4687	0.40469	0.00405
1 平方英里（$1mile^2$）	2589984	25899.84	259.0674	2.592

续表

单位	市制		日制	
	平方市尺	市亩	日坪	日亩
1平方米（1m²）	9	0.0015	0.3025	0.01008
1公亩（1a）	900	0.15	30.25	1.00833
1公顷（1ha）	90000	15	3025.0	100.833
1平方公里（1km²）	9000000	1500	302500	10083.3
1平方尺	1	0.00017	0.03361	0.00112
1市亩	6000	1	201.667	6.72222
1日坪	29.75211	0.00496	1	0.03333
1日亩	892.5624	0.14876	30	1
1平方英尺（1ft²）	0.83613	0.000139	0.0281	0.00094
1平方码（1yd²）	7.52508	0.00125	0.25293	0.00843
1英亩（1acre）	36421.65	6.07029	1224.17	40.8057
1美亩	36421.83	6.07037	1224.18	40.806
1平方英里（1mile²）	23309856	3884.986	783468.8	26115.648

单位	英美制				
	平方英尺（ft²）	平方码（yd²）	英亩（acre）	美亩	平方英里（mile²）
1平方米（1m²）	10.7639	1.19600	0.00025	0.00025	
1公亩（1a）	1076.39	119.6	0.02471	0.02471	0.00004
1公顷（1ha）	107639	11960	2.47106	2.47104	0.00386
1平方公里（1km²）	10763900	1196000	247.106	247.104	0.3858
1平方尺	1.19598	0.13289	0.00003	0.00003	
1市亩	7175.9261	797.34	0.16441	0.16474	0.00026
1日坪	35.58319	3.95481	0.00082	0.00082	
1日亩	1067.4956	118.64419	0.02451	0.02451	0.00004
1平方英尺（1ft²）	1	0.11111	0.00002	0.00002	
1平方码（1yd²）	8.99991	1	0.00021	0.00021	
1英亩（1acre）	43559.888	4840.0346	1	0.9999	0.00157
1美亩	43560.105	4840.0588	1.000005	1	0.00157
1平方英里（1mile²）	27878188	3097606.6	640	639.9936	1

注：1俄亩 =1.092公顷（ha） =16.38亩

1町步（朝鲜民主主义人民共和国）=14.85亩 =0.99公顷（ha）

1霍尔特（匈牙利）=8.55亩 =0.57公顷（ha）

1狄卡儿（保加利亚）=1.5亩 =0.1公顷（ha）

1杜努姆（伊拉克）=3.75亩 =0.25公顷（ha）

1町（日本）=14.88亩 =0.99174公顷（ha）

1费丹（阿联）=6.3亩 =0.42公顷（ha）

1卡瓦耶里亚（古巴）=201.28亩 =13.418公顷（ha）

1摩根（南非）= 约12亩 =0.8公顷（ha）

三、体积、容积单位换算

1. 各种体积、容积单位换算

表 4-3-4

单 位	公　制		
	立方厘米（cm³）	升（L）	立方米（m³）
1 立方厘米（1cm³）	1	0.001	0.000001
1 升（L）	1000	1	0.001
1 立方米（1m³）	1000000	1000	1
1 立方尺	37037.037	37.037037	0.037037
1 斗	10000	10	0.01
1 石	100000	100	0.1
1 日升	1805.0541	1.805054	0.001805
1 日斗	18050.541	18.050541	0.018051
1 日石	180505.41	180.50541	0.180505
1 立方英寸（1in³）	16.387075	0.016387	0.000016
1 立方英尺（1ft³）	28571.428	28.571428	0.028571
1 蒲式耳（1bu）	35335.689	35.335689	0.035336
1 加仑（1gal）（美液量）	3787.8787	3.787879	0.003788

单 位	市　制			日　制		
	立方市尺	市斗	市石	日升	日斗	日石
1 立方厘米（1cm³）	0.000027	0.0001	0.00001	0.000554	0.000055	0.000006
1 升（L）	0.027	0.1	0.01	0.554	0.0554	0.00554
1 立方米（1m³）	27	100	10	554.01662	55.400127	5.540013
1 立方尺	1	3.703704	0.370370	20.518713	2.051850	0.205185
1 斗	0.27	1	0.1	5.540013	0.554	0.0554
1 石	2.7	10	1	55.40166	5.540013	0.554001
1 日升	0.048736	0.180505	0.018050	1	0.1	0.01
1 日斗	0.487365	1.805054	0.180505	10	1	0.1
1 日石	4.873650	18.050541	1.805054	100	10	1
1 立方英寸（1in³）	0.000442	0.001639	0.000164	0.009078	0.000908	0.000091
1 立方英尺（1ft³）	0.761456	2.857143	0.285714	15.828545	1.582855	0.158286
1 蒲式耳（1bu）	0.954064	3.533569	0.353357	19.575984	1.957598	0.195759
1 加仑（1gal）（美液量）	0.102273	0.378788	0.037879	2.098485	0.209849	0.020985

续表

单 位	英 美 制			
	立方英寸 (in^3)	立方英尺 (ft^3)	蒲式耳 (bu)	加仑 (gal) (美液量)
1 立方厘米 (1cm^3)	0.061024	0.000035	0.000028	0.000264
1 升 (L)	61.0237	0.035	0.0283	0.264
1 立方米 (1m^3)	61023.7	35.000525	28.299750	263.99165
1 立方尺	2260.137	1.30794	1.048148	9.777752
1 斗	610.237	0.35	0.282999	2.639999
1 石	6102.37	3.500004	2.829999	26.39999
1 日升	110.15642	0.063177	0.051083	0.476533
1 日斗	1101.5642	0.63177	0.51830	4.765331
1 日石	11015.642	6.3177	5.108301	47.65331
1 立方英寸 (1in^3)	1	0.00058	0.000464	0.004326
1 立方英尺 (1ft^3)	1728	1	0.808571	7.542857
1 蒲式耳 (1bu)	2156.31440	1.236750	1	9.328619
1 加仑 (1gal) (美液量)	231.160420	0.132576	0.107197	1

注:1 加仑 (gal) (干量) =277.274 立方英寸 (in^3) (英) =268.80 立方英寸 (in^3) (美)

1 加仑 (gal) (液量) =277.274 立方英寸 (in^3) (英) =231 方立英寸 (in^3) (美)

1 蒲式耳 (bu) =8 加仑 (gal)

1 蒲式耳 (美) (bu) =27.22 公斤 (kg) (小麦、豆类、马铃薯)

2. 立方米 (m^3) 倍数单位换算

表 4-3-5

名 称	符号	km^3	hm^3	dam^3	m^3	hL	daL	dm^3 =L	dL	cL	cm^3 =mL	mm^3 =μL
立方千米	km^3	1	10^3	10^6	10^9	10^{10}	10^{11}	10^{12}	10^{13}	10^{14}	10^{15}	10^{18}
立方百米	hm^3	10^{-3}	1	10^3	10^6	10^7	10^8	10^9	10^{10}	10^{11}	10^{12}	10^{15}
立方十米	dam^3	10^{-6}	10^{-3}	1	10^3	10^4	10^5	10^6	10^7	10^8	10^9	10^{12}
立方米	m^3	10^{-9}	10^{-6}	10^{-3}	1	10	10^2	10^3	10^4	10^5	10^6	10^9
百升	hL	10^{-10}	10^{-7}	10^{-4}	10^{-1}	1	10	10^2	10^3	10^4	10^5	10^8
十升	daL	10^{-11}	10^{-8}	10^{-5}	10^{-2}	10^{-1}	1	10	10^2	10^3	10^4	10^7
立方分米=升	L	10^{-12}	10^{-9}	10^{-6}	10^{-3}	10^{-2}	10^{-1}	1	10	10^2	10^3	10^6
分升	dL	10^{-13}	10^{-10}	10^{-7}	10^{-4}	10^{-3}	10^{-2}	10^{-1}	1	10	10^2	10^5
厘升	cL	10^{-14}	10^{-11}	10^{-8}	10^{-5}	10^{-4}	10^{-3}	10^{-2}	10^{-1}	1	10	10^4
立方厘米=毫升	mL	10^{-15}	10^{-12}	10^{-9}	10^{-6}	10^{-5}	10^{-4}	10^{-3}	10^{-2}	10^{-1}	1	10^3
立方毫米=微升	μL	10^{-18}	10^{-15}	10^{-12}	10^{-9}	10^{-8}	10^{-7}	10^{-6}	10^{-5}	10^{-4}	10^{-3}	1

注:升的符号"L",也可以使用小写正体字母"l"。

四、重量(质量)单位换算

1. 主要重量单位换算

表 4-3-6

克(g)	公斤(kg)	吨(t)	市两	市斤	市担	盎司(floz)	磅(lb)	美(短)吨(sh·tn)	英(长)吨(ton)
1	0.001		0.02	0.002		0.0353	0.0022		
1000	1	0.001	20	2	0.02	35.274	2.2046		
	1000	1		2000	20	35274	2204.6	1.1023	0.9842
50	0.05		1	0.1		1.7637	0.1102		
500	0.5		10	1	0.01	17.637	1.1023		
	50	0.05	1000	100	1	1763.7	110.23	0.0551	0.0492
28.35	0.0284		0.567	0.0567		1	0.0625		
453.59	0.4536		9.072	0.9072		16	1		
	907.19	0.9072		1814.4	18.144		2000	1	0.8929
	1016	1.016		2032.1	20.321		2240	1.12	1

注:1 日斤 =0.6 公斤(kg)　　　1 普特(俄)=16.3805 公斤(kg)
　　　=1.2 市斤　　　　　　　　　　　　=32.761 市斤
　　　=1.3228 磅(lb)　　　　　　　　　　=36.112 磅(lb)
　　　　　　　　　　　　　　　　　　　　=27.30 日斤

2. 千克(公斤)倍数单位换算

表 4-3-7

名称	符号	kt	t(Mg)	dt	kg	hg	dag	g	dg	mg
千吨	kt	1	10^3	10^4	10^6	10^7	10^8	10^9	10^{10}	10^{12}
吨(兆克)	t(Mg)	10^{-3}	1	10	10^3	10^4	10^5	10^6	10^7	10^9
分吨	dt	10^{-4}	10^{-1}	1	10^2	10^3	10^4	10^5	10^6	10^8
千克	kg	10^{-6}	10^{-3}	10^{-2}	1	10	10^2	10^3	10^4	10^6
百克	hg	10^{-7}	10^{-4}	10^{-3}	10^{-1}	1	10	10^2	10^3	10^5
十克	dag	10^{-8}	10^{-5}	10^{-4}	10^{-2}	10^{-1}	1	10	10^2	10^4
克	g	10^{-9}	10^{-6}	10^{-5}	10^{-3}	10^{-2}	10^{-1}	1	10	10^3
分克	dg	10^{-10}	10^{-7}	10^{-6}	10^{-4}	10^{-3}	10^{-2}	10^{-1}	1	10^2
毫克	mg	10^{-12}	10^{-9}	10^{-8}	10^{-6}	10^{-5}	10^{-4}	10^{-3}	10^{-2}	1

五、力(重力)单位换算

1. 力的单位换算

表 4-3-8

牛顿(N)	千牛顿(kN)	公斤力(kgf)	吨力(tf)
1	1×10^{-3}	0.101972	0.102×10^{-3}
1×10^3	1	101.972	0.102
9.80665	9.80665×10^{-3}	1	1×10^{-3}
9.80665×10^3	9.80665	1×10^3	1
10^{-5}	10^{-8}	0.101972×10^{-5}	0.101972×10^{-8}
4.44822	4.44822×10^{-3}	0.453592	0.453592×10^{-3}
9964.02	9964.02×10^{-3}	1.01605×10^3	1.01605
8.89644×10^3	8.89644	0.907188×10^3	0.907185

达因(dyn)	磅力(lbf)	英吨力(tonf)	美吨力(UStonf)
1×10^5	0.224809	0.1004×10^{-3}	0.1124×10^{-3}
1×10^8	224.809	0.1004	0.1124
9.80665×10^5	2.20462	0.984207×10^{-3}	0.110231×10^{-2}
9.80665×10^8	2204.62	0.984207	1.10231
1	0.224809×10^{-5}	0.100361×10^{-8}	0.112405×10^{-8}
4.44822×10^5	1	0.446429×10^{-3}	0.5×10^{-3}
9964.02×10^5	2240	1	1.12
8.89644×10^8	2000	0.892857	1

注:英吨力的单位符号有时也写成"UKtonf"。

2. 力矩(弯矩、扭矩、力偶矩、转矩)单位换算

表 4-3-9

牛顿·米(N·m)	千克力·米(kgf·m)	吨力·米(tf·m)	千克力·厘米(kgf·cm)
1	0.101972	0.101972×10^{-3}	0.101972×10^2
9.80665	1	1×10^{-3}	1×10^2
9806.65	1000	1	100000
0.098065	0.01	0.00001	1
0.112985	0.0115212	1.15212×10^{-5}	1.152124
1.35582	0.138255	0.138×10^{-3}	13.825493
3037.03	309.691	0.309	30969.074
1×10^{-7}	1.01972×10^{-8}	0.101744×10^{-10}	10197.157×10^{10}

续表

磅力·英寸 (lbf·in)	磅力·英尺 (lbf·ft)	英吨力·英尺 (tonf·ft)	达因·厘米 (dyn·cm)
8.85075	0.737562	3.29269×10^{-4}	1×10^7
86.7962	7.23301	3.22902×10^{-3}	9.80665×10^7
86796.2	7233.01	3.229	9.80665×10^{10}
0.867962	0.07233	3.229×10^{-5}	9.80665×10^5
1	0.0833333	3.72024×10^{-5}	1.12985×10^6
12	1	4.46429×10^{-4}	1.35582×10^7
26880	2240	1	3.03703×10^{10}
8.85075×10^{-7}	7.37562×10^{-8}	3.29269×10^{-11}	1

3. 压力或压强（Pa 或 N/mm^2）单位换算

表 4-3-10

帕斯卡或 牛顿/平方米 (Pa 或 N/m^2)	兆帕斯卡 或牛顿/平方毫米 (MPa 或 N/mm^2)	千克力/ 平方厘米① (kgf/cm^2)	吨力/平方米 (tf/m^2)	标准大气压 (atm)
1	1×10^{-6}	1.0197×10^{-5}	1.0197×10^{-4}	9.86923×10^{-6}
1×10^6	1	10.1972	101.972	9.86923
9.80665×10^4	9.80665×10^{-2}	1	10	0.967841
9.80665×10^3	9.80665×10^{-3}	0.1	1	0.096784
101325	101325×10^{-6}	1.03323	10.3323	1
133.32236	133.322×10^{-6}	0.135951×10^{-2}	0.135951×10^{-1}	0.131579×10^{-2}
3386.39	3386.39×10^{-6}	0.034532	0.34532	0.033421
9.80665	9.80665×10^{-6}	1×10^{-4}	1×10^{-3}	0.967×10^{-4}
249.089	249.089×10^{-6}	2.54×10^{-3}	2.54×10^{-2}	0.245832×10^{-2}
1×10^5	1×10^{-1}	1.01972	10.1972	0.986923
6.89476×10^3	6.89476×10^{-3}	0.070307	0.70307	0.068046
47.8803	47.8803×10^{-6}	4.88243×10^{-4}	4.88243×10^{-3}	0.472542×10^{-3}
1.54443×10^7	15.4443	157.483	1574.88	152.423
1.07252×10^5	1.07252×10^{-1}	1.09366	10.9366	1.05849
0.137895×10^8	0.137895×10^2	0.140614×10^3	0.140614×10^4	0.136092×10^3
0.957604×10^5	0.957604×10^{-1}	0.976484	9.76484	0.945083

续表

毫米汞柱 (mmHg)	毫米水柱 (mmH$_2$O)	英寸水柱 (inH$_2$O)	巴 (bar)	磅力/平方英寸 (lbf/in^2)
7.501×10^{-3}	1.01972×10^{-1}	4.01463×10^{-3}	1×10^{-5}	1.45038×10^{-4}
7.501×10^{3}	1.01972×10^{5}	4.01463×10^{3}	10	145.038
0.735559×10^{3}	1×10^{4}	0.393701×10^{3}	0.980665	14.2233
0.735559×10^{2}	1×10^{3}	0.393701×10^{2}	0.098066	1.42233
760	10332.312	0.406782×10^{3}	1.01325	14.6959
1	13.595147	0.53524	0.13332×10^{-2}	0.019337
25.4	345.317	13.5951	0.033864	0.491026
0.073556	1	0.03937	0.98×10^{-4}	0.14219×10^{-2}
1.86832	25.4001	1	2.4892×10^{-3}	0.036116
750.5704	10204.101	401.7354	1	14.509
51.800289	703.29457	27.688703	0.068948	1
0.359131	4.88399	0.192222	0.4788×10^{-3}	6.94444×10^{-3}
115841.2	1575379	62003	0.154443×10^{3}	2240
804.45277	10940.137	430.57638	1.07252	15.5556
103429.61	1406588.6	55359.804	0.137895×10^{3}	2000.0051
718.26118	9767.9763	384.44308	0.957604	13.888924

磅力/平方英尺 (lbf/ft^2)	英吨力/ 平方英寸 (tonf/in^2)	英吨力/ 平方英尺 (tonf/ft^2)	美吨力/ 平方英寸 (US tonf/in^2)	美吨力/ 平方英尺 (US tontf/ft^2)
0.020885	6.4749×10^{-8}	9.32385×10^{-6}	7.25188×10^{-8}	1.04427×10^{-5}
20885.4	6.4749×10^{-2}	9.32385	7.25188×10^{-2}	10.4427
2048.16	6.34971×10^{-3}	0.914358	7.11167×10^{-3}	1.02408
204.816	6.34971×10^{-4}	0.091436	7.11167×10^{-4}	0.102408
2116.21	6.56072×10^{-3}	0.944742	0.734799×10^{-2}	1.05811
2.784487	8.632507×10^{-6}	12.430815×10^{-4}	9.668441×10^{-6}	13.922553×10^{-4}
70.7262	2.192654×10^{-4}	315.742×10^{-4}	2.455769×10^{-4}	353.631×10^{-4}
0.204815	0.63496×10^{-6}	0.914354×10^{-4}	0.71116×10^{-6}	1.024076×10^{-4}
5.202311	1.612802×10^{-5}	0.232248×10^{-2}	0.180635×10^{-4}	0.260116×10^{-2}
2089.9529	6.4749×10^{-3}	0.932385	7.25188×10^{-3}	1.04427
144	4.46429×10^{-4}	0.064286	0.499819×10^{-3}	0.071974
1	3.1002×10^{-6}	4.46429×10^{-4}	0.34709×10^{-5}	0.4998×10^{-3}
322560	1	144	1.12	161.28

续表

磅力/平方英尺 (1bf/ft²)	英吨力/ 平方英寸 (tonf/in²)	英吨力/ 平方英尺 (tonf/ft²)	美吨力/ 平方英寸 (US tonf/m²)	美吨力/ 平方英尺 (US tontf/ft²)
2 240	6.94444×10^{-3}	1	0.777778×10^{-2}	1.12
287999.91	0.892857	0.128572×10^3	1	144
1999.9993	6.2004×10^{-3}	0.892857	6.94444×10^{-3}	1

注：

① 千克力/平方厘米（kgf/cm²）也被定义为"工程大气压"，符号用"at"表示。

1. 1 标准大气压是指在零度时，密度为 13.5951g/cm³ 和重力加速度为 980.665cm/s²，高度为 760mmHg 在海平面上所产生的压力，或称 1 物理大气压。1 标准大气压（atin）$P_0 = Pgh$ = 13.5951g/cm³ × 980.665cm/s² × 76cm = 1013250 达因/平方厘米（dyn/cm²）。

2. 表中 Pa（N/m²）、MPa（N/mm²）、kgf/cm²、tf/m² 以及 tonf/in、tonf/ft²、lbf/in²、lbf/ft² 等亦可作为应力、材料强度、弹性模量、剪变模量、压缩模量等的单位换算。

3. 压缩系数 1cm²/kgf = （1/0.0980665）MPa^{-1}。

第四章 常用建筑装饰材料主要数据

一、常用装饰材料重量

表 4-4-1

名　称	单位	重量	备　注
1．木材： 杉木	kg/m³	<400	重量随含水率而不同
冷杉、云杉、红松、华山松、樟子松、铁杉、拟赤杨、红椿、杨木、枫杨	kg/m³	400～500	重量随含水率而不同
马尾松、云南松、油松、赤松、广东松、柂木、枫香、柳木、檫木、秦岭落叶松、新疆落叶松	kg/m³	500～600	重量随含水率而不同
东北落叶松、陆均松、榆木、桦木、水曲柳、苦楝、木荷、臭椿	kg/m³	600～700	重量随含水率而不同
樵木（栲木）、石栎、槐木、乌墨	kg/m³	700～800	重量随含水率而不同
青冈栎（槠木）、栎木（柞木）、桉树、木麻黄	kg/m³	>800	重量随含水率而不同
普通木板条、椽檩木料	kg/m³	>500	重量随含水率而不同
锯末	kg/m³	200～250	重量随含水率而不同
木丝板	kg/m³	400～500	
枕木板	kg/m³	250	
刨花板	kg/m³	600	

续表

名 称	单位	重量	备 注
胶合三夹板（杨木）	kg/m³	1.9	
胶合三夹板（椴木）	kg/m³	2.2	
胶合三夹板（水曲柳）	kg/m³	2.8	
胶合五夹板（杨木）	kg/m³	3.0	
胶合五夹板（椴木）	kg/m³	3.4	
胶合五夹板（水曲柳）	kg/m³	3.9	
甘蔗板，按1.0cm厚计	kg/m³	3.0	常用规格为1.3、1.5、1.9、2.5cm
隔声板，按1.0cm厚计	kg/m³	3.0	常用规格为1.3、2.0cm
木屑板，按1.0cm厚计	kg/m³	12.0	常用规格为0.6及1.0cm
2. 金属矿产：			
铸铁	kg/m³	7250	
锻铁	kg/m³	7750	
铁矿渣	kg/m³	2760	
赤铁矿	kg/m³	2500~3000	
钢	kg/m³	7850	
紫铜、赤铜	kg/m³	8900	
黄铜、青铜	kg/m³	8500	
硫化铜矿	kg/m³	4200	
铝	kg/m³	2700	
铝合金	kg/m³	2800	
锌	kg/m³	7050	
亚锌矿	kg/m³	4050	
铅	kg/m³	1400	
方铅矿	kg/m³	7450	
金	kg/m³	19300	
白金	kg/m³	21300	
银	kg/m³	10500	
锡	kg/m³	7350	
镍	kg/m³	8900	
水银	kg/m³	13600	
钨	kg/m³	18900	
镁	kg/m³	1850	
锑	kg/m³	6660	

续表

名　称	单位	重量	备　注
水晶	kg/m³	2950	
硼砂	kg/m³	1750	
硫矿	kg/m³	2050	
石棉矿	kg/m³	2460	
石棉	kg/m³	1000	压实
石棉	kg/m³	400	松散，含水量不大于15%
白垩（高岭土）	kg/m³	2200	
石膏板	kg/m³	2550	
石膏粉	kg/m³	900	
石膏	kg/m³	1300~1450	粗块堆放 $\varphi=30°$ 细块堆放 $\varphi=40°$
3. 土、砂、砂砾、岩石			
腐殖土	kg/m³	1500~1600	干，$\varphi=40°$，湿，$\varphi=35°$； 很湿，$\varphi=25°$
黏土	kg/m³	1350	干，松，空隙比为1.0
黏土	kg/m³	1600	干，$\varphi=40°$，压实
黏土	kg/m³	1800	温，$\varphi=35°$，压实
黏土	kg/m³	2000	很湿，$\varphi=20°$，压实
砂土	kg/m³	1220	干，松
砂土	kg/m³	1600	干，$\varphi=35°$，压实
砂土	kg/m³	1800	湿，$\varphi=35°$，压实
砂土	kg/m³	2000	很湿，$\varphi=25°$，压实
砂子	kg/m³	1400	干，细砂
砂子	kg/m³	1700	干，粗砂
卵石	kg/m³	1600~1800	干
黏土夹卵石	kg/m³	1700~1800	干，松
砂夹卵石	kg/m³	1500~1700	干，压实
砂夹卵石	kg/m³	1600~1920	湿
浮石	kg/m³	600~800	干
浮石填充料	kg/m³	400~600	
砂岩	kg/m³	2360	
页岩	kg/m³	2800	
页岩	kg/m³	1480	片石堆置
泥灰石	kg/m³	1400	$\varphi=40°$

续表

名 称	单位	重量	备 注
花岗岩，大理石	kg/m³	2800	
花岗石	kg/m³	1540	片石堆置
石炭石	kg/m³	2640	
石炭石	kg/m³	1520	片石堆置
贝壳石灰岩	kg/m³	1400	
白云石	kg/m³	1600	片石堆置，$\varphi=48°$
滑石	kg/m³	2710	
火石（燧石）	kg/m³	3520	
云斑石	kg/m³	2760	
玄武岩	kg/m³	2950	
长石	kg/m³	2550	
角闪石，绿石	kg/m³	3000	
角闪石，绿石	kg/m³	1710	片石堆置
碎石子	kg/m³	1400～1500	堆置
岩粉	kg/m³	1600	黏土质或石炭质的
多孔黏土	kg/m³	500～800	作填充料用，$\varphi=35°$
硅藻土填充料	kg/m³	400～600	
辉绿岩板	kg/m³	2950	
4. 砖			
普通砖	kg/m³	1800	240×115×53，684 块/m³
普通砖	kg/m³	1900	机器制
缸砖	kg/m³	2100～2150	230×110×65，609 块/m³
红缸砖	kg/m³	2040	
耐火砖	kg/m³	1900～2200	230×110×65，609 块/m³
耐酸瓷砖	kg/m³	2300～2500	230×113×65，590 块/m³
灰砂砖	kg/m³	1800	砂：白灰=92：8
煤渣砖	kg/m³	1700～1850	
矿渣砖	kg/m³	1850	硬矿渣：粉煤灰：石灰 =75：15：10
焦渣砖	kg/m³	1200～1400	
粉煤灰砖	kg/m³	1400～1500	炉渣：电石渣：粉煤灰 =30：40：30
黏土坯	kg/m³	1200～1500	
锯末砖	kg/m³	900	

续表

名　称	单位	重量	备　注
焦渣空心砖	kg/m³	1000	290×290×140,85 块/m³
水泥空心砖	kg/m³	980	290×290×140,85 块/m³
水泥空心砖	kg/m³	1030	300×250×110,121 块/m³
黏土空心砖	kg/m³	1100~1450	能承重
黏土空心砖	kg/m³	100~1100	不能承重
陶粒混凝土空心砌块	kg/m³	580~900	
碎砖	kg/m³	1200	堆置
水泥花砖	kg/m³	1980	200×200×24　1042 块/m³
磁面砖	kg/m³	1780	150×150×8　5556 块/m³
陶瓷锦砖（马赛克）	kg/m³	12	厚 5mm
5. 石灰、水泥、灰浆及混凝土			
生石灰块	kg/m³	1100	堆置，$\varphi=30°$
生石灰粉	kg/m³	1200	堆置，$\varphi=35°$
熟石灰膏	kg/m³	1350	
石灰砂浆，混合砂浆	kg/m³	1700	
水泥石灰焦渣砂浆	kg/m³	1400	
石灰焦渣砂浆	kg/m³	1300	
灰土	kg/m³	1750	石灰:土=3:7，夯实
稻草石灰泥	kg/m³	1600	
纸筋石灰泥	kg/m³	1600	
石灰锯末	kg/m³	340	1:3，松
石灰三合土	kg/m³	1750	石灰、砂子、卵石
水泥	kg/m³	1250	轻质松散，$\varphi=20°$
水泥	kg/m³	1450	散装，$\varphi=30°$
水泥	kg/m³	1600	袋装压实，$\varphi=40°$
矿渣水泥	kg/m³	1450	
水泥砂浆	kg/m³	2000	
水泥蛭石砂浆	kg/m³	500~800	
石棉水泥浆	kg/m³	1900	
膨胀珍珠岩砂浆	kg/m³	700~1500	
石膏砂浆	kg/m³	1200	

续表

名　　称	单位	重量	备　　注
碎砖混凝土	kg/m³	1850	
素混凝土	kg/m³	2200~2400	振捣或不振捣
矿渣混凝土	kg/m³	2000	
焦渣混凝土	kg/m³	1600~1700	承重用
焦渣混凝土	kg/m³	1000~1400	填充用
铁屑混凝土	kg/m³	2800~6500	
浮石混凝土	kg/m³	900~1400	
沥青混凝土	kg/m³	2000	
无砂大孔混凝土	kg/m³	1600~1900	
泡沫混凝土	kg/m³	400~600	
加气混凝土	kg/m³	550~750	单块
钢筋混凝土	kg/m³	2400~2500	
碎砖钢筋混凝土	kg/m³	2000	
钢丝网水泥	kg/m³	2500	用于承重结构
水玻璃耐酸混凝土	kg/m³	2000~2350	
粉煤灰陶粒混凝土	kg/m³	1950	
6. 沥青、煤灰、油料			
石油沥青	kg/m³	1000~1100	根据相对密度
柏油	kg/m³	1200	
煤沥青	kg/m³	1340	
煤焦	kg/m³	1200	
煤焦	kg/m³	700	堆放，$\varphi=45°$
焦渣	kg/m³	1000	
煤灰	kg/m³	650	
煤灰	kg/m³	800	压实
煤油	kg/m³	800	
煤油	kg/m³	720	桶装，相对密度0.82~0.89
石墨	kg/m³	2080	
润滑油	kg/m³	740	
煤焦油	kg/m³	1000	桶装，相对密度1.25
汽油	kg/m³	670	
汽油	kg/m³	640	桶装，相对密度0.72~0.76

续表

名　　称	单位	重量	备　　注
动物油，植物油	kg/m³	930	
7．杂项			
稻草	kg/m³	120	
普通玻璃	kg/m³	2560	
钢丝玻璃	kg/m³	2600	
泡沫玻璃	kg/m³	300~500	
玻璃棉	kg/m³	50~100	作绝缘层填充料用
沥青玻璃棉毡	kg/m³	80~100	导热系数 0.0349~0.0465W/(m·K)
玻璃棉板（管套）	kg/m³	100~150	导热系数 0.0465~0.0698W/(m·K)
玻璃钢	kg/m³	1400~2200	
矿渣棉	kg/m³	120~150	松散，导热系数 0.0314~0.0442W/(m·K)
矿渣棉制品（板、管、砖）	kg/m³	350~400	导热系数 0.0465~0.0698W/(m·K)
沥青矿渣棉毡	kg/m³	120~160	导热系数 0.0407~0.0523W/(m·K)
膨胀珍珠岩粉料	kg/m³	80~200	干，松散，导热系数 0.0349~0.0465W/(m·K)
膨胀珍珠岩制品	kg/m³	350~400	强度0.8~1.0N/mm²
膨胀蛭石	kg/m³	80~200	导热系数 0.0523~0.0699W/(m·K)
沥青蛭石板（管）	kg/m³	350~400	导热系数 0.0814~0.1047W/(m·K)
水泥蛭石板（管）	kg/m³	400~500	导热系数 0.093~0.4W/(m·K)
聚苯乙烯泡沫塑料	kg/m³	50	导热系数不大于 0.0349W/(m·K)
石棉板	kg/m³	1300	含水率不大于3%

续表

名 称	单位	重量	备 注
乳化沥青	kg/m³	980~1050	
软橡胶	kg/m³	930	
松香	kg/m³	1070	
酒精	kg/m³	785	100%纯
酒精	kg/m³	660	桶装，相对密度0.79~0.82
盐酸	kg/m³	1200	浓度40%
硝酸	kg/m³	1510	浓度91%
硫酸	kg/m³	1790	浓度87%
火碱	kg/m³	1700	浓度66%
水	kg/m³	1000	温度4℃，密度最大时
冰	kg/m³	896	

二、木材计量表

1. 1m³ 胶合板材积折合张数

表 4-4-2

规 格		三 层			五层	说 明
mm	ft	厚 3.0mm	厚 3.5mm	厚 4.0mm	厚 6.5mm	
915×610	3×2	597张	512张	448张	276张	胶合板折材积（指胶合板材积，不是厚木体积）：1m³胶合板材积的张数 $=\dfrac{1}{厚\times 长\times 宽}$ 例：1m³ 厚3mm、宽915mm、长1830mm 的胶合板的张数 $=\dfrac{1}{0.003\times 0.915\times 1.830}$ =199.2（林业部规定为200张）
915×915	3×3	399张	341张	299张	184张	
915×1220	3×4	299张	256张	224张	138张	
915×1525	3×5	239张	205张	180张	110张	
915×1830	3×6	200张	171张	149张	92张	

2. 木门材积参考表（毛截面材积）

单位：m³/m²　　　　表 4-4-3

地区	类别					
	夹板门	镶纤维板门	镶木板门	半截玻璃门	弹簧门	拼板门
华北	0.0296	0.0353	0.0466	0.0379	0.0453	0.0520
华东	0.0287	0.0344	0.0452	0.0368	0.0439	0.0512
东北	0.0285	0.0341	0.0450	0.0366	0.0437	0.0510
中南	0.0302	0.0360	0.0475	0.0387	0.0462	0.0539
西北	0.0258	0.0307	0.0405	0.0330	0.0394	0.0459
西南	0.0265	0.0316	0.0417	0.0340	0.0406	0.0473

注：1. 本表按无纱门考虑。
　　2. 本表以华北地区木门窗标准图的平均数为基础，其他地区按断面大小折算。
　　3. 本表数据仅供参考。

3. 木窗材积参考表（毛截面材积）

单位：m³/m²　　　　表 4-4-4

地区	类别				
	单层玻璃窗	一玻一纱窗	双层玻璃窗	中悬窗	百叶窗
华北	0.0291	0.0405	0.0513	0.0285	0.0431
华东	0.0400	0.0553	—	0.0311	0.0471
东北	0.0337	—	0.0638	0.0309	0.0467
中南	0.0390	0.0578	—	0.0303	0.0459
西北	0.0369	0.0492	—	0.0287	0.0434
西南	0.0360	0.0485	—	0.0281	0.0425

注：1. 本表以华北地区木门窗标准图为基础，其他地区按断面大小折算。
　　2. 本表数据仅供参考。

第五章 玻璃的允许使用面积

一、不同高度上平板玻璃的允许使用面积

表 4-5-1

地上高度 (m)	大致对应层数	风压力 (MPa)	普通平板玻璃							压花玻璃	双层中空玻璃			夹丝玻璃	
			3 mm	4 mm	5 mm	6 mm	10 mm	12 mm	19 mm	4 mm	5 + 5mm	6 +6.8 (夹丝层) mm	8 + 8mm	6.8 mm	10mm
3		9.81	1.80	2.60	3.60	4.40	10.00	12.00	26.00	1.35	5.00	8.50	10.55	4.40	8.50
4		9.81	1.80	2.60	3.60	4.40	10.00	12.00	26.00	1.35	5.00	8.50	10.55	4.40	8.50
5	(1)	10.49	1.67	2.43	3.35	4.12	9.35	11.21	24.30	1.26	4.67	7.57	9.86	4.11	7.94
6		11.57	1.53	2.20	3.05	3.73	8.47	10.17	22.03	1.14	4.24	6.85	8.94	3.73	7.20
7		12.45	1.42	2.05	2.83	3.46	7.87	9.45	20.47	1.06	3.94	6.38	8.30	3.46	6.69

续表

地上高度 (m)	大致对应层数	风压力 (MPa)	普通平板玻璃						压花玻璃	双层中空玻璃			夹丝玻璃	
			3 mm	4 mm	5 mm	6 mm	10 mm	12 mm	19 mm	4 mm	5+5 mm	6+6.8 (夹丝层) mm	8+8mm	6.8mm	10mm
8	(3)	13.34	1.33	1.91	2.65	3.30	7.35	8.82	19.11	0.99	3.67	5.96	7.76	3.23	6.25
9		14.12	1.25	1.81	2.50	3.06	6.94	8.33	18.06	0.93	3.47	5.63	7.33	3.06	5.90
10		14.91	1.18	1.71	2.37	2.89	6.58	7.89	17.11	0.89	3.29	5.33	6.94	2.89	5.59
11		15.59	1.13	1.64	2.26	2.77	6.29	7.55	16.35	0.85	3.14	5.09	6.64	2.77	5.35
12	(4)	16.28	1.08	1.57	2.17	2.65	6.02	7.23	15.66	0.81	3.02	4.88	6.36	2.65	5.12
13		16.97	1.04	1.50	2.08	2.54	5.78	6.94	15.03	0.78	2.89	4.68	6.10	2.54	4.91
14		17.55	1.00	1.45	2.00	2.47	5.59	6.70	14.53	0.75	2.79	4.53	5.89	2.46	4.75
15	(5)	18.24	0.97	1.40	1.94	2.37	5.38	6.45	13.98	0.73	2.69	4.35	5.67	2.37	4.57
16		18.83	0.94	1.35	1.88	2.29	5.25	6.25	13.54	0.70	2.60	4.22	5.49	2.29	4.43
18	(6)	19.42	0.91	1.31	1.82	2.22	5.05	6.06	13.13	0.68	2.53	4.09	5.33	2.22	4.20
20	(7)	19.91	0.88	1.28	1.76	2.18	4.93	5.91	12.81	0.67	2.46	3.99	5.20	2.17	4.19
22		20.40	0.87	1.25	1.73	2.12	4.81	5.77	12.50	0.65	2.40	3.89	5.07	2.12	4.09
24	(8)	20.89	0.85	1.22	1.69	2.06	4.69	5.63	12.21	0.63	2.35	3.80	4.95	2.06	3.99
26	(9)	21.28	0.83	1.20	1.63	2.04	4.61	5.53	11.98	0.62	2.30	3.73	4.86	2.03	3.92
28		21.67	0.81	1.18	1.63	1.99	4.52	5.43	11.76	0.61	2.26	3.67	4.77	1.99	3.85
31	(10)	22.16	0.80	1.15	1.59	1.95	4.42	5.31	11.50	0.60	2.21	3.58	4.67	1.95	3.76

二、高层部位玻璃允许使用面积

表 4-5-2

高度 (m)	玻璃厚度 (mm)					
	5	6	8	10	12	19
45	1.36	1.81	2.32	3.38	4.63	10.53
65	1.24	1.65	2.11	3.08	4.23	9.60
85	1.16	1.54	1.98	2.88	3.95	9.01
105	1.10	1.46	1.87	2.73	3.75	8.54
125	1.05	1.40	1.78	2.62	3.59	8.16
175	0.97	1.29	1.65	2.41	3.30	7.51
225	0.91	1.21	1.55	2.26	3.10	7.04

附录

附录1 《北京市建筑长城杯工程质量评审标准》（DBJ/T 01—70—2003）

1. 总则（摘录）

"本标准适用在本市行政区域内新建的竣工建筑工程，组织评审长城杯工程金、银质质量奖项"。

"建筑长城杯工程，是优中选优的精品工程。应在保证结构优质的前提下，确保使用功能、装修质量和环境质量。是消除质量通病，能经受微观检查和时间考验，并能保证合理使用寿命的建筑工程"。

"开创长城杯工程活动，是建筑业企业在建筑活动中自愿参与的行业活动行为。企业应立足创品牌、树立企业形象、为实现质量计划目标、强化制质量意识，精心组织施工，严格过程检验，实现一次成优，要创质量高、成本低，经济效益好的长城杯工程"。

2. 基本规定（略）

《北京市建筑长城杯工程质量评审标准》

本标准是依据《北京市建筑长城杯工程评审管理办法》（以下简称《管理办法》的规定，对竣工建筑工程组织评审长城杯工程奖项等级的质量评审标准，是贯彻实施《管理办法》与《北京市建筑结构长城杯工程质量评审标准》（以下简称《结构评审标准》）的配套标准。

编制本标准的思路和依据与《结构评审标准》基本相同。但是，执行本标准的前提及其功能与实施《结构评审标准》的基础有原则性的区别。申报参评的竣工工程是经区、县、市属集团总公司和创优片组的评审机构评审推荐的优质工程。竣工验收不合格或有不合格项的工程不得申报，也不予评审，所以本标准不是工程施工质量的检查验收标准，也不是施工质量验收评定标准，是集管理与技术相结合的创优竞赛评比活动的质量评审标准。

本标准贯彻了国家《建筑法》、《建设工程质量管理条例》和《工程建设标准强制性条文》。并以《建筑工程施工质量验收统一标准》为准则，结合现行各专业工程施工验收规范、规程、标准，吸纳了企业已创出的先进经验。本标准的综合水平高于国家标准，评审方法严于现行规范、规程。

以下摘自条文说明。

3 竣工工程质量评审标准

3.0.1 竣工长城杯工程的评审工作，是工程在竣工验收之后或已投入使用之中，初评检查评价工作滞后于施工组织管理和工程施工过程，是通过抽查工程建设过程中已形成的工程文件和直观的工程整体实物质量，对施工项目管理工作质量及工程质量进行综合评价长城杯工程的质量奖项等级。

3.0.2 依据《管理办法》规定，被评审的工程项目以其结构工程质量已获奖或优质为前提，在初评中对该项目的结构工程质量应重点复查有关主体结构安全、耐久性的分部、分项工程质量和工程资料。

各类结构的竣工工程，均按本章规定的五项质量评审标准进行初评检查评价。

3.1 施工项目管理工作质量评审标准

3.1.1 施工项目管理，是对施工项目从工程开工到竣工验收的全过程中，应进行管理的计划、组织、指挥、控制与协调的共同职能活动和管理过程控制状况。主要评审施工项目管理的组织机构，质量体系，管理文件、制度、措施等在过程控制中的管理行为、水平及其成效。并依据本标准综合评价施工项目管理工作质量。

3.1.2 初评的基本方法，应抽查工程实物质量与抽查工程文件、资料相比进行综合评价。初评重点抽查建筑设备、电气设备安装工程和装饰装修工程及有关使用功能、安全的分部、分项工程质量。通过比照分析评价施工组织设计的指导性、施工技术方案的针对性、施工技术交底措施的可行性。据此评价项目经理部在过程控制中质量体系运行的有效性。

3.1.3 项目管理的组织机构、质量体系的管理手段应先进，对项目目标控制发挥指导作用，体现持续改进过程，在实施中对原文件措施有调整变更者，应对原文件资料进行相应修改补充。

3.1.4 项目质量控制应确保质量责任到位，坚持对人、材料、机械、方法、环境等生产因素实施严格地质量控制。在工程的重要部位及细部做法质量精，无工序不到位或漏检不合格的质量缺陷。

3.1.5 项目工程体现了科技进步，针对技术难点采取了有效措施。施工管理和工艺做法有创新。

3.1.6 项目管理文件、资料齐全,审签手续完备,内容可行实用,管理有序,符合有关规定。

3.1.7 项目竣工验收无遗留质量问题,观感质量评价好,签有保修合同,用户满意。无质量问题投诉、举报。

3.1.8 工程整洁,成品保护好。群体、小区工程庭院道路、环境和配套设施齐备适用,符合设计要求。

3.2 土建工程质量评审标准

3.2.1 主要采用两种方式进行复查性的抽查:

1. 复查工程的沉降、垂直度、阴阳大角顺直、标高,变形缝、沉降缝的处理,室内、外回填土质量。承重结构构件和墙体应无变形、裂缝、沉陷,无影响功能的结构质量缺陷,地下室无渗漏等。

2. 重点抽查结构工程资料中有关安全、耐久性的试验报告、验收记录、混凝土主体结构的强度等级、砌体结构的砌筑砂浆强度等级或隐蔽工程验收资料等。

3.2.2 屋面工程质量,应符合《屋面工程质量验收规范》和以下规定:

1. 防水层材料、铺设、搭接、压接、坡度和上卷收头高度及构造做法应符合规定。防水层与基层粘贴牢固、结合严密、无滑移、无空鼓、无渗漏。屋面、阳台、雨篷排水口留置、坡度或水箅子安装位置符合设计要求,均不得有翘边、倒泛水、积水,应排水畅通。

2. 屋面防水层周边抹灰保护层不空裂。女儿墙内侧及顶部抹灰不空裂。屋面排气管、孔留置的高度、位置,应符合上人或不上人屋面的规定。

3. 屋面排水的坡度和铺撒的片状石碴规格、厚度应符合设计要求,铺撒均匀,无粉沫。铺撒彩砂应均匀、粘结牢固。铺设人造草坪应均匀平整、防风吹落。铺设地砖块材的平整度、坡度、排水孔和伸缩缝做法应符合要求,纵横缝顺直均匀,嵌缝合格,无污染。

3.2.3 外装修工程质量,应符合《建筑装饰装修工程质量验收规范》和有关专业规范的规定,并应符合以下规定:

1. 现浇混凝土结构工程,外墙面、檐口、阳台、雨篷、栏板、女儿墙等外侧面均不得抹灰。墙面局部抹灰修补面积不得大于 $0.5m^2$,且应粘结牢固,无空裂。

现浇混凝土带有清水饰面层者,其模板的拼接缝位置、痕迹和预留的装饰凹凸槽线,不得有影响装饰效果的质量缺陷。

2. 多孔砖和小型空心砌块的清水砌体结构工程,砌体墙面应整洁,色泽和谐。灰缝横平竖直,宽度均匀,勾缝光滑密实、深浅一致,不得有瞎缝、假缝、透缝。墙体无剔凿、无修补、无裂缝、无渗漏。

3. 外墙饰面砖粘贴工程,其粘结材料的耐水性、耐久性、强度应符合要求。面砖与墙体的粘结强度应不小于 $0.40MPa$。表面平整、洁净、排砖合理、拼缝平直、填嵌密实,颜色和接缝宽度、深度符合设计要求。边缘整齐,滴水线顺直,流水坡度、坡向正确。

4. 外墙饰面板装修工程，采用石材湿作业铺装或干挂安装时，施工做法及其质量应符合现行规范。饰面板的铺贴或安装必须牢固可靠，表面平整、洁净、无泛碱，拼缝均匀、横平竖直，嵌缝密实、棱角顺直、无裂缝、无破损。拼缝处理和色泽符合设计要求。

5. 外墙涂饰工程，采用水性涂料或溶剂型涂料涂饰均应符合现行规范。墙面涂饰均匀，粘结牢固，不漏涂、透底、起皮、掉粉、不空裂、不脱落，色泽均匀，颜色耐久。滚花、仿花纹、图案、套色等美术涂饰，面层应洁净、位置适宜、纹理轮廓清晰。

6. 室外一般抹灰和装饰抹灰工程，外窗台、窗套、纵横装饰腰线、台阶踏步、勒脚、散水和伸缩、沉降缝等部位的抹灰层与基层之间必须粘结牢固，面层光滑、平整、洁净，边角整齐、色泽一致、无空裂。外窗台无倒泛水，台阶踏步高、宽度和散水的坡度、宽度、强度及其伸缩缝嵌缝做法符合要求。回填土密实，无不均匀沉降。

7. 采用水刷石、干粘石、仿石砖、剁斧假石等装饰抹灰，应符合规范和设计要求。

8. 室外给、排水管道安装工程，应符合其专业验收规范和设计要求。檐口、阳台、雨篷等有排水或引水要求的部位，应做滴水槽，滴水槽应顺直整齐，位置适宜，槽的宽度、深度均应不小于10mm，槽端距墙面宜不小于20mm，且在同一建筑物的端距应一致。

9. 雨水落斗、管的承插、连接、管箍固定方法正确、安装牢固，出水口与地面距离、弯度符合要求，排水畅通。

3.2.4 门窗安装工程质量（含木质、金属、塑料、玻璃钢等门窗），产品材料质量、规格、尺寸和抗风压、空气渗透、雨水渗漏等性能，应符合规范及设计要求，并应符合本规定：

1. 门窗框安装位置准确、牢固，门窗框与墙体间缝隙应按设计要求材料填嵌饱满；外门窗框与墙体间隙应填充保温材料。表面采用密封胶压缝，打胶粘结牢固、均匀顺直、宽厚一致，表面平整、光滑，接头或拐角处平滑。

2. 门窗扇安装牢固、合页位置准确、附件齐全、紧固镙钉平卧。开关灵活稳定、关闭严密、缝隙均匀，无回弹、无阻滞、无倒翘。门窗表面洁净、平整、光滑、色泽一致，无划痕，无碰伤，无污染，无锈蚀。

3. 门窗玻璃安装工程（含平板、吸热、反射、中空、夹层、夹丝、磨砂、钢化、压花、防爆等玻璃安装）。玻璃的品种、规格、裁割尺寸和色彩、涂膜朝向等应符合设计要求。安装牢固，不得有裂纹、损伤和松动。固定玻璃的钉子或钢丝卡的规格、数量应确保玻璃安装牢固。

密封条、密封胶与玻璃及其槽口应接触紧密、牢固、平整。带密封的玻璃压条，其密封条与玻璃必须全部贴紧。镶钉木压条应紧贴玻璃，压条连接紧密，裁口、割角平齐。

采用的腻子（油灰）性能应合格，玻璃底灰铺匀挤实压平，腻子应填抹饱满，与裁口平齐，粘结牢固，不得外露卡子或钉帽。

4. 木门窗框与墙体安装连接必须牢固。在砖砌体上安装严禁用射钉固定。采用预埋木砖时，该木砖必须经防腐处理。胶合板门、纤维板门的上、下冒头应各钻两个以上的透气孔，且透气通畅。门窗框、扇裁口、割角拼缝严密平整，油漆、腻子、打磨工序到位。表面洁净、光滑、平整、色泽一致，无刨痕、戗茬、锤印，漆膜光亮均匀、无流坠、无刷痕。

5. 金属、塑料门窗的型材壁厚、防腐和密封处理等应符合要求。推拉窗扇必须有防脱落措施。橡胶密封条或毛毡密封条安装位置应准确、牢固、接头严密，无断条、错台。窗下框应有畅通的排水孔。

6. 自动门、旋转门、全玻门、卷帘门、防火、防盗等特种门安装工程，品种、规格、安装位置、开启方向、机械装置、自动装置或智能化装置等，应符合设计要求和专业规范、标准。自动或弹簧门扇应自动定位准确。

7. 门窗套、窗帘盒、吊柜、壁橱、扶手、护栏、贴脸、挂镜线、花饰、装饰线、散热器罩等，所用材料质量性能和制作、安装的造型、规格、尺寸、颜色及安装位置等，应符合规范和设计要求，必须安装牢固。

表面应平整、洁净、光滑、线条顺直、接缝严密、色泽一致、美观，不得有裂缝、变形、翘曲、损坏、油漆无透底、透锈、流坠等。

8. 各种门窗安装的留缝限值和允许偏差值，应符合专业规范和设计要求。

3.2.5 幕墙工程质量（含玻璃、金属、石材幕墙等），所用各种材料、五金配件、构件、组件的品种、规格质量、性能和安装质量及幕墙的抗风压、空气渗透、雨水渗漏、平面变形等性能，应符合《建筑装饰装修工程质量验收规范》和《玻璃幕墙工程质量检验标准》及设计要求。

3.2.6 室内地面工程的垫层、找平层质量应符合《建筑地面工程施工质量验收规范》，并应符合以下要求：

1. 现浇混凝土楼板或铺设豆石混凝土找平层的地面，均应原浆一次抹面，找平、压光，铺水泥砂浆层不得采用二次抹面，且面层平整、光滑、洁净，不得有空鼓、裂缝、脱皮、起砂或涂抹水泥浆等质量缺陷。

2. 现制水磨石地面，分格线顺直，石粒的粒径、颜色分布均匀，表面平整光滑、色泽一致、光泽度合格，不得有空裂、砂眼、石子脱落、起伏不平、颜色不匀、分格条偏斜、光泽度不够等质量缺陷。

3. 板块铺设地面（含上人屋面），包括陶瓷地砖、缸砖、水磨石板、花岗岩、大理石板等铺设地面，其基层、结合层和填缝材料工艺做法应符合规范及设计要求。表面平整洁净，缝格平顺，缝宽均匀，周边镶嵌顺直，图案清晰，色泽一致。板块无裂纹，无缺楞缺角、无翘曲、无磨痕。

4. 塑料板块或卷材地面，表面整洁，图案花纹吻合清晰，接缝严密，色泽一致，阴阳角收边方正，粘结牢固，无翘边、无脱胶、无溢胶、无胶痕。板块有焊接者，应焊缝平整、光洁，无焦化变色、斑点、焊瘤、起鳞等缺陷。

5. 木地板（含实木、复合、中密度复合地板），其木搁栅、垫木、毛地板等的选材、含水率、防腐、防蛀处理和铺设方法，应符合规范及设计要求。

实木地板面层，接缝对齐，粘、钉严密、接头错开、缝隙宽度均匀一致，面层刨平、磨光，表面光滑洁净，无明显刨痕、毛刺。

复合地板，表面应平整洁净，接头错开，拼缝严密，图案清晰，颜色一致，铺设牢固，无空鼓，无翘曲。

6. 踢脚线（板），表面应洁净、高度一致、结合牢固、厚度一致。楼梯踏步和台阶，表面应平整、齿角整齐、防滑条顺直牢固，无缺楞掉角，踏步高、宽尺寸偏差符合要求。

7. 防水要求的楼地面工程，地漏、立管、套管、阴阳角部位和卫生洁具根部，均不得有渗漏及其痕迹，地面不得倒泛水。

8. 室内墙面、顶面、门窗洞口、地下室、厨房、厕浴间等，均不得有渗漏（含地面积水）、洇水及其痕迹。

3.2.7 吊顶工程质量，明龙骨、暗龙骨吊顶工程所用材料及构造做法，应符合规范及设计要求，并应按规定对吊顶内管道设备、吊杆、龙骨安装等项目通过隐蔽工程验收合格。

1. 木质吊杆、龙骨应经过防腐、防火处理。金属吊杆、龙骨及钢埋件、型钢吊挂件，应经过表面防腐（防锈）处理。

2. 饰面材料表面，应洁净，色泽一致，搭接（交接）平整、吻合，压条纵横平直、宽窄一致，拼缝严密、安装牢固，不得有翘曲、裂纹、缺损、划痕、擦伤、锤印、钉孔、变形和松动。

3. 饰面板上安装的灯具、烟感器、喷淋头、风口箅子等设备的位置合理、牢固、美观，与饰面板交接吻合、严密。重型灯具、电扇、音像等重物不得直接安装在吊顶龙骨上。填充吸声材料应有防散落措施。

3.2.8 轻质隔墙工程质量，板材隔墙、骨架隔墙、活动隔墙和玻璃隔墙工程等，所用材料、规格、性能（隔声、隔热、阻燃、防潮等）和安装质量。应符合规范及设计要求。

1. 各种隔墙的板材、骨架安装和与周边墙体的连接，均应牢固、墙位准确、垂直平整。隔墙上的孔洞、槽、盒位置正确，套割吻合，边角整齐。填充材料密实，嵌缝顺直平整，无脱层、翘曲、断裂、缺边、掉角。活动隔墙应推拉平稳、灵活、安全，推拉无噪声。玻璃隔墙胶垫应安装正确，勾缝密实平整、顺直、深浅一致。

2. 隔墙表面应平整光滑、洁净、色泽一致，接缝均匀平整，图案线条清晰美观，无裂痕、脱皮、粉化、划痕等缺陷。

3.2.9 现浇成预制装配混凝土结构的内墙面、梁、柱面、楼板底面、内外阳台、雨篷底面均不得抹灰。砌体住宅工程和公建、工业等建筑工程，设计要求采用抹灰者，其抹灰层与基层必须粘结牢固，墙、柱面和门洞口的阳角，应采用1:2水泥砂浆做暗护角（高度不低于2m，每侧宽度不小于50mm）。抹灰所用材料和施工工艺应符合规范和设计要求。

3.2.10 住宅工程（含初装修）室内墙面、顶棚（含地下室、厨房、厕浴间、楼梯间、设备层、阳台、管井和雨篷底面）的表面找平层及罩面层和公建、工业建筑工程的地下室等潮湿环境的墙面、顶棚的抹灰或罩面层，均应采用耐潮湿材料或刮耐水腻子，墙裙或不凸出墙面的踢脚板宜采用高质量的彩色耐水腻子，粘结牢固，刮平压

附录1 《北京市建筑长城杯工程质量评审标准》（DBJ/T 01—70—2003）

光，表面平整光滑，色泽一致，阴阳角顺直，界线分明，无空裂，无掉粉，不起皮，不粉化。

3.2.11 墙面裱糊与软包铺装工程质量，所用壁纸、墙布的材料种类、规格、图案、颜色、燃烧性能和工艺做法，应符合规范及设计要求：

1．墙面裱糊后，壁纸、墙布表面平整，拼接缝横平竖直，图案花纹吻合，色泽一致，边角整齐，各种装饰线、电气箱盒交接严密，阳角搭接顺光，粘贴牢固。阳角处无接缝，花纹、图案不离缝、不搭接、不显拼缝，无漏贴、补贴、空鼓、脱层、毛边、飞翅、折角、翘边、裂缝、波纹、气泡、皱褶、胶痕、污斑。

2．墙面软包后，表面应平整、洁净，经纬顺直，紧贴墙面，接缝严密，图案清晰、花纹吻合，与压线条、贴脸线、踢脚板、电气箱盒、洞口边交接处应严密。填充料尺寸正确，棱角方正，与基层粘结紧密牢固。边框顺直、平光、接缝吻合，整体协调美观，无皱褶、起伏波纹、鼓包、凹坑、翘曲、飞边、裂缝和色差。

3.2.12 油漆涂料涂饰工程质量，所用油漆、涂料、腻子等材料的品种、型号、颜色、性能和施工基层处理及其涂饰方法，应符合规范和设计要求。涂层表面应涂饰均匀，粘结牢固、平整、光泽、洁净，分色线顺直清晰，颜色均匀一致，不漏涂、起皮、透底、反锈。涂料涂饰不泛碱、咬色、掉粉，点状疏密均匀，无流坠、疙瘩、砂眼、刷纹。油漆涂饰光滑、光亮、柔和，无刷纹、流坠、裹棱、皱皮，不透钉眼、刨痕、腻子痕迹。各种涂饰均不得污染墙面或其他饰物。

3.2.13 钢结构的防腐和防火涂料、涂装工程质量，应符合现行专业规范的规定。防火涂装不得有误涂、漏涂，涂层应闭合，无脱落、空鼓、明显凹陷，并不得有粉化、松散和浮浆等外观缺陷。

3.2.14 建筑材料（含结构、装饰材料）释放的有害气体、放射性比活度的限量和室内环境质量，应符合有关现行规范的规定。民用建筑应符合《民用建筑工程室内环境污染控制规范》（GB50325）和《室内空气质量标准》及表3.2.14的规定。

民用建筑工程室内环境污染物浓度限量　　　表3.2.14

污染物	Ⅰ类民用建筑工程	Ⅱ类民用建筑工程
氡（Bq/m³）	≤200	≤400
游离甲醛（mg/m³）	≤0.08	≤0.12
苯（mg/m³）	≤0.09	≤0.09
氨（mg/m³）	≤0.2	≤0.5
总挥发性有机物TVOC（mg/m³）	≤0.5	≤0.6

注：Ⅰ类民用建筑工程包括：住宅、公寓、托儿所、医院、院校等工程；
　　Ⅱ类民用建筑工程包括：办公楼、宾馆、商场、公交候车室、图书馆、展览馆、文化娱乐场所等工程。

3.2.15 外装修装饰工程质量允许偏差和检查方法，应符合有关专业规范、标准和表3.2.15的规定。

外装修装饰工程质量允许偏差和检查方法　　　表3.2.15

项次	项目		允许偏差值（mm）		检查方法
			国家规范标准	长城杯标准	
1	大角垂直度	单层、多层		H/1000且不大于10	经纬仪、吊线、尺量
		高层		H/1000且不大于20	
2	墙面	平整度（层）	4	3	2m靠尺、塞尺
		垂直度（层）	4	3	2m托线板、尺量
3	阴阳角	垂直度（层）	4	3	
		方正（层）	4	3	方尺、塞尺
4	分格条（槽）平直度		4	3	拉线、尺量
5	门窗口位移（上下层竖向）			5	拉线、尺量
6	阳台位移（上下层竖向）			5	拉线、尺量
7	台阶、楼梯踏步宽、高尺寸			±3	尺量
8	墙裙、勒脚上口平直度		4	3	尺量
9	饰面砖粘结强度		≥0.40MPa	≥0.40MPa	面砖拉拨检测报告

3.2.16 内装修装饰工程质量允许偏差（各种饰面板装贴偏差规范无规定者，按表3.2.16执行）和检查方法，应符合有关专业规范、标准和表3.2.16的规定。

内装修装饰工程质量允许偏差和检查方法　　　表3.2.16

项次	项目	允许偏差值（mm）		检查方法
		国家规范标准	长城杯标准	
1	室内净高、宽尺寸		±5	尺量
2	普通装修墙面、顶面平整度，（高级）		3（2）	2m靠尺、塞尺
3	墙面、阴阳角垂直度		3	2m托线板、尺量
4	阴阳角方正	3	2	方尺、塞尺
5	分格线（缝）平直度		2	拉线、尺量

续表

项次	项目		允许偏差值（mm）		检查方法
			国家规范标准	长城杯标准	
6	饰面板（砖）装贴	表面平整度	3	2	2m靠尺、塞尺
		接缝平直度	2	1	拉线、尺量
		接缝平整度	0.5	0.5	钢板尺、塞尺
		接缝宽度（纵、横缝）	1	0.5	钢尺
		上、下接口平直		1	拉线、尺量
		阴阳角方正	3	2	方尺、塞尺
7	地面	现浇水泥、水磨石地面平整度		2	2m靠尺、塞尺
		木、塑地面平整度		1	
		板块铺设地面平整度		2	
		板块缝格平直度		1	拉线5m、尺量
		接缝高低差		0.5	钢直尺、塞尺
8	台阶、楼梯踏步宽、高尺寸			3	尺量
9	栏杆扶手护栏	垂直度、高度	3	2	吊线、尺量
		栏杆间距	3	3	尺量
		扶手直线度	4	2	拉线、尺量
10	护墙、踢脚板上口平直度			1	拉线5m、尺量

3.3 建筑电气设备安装工程质量评审标准

3.3.1 建筑电气设备安装工程，所用材料、电器、设备、成品、半成品的铭牌、型号、规格、性能和施工工艺安装质量，必须符合设计要求和《建筑电气工程施工质量验收规范》及有关专业规范、标准。应按有关规定出具相应的产品合格证、检验、测试报告及文件记录，并经有关专业主管部门检验认可，有认可证明。

3.3.2 电气线路、设备和器具的支架、螺栓等部件，与建筑钢结构件的连接固定不得采用熔焊（电气焊），且严禁热加工开孔。

3.3.3 电气设备上的仪表装置，应确保其功能准确有效，计量和具有保护性的仪表应经检定合格。

3.3.4 接地（PE）或接零（PEN）干线的连接必须具有不可拆卸性，支线必须单独与接地或接零干线相连接，不得串联连接：

1. 金属导管，（除复合型可挠金属导管外）必须接地或接零。金属软管不得作为电气设备的接地导体。电缆金属支架、导管过墙、板的电缆金属套管应保护接地或接零。

2. 钢管与箱盒间应按规定做跨接地线。镀锌导管、可挠性保护管应采用专用接地卡跨接地线。

3. 金属线槽、桥架插接母线外壳应可靠接地或接零，安装牢固，并不得敷设在易燃、易爆的气体管道上方。金属线槽不得作为设备接地导体。镀锌线槽、桥架连接板两端不少于2个连接固定螺栓，平垫、弹簧垫齐全。金属线槽全长不少于两点与接地干线相接。非镀锌线槽连接板两端应跨接接地线，接地线材质、截面应符合要求。

4. 强制性条文规定需接地或接零的，均不得有遗漏，并单独与接地或接零干线相连。

3.3.5 金属导管、线槽应按规定做防腐处理。非镀锌钢导管内外壁均做防腐处理（埋入混凝土中导管外壁除外）。木线槽应经阻燃处理，塑料线槽须有阻燃标记。塑料电线保护管及接线盒必须是阻燃型产品，外观不得有变形及破损。金属电线保护管及接线盒外观，不得有折扁、裂缝，管口应平整，管内无毛刺，表面涂层均匀，无污染，无锈蚀。

3.3.6 电线、电缆的配管及线槽、桥架敷设安装的位置、走向、连接、固定方法等，必须符合有关规定。

配线应分色，同一建筑工程的电线绝缘层颜色应选择一致，接地保护线（PE）应是黄绿相间双色线；零线（N）应用淡蓝色线；相线分别用：A相——黄色、B相——绿色、C相——红色。开关的回火线宜用白色导线。导线绝缘电阻值必须符合规范要求。

3.3.7 金属导管严禁对口熔焊连接。镀锌和壁厚小于2mm的钢导管，不得套管熔焊连接。

三相或单相的交流单芯电缆，不得单独穿于钢导管内。

3.3.8 电源插座的规格、型号、接线和安装，应符合规范和设计要求。

当接插有触电危险的电源时，应采用能断开电源的带开关插座。厨房、卫生间安装防溅插座，潮湿场所采用密封型保护地线触头的保护型插座。儿童活动场所采用非安全型插座时，其安装高度应不小于1.8m。暗装插座位置、高度符合要求。地插座面板与地面齐平。各种插座安装均应与墙面（地面）贴紧、无缝隙、安装牢固，表面光滑整洁，盖板、装饰帽齐全、固定牢靠，无碎裂、划伤。

安装电源插座时，面向插座的左侧应接零线（N），右侧应接相线（L），中间上方应接保护地线（PE）。PE线在插座间不串联连接。

3.3.9 照明开关的接线和安装，应符合规范和设计要求。

同一建筑工程的照明开关，应采用同一系列的产品，开关的通断位置一致。安装位置正确，便于操作，高度、距离符合要求，开关面板紧贴墙面，周边无缝隙，安装牢固，操作灵活，接触可靠。表面光滑整洁，无碎裂、划伤，部件完整，装饰帽齐全。厨房、卫生间的开关宜安装在门外开放侧的墙上。

3.3.10 各种灯具、风扇应安装牢固，固定牢靠，不得使用木楔。花灯钢吊钩直径应不小于灯具挂销直径，且不小于6mm。大型花灯的固定及悬吊装置，应按灯具重量的2倍做过载试验。

1. 灯具重量大于3kg时，应固定在预埋吊钩或螺栓上。嵌入吊顶内的灯具应固定在专设的构架上。

2. 专用灯具、景观照明灯、标志灯、庭院灯和吊扇、壁扇的安装和距地面高度,应符合规范要求。

3. 软线吊灯的灯具重量大于 0.5kg 时,应采用吊链,且软电线编叉在吊链内,电线不受力。

4. 吊扇挂钩安装牢固,挂钩的直径不小于其挂销直径,且不小于 8mm,有防振胶垫,挂销的防松零件齐全、可靠。转动平稳、无噪声。

3.3.11 灯具的外形、灯头及其接线应符合以下规定:

1. 灯具及配线的规格型号应符合设计和规范要求,灯具及其配件齐全,无机械损伤、变形,涂层无剥落,灯罩无破裂;

2. 软线吊灯的软线两端做保护扣,两端芯线搪锡;当装升降器时,套塑料软管,采用安全灯头;

3. 各类灯具的灯泡容量在 100W 及其以上者,应采用瓷质灯头(敞开式灯具除外);

4. 连接灯具的软线应盘扣、搪锡压线,当采用螺口灯头时,相线接于螺口灯头中间的端子上;

5. 灯头的绝缘外壳不破损和漏电;带有开关的灯头,开关手柄无裸露的金属部分。

6. 吊扇、壁扇表面无划痕、污染,吊杆扣碗安装牢固,防护罩无变形。

7. 安装在吊顶上的灯具与吊顶分格线相协调,灯具布置匀称美观。吸顶式灯具与吊顶平贴;嵌入式灯具的贴脸与吊顶紧密结合。

8. 专用灯具的安装应符合设计和规范要求。防爆灯的导管应采用防爆活接头,接合严密,不得采用倒扣连接。

3.3.12 成套配电柜、控制柜(台)和动力、照明配电箱(盘)安装所用的电器设备和导线、端子等器材产品,必须是经过有产品生产许可认证厂家的合格产品。产品的型号、规格和安装质量必须符合规范和设计要求。

1. 配电箱柜安装牢固,垂直度、平整度合格。箱体开孔与导管管径匹配,无气割开孔。暗装配电箱与墙面贴紧,表面油漆完好,无污染。

2. 配电箱柜内电器安装整齐牢固,配线正确,接线端子固定牢固。强、弱电端子隔离布置。照明配电箱(盘)内,分别设置 N 线和 PE 线汇流排,N 线和 PE 线经汇流排配出。母线镀层完整,紧固螺栓直径、数量、搭接面符合要求。

3. 开关、电器、电缆应按规定标识正确、清晰、齐全。箱、柜内电器安装系统图图例应与箱、柜内电器安装一致。绘图正确、清晰、整齐、适用。

4. 导线按相序及用途分色一致,接线不用开口鼻子。线鼻子根部用热塑封或绝缘布包扎,颜色与所分色一致,包扎整齐、美观。

5. 箱柜内导线按回路分束绑扎,导线应留有余量。

3.3.13 电梯、自动扶梯和自动人行道的安装工程及其安装工程质量验收,必须符合《电梯工程施工质量验收规范》的规定和设计要求,并经专业主管部门检验认可准用。

1. 电梯应运行平稳,各项安全保护装置功能有效,制动可靠,连续运行无故障。

2. 轿门带动层门开、关运行不得有刮碰现象,平层准确度符合要求。

3. 自动扶梯和自动人行道的梯级、踏板或胶带与围裙板之间不得有刮碰现象（导向部分接触除外），扶手带外表面应无刮痕。

3.3.14 避雷引下线的敷设和接闪器安装及测试接地装置的接地电阻值，必须符合《建筑电气工程施工质量验收规范》和设计要求。

1. 建筑工程顶部的避雷针、避雷带的规格型号必须符合设计要求，并与顶部外露的其他金属物体连成一个整体的电气通路，且与避雷引下线连接可靠。
2. 避雷针、带应位置正确，焊缝饱满，无遗漏，无咬肉夹渣，焊口处应防腐处理。螺栓固定应紧固，防松零件齐全。
3. 避雷带应平正顺直，固定点支持件间距符合规范，间距均匀，固定可靠。

3.3.15 电话、电视、消防自动报警、楼寓对讲、保安监控、楼宇自控等设备、装置安装及功能，应符合其专业规范、标准和设计要求，并经有关专业主管部门检验认可。

烟感、温感探头，火灾喷淋装置等，应安装位置正确，紧贴吊顶表面，周围无裂缝、破损，安装牢固，纵横排列顺直美观。

3.3.16 建筑电气安装工程质量允许偏差，应符合现行规范有关规定，一般项目质量允许偏差和检查方法，应符合表3.3.16的规定。

建筑电气安装工程质量允许偏差和检查方法　　　　表3.3.16

项次	项 目		允许偏差值（mm）		检查方法
			国家规范标准	长城杯标准	
1	明配管	支架间距		25	尺量
		垂直度、平直度（每2m）		2.5	吊线、尺量
2	线槽垂直度、平直度			长度的2/1000，全长20	吊线、尺量
3	配电柜箱盘	垂直度（每1m）	1.5/1000	1.2/1000	吊线、尺量
		成排盘面平整度	5	4	拉线、尺量、塞尺
		盘间接缝	2	2	
4	开关插座	并列高度差		0.5	尺量
		同一场所高度差		5	尺量
		板面垂直度		0.5	吊线、尺量
5	成排灯具中心线偏移			5	拉线、尺量
6	烟感探头、喷淋头中心线偏移			5	拉线、尺量
7	电梯平层准确度	$V \leq 0.63m/s$	±15	±12	尺量
		$V > 0.63m/s$ $\leq 1.0m/s$	±30	±24	尺量
		其他调速电梯	±15	±12	尺量

3.4 建筑设备安装工程质量评审标准

3.4.1 本标准所指建筑设备安装工程包括：给水、排水、中水、采暖、燃气、通风、空调、卫生器具等设备安装工程。安装工程施工质量应符合《建筑给水排水及采暖工程施工质量验收规范》、《通风与空调工程施工质量验收规范》和现行专业规范、标准的规定及设计要求。

3.4.2 被评工程项目的设备安装工程所使用的材料、配件、半成品、成品、器具和设备的品种、型号、规格、性能及其产品质量应符合规范、标准和设计要求，并应按有关规定具有产品出厂合格证明、复试检测报告、产品质量认证或生产许可证。

3.4.3 被初评工程的各项设备安装工程必须具备竣工验收，并按有关规定具备试验、检测、调试和经系统运行质量检验合格，且应依照有关专业管理规定具有专业主管部门的检验认可手续。

3.4.4 管道和设备安装应位置正确，排列合理整齐，坡度、坡向、减震、伸缩等符合要求。支架、吊架、托架（含设备基础）的构造型式、规格尺寸、间距、位置符合有关规范、规程和设计要求，安装固定牢固、平整，与支承物或垫层接触紧密、平稳，不得与管道直接焊接，防腐处理良好。

3.4.5 管道及设备连接接口应平整、严密、无渗漏，其备接甩口应封闭严密。采用柔性接头的管道、设备不得使其接头和管道接口承重。各类连接应符合以下规定：

1. 焊接：焊缝高、宽度合格，接口均匀、圆滑，无焊瘤、夹渣、气孔，两管对口间隙一致，且不大于2mm，无错口。

2. 丝接：采用管件正确，丝扣规格、整洁合格，接口严密，填料无外露。

3. 法兰接：法兰和衬垫规格、材质、厚度符合规范和设计要求。对接平行度与管中心线垂直，螺杆露出螺母长度一致，且不大于螺杆直径的1/2，朝向合理，涂黄油，无锈蚀，便于拆卸检修。

4. 承插、套箍、卡箍接口：接口的构造和采用材料、填料、粘结剂的品种、性能、质量应符合规范、标准及设计要求。捻口应密实、饱满、平整。橡胶圈接口应严密平直，无扭曲，对口间隙准确，环形间隙一致。

3.4.6 室内给水管道必须采用与管材相适应的管件。生活给水系统所涉及的材料和设备必须达到饮用水质检验卫生标准。

给水系统的阀门、配件、器具、水表安装位置正确，接口合格，出水方向合理，规格、型号符合设计要求。水泵、水箱、消防设备等安装质量符合规范，管道穿墙处的保护连接合格。表面涂层光滑整洁，色泽均匀，无漏涂透底、返锈、流坠，无裂缝、起皮无滴水、渗漏。

3.4.7 室内冷、热水、气等压力管道和设备系统安装后，管道保温前应进行压力试验（有记录），试验方法和试验压力应符合规范规定。

暗敷设的热水、采暖管道使用各类塑料及复合管时，地面内不应有接头。管道穿墙及出地面应设置硬质套管，套管高度、规格应符合有关规定。需防水者应做防水处理。埋设管道保护层、保温层厚度应符合设计要求。

明装的塑料管道应固定牢固，不得有松动和污染。

3.4.8 散热器及风机盘管安装位置应正确，固定牢靠，距墙面尺寸一致。组装散热器使用的垫片的耐热、抗伸缩变形性能应符合要求，其厚度应不大于1.5mm。散热器规格、数量应符合要求，拉条安装紧固，表面洁净，无变形、损伤。

3.4.9 排水系统的无压管道、设备在隐蔽前，应按规定进行灌水试验。室内排水管道应按有关规定做通球试验，确保排水畅通。

金属或非金属排水管道的吊钩，箍卡，支、吊架安装牢固。检查口、清扫口伸缩节、止火环及污水通气管设置的位置、间距、数量应符合规范和设计要求，并便于检修。

3.4.10 地漏应设置在有防水地面，地面排水坡度、流向符合要求，无倒泛水。地漏卧入地面的位置、深度正确，周边封闭严密、平整、光洁、美观。水封深度不小于50mm。

3.4.11 卫生器具等设备安装应平稳牢固，器具符合节水型，与支架接触紧密、平稳，位置、标高、坡度、管径符合要求。成排器具排列整齐一致，排水口与排水管连接牢靠、封闭严密、无渗漏，表面光滑洁净，实用美观，嵌缝胶均匀顺直，粘结牢固，无堵塞、不渗水、不滴漏，无污染，无裂纹、无破损。

3.4.12 中水给水管道不得装设取水水嘴。中水供水管道严禁与生活饮用水给水管道连接。中水管道、阀门应有"中水"标志。

3.4.13 建筑设备安装工程（含给水、排水、中水、采暖、消防）质量允许偏差和检查方法，应符合规范和表3.4.13的规定。

建筑设备安装工程质量允许偏差和检查方法　　　　表3.4.13

项次	项目		允许偏差值（mm）		检查方法
			国家规范标准	长城杯标准	
1	水平管道安装弯曲度（每1m）	钢管	1	1	尺量
		铸铁管	2	1.5	
2	立管安装垂直度（每1m）		3	2	吊线、尺量
3	平行距墙面			≥10	尺量
4	套管出地面高度差			±5	尺量
5	套管穿墙及中心偏差			±2	尺量
6	弯管褶皱不平度		4	4	外卡钳、尺量
7	管道甩口坐标标高差		±10	±5	拉线、吊线、尺量
8	成排器具水平度		2	2	拉线、尺量
9	器具及附属设备	坐标	−15	−10	拉线、吊线、尺量
		标高	±5	±4	
10	保温层表面平整度	卷材	5	5	靠尺、塞尺
		涂装	10	8	

3.4.14 通风、空调安装工程，所使用的材料、成品、半成品、设备及其型号、规格、性能和施工安装质量，应符合《通风与空调工程施工质量验收规范》和设计要求：

1. 金属、非金属风管加工制作材料的品种、规格、性能、厚度、形状、尺寸、拼接接缝（咬口接、焊接、插接、粘结）及所用螺栓、螺母、垫圈、铆钉等配件应与管材性能相匹配，并有防腐处理，强度和严密性应符合设计要求。防火风管与其固定、密封垫等材料，必须为不燃材料。柔性接口应松紧适度，不得作变径使用。

2. 风管系统安装应位置正确，支、吊架构造符合规定，安装牢固、减震合理，高度、坡度、走向、严密性、管弯曲半径、角度、防腐、保温、防火、防爆等符合设计要求和有关规定。风管排列整齐，连接平直，接缝严密，折角平顺，圆弧均匀，端面平整，表面整洁，色泽一致，无锈蚀、污染，无翘曲、扭曲，无孔洞、裂缝、破损、不漏风，风机减震可靠，转动灵活，噪声符合有关规定。

3. 风管穿过需要封闭的防火墙、防爆墙或楼板时，应设预埋管或防护套管。

室外风管的固定拉索固定牢靠，严禁拉在避雷设施上。

4. 各种阀门、安装应正确牢固，接口法兰不得入墙，操作、检修方便。防火排烟阀关闭严密，动作可靠。

3.4.15 通风与空调安装工程质量允许偏差和检查方法，应符合规范、规程和表3.4.15规定。

通风与空调安装工程质量允许偏差和检查方法　　表3.4.15

项次	项 目		允许偏差值（mm）		检查方法
			国家规范标准	长城杯标准	
1	风管安装	水平度（每2m）	3/1000	2/1000	拉线、尺量
		垂直度（每2m）	2/1000	1.5/1000	吊线、尺量
		总偏差	≥20	15	尺量
2	风口安装	水平度	3/1000	2/1000	拉线、尺量
		垂直度	2/1000	1.5/1000	吊线、尺量
3	风机安装	中心线、平面、位移	10	8	尺量
		标高	±10	±8	尺量
4	保温层表面平整度			5	靠尺、塞尺

3.4.16 燃气管道敷设和各类用气设备、装置的安装应符合《工程建设标准强制性条文》的有关规定。燃气管道、阀门及附属装置、燃气表、燃气灶具等的产品型号、规格、性能和施工安装质量及竣工验收，必须符合专业规范和有关管理规定，并应符合设计要求。

3.5 工程资料管理工作质量评审标准

3.5.1 初评检查长城杯项目的工程资料，主要是围绕初评内容抽查工程竣工验收后的归档文件资料，并有重点地抽查施工文件和竣工验收文件中的相关资料、记录。该竣工工程已被评为结构长城杯工程者，因在初评结构工程时已对其施工资料进行过抽查，为减少重复初评可作复查性重点抽查。工程资料应符合《市建筑工程资料管理规程》和《建设工程文件归档整理规范》的规定，有关专业规范规定应出具的抽查复验、检测、产品合格证明文件及验收证明时，应重点抽查，并依据本标准对工程资料管理工作质量进行综合评价。

3.5.2 工程资料管理，应按其专业分部、分项工程收集整理。做到分类整理、按序排列、目录清晰、页码完整、层次清楚、内容齐全、管理有序。

3.5.3 工程资料内容，应简明准确，数据可靠，结论清楚有据，符合签认程序，审批手续齐备，内容真实有效，不留疑问争议。

3.5.4 工程资料不得无据涂改或撤换，不得弄虚作假，不得用其他资料复印代替，不得回避问题不填写，他人未受委托不得代替审签。

3.5.5 工程资料管理人员，应熟悉资料管理业务和管理规定，经过专业培训合格，持证上岗。

附录2 建筑工程安全防护、文明施工措施费用及使用管理规定

第一条 为加强建筑工程安全生产、文明施工管理，保障施工从业人员的作业条件和生活环境，防止施工安全事故发生，根据《中华人民共和国安全生产法》、《中华人民共和国建筑法》、《建设工程安全生产管理条例》、《安全生产许可证条例》等法律法规，制定本规定。

第二条 本规定适用于各类新建、扩建、改建的房屋建筑工程（包括与其配套的线路管道和设备安装工程、装饰工程）、市政基础设施工程和拆除工程。

第三条 本规定所称安全防护、文明施工措施费用，是指按照国家现行的建筑施工安全、施工现场环境与卫生标准和有关规定，购置和更新施工安全防护用具及设施、改善安全生产条件和作业环境所需要的费用。安全防护、文明施工措施项目清单详见附表。

建设单位对建筑工程安全防护、文明施工措施有其他要求的，所发生费用一并计入安全防护、文明施工措施费。

第四条 建筑工程安全防护、文明施工措施费用是由《建筑安装工程费用项目组成》（建标〔2003〕206号）中措施费所含的文明施工费、环境保护费、临时设施费、安全施工费组成。

其中安全施工费由临边、洞口、交叉、高处作业安全防护费，危险性较大工程安全措施费及其他费用组成。危险性较大工程安全措施费及其他费用项目组成由各地建设行政主管部门结合本地区实际自行确定。

第五条 建设单位、设计单位在编制工程概（预）算时，应当依据工程所在地工程造价管理机构测定的相应费率，合理确定工程安全防护、文明施工措施费。

第六条 依法进行工程招投标的项目，招标方或具有资质的中介机构编制招标文件时，应当按照有关规定并结合工程实际单独列出安全防护、文明施工措施项目清单。

投标方应当根据现行标准规范，结合工程特点、工期进度和作业环境要求，在施工组织设计文件中制定相应的安全防护、文明施工措施，并按照招标文件要求结合自身的施工技术水平、管理水平对工程安全防护、文明施工措施项目单独报价。投标方安全防护、文明施工措施的报价，不得低于依据工程所在地工程造价管理机构测定费率计算所需费用总额的90％。

　　第七条　建设单位与施工单位应当在施工合同中明确安全防护、文明施工措施项目总费用，以及费用预付、支付计划，使用要求、调整方式等条款。

　　建设单位与施工单位在施工合同中对安全防护、文明施工措施费用预付、支付计划未作约定或约定不明的，合同工期在一年以内的，建设单位预付安全防护、文明施工措施项目费用不得低于该费用总额的50％；合同工期在一年以上的（含一年），预付安全防护、文明施工措施费用不得低于该费用总额的30％，其余费用应当按照施工进度支付。

　　实行工程总承包的，总承包单位依法将建筑工程分包给其他单位的，总承包单位与分包单位应当在分包合同中明确安全防护、文明施工措施费用由总承包单位统一管理。安全防护、文明施工措施由分包单位实施的，由分包单位提出专项安全防护措施及施工方案，经总承包单位批准后及时支付所需费用。

　　第八条　建设单位申请领取建筑工程施工许可证时，应当将施工合同中约定的安全防护、文明施工措施费用支付计划作为保证工程安全的具体措施提交建设行政主管部门。未提交的，建设行政主管部门不予核发施工许可证。

　　第九条　建设单位应当按照本规定及合同约定及时向施工单位支付安全防护、文明施工措施费，并督促施工企业落实安全防护、文明施工措施。

　　第十条　工程监理单位应当对施工单位落实安全防护、文明施工措施情况进行现场监理。对施工单位已经落实的安全防护、文明施工措施，总监理工程师或者造价工程师应当及时审查并签认所发生的费用。监理单位发现施工单位未落实施工组织设计及专项施工方案中安全防护和文明施工措施的，有权责令其立即整改；对施工单位拒不整改或未按期限要求完成整改的，工程监理单位应当及时向建设单位和建设行政主管部门报告，必要时责令其暂停施工。

　　第十一条　施工单位应当确保安全防护、文明施工措施费专款专用，在财务管理中单独列出安全防护、文明施工措施项目费用清单备查。施工单位安全生产管理机构和专职安全生产管理人员负责对建筑工程安全防护、文明施工措施的组织实施进行现场监督检查，并有权向建设主管部门反映情况。

　　工程总承包单位对建筑工程安全防护、文明施工措施费用的使用负总责。总承包单位应当按照本规定及合同约定及时向分包单位支付安全防护、文明施工措施费用。总承包单位不按本规定和合同约定支付费用，造成分包单位不能及时落实安全防护措施导致发生事故的，由总承包单位负主要责任。

　　第十二条　建设行政主管部门应当按照现行标准规范对施工现场安全防护、文明施工措施落实情况进行监督检查，并对建设单位支付及施工单位使用安全防护、文明施工措施费用情况进行监督。

　　第十三条　建设单位未按本规定支付安全防护、文明施工措施费用的，由县级以上建设行政主管部门依据《建设工程安全生产管理条例》第五十四条规定，责令限期整改；逾期未改正的，责令该建设工程停止施工。

第十四条 施工单位挪用安全防护、文明施工措施费用的，由县级以上建设主管部门依据《建设工程安全生产管理条例》第六十三条规定，责令限期整改，处挪用费用20%以上50%以下的罚款；造成损失的，依法承担赔偿责任。

第十五条 建设行政主管部门的工作人员有下列行为之一的，由其所在单位或者上级主管机关给予行政处分；构成犯罪的，依照刑法有关规定追究刑事责任：

第十六条 建筑垃圾处置实行收费制度，收费标准依据国家有关规定执行。

第十七条 任何单位和个人不得在街道两侧和公共场地堆放物料。因建设等特殊需要，确需临时占用街道两侧和公共场地堆放物料的，应当征得城市人民政府市容环境卫生主管部门同意后，按照有关规定办理审批手续。

第十八条 城市人民政府市容环境卫生主管部门核发城市建筑垃圾处置核准文件，有下列情形之一的，由其上级行政机关或者监察机关责令纠正，对直接负责的主管人员和其他直接责任人员依法给予行政处分；构成犯罪的，依法追究刑事责任：

（一）对不符合法定条件的申请人核发城市建筑垃圾处置核准文件或者超越法定职权核发城市建筑垃圾处置核准文件的；

（二）对符合条件的申请人不予核发城市建筑垃圾处置核准文件或者不在法定期限内核发城市建筑垃圾处置核准文件的。

第十九条 城市人民政府市容环境卫生主管部门的工作人员玩忽职守、滥用职权、徇私舞弊的，依法给予行政处分；构成犯罪的，依法追究刑事责任。

第二十条 任何单位和个人有下列情形之一的，由城市人民政府市容环境卫生主管部门责令限期改正，给予警告，处以罚款：

（一）将建筑垃圾混入生活垃圾的；

（二）将危险废物混入建筑垃圾的；

（三）擅自设立弃置场受纳建筑垃圾的；

单位有前款第一项、第二项行为之一的，处3000元以下罚款；有前款第三项行为的，处5000元以上1万元以下罚款。个人有前款第一项、第二项行为之一的，处200元以下罚款；有前款第三项行为的，处3000元以下罚款。

第二十一条 建筑垃圾储运消纳场受纳工业垃圾、生活垃圾和有毒有害垃圾的，由城市人民政府市容环境卫生主管部门责令限期改正，给予警告，处5000元以上1万元以下罚款。

第二十二条 施工单位未及时清运工程施工过程中产生的建筑垃圾，造成环境污染的，由城市人民政府市容环境卫生主管部门责令限期改正，给予警告，处5000元以上5万元以下罚款。

施工单位将建筑垃圾交给个人或者未经核准从事建筑垃圾运输的单位处置的，由城市人民政府市容环境卫生主管部门责令限期改正，给予警告，处1万元以上10万元以下罚款。

第二十三条 处置建筑垃圾的单位在运输建筑垃圾过程中沿途丢弃、遗撒建筑垃圾的，由城市人民政府市容环境卫生主管部门责令限期改正，给予警告，处5000元以上5万元以下罚款。

第二十四条 涂改、倒卖、出租、出借或者以其他形式非法转让城市建筑垃圾处置核准文件的，由城市人民政府市容环境卫生主管部门责令限期改正，给予警告，处5000元以上2万元以下罚款。

第二十五条 违反本规定，有下列情形之一的，由城市人民政府市容环境卫生主管部门责令限期改正，给予警告，对施工单位处1万元以上10万元以下罚款，对建设单位、运输建筑垃圾的单位处5000元以上3万元以下罚款：

（一）未经核准擅自处置建筑垃圾的；

（二）处置超出核准范围的建筑垃圾的。

第二十六条 任何单位和个人随意倾倒、抛撒或者堆放建筑垃圾的，由城市人民政府市容环境卫生主管部门责令限期改正，给予警告，并对单位处5000元以上5万元以下罚款，对个人处200元以下罚款。

第二十七条 本规定自2005年6月1日起施行。

附件：建设工程安全防护、文明施工措施项目清单

类别	项目名称	具体要求
文明施工与环境保护	安全警示标志牌	在易发伤亡事故（或危险）处设置明显的、符合国家标准要求的安全警示标志牌
	现场围挡	（1）现场采用封闭围挡，高度不小于1.8m （2）围挡材料可采用彩色、定型钢板，砖、混凝土砌块等墙体
	五板一图	在进门处悬挂工程概况、管理人员名单及监督电话、安全生产、文明施工、消防保卫五板；施工现场总平面图
	企业标志	现场出入的大门应设有本企业标识或企业标识
	场容场貌	（1）道路畅通 （2）排水沟、排水设施通畅 （3）工地地面硬化处理 （4）绿化
	材料堆放	（1）材料、构件、料具等堆放时，悬挂有名称、品种、规格等标牌 （2）水泥和其他易飞扬细颗粒建筑材料应密闭存放或采取覆盖等措施 （3）易燃、易爆和有毒有害物品分类存放
	现场防火	消防器材配置合理，符合消防要求
	垃圾清运	施工现场应设置密闭式垃圾站，施工垃圾、生活垃圾应分类存放。施工垃圾必须采用相应容器或管道运输

续表

类别	项目名称		具 体 要 求
临时设施	施工现场临时用电	现场办公生活设施	(1) 施工现场办公、生活区与作业区分开设置，保持安全距离 (2) 工地办公室、现场宿舍、食堂、厕所、饮水、休息场所符合卫生和安全要求
		配电线路	(1) 按照 TN-S 系统要求配备五芯电缆、四芯电缆和三芯电缆 (2) 按要求架设临时用电线路的电杆、横担、瓷夹、瓷瓶等，或电缆埋地的地沟 (3) 对靠近施工现场的外电线路，设置木质、塑料等绝缘体的防护设施
		配电箱开关箱	(1) 按三级配电要求，配备总配电箱、分配电箱、开关箱三类标准电箱。开关箱应符合一机、一箱、一闸、一漏。三类电箱中的各类电器应是合格品 (2) 按两级保护的要求，选取符合容量要求和质量合格的总配电箱和开关箱中的漏电保护器
		接地保护装置	施工现场保护零线的重复接地应不少于三处
安全施工	临边洞口交叉高处作业防护	楼板、屋面、阳台等临边防护	用密目式安全立网全封闭，作业层另加两边防护栏杆和18cm高的踢脚板
		通道口防护	设防护棚，防护棚应为不小于5cm厚的木板或两道相距50cm的竹笆。两侧应沿栏杆架用密目式安全网封闭
		预留洞口防护	用木板全封闭；短边超过1.5m长的洞口，除封闭外四周还应设有防护栏杆
		电梯井口防护	设置定型化、工具化、标准化的防护门；在电梯井内每隔两层（不大于10m）设置一道安全平网
		楼梯边防护	设1.2m高的定型化、工具化、标准化的防护栏杆，18cm高的踢脚板
		垂直方向交叉作业防护	设置防护隔离棚或其他设施
		高空作业防护	有悬挂安全带的悬索或其他设施；有操作平台；有上下的梯子或其他形式的通道
其他（由各地自定）			

注：本表所列建筑工程安全防护、文明施工措施项目，是依据现行法律法规及标准规范确定。如修订法律法规和标准规范，本表所列项目应按照修订后的法律法规和标准规范进行调整。

附录3　关于发布北京市第五批禁止和限制使用的建筑材料及施工工艺目录的通知

各区、县（开发区）建委、规划委，各施工图设计文件审查机构，各建设单位、设计单位、施工单位、监理单位，各建筑材料供应单位：

为保证我市建设工程质量和安全，促进建设领域资源节约和环境保护，推广应用节能、节地、节水、节材和环保的建筑材料，鼓励发展新型建筑材料及其应用技术，经广泛征集社会各界意见和专家严格论证，市建委和市规划委决定将第五批禁止和限制使用的建筑材料及施工工艺目录予以发布，现就有关事项通知如下：

一、混凝土多功能复合型（2种或2种以上功能）膨胀剂、质轻可锻铸铁类脚手架扣件（重量<1.10kg/套的直角型扣件；重量<1.25kg/套的旋转型扣件和对接型扣件）、沥青复合胎柔性防水卷材等3类建材产品自2007年10月1日起停止设计，2008年1月1日起禁止在本市建设工程中使用。

喷射混凝土用粉状速凝剂、聚苯颗粒及玻化微珠等颗粒保温材料与胶结材料混合而成的保温浆料、黏土和页岩陶粒及以黏土和页岩陶粒为原材料的建材制品、低强度的轻集料混凝土砌块、光面混凝土路面砖、平口混凝土排水管（含钢筋混凝土管）、内腔粘砂灰铸铁散热器等7种建材产品及沥青类防水卷材热熔法施工工艺自2008年1月1日起，按本通知附件规定的范围在本市建设工程中停止使用。

在本通知下发前已经设计、将在本通知规定的生效时间后使用上述建筑材料和施工工艺的，由建设单位负责与设计、施工单位协商修改设计。

二、为便于各建设单位、设计单位、施工单位、监理单位贯彻淘汰落后建筑材料与施工工艺的规定，本通知将市建委和市规划委发布的《关于限制和淘汰石油沥青纸胎油毡等11种落后建材产品的通知》（京建材〔1998〕480号）、《关于公布第二批12种限制和淘汰落后建材产品目录的通知》（京建材〔1999〕518号）、《关于公布第三批淘汰和限制使用落后建材产品的通知》（京建材〔2001〕192号）、《关于公布第四批禁止和限制使用建材产品目录的通知》（京建材〔2004〕16号）、市建委和市水务局等8部门联合发布的《关于严格执行〈节水型生活用水器具标准〉加快淘汰非节水型生活用水器具的通知》（京建材〔2005〕1095号）等5个文件所规定并且至今仍然有效的内容一并公布，形成《北京市建设工程禁止和限制使用建筑材料及施工工艺目录（2007年版）》（见附件）。总计禁止使用的建材产品26种，限制使用的建材产品和施工工艺43种。今后本市发布禁止和限制使用建材产品与施工工艺的文件将采取此形式。过去版本规定与新版本规定不一致的，以新版本为准。

三、市规划委所属市勘察设计与测绘管理办公室负责对各施工图设计文件审查机构的监管，各审查机构在发现设计单位违反规定设计禁止或限制使用建材产品时，要求各设计单位进行改正，并将情况及时上报，由市勘察设计与测绘管理办公室进行通报批评。市和区、县建委在工程检查中发现采购和使用禁止或限制使用建材产品、使用限制的施工工艺的，责令改正，予以通报批评，并根据市建委发布的相关建设工程企业资质动态管理办法对违规的单位进行处理；对发现向建设工程供应禁止或限制使用的建材产品的供应企业，市建委在建设工程材料供应企业诚信信息系统上予以公示。

一、禁止类

禁止使用产品名称	禁止使用原因	依据	替代产品	生效时间
混凝土外加剂				
混凝土多功能复合型（2种或2种以上功能）膨胀剂	多种功能复合质量控制难度大，造成混凝土质量不稳定	本通知	符合相关标准要求的混凝土膨胀剂	2007.10.1停止设计，2008.1.1禁止使用
氧化钙类混凝土膨胀剂	生产工艺落后，过烧成分易造成混凝土胀裂	《关于公布第四批禁止和限制使用建材产品目录的通知》（京建材[2004]16号）	硫铝酸钙类混凝土膨胀剂	2004.10.1起禁止使用
高碱混凝土膨胀剂（氧化钠当量7.5‰以上和掺入量占水泥用量8%以上）	碱含量高，易造成混凝土碱集料反应；掺入膨胀剂量过大影响混凝土早期强度	《关于公布第二批12种限制和淘汰落后建材产品目录的通知》（京建材[1999]518号）		2000.3.1起禁止使用
以角闪石石棉（即蓝石棉）为原料的石棉瓦等建材制品	危害人身健康	《关于公布第四批禁止和限制使用建材产品目录的通知》（京建材[2004]16号）	符合国家环保要求的其他产品	2004.10.1起禁止使用
未用玻纤网布增强的水泥（石膏）聚苯保温板	强度低、易开裂	《关于公布第三批淘汰和限制使用落后建材产品的通知》（京建材[2001]192号）		2001.10.1起禁止使用

附录3 关于发布北京市第五批禁止和限制使用的建筑材料及施工工艺目录的通知

续表

禁止使用产品名称	禁止使用原因	依据	替代产品	生效时间
黏土珍珠岩保温砖、充气石膏板	保温效果差，达不到建筑节能50%要求	《关于公布第二批12种限制和淘汰落后建材产品目录的通知》（京建材[1999]518号）		2000.3.1起禁止使用
菱镁类复合保温板、隔墙板	性能差、产品翘曲、产品易泛卤、龟裂	《关于公布第二批12种限制和淘汰落后建材产品目录的通知》（京建材[1999]518号）		2000.3.1起禁止使用
墙体材料				
黏土砖，包括掺加其他原材料，但黏土用量超过20%的实心砖、多孔砖、空心砖	黏土砖的生产毁坏耕地，污染环境，不符合国家产业政策	《关于公布第四批禁止和限制使用建材产品目录的通知》（京建材[2004]16号）	各类非黏土砖（页岩、煤矸石、粉煤灰、灰砂砖等）、建筑砌块及其他新型墙体材料	自2004.6.1起禁止使用，怀柔、延庆、密云2004.12.1起禁用
手工成型的GRC轻质隔墙板	质量不稳定	《关于公布第三批淘汰和限制使用落后建材产品的通知》（京建材[2001]192号）	机械成型工艺生产的隔墙板	2001.10.1起禁止使用
用水器具				
非节水型用水器具（包括水嘴、便器系统、便器冲洗阀、淋浴器）	浪费水资源	《关于严格执行〈节水型生活用水器具标准〉加快淘汰非节水型生活用水器具的通知》（京建材[2005]1095号）	达到CJ 164、DB 11/343标准要求的产品	自2006.1.1起禁止使用
高层楼房二次供水水泥水箱、普通钢板水箱	表面粗糙、易生锈污染水质	《关于公布第三批淘汰和限制使用落后建材产品的通知》（京建材[2001]192号）	不锈钢、玻璃钢、搪瓷、喷塑等不易产生污染的水箱	自2001.10.1起禁止使用

续表

禁止使用产品名称	禁止使用原因	依　　据	替代产品	生效时间
9升水以上的座便系统（不含9升）	浪费水资源	《关于公布第三批淘汰和限制使用落后建材产品的通知》（京建材[2001]192号）	节水座便系统	自2001.10.1起禁止使用
进水口低于水面（低进水）的卫生洁具水箱配件	不防虹吸	《关于限制和淘汰石油沥青纸胎油毡等11种落后建材产品的通知》（京建材[1998]480号）		自1999.3.1禁止使用
地漏				
水封小于5公分的地漏	易返异味	《关于限制和淘汰石油沥青纸胎油毡等11种落后建材产品的通知》（京建材[1998]480号）		自1999年3月1日起禁止使用
施工周转材料				
质轻可锻铸铁类脚手架扣件（重量<1.10kg/套的直角型扣件；重量<1.25kg/套的旋转型扣件和对接型扣件）	可锻铸铁类脚手架扣件若重量过轻，其产品尺寸不合理，影响扣件的力学性能，难以达到国家标准要求	本通知	达到重量要求并符合GB 15831标准的脚手架扣件	2008年1月1日起禁止使用
建筑涂料				
聚醋酸乙烯乳液类（含EVA乳液）、聚乙烯醇及聚乙烯醇缩醛类、氯乙烯—偏氯乙烯共聚乳液内外墙涂料	低档落后产品（耐老化、耐沾污、耐水性差）	《关于公布第四批禁止和限制使用建材产品目录的通知》（京建材[2004]16号）	符合国家标准的其他内外墙涂料	自2004年10月1日起禁止使用

附录3 关于发布北京市第五批禁止和限制使用的建筑材料及施工工艺目录的通知

续表

禁止使用产品名称	禁止使用原因	依 据	替代产品	生效时间
以聚乙烯醇、纤维素、淀粉、聚丙烯酰胺为主要胶结材料的内墙涂料	低档落后产品（耐擦洗性能差，易发霉、起粉等）	《关于公布第四批禁止和限制使用建材产品目录的通知》（京建材[2004]16号）	符合国家标准的其他内墙涂料	自2004年10月1日起禁止使用
以聚乙烯醇缩甲醛为胶结材料的水溶性涂料	有害气味大，对施工人员及用户健康有不良影响	《关于公布第三批淘汰和限制使用落后建材产品的通知》（京建材[2001]192号）	合成树脂乳液建筑涂料	自2001年10月1日起禁止使用
防水材料				
沥青复合胎柔性防水卷材	拉力和低温柔度低、耐久性差、性能低劣	本通知	符合相关国家标准的其他防水卷材	自2007年10月1日停止设计，2008年1月1日起禁止使用
改性聚氯乙烯（PVC）弹性密封胶条	弹性差，易龟裂	《关于公布第三批淘汰和限制使用落后建材产品的通知》（京建材[2001]192号）	三元乙丙橡胶密封条	自2001年10月1日起禁止使用
再生胶改性沥青防水卷材	抗老化、耐低温性能差	《关于公布第二批12种限制和淘汰落后建材产品目录的通知》（京建材[1999]518号）		自2000年3月1日起禁止使用
焦油聚氨酯防水涂料		《关于限制和淘汰石油沥青纸胎油毡等11种落后建材产品的通知》（京建材[1998]480号）		自1999年3月1日起禁止使用
焦油型冷底子油（JG-1型防水冷底子油涂料）				
焦油聚氯乙烯油膏（PVC塑料油膏、聚氯乙烯胶泥、塑料煤焦油油膏）				

续表

禁止使用产品名称	禁止使用原因	依据	替代产品	生效时间
供暖采暖设备				
圆翼型、长翼型、813型灰铸铁散热器		《关于公布第三批淘汰和限制使用落后建材产品的通知》（京建材[2001]192号）	经内防腐蚀处理的钢质、铝质、铜质散热器及新型铸铁散热器	自2001年10月1日起禁止使用
水暖用内螺纹铸铁阀门	锈蚀严重	《关于公布第三批淘汰和限制使用落后建材产品的通知》（京建材[2001]192号）	铜质、陶瓷片阀门	自2001年10月1日起禁止使用

二、限制类

限制使用产品（施工技术）名称	限制使用原因	依据	限制使用的范围	替代产品	生效时间
现场施工工艺					
施工现场搅拌混凝土	使用袋装水泥，浪费资源、污染环境，不符合国家产业政策发展方向	《关于在部分城市限期禁止现场搅拌砂浆工作的通知》（商改发[2007]205号）	中心城区[①]、新城建设工程	预拌混凝土	自2007年9月1日起在规定的范围停止使用
施工现场搅拌砂浆	使用袋装水泥，浪费资源、污染环境，不符合国家产业政策发展方向		中心城区、市经济技术开发区新开工的建设工程中	预拌砂浆[②]	自2007年9月1日起在规定的范围停止使用

附录3 关于发布北京市第五批禁止和限制使用的建筑材料及施工工艺目录的通知

续表

限制使用产品 (施工技术)名称	限制使用原因	依据	限制使用的范围	替代产品	生效时间
沥青类防水卷材热熔法施工	操作不当易造成火灾,存在安全隐患	本通知	不得用于空气流动性差及非露天的施工部位	防水卷材冷粘法施工工艺	自2008年1月1日起在规定的范围停止使用
水泥					
袋装水泥	不符合国家产业政策	《关于公布第四批禁止和限制使用建材产品目录的通知》(京建材[2004]16号)	预拌混凝土、预拌砂浆、预制构件等水泥制品	回转窑生产的散装水泥	自2004年10月1日起在规定的范围停止使用
混凝土外加剂					
喷射混凝土用粉状速凝剂	碱含量高,回弹大,喷射混凝土损失大;扬尘大,污染环境,易对施工人员的身体健康造成损害	本通知	不得在规划市区内建筑工程、所有重点工程中使用	液体速凝剂	自2008年1月1日起在规定的范围停止使用
氯离子含量>0.1%的混凝土防冻剂	易锈蚀钢筋,危害混凝土结构安全	《关于公布第四批禁止和限制使用建材产品目录的通知》(京建材[2004]16号)	预应力混凝土、钢筋混凝土	氯离子含量≤0.1%的混凝土防冻剂	自2004年10月1日起在规定的范围停止使用
含尿素的混凝土防冻剂	污染环境,长期散发异味	《关于公布第二批12种限制和淘汰落后建材产品目录的通知》(京建材[1999]518号)	住宅工程、公建工程		自2000年3月1日起在规定的范围停止使用

续表

限制使用产品（施工技术）名称	限制使用原因	依据	限制使用的范围	替代产品	生效时间
用水器具					
蹲便器用手接触式（按钮、扳手）大便冲洗阀	公共场所易交叉感染	《关于公布第四批禁止和限制使用建材产品目录的通知》（京建材〔2004〕16号）	新建公共厕所、公共场所卫生间	脚踏式大便冲洗阀、非接触式（感应式）大便冲洗器	自2004年10月1日起在规定的范围停止使用
普通水嘴	公共场所易交叉感染		新建公共厕所洗手池、公共场所卫生间洗手池	非接触式（感应式）水嘴、延时自闭水嘴、脚踏式水嘴	自2004年10月1日起在规定的范围停止使用
螺旋升降式铸铁水嘴		《关于限制和淘汰石油沥青纸胎油毡等11种落后建材产品的通知》（京建材〔1998〕480号）	在住宅工程的室内部分中		自1999年7月1日起在规定的范围停止使用
保温材料					
聚苯颗粒、玻化微珠等颗粒保温材料与胶结材料混合而成的保温浆料	单独使用难以达到65%节能要求	本通知	不得单独作为保温材料用于外墙保温工程	能够达到节能要求的高效保温材料或保温体系	自2008年1月1日起在规定的范围停止使用
水泥聚苯板（聚苯颗粒与水泥混合成型）	产品保温性能差	《关于公布第四批禁止和限制使用建材产品目录的通知》（京建材〔2004〕16号）	可用于屋面隔热，不得用于各类墙体内、外保温	达到节能保温标准的其他各类保温板	自2004年10月1日起在规定的范围停止使用

附录3　关于发布北京市第五批禁止和限制使用的建筑材料及施工工艺目录的通知

续表

限制使用产品（施工技术）名称	限制使用原因	依据	限制使用的范围	替代产品	生效时间
以膨胀珍珠岩、海泡石、有机硅复合的墙体保温浆（涂）料	热工性能差，手工湿作业，不易控制质量	《关于公布第四批禁止和限制使用建材产品目录的通知》（京建材〔2004〕16号）	混凝土及混凝土砌块外墙内、外保温工程	达到节能保温要求的其他保温材料	自2004年10月1日起在规定的范围停止使用
水泥聚苯板（聚苯颗粒与水泥混合成型）	保温性能差	《关于公布第三批淘汰和限制使用落后建材产品的通知》（京建材〔2001〕192号）	外墙内保温工程	达到节能标准的各类保温板	自2001年10月1日起在规定的范围停止使用
墙体内保温浆料（海泡石，聚苯粒，膨胀珍珠岩等）	易脱落，保温性能差、热工性能达不到建筑节能50%要求	《关于公布第二批12种限制和淘汰落后建材产品目录的通知》（京建材〔1999〕518号）	混凝土墙（含混凝土砌块墙体）的内保温工程		自2000年1月1日起在规定的范围停止使用
建筑门窗、五金配件					
建筑用普通单层玻璃和简易双层玻璃外窗	单玻保温性能差，普通双玻不能有效密封，易结露、进尘土、进水，不易清理	《关于公布第四批禁止和限制使用建材产品目录的通知》（京建材〔2004〕16号）	新建、改建住宅工程外窗	镶中空玻璃及其他节能玻璃的建筑外窗	自2004年10月1日起在规定的范围停止使用
80系列以下（含80系列）普通推拉塑料外窗	强度低、密封性能差，五金件使用寿命短			其他各类节能保温平开窗以及达到保温要求的其他系列推拉窗	自2004年10月1日起在规定的范围停止使用

续表

限制使用产品（施工技术）名称	限制使用原因	依据	限制使用的范围	替代产品	生效时间
铝合金、塑料（塑钢）外平开窗	大风情况下安全性能差	《关于公布第三批淘汰和限制使用落后建材产品的通知》（京建材〔2001〕192号）	楼房7层以上（含7层）	各种节能保温型内平开窗	自2001年10月1日起在规定的范围停止使用
单层普通铝合金窗	保温性能差	《关于公布第三批淘汰和限制使用落后建材产品的通知》（京建材〔2001〕192号）	住宅及宿舍楼房	各种节能保温窗	自2001年10月1日起在规定的范围停止使用
普通实腹、空腹钢窗（彩板窗除外）	外观差、易锈蚀，已列入建设部淘汰产品目录	《关于公布第二批12种限制和淘汰落后建材产品目录的通知》（京建材〔1999〕518号）	住宅工程和公建工程		自2000年3月1日起在规定的范围停止使用
小平拉玻璃	生产过程能耗高、质量不稳定，国家明令淘汰	《关于公布第二批12种限制和淘汰落后建材产品目录的通知》（京建材〔1999〕518号）	新建工程和维修工程		自2000年3月1日起在规定的范围停止使用
32系列实腹钢窗		《关于限制和淘汰石油沥青纸胎油毡等11种落后建材产品的通知》（京建材〔1998〕480号）	住宅工程和公建工程		自1999年7月1日起在规定的范围停止使用

附录3 关于发布北京市第五批禁止和限制使用的建筑材料及施工工艺目录的通知

续表

限制使用产品(施工技术)名称	限制使用原因	依据	限制使用的范围	替代产品	生效时间
墙体材料					
黏土和页岩陶粒及以黏土和页岩陶粒为原材料的建材制品	破坏土地和植被,不符合国家产业政策	本通知	2008年开始城八区禁止使用,2010年其他郊区县禁止使用	煤矸石、粉煤灰陶粒或浮石等轻集料;加气混凝土制品、石膏制品等其他轻集料混凝土板、块	自2008年1月1日起在规定的范围停止使用
低强度的轻集料混凝土砌块	强度低,运输过程损失大,施工易破损	本通知	不得在框架结构填充墙中使用	用于建筑外墙填充时其强度应≥3.5MPa,用于内墙填充时应≥2.5MPa	自2008年1月1日起在规定的范围停止使用
实心砖	产品生产过程不能满足节约资源要求,与同厚度多孔砖、空心砖相比,墙体保温隔热性能差	本通知	建筑工程基础(±0)以上部位(包括临时建筑、围墙)	烧结煤矸石多孔砖、烧结粉煤灰多孔砖、蒸压灰砂多孔砖、蒸压粉煤灰多孔砖、混凝土多孔砖等	自2007年10月1日停止设计,2008年1月1日起在规定的范围停止使用
厚度为60毫米的隔墙板	隔声和抗冲击性能差	《关于公布第三批淘汰和限制使用落后建材产品的通知》(京建材〔2001〕192号)	居室分室墙	厚度为90毫米的隔墙板及80毫米以上的石膏砌块	自2001年10月1日起在规定的范围停止使用
防水材料					
溶剂型建筑防水涂料(含双组分聚氨酯防水涂料、溶剂型冷底子油)	挥发物危害人体健康;易发生火灾	《关于公布第四批禁止和限制使用建材产品目录的通知》(京建材〔2004〕16号)	室内和其他不通风的工程部位	各种水溶性防水涂料	自2004年10月1日起在规定的范围停止使用

续表

限制使用产品（施工技术）名称	限制使用原因	依 据	限制使用的范围	替代产品	生效时间
厚度≤2mm的改性沥青防水卷材	高温热熔后易形成渗漏点，影响工程质量	《关于公布第四批禁止和限制使用建材产品目录的通知》（京建材〔2004〕16号）	热熔法防水施工的各类建筑工程（不含临时建筑）	高分子片材及厚度>2mm的改性沥青防水卷材	自2004年10月1日起在规定的范围停止使用
石油沥青纸胎油毡		《关于限制和淘汰石油沥青纸胎油毡等11种落后建材产品的通知》（京建材〔1998〕480号）	住宅工程和公建工程		自1999年7月1日起在规定的范围停止使用
建筑胶粘剂					
聚丙烯酰胺类建筑胶粘剂	耐温性能差，耐久性差，易脱落	《关于公布第四批禁止和限制使用建材产品目录的通知》（京建材〔2004〕16号）	内外墙瓷砖粘结及混凝土界面处理	符合国家和行业标准的其他胶粘剂	自2004年10月1日起在规定的范围停止使用
不耐水石膏类刮墙腻子	耐水性能差，强度低	《关于公布第三批淘汰和限制使用落后建材产品的通知》（京建材〔2001〕192号）	住宅工程	各种耐水腻子	自2001年10月1日起在规定的范围停止使用
聚乙烯醇缩甲醛胶粘剂（107胶）	低档聚合物，性能差，产品档次低	《关于公布第二批12种限制和淘汰落后建材产品目录的通知》（京建材〔1999〕518号）	粘贴墙地砖及石材		自2000年3月1日起在规定的范围停止使用

附录3 关于发布北京市第五批禁止和限制使用的建筑材料及施工工艺目录的通知

续表

限制使用产品（施工技术）名称	限制使用原因	依据	限制使用的范围	替代产品	生效时间
给排水管材、管件					
直径≤600mm平口混凝土排水管（含钢筋混凝土管）、直径≤600mm刚性接口的灰口铸铁管	易泄漏，造成水系和土壤污染	《关于公布第四批禁止和限制使用建材产品目录的通知》（京建材〔2004〕16号）	住宅小区和市政管网支线用的埋地排水工程	各种符合国家和行业标准的其他排水管材	自2004年10月1日起在规定的范围停止使用
承插式刚性接口铸铁排水管	挠度差，接口部位易损坏、渗水	《关于公布第四批禁止和限制使用建材产品目录的通知》（京建材〔2004〕16号）	住宅工程	符合国家标准的机制柔性接口（A型和W型）铸铁排水管；符合国家及行业标准的塑料排水管	自2004年10月1日在规定的范围停止使用
用铅盐做稳定剂的PVC饮用水管材、管件	危害人体健康	《关于公布第四批禁止和限制使用建材产品目录的通知》（京建材〔2004〕16号）	饮用水管材、管件	符合国家和行业标准的其他塑料管材、管件	自2004年10月1日起在规定的范围停止使用
冷镀锌上水管	污染饮用水，国家已明令淘汰	《关于公布第二批12种限制和淘汰落后建材产品目录的通知》（京建材〔1999〕518号）	新建开发小区住宅工程		2000年7月1日起停止设计。2000年10月1日起在规定的范围停止使用

续表

限制使用产品（施工技术)名称	限制使用原因	依 据	限制使用的范围	替代产品	生效时间
普通承插口铸铁排水管（手工翻砂刚性接口铸铁排水管）		《关于限制和淘汰石油沥青纸胎油毡等11种落后建材产品的通知》（京建材〔1998〕480号）	多层住宅		自1999年7月1日起在规定的范围停止使用
镀锌铁皮室外雨水管					
道路材料					
光面混凝土路面砖	产品不渗水，防滑性能差，影响行人安全	本通知	人行辅路、户外广场、公园甬道	符合 DB11/T152 标准的混凝土路面砖	自2008年1月1日起在规定的范围停止使用
普通水泥步道砖（九格砖）	外观差、抗压强度低	《关于公布第三批淘汰和限制使用落后建材产品的通知》（京建材〔2001〕192号）	城区、近郊区、远郊区、远郊区县政府所在地新建小区	各种符合 JC/T 446—2000 标准的混凝土路面砖	自2001年10月1日起在规定的范围停止使用
市政工程材料					
平口混凝土排水管（含钢筋混凝土管）	易渗漏污水，造成水系和土壤污染	本通知	住宅小区和市政管网用的埋地排水工程	承插口排水管、塑料管材	自2008年1月1日起在规定的范围停止使用
供暖采暖设备					
内腔粘砂灰铸铁散热器	内腔结砂影响计量器具的使用	本通知	新建、改建住宅工程	内腔无砂灰铸铁散热器或其他符合标准的新型散热器	自2008年1月1日起在规定的范围停止使用

附录3 关于发布北京市第五批禁止和限制使用的建筑材料及施工工艺目录的通知

续表

限制使用产品 (施工技术)名称	限制使用原因	依 据	限制使用的范围	替代产品	生效时间
钢制闭式串片散热器	产品热工性能差	《关于公布第四批禁止和限制使用建材产品目录的通知》（京建材〔2004〕16号）	新建、改建住宅工程	经内防腐处理的钢制散热器；铜制、不锈钢、铜铝复合等新型散热器	自2004年10月1日起在规定的范围停止使用

① 中心城区范围：按照《北京城市总体规划（2004—2020年）》，中心城区范围是在原规划市区范围（东至定福庄、北至清河、西至石景山、南至南苑）增加回龙观和北苑北地区，面积1085平方公里的区域。

② 预拌砂浆分干混砂浆（干粉砂浆、干砂浆）和预拌湿砂将（湿拌砂浆、湿砂浆）两种，由专业化生产厂家生产。

主要参考文献

[1] 中国建筑装饰协会编. 中国建筑装饰行业年鉴. 北京：中国建筑工业出版社，2002~2004.
[2] 中国建筑装饰协会培训中心编写组. 建筑装饰装修职业技能岗位培训教材. 北京：中国建筑工业出版社，2003.
[3] 彭纪俊主编. 装饰工程施工组织设计实例应用手册. 北京：中国建筑工业出版社，2001.
[4] 纪午生，黄定国，陈伟，刘大浩. 建筑施工工长手册. 北京：中国建筑工业出版社，1982.
[5] 纪午生等编. 建筑工程工长手册. 北京：中国建筑工业出版社，1982.
[6] 吴之昕主编. 建筑装饰工程工长手册. 北京：中国建筑工业出版社，1996.
[7] 房志勇主编. 建筑装饰机具使用与维护. 北京：金盾出版社，2002.
[8] 陈晋楚主编. 建筑装饰装修经理完全手册. 北京：中国建筑工业出版社，2005.